新型显示技术

（上册）

高鸿锦　董友梅　等 编著

北京邮电大学出版社
www. buptpress. com

内 容 简 介

本书对显示领域主要显示技术的原理、器件结构及工艺、驱动电路及应用进行了全面介绍，并深入介绍了液晶显示技术、器件工艺和原材料。

全书共18章，分上下两册。上册第1章至第6章分别为显示器导论、光度与色度、图像质量与显示器性能、液晶化学、液晶物理学和液晶光学，内容侧重在基础理论；第7章至第9章分别为常用液晶显示器的显示模式、薄膜晶体管有源矩阵液晶显示器和有机发光二极管显示，内容侧重在器件技术。下册第10章至第13章分别为彩色PDP基础、量子点显示技术、场致发射显示和无机电致发光，内容侧重在器件技术；第14至第18章分别为液晶显示器用原材料、三维显示、触摸屏技术、投影显示和平板显示器光电性能的测试技术与标准，内容为相关技术。

本书可作为大专院校相关专业的本科生和研究生教材，也可供广大从事显示器工作的专业人士参考，更是众多显示器件爱好者的良师益友。

图书在版编目（CIP）数据

新型显示技术．上 / 高鸿锦等编著．-- 北京 ：北京邮电大学出版社，2014.8
ISBN 978-7-5635-4045-7

Ⅰ．①新… Ⅱ．①高… Ⅲ．①液晶显示器－基本知识②平板显示器件－基本知识
Ⅳ．①TN141.9

中国版本图书馆 CIP 数据核字（2014）第 145952 号

书　　　名：新型显示技术（上册）
著作责任者：高鸿锦　董友梅　等 编著
责 任 编 辑：孔玥
出 版 发 行：北京邮电大学出版社
社　　　址：北京市海淀区西土城路 10 号（邮编：100876）
发　行　部：电话：010-62282185　传真：010-62283578
E-mail：publish@bupt.edu.cn
经　　　销：各地新华书店
印　　　刷：北京鑫丰华彩印有限公司
开　　　本：720 mm×1 000 mm　1/16
印　　　张：19.75
字　　　数：396 千字
印　　　数：1—3 000 册
版　　　次：2014 年 8 月第 1 版　2014 年 8 月第 1 次印刷

ISBN 978-7-5635-4045-7　　　　定　价：39.00 元

· 如有印装质量问题，请与北京邮电大学出版社发行部联系 ·

序

（一）

在我们人生中，至今为止发生的最大一件事莫过于互联网的出现和普及。互联网及其信息通信技术与各个专业领域技术的相互融合，与各行各业和人类生活方方面面的相互融合，正在深刻改变着人类社会及其产业生态，人类正步入从未有过的转型变革时代，背后的推动力量之一就是显示技术的进步。

CRT 显示技术推动了人类历史上第一次显示革命，拓展了人类社会信息传递和交流的范围和形式。以 TFT-LCD 技术为代表的新型显示技术，正推动着显示领域的第二次革命。第二次革命的意义更深远，在实现信息传递方式多样性、显示品质高质化的同时，让任何时间、任何地点、任何人、任何设备、任何网络、任何数据的互动交流成为现实，促进了信息社会的进步和互联网时代的到来。CRT、PDP 等显示技术的共同基础是真空电子技术，从 CRT 到 TFT-LCD 是显示技术发展进程中一个时代中断和新时代的开始；TFT-LCD 是半导体与光电子技术、材料技术高度发展的结晶，TFT-LCD、AMOLED、柔性显示等新型显示技术的共同基础是半导体技术，可统称为半导体显示，从 TFT-LCD 到 AMOLED 是显示技术的发展和延伸。TFT-LCD、AMOLED、柔性显示、立体显示、虚拟实境显示等新型半导体显示技术不仅为人们提供了更加轻松美妙的显示品质，而且由于其新技术、新材料、新工艺的不断进步，为系统产品提供了集成和创新平台，正在极大改变现有电子信息产业生态和商业模式。正因为如此，日、韩等国家和我国台湾地区将该产业定位为国家/地区重要战略产业；美、英等国家仍在核心材料、装备及下一代延伸技术给予了战略性关注和投入。

这场显示革命对中国影响巨大。上世纪 80 年代，国家将 CRT 作为发展电子信息产业的重要突破口，并取得重大成功；但在 TFT-LCD 取代 CRT 的第二次革命过程中，我们比其他国家起步晚了近十年，经历了“缺芯少屏”之痛。可喜的是，自 2003 年以来，京东方、天马、龙腾、华星光电、中电熊猫等中国显示器件厂商，历经磨难，奋斗拼搏，成功进入了半导体显示产业领域，拥有了 4.5 代、5 代、6 代和 8.5 代 TFT-LCD 生产线，5.5 代 AMOLED 的生产线也已经建成投产，年新增专利申请数量也位居全球前列。上游材料和设备的本地化配套快速进展，改善了下游整机企业关键部件的本地化配套环境。我国显示产业的全球影响力和竞争力不断上升，已经成为全球半导体显示产业领域的一支重要力量。

中国半导体显示产业发展初期，产业基础薄弱，加上过山车般周期影响，价格大起大落，日子艰难。在这一阶段，为了能生存下去，我深入研究了产业发展规律，在2010年初提出了一个观点：标准显示屏价格每36个月会下降50%，若保持价格不变，显示产品性能必须提升一倍以上。这一周期还将继续缩短。我将其称为“生存定律”。生存定律最核心的观点就是技术和产品要不断创新，遵循这一定律，我们度过了最艰难的阶段，实现了良性发展。创新是我们发展的根本推动力。

伴随互联网时代来临，显示应用在经过笔记本式计算机、显示器、电视、手机和平板电脑四次应用浪潮之后，正在迎来第五次应用浪潮。车载、工控、医疗、穿戴和公共显示将成为第五波显示应用浪潮的主力军。据国际数据公司 DisplaySearch 分析，到2020年，全球显示屏仍将保持4.1%的年复合增长率，其中，高性能 a-Si TFT-LCD、LTPS TFT-LCD、Oxide TFT-LCD、LTPS AMOLED、Oxide AMOLED 等高性能显示器件将保持两位数的增长。在新技术、新应用引领下，全球显示产业发展前景依然广阔。

坚持自主创新，发展以 TFT-LCD、AMOLED 为代表的半导体显示产业已成为我国政府和业界的共识和战略选择！十年磨一剑，中国半导体显示产业已经打下了较为坚实的全球竞争力基础，但我们不能满足于现状，我们必须继续创新进取，成为全球领先乃至领导者。为此，我们必须改变，引领这个变革的新时代，不断创新观念、技术和应用。以颠覆性创新的智慧和勇气，提升价值，实现转变，为中国，为整个世界！

实现上述愿景，需要政府、企业、高校和研究机构等各界同仁的共同携手努力。特别是在人才培养和知识普及方面，更需要走在产业发展前面。借此机会，我们大家要感谢清华大学、北京大学、中科院理论物理所、长春光机所等单位为培养中国显示人才所做的努力。感谢高鸿锦、董友梅等众多教授和业内资深专家为开设“液晶与平板显示技术高级研修班”所做出的辛勤劳动，并在此基础上撰写、出版了《液晶与平板显示》一书，该书历经5次印刷，发行量超过万册，为我国显示技术和产业的发展做出了历史性的贡献，本次改版为《新型显示技术》，更是顺应了行业的发展趋势。改版后的《新型显示技术》，除对原有内容进行更新外，还补充了立体显示、量子点显示、触摸屏等新兴技术。我相信本书的出版，会为我国新型显示技术和产业的发展做出更大贡献。

我愿意向一切有志于显示领域的青年学生、科研人员、业内伙伴、政府领导推荐这本书。它不仅是一本教科书，也是一本关于显示比较全面的高级科普书。这不仅是一本书，更是几代中国科技工作者和产业人发展中国自主技术和产业的梦想和情怀。

让我们携手共进，不断推动中国新型显示技术和产业发展！

京东方科技集团董事长

王东升

2014年8月1日

序
（二）

一、中国新型显示产业发展“风景这边独好”

近年来以薄膜晶体管液晶显示技术（TFT-LCD）为主导的平板显示器（FPD）产业的迅速发展，给人们的生活与工作带来革命性的变化。人们上班时用的计算机配有液晶显示器（LCD monitor），下班回家看的是液晶电视，出差旅行随身带的是液晶显示的笔记本式计算机与移动电话（手机）。21世纪前10年信息时代的特征就是一场平板化革命，正在横扫3C（计算机、通信、家电）市场。由于平板显示技术的革命性进步，高清电视、平板电脑、智能手机的普及使“大屏小屏人人有”已成为当今“科技走进生活”最亮丽的风景线与捷报“屏传”：被誉为“工程诺贝尔奖”的美国工程院最高奖德拉普尔奖，2012年授予液晶显示技术的发明者，2013年授予手机发明者，2014年授予锂离子电池发明者。正是这三项基础研究的成就奠定了新一轮世界工业革命的技术基础。

回顾世纪之初前十年，作为阴极射线管（CRT）为主导的彩电第一生产大国与出口大国，我国的彩电事业曾经面临平板化革命（以平板显示器尤其是LCD取代CRT）的严重威胁。尽管当初，我国建设了三条上百亿元投资的5代TFT-LCD生产线，但产能只占到世界的5％，其余95％份额被韩国（47％）、我国台湾地区（37％）和日本（11％）所瓜分。我国在平板化革命来临时所处的弱势对我国刚刚兴旺起来的信息产业无疑是一个颠覆性的威胁。因此，在2004年院士大会上，国务委员陈至立在报告中对出席会议的一千多两院院士提出一个沉甸甸的问题：韩国这样一个小国，政治又是不那么稳定，但为什么在液晶显示工业却占了世界第一？这是令院士们赧颜挑战性的问题。

2010年我国电子信息产业的一个重大的突破就是中国大陆自主建设的首条高世代液晶面板生产线——京东方合肥6代线的建设，填补了中国大陆32英寸以上液晶屏的制造空白，标志着信息产业在关键技术上实现突破。这条生产线自量产后，仅用了两个多月的时间综合良品率已经达到95％以上，达到国际领先水平，并于2011年5月实现满产。这充分说明我国本土企业已完整掌握了液晶显示的核心技术。2011年，党和国家领导人习近平在安徽调研时视察了京东方合肥6代线。习近平充分肯定了京东方在开展研发工作、提高自主创新能力方面所作的努力和取得的成果，并强调战略性新兴产业代表着科技创新和产业升级的方向，决定着未来经济发展的制高点，一定要大力培育和发展。

平板显示产业作为中国战略性新兴产业之一，得到了政府和企业的高度关注，至今已投资近3 000亿元。国家发改委和工信部2013年根据《2010—2012年平板显示产业发展规划》执行情况的评估结果，制定了进一步的政策。2013年，中国平板显示行业的重点工作是：政府将利用财政税收政策促进平板显示产业链的配套，企业加强TFT-LCD生产线的研发，缩小在液晶、玻璃基板、彩色滤光片、偏振片、发光材料、驱动芯片等关键材料和设备、AMOLED、低温多晶硅和氧化物背板、4K×2K超高清等技术方面与日韩企业的差距。

近两年，全球主要平板显示企业陆续到大陆投资建线：在建的8.5代线有广州&LG（韩国）、苏州&三星（韩国）、昆山&友达（台湾地区）及计划中的南京熊猫&夏普（日本）8.5G。中国企业北京京东方8.5G与深圳华星8.5G已先后达到满产，在建及计划建设的还有：合肥&京东方8.5 G，重庆&京东方8.5G，以及深圳华星第二条8.5G。中国大陆正在成为世界平板显示产业的投资热点。中国大陆到2015年底预计有9条8.5G生产线，总产能5 650万m^2/年，而8代线以上的海外产能，以基板总面积/年排序：韩国4 818万m^2/年，台湾地区1 419万m^2/年，日本1 024万m^2/年。计及8代以下的总产能，2015年底中国大陆TFT-LCD产能将超过日本和台湾地区，占世界第二位，其中最适合生产TV屏的8.5G生产线的产能将达世界第一。

在此高速发展、“风景这边独好”的形势下，平板显示产业决不能像个别行外“经济学家”主张的全部交给市场，而是要像国务委员刘延东在十一届政协一次科协与科技联组会上指示的：为防止全国各地液晶热与“产能过剩”，应该强调“政、产、学、研、用”相结合，实施正确的发展战略，支持、培育我国的TFT-LCD产业。我们相信：我国新型显示产业发展将有可能突破国产芯片产业发展长期徘徊不前的局面，在世界显示产业发展上后来居上，实现2020产能世界第一。

事实上，在2004年年底，胡锦涛总书记在视察中国科学院知识创新工程试点展览时就提出要吸取我国发展半导体技术的教训，要大力发展自主创新的科学技术与产业。我国要突破在平板化革命中所处的弱势，发展自主创新的新型显示产业，首当其冲的就是要培养中国的新型显示科学技术科研与产业人才。呈现在读者面前的《新型显示技术》一书就是为上述人才战略服务的一本有益的教科书。

二、东隅已逝 桑榆非晚 后来居上 全球第一

我国液晶显示（LCD）科技事业始于1969年，迄今历时近40春秋。近40年历程，既充满光辉，也历尽艰辛。上世纪70年代初，国家还处在“文革”的余难之中，尽管科研基金短缺，大学招收的工农兵学员素质参差不齐，液晶显示科研（尤其是清华大学提出的大屏幕液晶投影电视的课题）被当时的“文革领导小组”认为对工农兵宣传有重要意义，还能在困难的夹缝中生存发展。代表性的研究力量体现在清华大学化学系（液晶材料合成研究）及基础部物理教研组（液晶物理与显示技术研究）。在这两个单位的我国第一代液晶研究前辈披星戴月、呕心沥血的拼搏下，我国的液晶事业基本与国际同步,特别是改革开放的1978年,清华大学招收了我国首届的液晶化学与液晶物理的研究生,我国液晶显示的科研教育走上了学科发展的快车道。当时,我国南方发展并生存至今的无源液晶显示产业的技术骨干很多是这些毕业研究生,即第二代液晶人。作为该批研究生中的一员,我手中还保留有已故的两位前辈老师为我们手刻的讲义:一本是清华大学化工系液晶科研组王良御先生的《液晶化学基础》(1979,12),另一本是清华大学液晶物理研究小组童寿生教授译的《液晶显示》。后一本讲义的作者只署中文名字"马丁·托皮亚斯",直到我手头有了 H. Kelker 与 R. Hatz 编著的 *Handbook of Liquid Crystals*(Verlag Chemie, 1980)的影印本,才从成千上万的文献中查到该讲义的原著名为 M. Tobias, *International Handbook of Liquid Crystal Displayers* 1975—76(Ovum: London, 1975)。作为这个时期的学术顶峰是我的博士论文导师谢毓章教授在科学出版社出版的我国第一本《液晶物理》专著,该书论述的完整性堪与国际上的名著,如1991年诺贝尔物理奖得主 P. G. de Gennes 的《液晶物理学》相媲美。Tobias 的《液晶显示》只介绍了海尔迈耶(G. H. Heilmeier)1968年发明的动态散射(DS)显示技术及海尔费里希(W. Helfrich)1971年发明的扭曲向列液晶显示技术(TN)。前者是液晶显示概念的诞生,因此海尔迈耶与发明室温液晶的 G. W. Gray 被分别授予五千万日元的日本京都奖。而后者(TN)是使 LCD 真正走向工业化的关键性发明,后来发展的 STN 与 TFT-LCD 都是 TN 原理的延伸,为此,海尔费里希获得首届欧洲物理学会凝聚态物理最高奖——惠普奖及法国国际创新大奖。对全球的液晶显示研究者和产业界人士来说,1968年是液晶显示的元年,在这一年美国 RCA 公司在广播中向世界报告:公司的博士研究生海尔迈耶等人提出并发明液晶动态散射显示技术(DSM-LCD)。这条消息引起了法国原子能委员会的兴趣。当时,正在原子能所工作的物理学家 P. G. de Gennes 组织了一个由结晶学、化学、材料缺陷、光学、核共振和理论专家组成的多学科研究小组,在巴黎市郊奥赛开展液晶物理的基础研究。研究中,德热纳认识到序参数、相变等概念是处理液晶复杂系统的物理基础,并在此基础上写出专著《液晶物理学》。并于1991年获得诺贝尔物理学奖。

1968年,44岁的日本物理学家江崎玲于奈(因发明江崎二极管而获1973年诺贝尔物理学奖)正在美国 IBM 实验室工作,他立即将 RCA 发明液晶显示技术的消息介绍给日本的重点大学和大公司,这引起了日本理化学研究所科学家小林骏介的兴趣。小林骏介1969年到美国学习,回到日本后开始液晶基础研究,成为日本液晶研究的学术带头人,他现在是东京理科大学教授、液晶研究所所长,被誉为'日本液晶之父。日本液晶显示产业后来的成功发展,与基础研究先行的经验分不开。

但对美国 RCA 公司来说,1968年却是让他们追悔不已的一年。当海尔迈耶在20世纪60年代初发明了液晶显示技术后,公司对此相当重视,一直将其列为重大机密项目,直至1968年才在一项最新成果的报道中向世界披露,但这时,RCA 公司的一些领导人一方面局限于传统半导体产品,一方面又过分强调初出茅庐的动态散射方式液晶显示技术的缺点,诋毁其产业化。为此,液晶专利被卖出,研究小组成员外流,包括正在那里做博士后的德国物理学家海尔费里希。作为和我一起研究液晶生物膜理论

(1987—1989)的合作者，海尔费里希曾告诉我，其实他在RCA后期就告诉海尔迈耶应把依靠液晶分子电致流动不稳的动态散射方式改为依靠液晶分子介电电致转动的扭曲向列模式，但RCA上层不接受这个改进方案，结果海尔费里希只好打道回欧洲，在瑞士罗氏公司与马丁·沙特在1971年美国《应用物理快报》上发表一篇不到两页的论文，公布了液晶扭曲向列模式的发明，这就是沿用至今，广泛应用于电视、手机、PC、平板电脑显示的平板显示技术原理。

对发明液晶平板显示技术另一个重要贡献是把液晶显示(LCD)的无源简单多路驱动向有源矩阵薄膜晶体管(TFT)驱动演化，这是西屋电气公司的T.彼得·布罗迪发明的，因此，被誉为"工程诺贝尔奖"——美国工程科学院最高奖——德雷珀奖2012年2月授予液晶显示上述四个发明人：海尔迈耶、马丁·沙特、海尔费里希与布罗迪。我国液晶显示科学教育事业在无源TN、STN是上乘的，因此，我国从1985年至1990年代发展起来的无源TN及STN生产线的产能至今已居世界第一。但是，这个第一在21世纪TFT-LCD占主导的国际LCD产业中是无足轻重的。从1990至2003年，我国的LCD被TFT-LCD的兴起远远抛在后面，其过程与我国半导体产业在从晶体管向大规模集成电路转型时的困境如出一辙。这个衰退过程的原因虽然是多方面的，但人才培养衰落是最主要的原因。在只追求发表SCI论文的急功近利的环境下，应用技术研究(常常出不了顶级杂志论文)被冷落甚至得不到基金的支持，因此，当第一代液晶研究者退休后，液晶显示物理专业从重点大学消失殆尽。我国从1969年建立的液晶显示事业成"东隅已逝"的败势。

令人庆幸的是，以发展液晶材料为己任的液晶化学研究则一直被坚持下来，并已传承到第三代。在产学研结合的正确路线指引下，清华大学化学系与石家庄民营经济合作已逾廿年，创建了有自主创新、产量规模世界第五的"永生华清液晶材料厂"。2007年5月，该厂启动了国家支持的TFT-LCD材料量产的专项工程，发展国产TFT-LCD的材料。该厂近年更名为"石家庄诚志永华显示材料厂"，已成为我国最大的液晶材料厂家。清华大学化学系教师、科研人员与研究生在产学研的艰难跋涉中，不仅始终追随着液晶显示工业发展的脚步，而且还在新型FPD技术〔如有机发光二极管显示(OLED)〕的研发上走在国家的前列。在这些教师中不仅涌现有曾经长期担任FPD行业协会的领导，还有他们为我国近年建立的TFT-LCD第5代线输送的技术骨干。在他们的领导与支持下，清华液晶技术工程研究中心自2003年以来一直致力于平板显示行业专业人才的培训，所开设的"液晶与平板显示技术高级研修班"从2003年开始到2011年，已举办11期，学员300人。与此同时，至今仍在各地分别针对企业的不同要求举办内容相近但专题有所选择的培训班，共轮训1 200多人。为我国LCD产业东山再起，度过彩电由CRT向FPD转型的难关，培养了人才，根据这一时期的培训教材，出版了被国内TFT-LCD产业界视为最重要的技术参考手册的《液晶与平板显示技术》一书。

近年来，新型平板显示技术出现了许多新进展，3D显示、柔性显示、可穿戴式显示新技术如雨后春笋般涌现，新型平板显示产业呈现高分辨率化和有源有机发光二极管显示(AMOLED)产业快速发展的新趋势。一是在大尺寸 TFT-LCD 显示器产业方面,4K 代表着新一轮发展平板显示的新技术,4K 分辨率相当于全高清约 4 倍影像,4K 电视(也称 UHDTV)已开始进入市场。二是 AMOLED 产业异军突起,进入快速发展阶段,AMOLED 技术将分为 5.5 代和 8.5 代两个方向发展;面向中小尺寸屏幕应用的 5.5 代技术路线已逐步趋近其技术极限,后续主要是如何提高生产效率;面向大尺寸屏幕应用的 8.5 代生产技术还在摸索中,由于基板面积骤然变大,均匀性、再现性等指标还很难达到量产的要求,合格率不足 15%;由于 AMOLED 在分辨率、寿命等其他特性方面没有比 TFT-LCD 更大的优势,三星公司将 AMOLED 转向了柔性 AMOLED 的方向,进一步实现差异化显示。为追赶这些日新月异的、已不是"平板显示"可一而概之的新型显示技术,《液晶与平板显示技术》的作者们对原书进行了重大的扩充与改写,吸收了前述各种新型显示技术的介绍,使得产业界的技术人员掌握新技术,对一线产业工人进行新技术培训有了新型显示技术新的"圣经"。

这本《新型显示技术》就是他们最近几年对我国骨干显示国有大企业技术人员与产业工人培训所用的新教材。这本书不仅提供了当代 TFT-LCD 生产所需的基础知识,也提供了正在研发中的所有未来有希望的其他 FPD 技术的详细介绍,尤其是高鸿锦教授写的导论,是我迄今为止看到的关于我国与国际 FPD 产业及其历史最为详尽的评述。因此本书不仅对科研技术人员有益,也对领导我国信产部门的政府官员有益。本书是教科书,也是关于 FPD 的高级科普书。

相信本书的出版一定能为我国当前正在崛起的平板化革命——液晶及其他新型显示技术与产业的迅速发展做出历史性的贡献。从我国 LCD 发展史角度来看,我们满怀信心地说,我国的新型产业正处在"东隅已逝,桑榆非晚"的新发展时期,我国的新型显示产业一定能后来居上,登上全球第一的制高点,政府要抓住机会加大支持,产学研人员也不要错失良机,投入其中。一句话,大家努力吧!

中科院院士

欧阳钟灿

2014-7-7

前　言

互联网时代，显示无处不在。

2007年我们编写出版了《液晶与平板显示技术》一书，该书是在清华大学继续教育学院和清华液晶中心主办的清华大学平板显示技术高级研修班讲义的基础上编制而成，该书2007年发行，已经5次印刷，发行量超过万册。

从2007年至今的7年间，受益于ICT新技术和新产品创新，显示技术的格局发生了变化，平板显示概念已难以包容立体显示、曲面显示、柔性显示等新的显示技术。在这样的背景下，应广大读者的要求，我们在《液晶与平板显示技术》一书的基础上重新编著了本书。除对原有14个章节内容进行了更新外，还新增加了立体显示、量子点显示、触摸屏技术以及测试技术与标准等4个章节。新版《新型显示技术》力图向读者全面展现当今世界显示行业技术与产业的现状与发展趋势。

本书作者都是多年从事显示技术教学的教师和第一线的研发人员。第1章、第2章、第3章和第14章由清华大学化学系高鸿锦编写(其中的14.10节由3M公司北京技术中心堵光磊编写)；第4章和第6章分别由清华大学化学系唐洪和杨傅子编写；第5章由英国Exeter大学阮丽贞编写；第7章、第11章、第15章和第16章分别由京东方科技集团公司董友梅、薛建设、武延兵和白峰编写；第8章由北京大学微电子学研究所刘晓彦编写；第9章由清华大学化学系有机电致发光实验室王立铎、段炼编写；第10章由TCL工业研究院朱昌昌编写；第12章和第18章由清华大学电子工程系应根裕编写；第13章由复旦大学先进材料实验室谷至华编写；第17章由牡丹集团阎双耀编写。高鸿锦和董友梅负责全书的统稿。

新型显示技术覆盖面广、更新速度快，虽然作者尽力向读者介绍最新技术成果和应用热点，但鉴于作者自身能力、学识所限，书中错误与不足之处在所难免，敬请读者多多批评指正。

本书在编写与出版过程中得到显示产业界同仁和清华液晶中心以及《平板显示文摘》编辑部各位同事的支持和帮助，在此表示衷心感谢。

编著者

目　录

第1章 导 论

1897年，阴极射线管(Cathode Ray Tube,CRT)问世；1939年，纽约世界博览会展出第一台商用黑白电视机。从CRT问世至今已经100多年过去了。这100多年间，尤其是最近的二三十年，花样繁多的显示器不断问世，显示器的市场不断扩大，各类显示器之间为争夺市场而展开的竞争日趋激烈。显示器的发展历程，从一个侧面反映了人类社会的进步。

随着技术的进步，40 GHz的CPU运算速度、近千GB的硬盘存储容量、无处不在的网络连接和功能丰富的应用软件已经成为信息社会的标准配置。电视机、台式计算机、笔记本式计算机、平板电脑、手机已进入千家万户，成为人们日常工作、生产、生活的必需品。消费者对人机互动的体验和视觉享受的追求变得愈来愈重要。显示器正在成为人们日益关注的焦点。显示器大变革的进程正融入社会多媒体化的大潮之中。

1.1 多媒体时代的显示器

1.1.1 信息媒体与人类社会

大约四五万年前中华大地就有了人类活动，人们在长期狩猎采集活动中创造了语言和简单的绘画，这是人类最原始的信息交流。考古学证明，早在公元前3 000年，夏代就出现了文字。文字的出现标志着人类史上长期存在的农业文明的开始。在这漫长岁月里，人们通过竹片、木片、龟甲等媒介进行十分有限的信息交流。

工业文明的兴起与纸和印刷术的发明密切相关。早在公元105年汉和帝时期蔡伦发明了纸，公元1041—1048年宋仁宗时期毕昇首创了活字印刷术。纸和印刷术的发明使信息流通量扩大了几个数量级，它的出现从根本上改变了世界。这两项中国发明都经过几百年才传到欧洲。现在一般认为工业文明源于15世纪欧洲文艺复兴时期，但是可以说没有纸和印刷术就不会有文艺复兴。印刷媒体的直接效果是导致了先进思想的传播，促进了社会生产力发展，促使了社会变革。在此基础上，18世纪英国出现了工业革命，开始了工业文明。19世纪铁路、轮船投入使用，又促进了印刷媒体在更大范围的传播。但是，通过铁路或轮船传播信息还存在局限性，当信息流通量达到饱和时，表明近代工业文明发展到了尽头。

电波媒体的出现标志着世界进入现代工业文明。19世纪末出现的无线电通信技术导致了20世纪初的无线电广播的诞生。20世纪30年代后期电视广播开始实用化,它不仅能传送声音和语言,还能把图像信息传送到世界各地。可以说新的电波媒体、电视传播媒体的出现,开创了直至今日的现代工业文明,它对人类社会政治、经济、文化,乃至人们的生活方式都产生了不可估量的深刻影响。当然电波资源也不会是无限的,况且当今世界科学技术迅猛发展,正孕育着一场信息革命。

从以上信息媒体与文明变迁的关系的简要说明中可以看出,显示器是20世纪伴随信息设备而出现的人机界面。国际信息显示协会(SID)1963年曾对信息显示下过这样的定义:信息显示,是为了将特定的信息向人们展示而使用的全部方法和手段。这里所说的方法和手段,限定在基于电子手段产生的视觉效果上。

正如阴极射线管显示器的发明对现代工业文明的兴起是不可缺少的那样,随着人类社会向多媒体信息文明发展,也必须要有新的显示器出现,以此来满足更新的人机界面的需求。如果把在20世纪初的CRT的出现称作第一次显示器革命,那么在工业文明中向信息化社会发展过程中出现的以LCD为代表的平板显示器则应当被称作一次新的显示器革命。当然今后还可能出现更新的显示器革命,不过现在还难以预测。

1.1.2 多媒体与显示器

当今世界正处于多媒体时代,处在以信息通信媒体为核心的大变革潮流之中,显示器领域也酝酿着新的革命。信息系统的多媒体化是推动这一进程的原动力。多媒体具有高效控制各种媒体庞大信息的功能。支撑多媒体的三大关键技术就是数字技术、网络及人机界面。

计算机和其他信息机器的发展,使人类的信息处理方式得到加强;高速的计算能力,扩展了数据的处理能力;大规模的存储设备,扩展了人们的记忆范围;高速的计算机网络,使得人们能够相互进行快速的信息交换。因此这些信息处理的机器,就变成了人们之间信息交流的桥梁。

但是,计算机缺少类似人类视角、听觉、触觉、嗅觉和味觉等各种感觉能力,无法像人类一样自由地收集信息和表达信息,以致计算机成为人们在信息交流之间的一种极大的障碍。而且如果要借助计算机进行交流,还必须忍受各种各样的抽象。因此人们一直致力于多媒体的研究,力图克服并消除这些障碍。

人和计算机的信息交流主要采取三种形式:人与人之间的交流;人与计算机之间的交流;计算机与计算机之间的交流。每一种交流的形式在信息的表示和传递方面都不相同。

计算机与计算机之间的交流,从计算机技术的角度看,是一门已得到充分发展的学科,但多媒体系统还是向系统的设计者提出了新的挑战。要综合处理多媒体信息,必须有标准化、统一数据格式和制定相应的传输协议。

人与人之间的交流,计算机起着高效信息传递媒介的作用。一个重要原因是计算机不必理解人与人之间交流通信中的全部内容。例如,电子邮件中只有收件人、地址、日期等成分需要计算机解释和执行,对于信的内容计算机仅作为一般的数据处理。同样，传输的图像、视频和音频，基本上是计算机帮助人们有效地组织、管理信息和表现信息，多媒体系统为此将发挥更大作用。如果计算机能够更好地理解传输数据的内容，将使人们通过计算机的交流达到更高的水平。

人与计算机的交流，必须考虑两者之间的巨大差异。为了使用计算机，必须把人类并发的、联想的、形象的、模糊的多样化思维翻译成计算机所能接收的、串行的、刻板的、明确的、严格形式逻辑规则的机器指令。多媒体系统的出现，使得人与计算机之间的交流得到进一步发展。

多媒体将会大大改变信息的流通、利用形态以及服务的内容，然而最重要的功能之一是信息传递的双向性。由于信息传递变成双向，信息流通的编组变得简单，可直接联系，制造者与消费者的关系将变得更加重视用户的需求与感情。这里最重要的信息形态就是图像，它含有文本和声音无法表达的信息。因此，可以说把图像传递给人们的显示器是最重要的媒体。

综合广播电视、家电类和计算机类的发展情况看，媒体发展的模式是，工业文明前期为物质媒体时代，从工业文明后期到现在为信息利用的个人化时代，而且两者都将数字技术和网络技术结合起来向多媒体时代发展。在这一系列发展中，显示器从CRT到LCD，向着更高的人机界面技术发展。

多媒体需求方向、功能概念，以及为实现这些功能的信息系统或装置也随之发生变化。为适应多媒体时代需求的某些装置和系统，有的已经进入实用化阶段。如因特网、智能手机、卫星数字电视等。

1.1.3　多媒体时代的显示器需求

多媒体时代对显示器的要求可以归结为：

第一，要求能适应多媒体。不仅对电子媒体有非常好的显示性能，还能适应非电子媒体。在电子类中，动态画面与静态画面对显示器要求的侧重点不同。前者要求动画效果好，色纯度要高，再现性要好。后者则要求画面无闪烁，高清晰度显示。关于与非电子类媒体的互换性，照片或印刷品的分辨率要比电子类媒体的分辨率高，这就要求显示器分辨率要有很大的提高。

第二，要求真实、传情。这是多媒体时代的特点，不仅要迅速准确地传递信息，而且要能传递感情。传递图像已成为信息传递的重要内容。

第三，要求能做到无论何时、何地、何人均可使用。

针对上述几方面的要求，显示器的发展方向也面向三个方面：高画像品质、高临场感、可携带超节能。图1.1表示从现有LCD TV和笔记本式计算机出发，沿着三个不同方向发展的设想。但实际情况远比这些丰富多彩得多。

在已有的应用领域，产品发展的趋势之一是追求栩栩如生的视觉体验。人们追求面板的高标准画质，无论是手机、平板电脑还是电视，视网膜技术被追捧，使得手机产品追求400 ppi以上，平板电脑追求300ppi以上的高分辨率，而4K2K电视将成为标配，8K4K产品上市也不会是很遥远的事情。这些技术再加上裸眼3D、弯曲显示以及超大尺寸,带给我们的就将是栩栩如生的临场感。

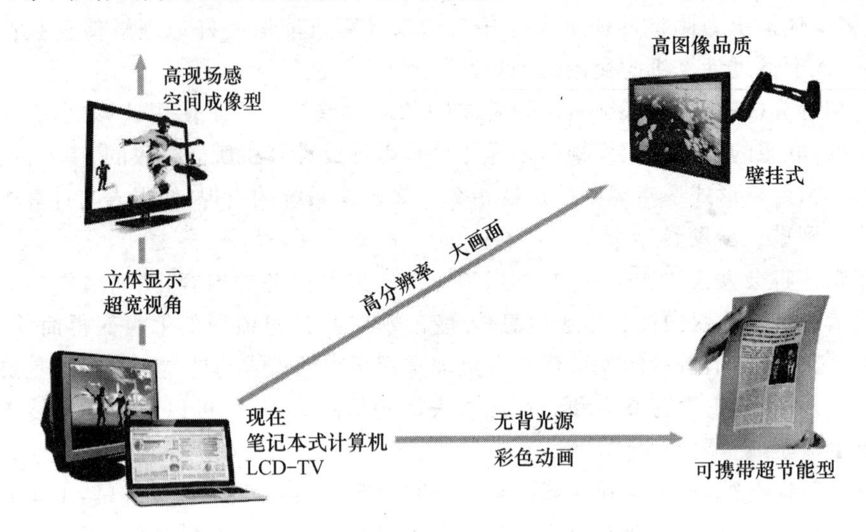

图 1.1 适应多媒体的显示器的发展方向

1.1.4 作为人机界面的显示器

人类是通过视觉、听觉、嗅觉、味觉、触觉等五种感觉来了解周围世界的。但其能力有很大差异,其中获取信息量最大的是视觉,见表 1.1。

表 1.1 五种感官获得的信息量

感觉	占信息量的比例/(%)	感觉	占信息量的比例/(%)
视觉	83	触觉	1.5
听觉	11	味觉	1.0
嗅觉	3.5		

1. 人机界面的种类

文字信息的输入使用笔或键盘,而输出界面在电子类中则使用打字机或显示器。声音和音乐使用话筒和扩音器。当图像信息为动态图像时,输入用摄像机,输出用显示器;当图像信息为静态图像时,输入用扫描仪或数码相机,输出则用打字机。

今后多媒体将以实时动态图像信息为主,输出界面上的显示器技术将是最为重要的技术。

电子类与非电子类媒体的根本区别之一就是与人之间的界面。非电子类媒体的界面媒介是声音或纸类,而电子类媒体则必须通过信息机的电子类界面。人发出或接受信号必须准确而快速传递。尤其是多媒体进一步发展,信息质量的要求变得更加重要,从而对显示器的要求也将更为重要。

2. 显示器传递的信息量与其他显示媒体的比较

从图 1.2 可以看到,在 A4 纸上的文字信息,每张纸大约 32 kbit。精读时的阅读信息量约为 160 bit/s。人的对话约 80 bit/s,电话传输则为 64 bit/s。在图像信息方面,静态图像的彩印、照相按常用尺寸每张大约数百兆比特以上;而电视动态图像则每秒达 100 Mbit 以上。可见,图像信息与文字类信息相比,其信息量之大是很悬殊的,至于高清晰度图像的信息量无疑将会更大。

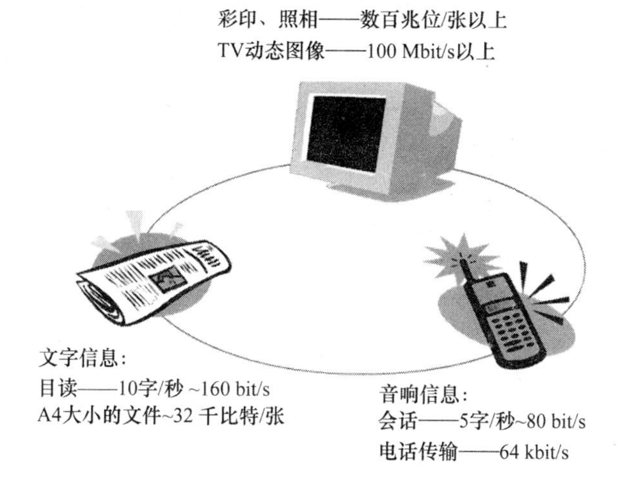

图 1.2 显示器传递的信息量与其他显示媒体的比较

3. 显示器的分类

显示器一般由显示器件和周边电路、光学系统等部件组成。显示器分类有多种办法,通常按器件技术分类:直视型、投影型及空间成像型,如图 1.3 所示。

直视型是目前显示器的主流。除了传统的阴极显像管(CRT)外,就是平板显示器(FPD)。FPD 又分为发光型和非发光型两大类。非发光型主要是液晶显示器(LCD),发光型显示器有等离子体显示(PDP)、有机发光二极管显示(OLED)、电致发光显示(EL)、发光二极管显示(LED)、真空荧光显示(VFD)、场致发射显示(FED)、表面传导发射(SED),等等。

投影型是大屏幕、高清晰的一种选择,又分为背投型和前投型两种。其图像源大致分为使用 CRT 和平板光阀两个方法。其 CRT 方法现已基本不用了。光阀又称空间光调制器,具有靠图像信息调制光束的能力。现在主流产品有 LCD(包括硅基液晶显示器、LCOS)和数字光处理器(DLP)。

空间成像型也是一类投影,它在空间形成虚拟图像。其代表性技术是头盔显示器(HMD)和全息显示器。

1.1.5 阴极射线管(CRT)显示器

1897 年,德国物理学家布劳恩(Braun)发明了阴极射线管(Cathode Ray Tube, CRT)。此后,人们发现阴极射线与许多物质相互作用,可使其产生荧光,可以使照相底片成像等。从而开展了阴极射线与物质作用的观察与研究。作为显示器的研究最

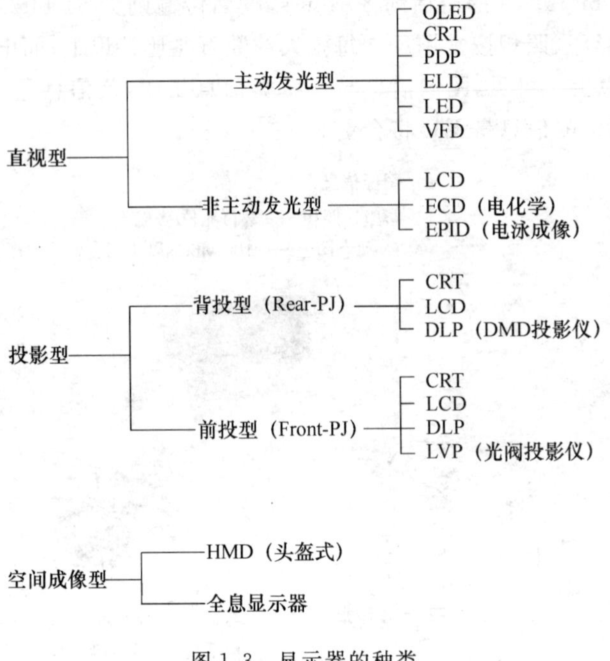

图 1.3　显示器的种类

早可追溯到20世纪20年代。1926年在德国的通信展览会上出现了最早的可进行简单图形接收的实验装置。30年代后期,世界上不少国家开始实验性电视播送,其中德国是最早开始广播电视的国家(1935)。"二战"之后,作为接收电视台发送图像的显示技术,获得了巨大市场,发展速度十分惊人。1950年美国RCA公司完成了阴罩式彩色CRT的研制。并由此诞生了CRT电视机。1951年日本开始黑白电视广播,1954年美国开始播送彩色电视节目。1960年日本开始彩色播送。中国从1958年开播黑白电视节目,1973年开播彩色电视节目。长期以来,CRT电视机一直是作为主流电视机,得到广泛普及,并迅速发展成一个庞大的产业。

CRT用于计算机大约从1970年开始。随着计算技术的提高,以及晶体管大规模集成电路的迅速发展,彻底改变了原来的计算机的面貌,使CRT用于计算机成为可能。为了区别CRT的两种用途,把仅用于显示的彩色CRT称为CDT(Color Display Tube),用于电视机的CRT称作CPT(Color Picture Tube)。今天,低价格、高显示容量、画质高、彩色鲜艳几乎成了CRT显示器的标志。

CRT显示器主要由电子枪、偏转线圈、阴罩、荧光粉层和圆锥形玻壳五大部分组成。其中电子枪一般采用单一电压型,阳极电压15～25 kV,最大电流100～150 μA,产生高能电子束。相应于红(R)、绿(G)、蓝(B)三原色发光荧光屏,分别设有一个电子束,为了防止每个电子束轰击另外两个颜色的荧光屏,在荧光屏内侧设有阴罩。

现在大部分CRT显示器使用的是孔状式金属板,它就是一个40多万个小孔的薄钢板。这就是最初CRT显示器所使用的光罩。在随后,又有了条栅状金属板,它的原理和孔状式金属板基本一样,只是圆孔换成了垂直的条栅,从而增加了光束的穿透率。柱面显像管显示器就是使用这种光罩，所以它能在垂直方向实现完全平面。不过，这种技术有它自己的缺点，那就是抗震性不好，一有震动就会使显示的画面抖动。索尼公司的特丽珑(Trinitron)技术和三菱的钻石珑技术就采用了两条水平金属线来固定条栅的位置，所以我们在选用珑管显示器时，就会看到显示器上有一条不怎么显眼的金属线。

在玻壳外侧装有偏转线圈和色纯度汇聚磁体。偏转线圈除了控制电子束偏转扫描外，通过其磁场分布设计，一般还具有使三个电子束汇聚于荧光屏的功能。

由电子枪发出，几经聚焦、调控的电子光束打在荧光粉上，产生亮点。通过控制电子束的方向和强度，即可产生不同的颜色与亮度。当显示器接收到由计算机显示卡或由电视信号发射器所传出来的图像信号时，电子枪会从屏幕的左上角开始向右方扫瞄，然后由上至下依序扫射下来，如此反复的扫描即构成我们看到的影像。

CRT 显示器的屏幕从球面、平面直角、柱面到纯平面，对应了阴罩技术的发展。早期的 14 英寸显示器大多使用的是球面屏幕，这种屏幕中间外突显球形。到 1994 年，平面直角显示器诞生了，这种显像屏幕中心较平。然后是柱面管，这种屏幕在垂直方向已经实现了完全的笔直。最后，就是我们现在熟悉的纯平面屏幕，它在水平和垂直方向都是笔直的。从 1998 年到现在，纯平显示器逐渐占据了市场的主流地位，其中又分为物理纯平和视角纯平两种技术，CRT 技术发展到现在，已经非常成熟了，视觉纯平被认为是 CRT 技术发展的新高点，还没有哪家厂商能在此基础上作更大突破。只是在原有的技术上加以改良来提升显示品质。

但是，近年来，CRT 显示器由于不够环保、笨重、耗能等某些自身固有的弱点，受到平板显示的强劲挑战，发展势头趋缓，甚至萎缩。除了 LCD 显示器将会很快地完全取代 CRT 外，随着 LCD、PDP 为代表的平板显示器技术不断成熟、生产规模不断扩充、产品性能已经接近甚至超过 CRT 电视、价格不断下降，CRT 电视在显示领域的主体地位根本性地动摇了。实际上，从 2002 年开始 CRT 已加速被平板电视所取代。到 2009 年 CRT 的市场份额已不足 5%。

1.1.6　平板显示

平板显示(FPD)技术自 20 世纪 90 年代开始迅速发展，并逐步走向成熟。由于其具有清晰度高、图像色彩好、环保、省电、轻薄、便于携带等优点，已被广泛应用于家用电器、计算机和通信产品，具有广阔的市场前景。随着平板显示技术的进一步发展，平板显示产品的市场也随之不断扩大，并使传统的 CRT 逐渐退出市场。

从产品产值来看，整个 FPD 产业从 1998 年到 2001 年属于初创期。从 2002 年开始进入历时约六七年的高速增长期，2002 年 FPD 产品的销售额就超过了 60%，已经明显超过了传统的 CRT 市场；到 2006 年在整个显示领域，FPD 产品产值渗透率超过 90%，具有绝对的独占地位。FPD 从 1998 年到 2007 年，产值从不到 100 亿美元成长到 1 000 亿美元——10 年成长 10 倍！而相应的 CRT 产品的市场将不断地被压缩，到 2009 年，CRT 所占的市场份额不足 5%。2008—2009 年两年受国际金融危机的严重影响,FPD 产业进入艰难的调整期。但很快从 2010 年又恢复了增长。从此产业进入缓慢而稳定的发展态势,并占据了未来显示市场的绝对主力地位,如图 1.4 所示。

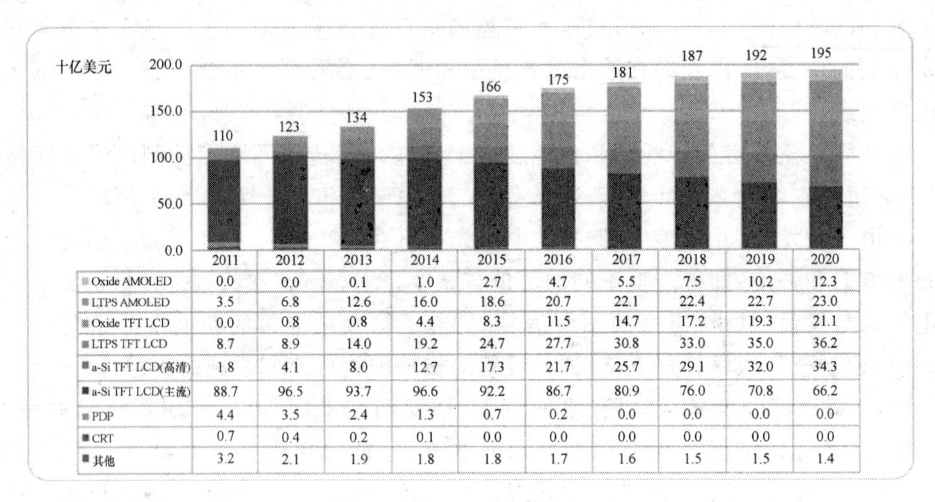

	2011	2012	2013	2014	2015	2016	2017	2018	2019	2020
Oxide AMOLED	0.0	0.0	0.1	1.0	2.7	4.7	5.5	7.5	10.2	12.3
LTPS AMOLED	3.5	6.8	12.6	16.0	18.6	20.7	22.1	22.4	22.7	23.0
Oxide TFT LCD	0.0	0.8	0.8	4.4	8.3	11.5	14.7	17.2	19.3	21.1
LTPS TFT LCD	8.7	8.9	14.0	19.2	24.7	27.7	30.8	33.0	35.0	36.2
a-Si TFT LCD(高清)	1.8	4.1	8.0	12.7	17.3	21.7	25.7	29.1	32.0	34.3
a-Si TFT LCD(主流)	88.7	96.5	93.7	96.6	92.2	86.7	80.9	76.0	70.8	66.2
PDP	4.4	3.5	2.4	1.3	0.7	0.2	0.0	0.0	0.0	0.0
CRT	0.7	0.4	0.2	0.1	0.0	0.0	0.0	0.0	0.0	0.0
其他	3.2	2.1	1.9	1.8	1.8	1.7	1.6	1.5	1.5	1.4

图 1.4 平板显示市场未来发展趋势(资料来源:DisplaySearch)

据 DisplaySearch 统计数据显示,2013 年全球平面显示器产值约 1 340 亿美元。其中,LTPS-LCD 和 LTPS-OLED 是成长热点。全球 TFT-LCD 液晶面板产值约 1 170亿美元,占平面显示器产值的 87%。

从产业技术类别层面上看,TFT-LCD 面板经过 20 多年高速增长后,已处于成熟发展期,尤其是 a-Si 技术(目前 TFT-LCD 主要技术),其增长已经降到了 1%左右(图 1.4)。

PDP 在平板显示产业中的份额继续减少,未来几年 PDP 销售收入将从 2011 年的 44 亿美元下降到 2016 年的 2 亿美元,并逐步退出主流市场。目前全球等离子面板的生产主要集中在松下、长虹、三星等少数企业,而松下已宣布在 2014 年全面退出等离子电视面板业务,随着产业阵营的不断萎缩,PDP 显示技术的发展前景不容乐观。

近几年 OLED 产业化进程加快,中小尺寸产品已批量上市,面板厂商正跃跃欲试向大尺寸方向突破。但从目前的技术来看,AM-OLED 在短时间内尚难以克服其成本、良品率方面的问题。也就是说,OLED 要在电视上对 LCD TV 市场构成威胁还要有一段时间。但在小尺寸产品市场上将继续呈现较高增长率。

TFT-LCD 则在低温多晶硅、金属氧化物 TFT 等新工艺的支持下,仍将在 10 年或更长时间内保持一定的规模,并继续占据平板显示产业的主流地位。

1.2 液晶显示器

TFT-LCD 产业始于 20 世纪 90 年代,到 2000 年为止,TFT 的主流产品是笔记本式计算机用面板。但是经过几次产业内部结构调整,从 2001 年开始液晶监视器面板市场规模超过了笔记本式计算机面板市场。显然,TFT-LCD 产业的初创期的成长动力主要来自笔记本式计算机和液晶监视器的面板。

从2002年开始的产业高速成长期的动力转到液晶电视，因为2000年LCD TV进入市场，经过两年的试水，2003年开始加速，当年销售500万台。2005年销售额超过100亿美元。2009年LCDTV达1亿台，占电视市场的一半，其产品产值占LCD整个产业的40%以上，成为TFT-LCD产业最主要的经济增长点。

现在，产业重心进一步转移。为适应智能手机和平板电脑的发展，TFT-LCD产业结构已经和将要发生重大调整。

世界上第一款智能手机是IBM公司1993年推出的Simon，它也是世界上第一款使用触摸屏的智能手机。但智能手机真正流行起来也只是这两三年。

2010年苹果iPad在全世界掀起了平板电脑热潮，现在这股热潮还在持续发展。

1.2.1 平板电脑和智能手机的成长将成为TFT-LCD产业成长的主要驱动力

从2010年以来，我们越来越明显地发现，尽管大尺寸面板（如LCD TV）面积连年增长，但销售额却不断下降；但是中小尺寸面板（如智能手机、平板电脑）的面积和销售额则实现双增长，其发展趋势如图1.5所示。这种趋势使得业界厂商纷纷将高世代生产线向生产中小尺寸的面板产品转型，如日本夏普就把其8.5代线从生产电视转向生产手机中小尺寸面板的生产线。

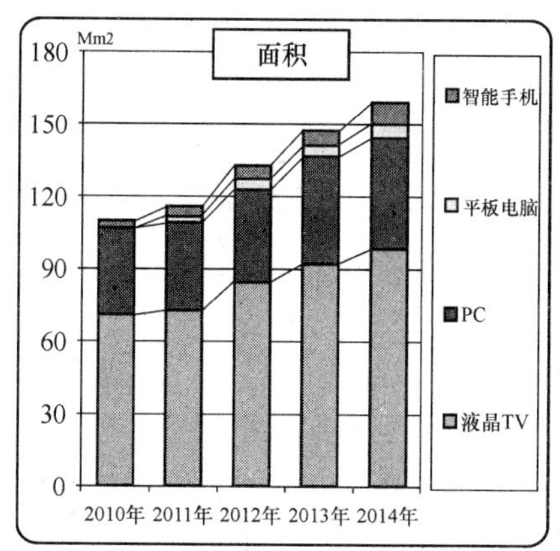

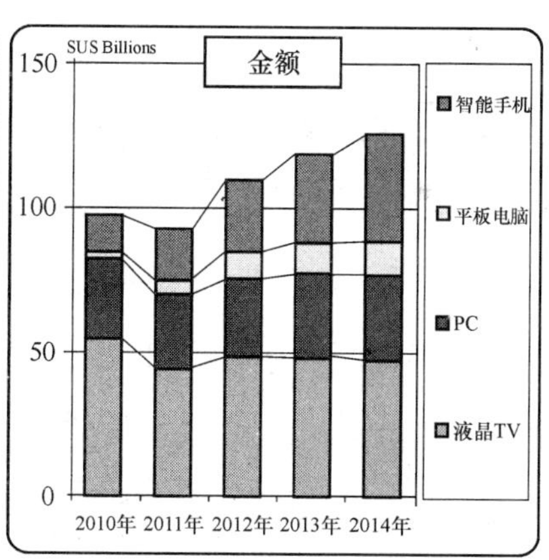

图1.5 大/中小型液晶面板市场趋势（资料来源：Display Serach）

其根本原因在于这些年来，市场对智能手机、平板电脑这样的中小尺寸显示产品需求旺盛，价格高企；而对液晶电视一类大尺寸面板需求增速减缓，价格走低。各类产品单位面积销售价格走势，如图1.6所示。

从图1.7全球手机市场发展趋势看，2002年TFT-LCD仍占88.3%的市场，AMOLED占8.1%。今后几年，可以预见OLED将快速蚕食LCD的市场。据预测，2015年将占据16.5%的份额。

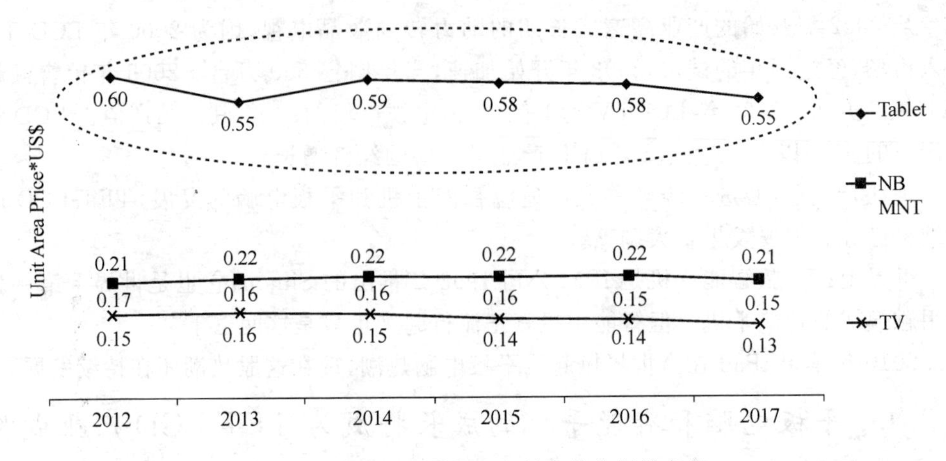

图 1.6 平板电脑单位面积销售价格保持高位

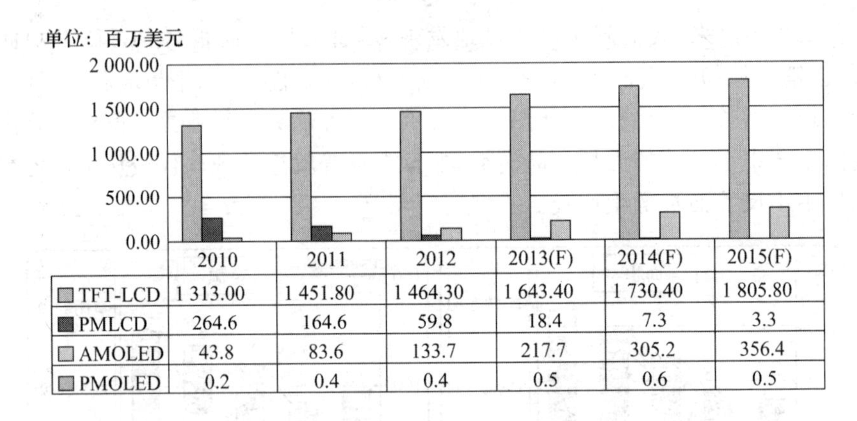

	2010	2011	2012	2013(F)	2014(F)	2015(F)
TFT-LCD	1 313.00	1 451.80	1 464.30	1 643.40	1 730.40	1 805.80
PMLCD	264.6	164.6	59.8	18.4	7.3	3.3
AMOLED	43.8	83.6	133.7	217.7	305.2	356.4
PMOLED	0.2	0.4	0.4	0.5	0.6	0.5

图 1.7 全球手机市场发展趋势(资料来源:DisplaySearch)

随着智能手机的快速发展,手机内部结构也随之发生变化。2012 年智能手机与功能手机产量之比为 44:56;到了 2015 年可能为 75:25。但如果按产值比,二者的比例,2012 年为 86:14;2015 年则为 97:3。

受智能手机的影响,平板电脑开始出现两个新的技术规格趋势:高分辨率屏幕,如同智能手机,平板电脑也开始追求高 PPI 分辨率;窄边设计。

正是由于智能手机和平板电脑朝融合的方向发展,市面上出现了一个新兴的字眼——“Phablet”。智能手机屏幕逐渐朝大屏幕发展(从 4 英寸放大到 5～6 英寸),使平板电脑制造厂商开始担忧市场被侵蚀,从而也开始往小尺寸发展(从 9.7 英寸缩小到 7～8 英寸)。

1.2.2 大尺寸应用格局有所变化,但电视仍将是大尺寸 TFT-LCD 的主要应用

液晶电视从 2003 年开始真正进入市场,市场销售量一直保持了 100%的增长率,到 2005 年,销售额突破了 100 亿美元。在随后五六年里,随着全球各条高世代生产线

的纷纷投产，液晶电视的成本进一步降低，市场份额逐年上升。从图1.8可以看出，在2011年之前的几年里，液晶电视一直是TFT-LCD产业增长最快的应用领域，年增长率保持在30%以上的水平，并保持年增长50亿美元以上的销售量；液晶电视成为TFT-LCD最主要的应用领域。到2009年，LCD TV屏总量超过CRT成为一个转折点，从此CRT迅速退出电视市场。2013年CRT的市场份额只有3%。往后还会下降。

问题是LCD TV取代CRT之后，PDP TV的份额不升反降，而呼声很高的OLED TV在短期内起不来。所以在今后5年内LCD TV的份额还会维持在90%以上，即使在10年或更长的一段时间内也会保持很高的市场份额，仍然会是TFT-LCD的稳定主体。

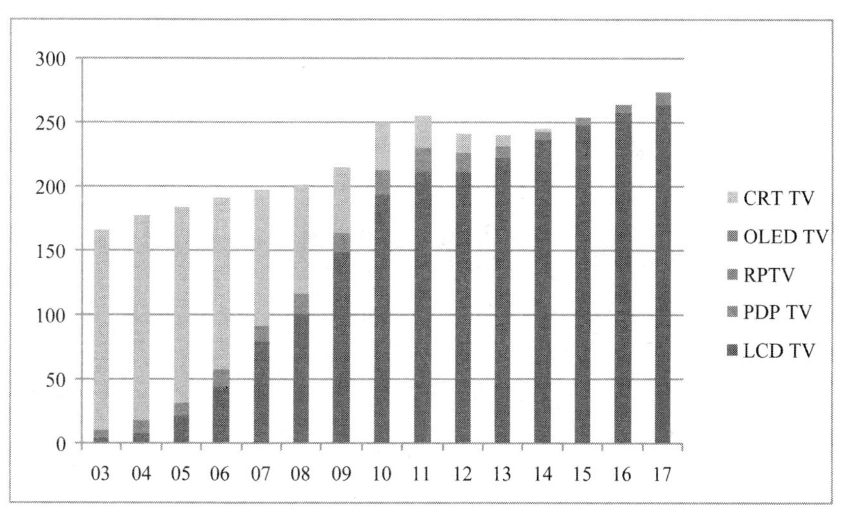

	2003	2004	2005	2006	2007	2008	2009	2010	2011	2012	2013	2014	2015	2016	2017
LCD TV	3.9	8.1	20.7	44.2	78.3	101.5	149.1	193.8	211.4	211.5	222.8	235.7	247.8	257.2	264.1
PDP TV	1.6	3.4	5.4	9.1	11	13.9	14.2	18.8	18.1	14.1	8.9	5.8	3.5	2	1.1
RPTV	4.8	6.6	5.5	4.2	2	0.4	0.2	0.2	0.2	0.1					
OLED TV											0.1	0.7	2	4.7	9.1
CRT TV	156.3	159.2	152.1	134.3	106	85.4	51.1	37.2	25.5	15.8	8.1	2.7	0.8		

图1.8 2003—2017年全球电视产品构成

UHD(4K2K)电视2012年成为热点产品，2013年开始大量上市，从2013年前8个月市场情况看，全年出货将超过100万台，出货渗透率超过0.8%，未来几年UHD电视发展速度将加快，如图1.9所示。

10英寸以上的大尺寸面板中，传统意义上的IT产品，只有笔记本式计算机(NB)和台式机(监视器、MNT)。2010年开始，出现了平板电脑，来势汹汹。大有吞噬笔记本式计算机和台式机的劲头。2012年以10%的销售量，取得26%的销售金额。据预测，到2017年，将以25%的销售量，获取51%的销售金额，可见利润可观，如图1.10所示。

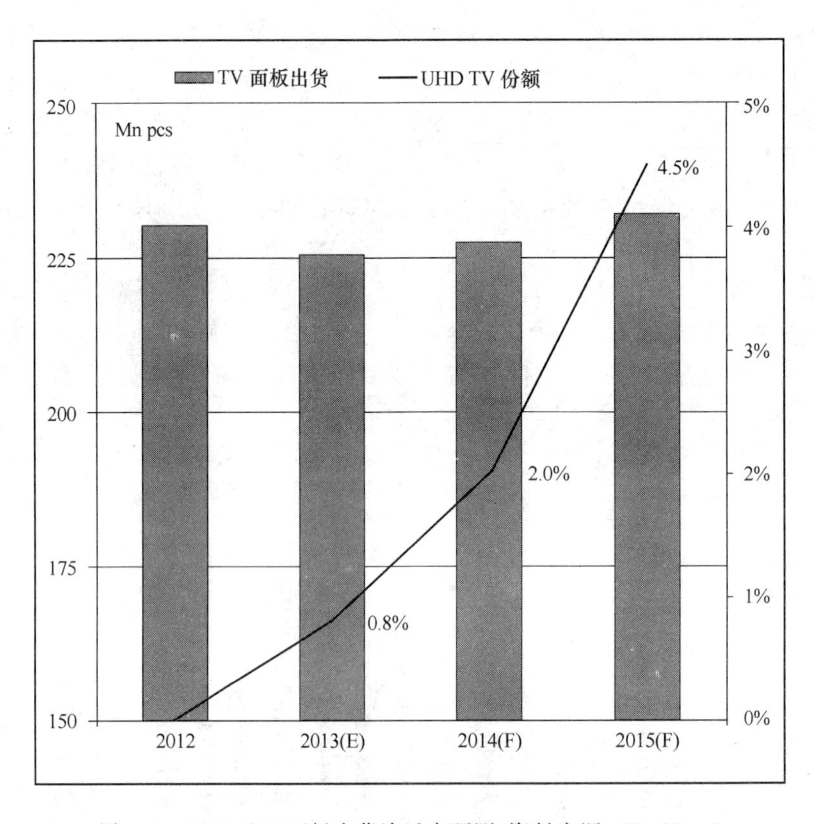

图 1.9 UHD TV 面板出货渗透率预测(资料来源:WitsView)

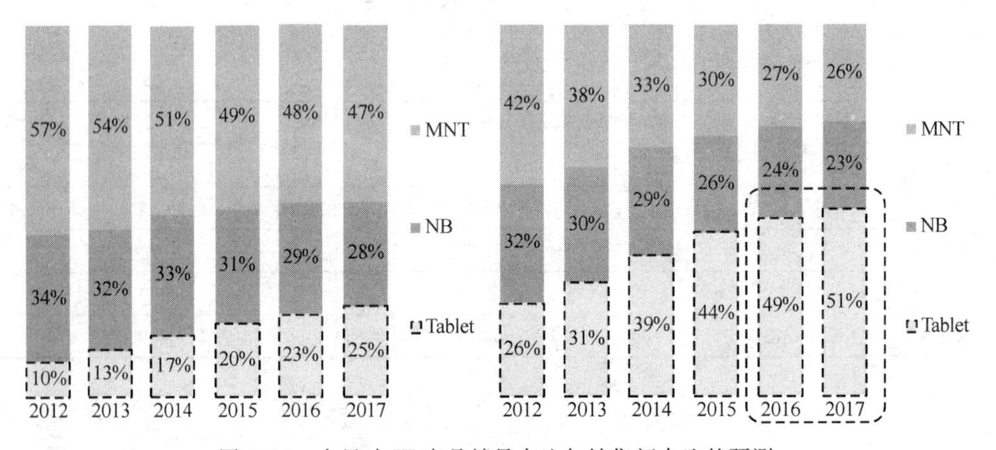

图 1.10 大尺寸 IT 产品销量占比与销售额占比的预测

1.2.3 产业分布状况

由于 TFT-LCD 产业是一个技术与资金双密集的产业,投资该领域不但需要庞大的资本投入,并且还存在一定的技术障碍。因此 TFT-LCD 产业厂商的集中度变得越来越高。目前产业主要集中在亚洲的韩国、中国(大陆和台湾)及日本。表 1.2 给出 2015 年前后全球 TFT-LCD 面板产能按地区的分布。

表1.2 未来几年TFT-LCD面板产能按地区的分布

地区	中国大陆		中国台湾		韩国		日本	
世代	条数	年产/万 m^2	条数	年产/万 m^2	条数	年产/万 m^2	条数	年产/万 m^2
G4.5	4	124	4	221	1	80	2	105
G5	4	611	8	1 480	4	947		
G5.5	2	210	1	421				
G6	2	628	6	1 737	1	230	2	214
G7					2	1 678		
G7.5			3	1 442	2	1 448		
G8.5	9	5 907	3	1 419	4	4 818	2	1 024
G10							1	746
合计		7 480		6 720		9 201		2 088

单从产能来讲，如果按国家和地区来划分，从表1.2中显示的数据分析，韩国依然作为全世界产能第一的国家，并且在未来若干年内将继续保持世界第一的位置。而中国大陆的产能，由于近年加快对高世代生产线的投入，现已超过日本的产能，如果不出意外应该会在2016年前后超过中国台湾。

如果按厂商来划分，处于第一集团军的三星和LGD(LG显示公司)在产能上遥遥领先，其中三星略胜一筹，均超过全球15%的市场占用率，台湾友达的产能稳定居于前三甲，成为韩国厂商的有力竞争者；而第二集团军以中国台湾的群创光电为首，中国大陆的京东方和日本的夏普等也居于第二集团军。京东方若超越群创光电，进入第一军团将指日可待。

下面简要介绍主要TFT-LCD生产厂商的情况。

三星电子公司是韩国在TFT-LCD领域最大的研制和生产厂家，拥有多项专利技术，并拥有两条2代、两条3代、三条4.5代、三条5代、一条5.5代、一条6代、两条7代和四条8.5代生产线。三星电子公司在发展进程中创造过许多世界第一，其中包括率先建成第一条3.5代线、5代线、7代线。2007年开始与索尼合作建设8代生产线。用三年时间先后建成了三条8代生产线，其年产能超过5 000万m^2。

三星的液晶业务从1990年到1997年连续亏损7年。在1991—1994年，平均每年亏损额达一亿美元。但是凭借韩元贬值和生产规模的扩大，三星到1997年年末实现了赢利。1998年三星的液晶面板出货量跃居世界第一。此后，三星一直保持了液晶面板销量与销售额的世界第一或第二。

三星电子公司在LCD领域全球专利申请量有15 000多项，占全球总申请量的7.7%，排名第一。三星电子公司所掌握与研发的重要技术包括：薄膜晶体管(TFT)制造工艺、用于彩色滤光片(CF)碳基有机光刻胶、电源模拟驱动电路、图像垂直取向(PVA)/超图像垂直取向(SPVA)技术、大尺寸TFT-LCD制造技术、n+ 刻蚀工艺等。

LG显示公司拥有一条2代、两条3.5代、两条4代、两条5代、两条6代、一条

7.5 代和两条 8.5 代生产线,其产能与三星电子不相上下,最高时约占全球的 20%左右,产品主要以中、大尺寸 TFT-LCD 应用为主,该公司在 2006 年 3 月发布了全球最大的 100 英寸的液晶电视,以显示其强大的研发实力。该公司掌握与研发的重要技术包括:胆甾液晶彩色滤光片(CF)、低温多晶硅(LTPS)、金属氧化物半导体(p-MOS)技术、聚合物分散液晶(PDLC)调制器、改进超面内开关(ASIPS)技术和新型无缝合技术。

友达光电公司前身为达基科技公司,成立于 1996 年,专门生产等离子显示器(PDP)和液晶显示器(LCD) 模块,该公司于 1997 年开始研发 TFT-LCD 技术。2001 年与联友光电合并成立友达。该公司先后于 2006 年和 2010 年收购了广辉电子和东芝的 AFPD 公司。现拥有一条 1 代、四条 3.5 代、一条 4.5 代、四条 5 代、两条 6 代、两条 7.5 代和两条 8.5 代线。友达与三星、LGD 并列成为全球第一阵营。其产品涵盖手机、NB、MNT、TV 等各个领域,同时是目前全球主要的 TV 面板供应商之一。在专利技术上居于中国台湾领先地位。友达光电公司掌握与研发的重要技术包括:新型驱动 IC 设计、低温多晶硅(LTPS)技术、芯片直接邦定在玻璃上的技术(COG)、液晶滴注技术(ODF)、多畴垂直取向(MVA)/超多畴垂直取向(SMVA)技术、光学补偿弯曲(OCB)技术、半穿透半反射式 LCD 技术等。

2010 年 3 月群创光电与奇美电子、统宝光电合并,群创为存续公司,保留奇美电子为公司名,2012 年 12 月再更名为群创光电。群创光电在中国台湾有 14 个工厂,拥有五条 3.5 代、一条 4.5 代、三条 5 代、一条 5.5 代、两条 6 代、一条 7.5 代和一条 8.5 代线,年产能超过 3 500 万 m^2。群创光电提供先进显示器整合方案,包括 4K2K 超高解析度、3D 裸眼、IGZO、LTPS、AMOLED、OLED,以及触控解决方案等。

京东方科技集团股份有限公司成立于 2001 年 8 月。2003 年,京东方以 3.8 亿美元的价格,收购了在 1997 年亚洲金融危机中受到冲击的韩国现代(Hydis),正式进入 TFT-LCD 领域。2003 年开始,先后在北京建设 5 代线,成都建设 4.5 代线,合肥建设 6 代线,北京建设 8.5 代线,合肥建设 8.5 代线和鄂尔多斯建设 5.5 代线,重庆 8.5 代线正在建设中。到 2015 年,京东方将拥有不同代数的 8 条生产线,年产能将达到 2 156万 m^2。

京东方在“技术领先、全球首发、价值共创”理念指引下,坚持自主创新驱动产业发展,截至 2013 年年底,可使用专利达 10 000 余项,2013 年度新增申请专利数量超过 4 000项,位居全球业内第二,研发人员人均和单位产值产出专利量则均位居全球业内第一,已超越夏普,成为出货量及市占率均排名全球业内前五的显示领域领先企业。依托“TFT-LCD 工艺技术国家工程实验室”和“国家级企业技术中心”等创新平台,京东方在 LTPS-LCD,Oxide-LCD,LTPS-AMOLED,Oxide-AMOLED 等新型显示技术研发和产业化方面取得重大进展,多款业界领先的新技术和新产品陆续推出,技术创新实力稳步提升。

夏普公司是日本最大的 LCD 生产厂商,拥有世界最先进的 LCD 技术。目前已量产的生产线包括一条 1 代(已出售)、两条 2 代、一条 2.5 代、两条 3 代、三条 4 代、一条

6代、一条8代以及全球唯一的10代线，其产品几乎涵盖了所有应用领域，目前以大尺寸电视为主。2007年1月在美国CES展会上首次推出108英寸的液晶电视。迫于市场的压力，2011年夏普对专门用于生产电视的8代线进行了改造，使其转为生产智能手机与平板电脑的中小尺寸面板。

夏普公司向来以技术领先立足，所掌握与研发的重要技术包括自动体视显微镜显示技术、低温多晶硅(LTPS)薄膜晶体管(TFT)、交替电压驱动法(AVDM)、铟锡氧化(ITO)薄膜电极、大面积准分子激光退火(LEA)、连续针旋取向(CPA)、超高开口率(Super-HA)技术、紫外光垂直取向(UV^2A)、超视角技术(Super-VA)、改进超视角(ASV)、新型超薄型塑料基板、高透射先进TFT-LCD技术等。

1.2.4 主要技术发展情况

TFT-LCD研究最早开始于欧美，产业化由日本完成。因此最早的理论研究和基础专利基本集中于欧美，而产品和工艺方面的技术专利则主要掌握在日韩手中。台湾地区大多数厂商的技术来源于其他厂商的授权，技术专利掌握较少。

近年来，TFT-LCD技术最为突出，也最为重要的事件是低温多晶硅(LTPS)和金属氧化物半导体(IGZO)这两项技术实现了产业化。这既是TFT-LCD产业发展的客观需要，也是AM-OLED兴起的迫切要求。

a-Si TFT技术成熟度已经非常高：成品率到97%～99%，成本远低于每1英寸10美元的业界早期的奋斗目标。在此背景下，LTPS和Oxide TFT就应运而生了。低温多晶硅和金属氧化物半导体这两项技术都是对传统的a-Si技术的改进与挑战。

低温多晶硅(LTPS)一般是采用间接成膜技术，先用PECVD生成a-Si薄膜，然后通过激光退火技术或固体结晶技术处理a-Si薄膜，再结晶为p-Si薄膜。整个处理过程都是在600℃以下完成。

由于LTPS-TFT LCD电子迁移率可达50～200 $cm^2/(V \cdot s)$，相对于a-Si要高出100倍以上，具有高分辨率、反应速度快、开口率高等优势。还可以将外围驱动电路同时制作在玻璃基板上，达到系统整合的目标、节省空间及驱动IC的成本。

但是p-Si TFT目前存在两个问题，一是TFT的关态电流(即漏电流)较大；二是高迁移率p-Si材料低温大面积制备较困难，工艺上存在一定的难度。一般来说不适合于大尺寸的显示屏。

氧化物TFT是指沟道层采用金属氧化物半导体制备成的薄膜晶体管。金属氧化物半导体的种类很多，目前主要有两类，即结晶型(如ZnO)和非晶型(如a-IGZO)。两种材料在可见光区都是透明的。虽然结晶型的迁移率〔ZnO的迁移率为250 $cm^2/(V \cdot s)$〕大于非晶型氧化物半导体，但从生产角度看，非晶型的工作温度低，更适合大批量生产。目前进入产业化生产的只有a-IGZO。

a-IGZO薄膜可以采用PVD工艺成膜，也可以通过MOCVD工艺成膜。IGZO可以利用现有的非晶硅生产线生产，只需稍加改动，因此在成本方面比低温多晶硅更有竞争力。

实践证明,TFT 的电子迁移率大于 4 $cm^2/(V \cdot s)$,就足够用于驱动标准的 AMOLED;而大于 2 $cm^2/(V \cdot s)$可以满足未来的工作帧频 120 Hz 或更大尺寸(>90 英寸)的 TFT-LCD。从这个意义上说,IZGO TFT 的电子迁移率大于10 $cm^2/(V \cdot s)$是足够大的了。

正是 IGZO 电子迁移率是非晶硅的 20～30 倍,使它同样具有高分辨率、反应速度快、开口率高等优点。主要的问题在于器件的稳定性,其表现是阈值电压漂移。

LTPS 和 IGZO,这两项技术都可用于 LCD 和 OLED。不过一般认为 LTPS 制作工序长、成本高、只适合于制作中小尺寸的屏,但相较而言工艺成熟性、稳定性要好些。

有机薄膜晶管是以有机半导体材料为有源层的场效应管器件。OTFT 的基本结构和功能与传统的无机 TFT 基本相同。不同的是它的有源层材料。有机半导体材料的研究主要有小分子和高分子两个方向。最近的研究结果表明,不管是小分子还是高分子都取得长足进展。如小分子的并五苯材料,其载流子迁移率和 I_{on}/I_{off} 比分别达到 0.2～1.2 $cm^2/(V \cdot s)$和 10^8,接近或超过了非晶硅 TFT 的特性。

与现有的 a-Si TFT 或 LTPS 相比,OTFT 具有的特点是:加工温度低,一般在 180℃以下,适合于柔性基板;工艺流程简单,成本低廉,气相沉积和喷墨打印都可成膜。OTFT 在柔性显示中的应用更具有潜在价值。

表 1.3 给出了几种新型 TFT 技术与 a-Si TFT 的比较。

表 1.3　几种新型 TFT 技术与 a-Si TFT 的比较

项目	a-Si TFT	LTPS TFT	Oxide TFT	有机 TFT
基板代数	8	4	8	—
导电类型	n	n 和 p	n	目前 p 型较多
迁移率	<1	50～150	1～100	<5
漏电流	◎	○	◎	○
稳定性	△	◎	○	△
均匀性	◎	△	○	△
长时间可靠性	△	◎	○	×
掩膜板数	4～5	5～9	4～5	4～5
成本	一般	高	低	低
合格率	高	低	高	低
温度◆	～ 250℃	>250℃	室温～200℃	室温～200℃
与塑料基板兼容	△	×	◎	◎
透明显示	×	×	○	△
应用产品	LCD、E-Paper	LED、OLED	LCD、OLED、E-Paper	E-Paper、OLED

注:个别数值与实际有出入,资料来源:《TFT-LCD 技术:结构、原理及制造技术》。

1.3 有机电致发光显示器

有机电致发光显示器(OLED)是在发光层上使用有机化合物的发光型显示器。因为是电流注入型的工作机制，所以从工作类型来说，是属于发光二极管类，称作OLED。但与无机发光二极管不同，以薄膜面发光，这一点与无机EL相同，因此也称有机EL。

1987年，自从美国柯达公司C. W. Tang等人发现有机薄膜EL以来，对EL的研究转向有机型，并取得巨大进展。柯达公司的有机EL采用了双层结构，镀膜发光层采用电子传输性铝络合配位化合物，空穴传输层则用了二胺介质，从而获得了比以前高1 000倍的1 000 cd/m^2以上的亮度，发光效率也显著提高，只是寿命还太短(100 h)。此后，世界各国加强对有机EL的研究开发。通过对材料和膜界面改进，以及采用三层或多层结构，提高效率，使寿命达到一万小时以上，发光效率超过10 lm/W，作为显示器已达到实用水平。OLED的优点是用低电压获得高亮度，可实现超薄、超轻便。有机化合物与无机材料不一样，可合成各种材料，因此，可实现全彩色显示。

OLED有小分子与高分子(又称PLED)两类。高分子易于大面积生产，但目前量产工艺未能突破，故以小分子为主。

根据DISPLAYBANK统计，2006年OLED总体市场规模为7 125万台以上，总计形成的市场金额为5.3亿美元以上。

2006年的OLED市场与当初预期相比虽然有大幅低落，但销量实现了23%的增长，以不同地区来看，韩国从2005年的2 200万台增长到2006年的2 860万台，日本从850万台增长到1 570万台。另外，中国台湾随着一部分企业放弃该事业，总体上仅小幅度增加，从2005年的2 500万台，小幅增加至2006年的2 530万台。

2005年以后是OLED的成熟阶段，随着OLED产业化技术的日渐成熟，OLED将全面出击显示器市场并拓展属于自己的应用领域，OLED的各项技术优势将得到发掘和发挥。尤其是三星2010年以来，采用AMOLED显示屏智能手机热销带动了中小尺寸AMOLED快速发展，其中三星Galaxy系列手机的销量已超过了1.5亿。随后三星、LGD又推出OLED TV。由此，不仅PMOLED，就是AMOLED也开启了产业化进程。

中国大陆的OLED产业正加快步伐追赶，其中维信诺(国显)进展突出。进入OLED产业的主要厂商见表1.4。今后两年可望有较大发展。

随着OLED产业化的不断进展，OLED技术的发展趋势也更加明朗。目前主要方向是开发高性能彩色OLED产品，以高色纯度、长寿命和高分辨率为重点研究方向；其次是有源矩阵OLED(AMOLED)，这种驱动方式的显示器与无源矩阵OLED(PMOLED)相比，能量效率更高，而且能够实现大尺寸显示；此外，以柔性材料作基板的柔性OLED(FOLED)具有某些无可替代的优点，也将成为一个重点研究方向。

表 1.4 中国大陆进入 OLED 产业的主要厂商

公司名称	时间	地点	技术	投资金额	产量/产值
维信诺	2002 年建成试验线	北京	PMOLED		2009 年 2 000 万元,30 万片/年
	2008 年建成生产线	昆山	PMOLED		2009 年 5 000 万元,1 200 万片/年
	2010 年建设试验线	昆山	LTPS	3 亿元	
国显	2013 年 1 月动工	昆山	LTPS	24 亿元	2014 年 10 月投产,G5.5,4 000 片/月
京东方	2013 年 11 月建成	鄂尔多斯	LTPS	220 亿元	G5.5,5.4 万片/月
上海天马	2009 年 6 月—2012 年 6 月	上海	LTPS	新增 6 亿	G4.5,25 万片/月
上海和辉	2012 年 4 月—2013 年 12 月	上海	LTPS	60 亿元	G4.5,15 千片/月
四川虹视	2010 年 4 月一期投产	成都	PMOLED	7 亿元	

1.4 等离子显示器(PDP)

1964 年,伊利诺州大学的 Donald L. Bitzer 和 H. Gene Slottow 发明了等离子体显示器(PDP)。当时的 PDP 只能显示橙色和绿色,被用在 PLATO 计算机系统。因此 20 世纪 70 年代初开始针对 PDP 的显示器研制,无论 AC 型还是 DC 型都是围绕计算机终端开发的。首先开展的是对较易实现彩色化的 DC 型 PDO 的基础研究。1974 年 5 月日本 NHK 展示了 8 英寸彩色显示屏的样机之后经过多年不断改进,1996 年 NHK 与松下共同研制成功高清晰度 40 英寸屏幕。

关于 AC 型 PDP,早期碰到的是诸如因放电中离子轰击造成荧光粉损坏(老化)等难题。为解决问题,1980 年富士通采用面放电结构。1984 年制成 3 电极面放电型 PDP,1988 年又制成反射型 PDP,确立了制作更简单、画面更明亮的生产工艺。并于 1993 年生产出 21 英寸全彩色 PDP 产品,随后许多公司都采用几乎相同的结构,相继生产了全彩 PDP。

1998 年 PDP 进入量产化,真正稳定量产化则开始于 2002 年下半年。此后 PDP 进入高速发展期,直到 2010 年。其高峰时约占平板电视市场总量的 10%。

从技术的角度来讲,等离子电视的产品已经成熟,其优势大致为:

(1) 可实现大屏幕和超大屏幕。

(2) 观看视角大,在平板电视机中 PDP 具有最宽的可视角,可达 160°以上。

(3) 响应时间快,运动图像拖尾时间短,动态清晰度高。

(4) 图像层次感强,显示图像鲜艳、明亮、柔和、自然。

(5) 可实现全数字化。即端到端的传输过程中,都是数字信号处理,不经过 D/A 变换,不会产生信号的失真和图像信息的丢失而使图像质量下降。

(6) 动态能耗低。在高亮度的图像或全白场信号时，PDP 消耗的功率比较大；但 PDP 消耗功率随显示图像的平均图像电平(APL)的变化而变化，当 APL 低时，也就是画面暗时消耗功率小。

PDP 是荧光粉发光，因此它具有 CRT 一样丰富的色彩表现能力；不需要阴极射线管和磁力偏转结构，因此不存在体积、球面、几何变形和受地磁干扰等问题。但是它也存在一些弱点：

(1) 由于需要放电，电极之间的距离不能太近，所以像素尺寸不能做得很小，也就导致了小尺寸等离子分辨率比较难提高，而等离子在大尺寸上比较容易实现。

(2) 荧光粉长时间被激发会加速老化。因此长期显示一个亮度的图像会导致所谓的烧屏、烙印等问题，等离子体由于高温放电，这个现象可能更严重一些，虽然通过点移动法可以避免某个像素长时间处于高亮度，但还是无法完全避免这个问题。

(3) 发光效率和亮度受到阻碍。和其他成像原理的电视机相比，目前等离子电视机的亮度比较低，显示屏越大，则亮度越低。造成亮度低的第一个原因是像素的开口率较低，据有关资料介绍，等离子电视机的像素开口率一般在 30%～60%，显示屏内部又附贴了防电磁辐射膜以及增透膜等，影响亮度的提高。第二个原因是等离子的发光效率比较低。目前做到 1.8 lm/W，如果增加亮度，就要增加消耗功率，而使显示屏寿命降低。

正是 PDP 自身的这些缺陷，在与 TFT-LCD 的激烈竞争中，显得越来越力不从心。不但是 PDP 大尺寸的优势不再明显。而且 TFT-LCD 分辨率高，易于制作全高清，而 PDP 不容易制作全高清；TFT-LCD 功耗低，而 PDP 发光效率迟迟未能取得突破性进展，功耗居高不下。所以 PDP 电视的销售在 LCD 的强大压力下，自 2011 年出现明显下降。至今已不足 5%。这种趋势随着日韩大厂相继退出，还将继续下去。

PDP 今后的发展目标，是改善发光效率(从 1.8 lm/W 到 5 lm/W)，提高明室对比度(从 100∶1到 500∶1)，实现全高清画质，降低成本提高竞争力。采取的措施有研究开发新的放电结构，由现在的壁电荷放电改成空间电荷放电方式；简化电路结构，采用新型材料，新型驱动电路，实现高速寻址。提高放电效率，降低驱动电压。改革屏制作工艺，以降低成本。

1.5 FPD 其他的新技术、新产品

1.5.1 发光二极管

发光二极管(LED)是近几年来迅速崛起的半导体光电器件，它具有体积小、重量轻、电压低、电流小、亮度高和发光响应速度快等优点，容易与集成电路配套使用，可以在许多领域得到应用，因而在全球市场上十分走俏。LED 技术在近年来不断获得新的突破，应用范围不断拓宽，已成为新世纪极具发展潜力的电子产品之一。

到 20 世纪 80 年代为止，以 GaAlAs 高亮度红色 LED 为中心，用树脂封成的小型

指示灯或文字显示板，在汽车、AV 设备、办公设备、公共广告等领域获得广泛应用。尽管人们在 LED 的高亮度上进行了长期努力，但在全彩显示上始终难以突破。1993 年，日本日亚公司中村等人采用 InGaN 系双质结结构，研制出发光强度为 1 cd 的蓝光 LED。随后，大力开展由蓝光转向高亮度绿光 LED 的开发。到了 20 世纪 90 年代后期，三色平衡的、高亮度 LED 广泛应用，使大型广告牌变得五彩缤纷。

发光二极管除了作为一种平板显示器件外，LED 背光源是 CCFL 背光源的有力替代者。随着 LED 技术的成熟及成本的不断下降，LED 背光模组在 LCD 中的应用率逐年上升，2009 年，LED 背光液晶电视全球出货渗透率不足 1%。2010 年，LED 背光液晶电视全球出货渗透率却猛增到 25%，全球液晶电视出货量大约达到 1.9 亿台。同年，平板电视能效标准实施，把中国市场中的 LED 背光液晶电视推向了巅峰，也是全球电视市场的拐点。2011 年，全球 LED 背光液晶电视出货渗透率达到 48%，较 2010 年的 25%大幅提高。根据市场研究机构 IDC 调查及预测，2012 年、2013 年全球 LED 背光电视出货渗透率将分别增长 73%和 86%。一连串的数字说明，LED 背光模组将成为液晶电视配置的标配，成为市场主流的趋势不可阻挡，表 1.5 为 CCFL 和 LED 背光源的总体出货情况。

表 1.5 背光源的市场份额

个数(百万)	2010	2011	2012	2013	2014	2015	2016	2017	2018	2019
CCFL	359.7	228.8	124.6	52.0	12.0	0.8	0.0			
LED	292.5	460.4	611.9	765.2	888.9	979.3	1 050.0	1 106.8	1 154.1	1 201.5
LCD 总和	652.2	689.3	736.5	817.2	900.9	980.1	1 050.0	1 106.8	1 154.1	1 201.5
LED 渗透率	45%	67%	83%	94%	99%	100%	100%	100%	100%	100%

注：资料来源《中国平板显示年鉴》，2012。

2002 年，美国麻省理工大学 Coe 等人提出一种新型的 LED——量子点(Quantum Dot，QD)LED，它是把有机材料和高效发光无机纳米晶体结合在一起而产生的具有新型结构的量子点发光器件，具有广阔的应用前景。

所谓 QD-LED 就是其发光体为直径小于 10 nm 的纳米晶体，通常由Ⅱ-Ⅵ族或Ⅲ-Ⅴ族元素组成。当然为了构成适用体系，在发光体外围还需配以半导体壳和有机配位体，以提高效率，稳定发光体系。因为量子点是无机物，具有比有机半导体更好的抵抗水、氧侵蚀的能力；由于量子限制效应，量子点能够发出波段非常窄、色彩饱和的光；量子点还可以像聚合物那样从溶液中制备，具有较高的发光效率；另外，由于量子点的能级间距可以由其尺寸控制，这就为改善发光特性提供了方便。

近年来，关于 QD-LED 的研究与产业化都取得重要进展。它不仅可望以 QD-LED 显示器件形式出现，更有可能替代现有 LCD 背光源，提高色域范围，降低能耗。总之，QD-LED的发展将有可能对 LCD 与 OLED 的竞争格局产生某种微妙影响。

1.5.2 场发射显示器

长期一来，人们一直试图使 CRT 平板化，但是大多数结构复杂、成本高未能成为主流产品。1986年,法国 R. Meyer 等人,利用半导体或薄膜生长的精细加工技术,在基板上加工成微小发射极阵列(称作 Spindt 尖)。在低压电场作用下,拉出冷阴极电子,使荧光粉发光。目前世界上商用的场发射显示器(FED)主要有法国 Pixtech 公司和日本 Futuba 公司制造的 Spindt 型 FED。由于 Spindt 微尖针阵列的制作大量地依赖微电子加工技术,而且工艺条件要求苛刻,加上上述冷阴极材料的发射稳定性差。所以,成品率很低、制作成本高,也难于实现大屏幕。因此,这种 FED 显示器主要应用于军事等特种领域,而在其他领域难以得到推广。

为了克服采用 Spindt-type 的结构所遇到的困难,人们在"平面型"冷阴极电子源方面开展了大量工作,并在金刚石薄膜和类金刚石薄膜冷阴极、可印刷型复合薄膜冷阴极的研究上取得一定成功,并利用其开展场发射显示器的研制。但是这类场发射显示器要获得高质量的显示性能,它目前还面临需要解决"薄膜型"冷阴极电子源的发射电流密度不高问题、低表面逸出功的冷阴极材料电子发射不稳定的问题。

近年来在应用碳纳米管技术方面取得的成功,大大推动了 FED 研发的进展。其技术要点是:FED 面板各像素中使用的发射极中,使用了碳纳米管。并使碳纳米管在底板上沿垂直方向有选择地生长。这样就能够以不足 50 V 的电压,从发射极发射出电子。因此,国外各大显示器件公司掀起了以碳纳米管为冷阴极材料的场发射显示器(Carbon NanoTube-Field Emission Display,CNT-FED)的研发热潮(见表 1.6)。CNT-FED 被认为是最有可能第一个实现的碳纳米管在工业上的应用。

表 1.6 国内外 FED 研究进展情况表

公司名称	已完成的尺寸	阴极技术特征	正在或计划研发	说明
韩国三星	38英寸	碳纳米管(CNT)	48英寸	2004年公布
日本伊势	40英寸(20英寸拼接)	碳纳米管(CNT)	40英寸	2004年公布
韩国 LG	9英寸	碳纳米管(CNT)	30英寸以上	2004年公布
美国 cDream	5.3英寸	碳纳米管(CNT)		2003年公布
日本三菱	10英寸(正在研发)	碳纳米管(CNT)	30英寸	2004年公布
日本双叶电子	11.3英寸	碳纳米管(CNT)		2004年公布
日本双叶电子	14.4英寸	Spindt 型	30英寸以上	2004年公布
法国 Pixtech	15英寸	Spindt 型		
中国福州大学	25英寸(QVGA,彩色)	低逸出功平面型冷阴极	25英寸以上	2005年公布

在场发射显示器(FED)中,要特别提到表面传导电子发射显示器(SED)。

日本佳能从1986年开始 SED (Surface Conduction Electron Emitter)技术的基础研究,1999年开始以投产为目的与东芝进行联合开发,目前已经成功试制出样品,被认为是极具竞争力的一种新型显示器。

SED 板目前的最大亮点是画质好,它的图像分辨率像液晶电视,而灰度表现力、可视角度、色域范围、动态画面表现、暗部细节表现力则可达到高级的 CRT 电视水平。

尤其是在对比度方面,SED 更有优势。目前液晶电视的对比度为 600∶1～1 500∶1,等离子电视的对比度约为 3 000∶1～10 000∶1,而 SED 的对比度却可达到 10 000∶1～100 000∶1的水平。唯一的缺点是画面的亮度还不及等离子与液晶,2006 年展出的 55 英寸 SED 的亮度提高到了 450 cd/m^2。但相比 LCD 和 PDP,这个亮度还显不够。

SED 同样可以做得很薄,而且发光效率比等离子和液晶都高,其耗电量也只有相同尺寸的液晶电视的 2/3,比等离子当然就更低。它的可视角度很大,不小于等离子电视。据媒体称,总体上看,SED 比液晶和等离子在技术上都更有优势。

SED 的产业化进展得并不顺利,早在 1986 年,佳能就开始 SED 相关技术的研发,1998 年第一次推出了 10 英寸大小的原型样品,此后宣布的产业化日程表一拖再拖。2006 年 10 月佳能和东芝在横滨举行的"FPD International 2006"上,首次公开进行了 55 英寸 SED 面板的影像显示。该面板是 1 920×1 080 像素"全高清"产品。主要规格为:亮度 450 cd/m^2,对比度 100 000∶1,响应时间低于 1 ms,此次的产品尚属量产初期的样品。关于 55 英寸的量产日期,公司当时再次表示将于 2007 年在平塚工厂开始生产,2008 年在量产基地(计划设在东芝姫路工厂)正式开始量产。但之后,一拖再拖,最终由于技术与成本等原因,公司选择了放弃,终止了项目。

1.5.3 数字光处理器

美国德州仪器公司(TI)1987 年发明第一颗数字微镜器件(DMD)之后,基于这一技术确立了一个新的业务方向——数字光源处理(DLP)业务。以 DMD 器件为主要核心技术,TI 的 DLP 业务在 2000 年开始了全面的市场推进。2002 年,TI 的 DLP 业务全球市场收入已经达到 5 亿美元。

1. 数字微透镜装置(DMD)

美国德州仪器公司研发的数字微透镜装置为 DLP 技术的实现提供技术保障,开辟了投影机产品的技术发展数字时代。DLP 投影机以数字微镜(Digital Micromirror Device,DMD)作为成像器件。单片 DMD 由很多微镜组成,每个微镜对应一个像素点,DLP 投影机的物理分辨率就是由微镜的数目决定的,分辨率可达1 280×1 024。

2. DLP 投影机

DLP 投影机的技术是一种全数字反射式投影技术,其结构如图 1.11 所示。其特点首先是数字优势。数字技术的采用,使图像灰度等级提高,单片 DLP 可实现 8 位 256 级灰度;三片 DLP 可达到 10 位 1 024 级灰度的单色显示。图像噪声消失,画面质量稳定,数字图像非常精确。LCD 与 DLP 的影像比较如图 1.12 所示。

其次是反射优势。反射式 DMD 器件的应用,使成像器件的总光效率大大提高(超过 60%),对比度亮度均匀性都非常出色。DLP 投影机清晰度高、画面均匀、色彩锐利,三片机可达到很高的亮度,且可随意变焦,调整十分方便。

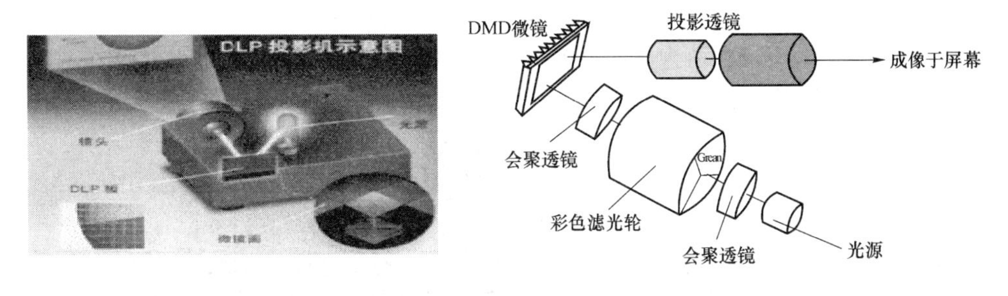

图 1.11　DLP 投影机结构示意图

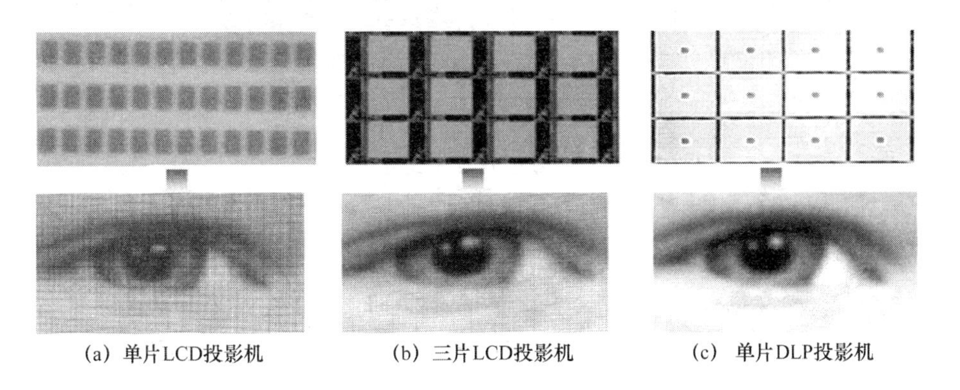

(a) 单片LCD投影机　　(b) 三片LCD投影机　　(c) 单片DLP投影机

图 1.12　LCD(液晶投影机)与 DLP(数码投影机)的影像比较

1.5.4　硅基液晶显示器

硅基液晶显示器(LCOS)技术利用 CMOS 大规模集成电路(IC)生产工艺和设备，将 TFT-LCD 的晶体管做在单晶硅片上，然后在晶体上通过研磨技术磨平，并镀上铝当作反射镜，形成 CMOS 基板，然后将 CMOS 基板与含有透明电极的上玻璃基板贴合，注入液晶，形成器件。这里所有电子元件都在反射镜后面，这样它们就完全不会遮挡光线。背面有足够空间，使每个 TFT 单元做得足够小，这样就有可能获得极高的分辨率。LCOS 是一类新型的反射式显示器，是半导体 VLSI 技术和液晶显示技术巧妙结合的高新技术产品。其显示芯片对角线尺寸为 18 mm。由于 LCOS 可利用常规的 CMOS 技术与设备批量生产，并可随半导体工艺的发展进一步微型化，分辨率可以很高。LCOS 显示器将具备低功耗、微型尺寸、超轻重量等特点。因此在大屏幕投影显示和个人便携显示应用方面非常有优势。

尽管 LCOS 显示屏通常只有指甲大小，相应的像素也就非常小，以至难于用肉眼直接分辨，但 LCOS 显示器都配备有用于放大图像的光学系统(Optical Engine)：一种是直接投影到视网膜上形成放大的虚像，由此产生了个人用虚拟成像平板显示技术；另一种是运用屏幕投影形成放大实像。LCOS 显示技术导致了一类新型的大屏幕平板显示器件的诞生。

硅基液晶显示器现已形成产业。例如，2003 年飞利浦就推出对比度 1 000:1的

LCOS 产品。该产品为 1.18 英寸(对角线 3 cm)、1 280×768 像素的 LCOS 元件。其核心部分为 LCOS 面板,结构示意图如图 1.13 所示。LCOS 面板的主要技术可分为三个方面,分别为背板技术(Back Plane)、液晶技术、液晶封装技术。

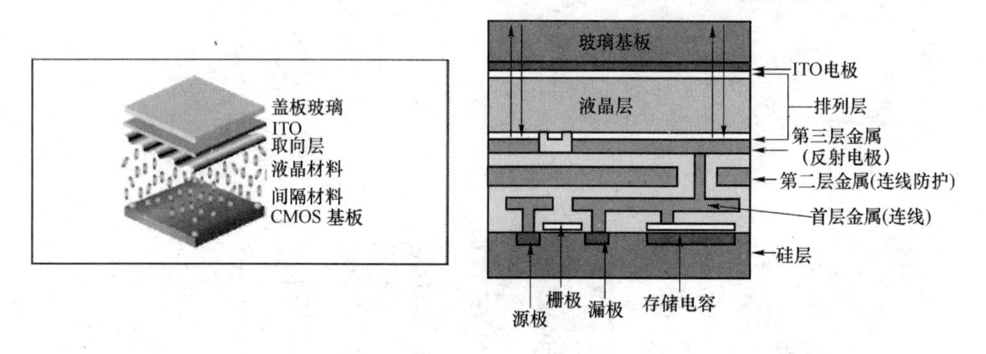

图 1.13 LCOS 面板结构示意图

1. 背板技术

所谓背板即 CMOS 基板,在硅晶片上将驱动电路、控制电路及各个像素用 CMOS 工艺制作。目前,CMOS 基板技术大多采用 SRAM 或 DRAM 等电路的基本架构予以变化,虽然在电路密度上远低于 SRAM 或 DRAM 产品,但因为 LCOS 面板的使用状态必须承受数百瓦甚至数千瓦的强光照射,而一般 SRAM 或 DRAM 则是密封保护;LCOS 画面是要推动液晶分子的转动,而 SRAM 或 DRAM 的位元素仅需储存电荷。因此在相关设计上有根本不同的要求,从而有不同的工艺流程及技巧。

2. 液晶技术

液晶材料的特性较为复杂,不同的封装结构需选配特定的液晶成分使其光电特性最佳化。

3. 封装技术

由于 LCOS 面板要在不到 1 英寸的对角线面积内,显示百万以上的像素,因此无论在洁净度、盒厚、盒厚均匀性的控制、取向层的最佳控制及组合精度上均较一般 STN、TFT-LCD 工艺严格、苛刻得多,因此 LCOS 的开发进入门槛是相当高的。

1.5.5 MEMS 光干涉调制显示

美国 Iridigm Display 公司 2002 年 11 月发表了可通过电压控制气隙(Air Gap)来实现彩色显示的"iMoD(光干涉调制)"技术。该技术的原理是受自然界蝴蝶翅膀和孔雀羽毛之所以能发出绚丽多彩的光彩的启发。Iridigm 显示屏与天然结构的对比如图 1.14所示。利用微机电技术(Micro Electro Mechanical System,MEMS)制作厚度小于 1 μm 的金属膜空盒。光通过这种受控的气隙,产生干涉,反射出不同颜色的光。普通的反射型 LCD 的反射率在 15%左右,而这种技术则可将反射率提高到 35%～45%。而且由于其具有记忆效果,因此保持图像时不需耗电。在开发人员见面会上,该公司展示了分辨率相当于100 ppi、可进行静态图像显示和动态图像显示的显示器。

其显示屏结构和显示像素分别如图1.14和图1.15所示。

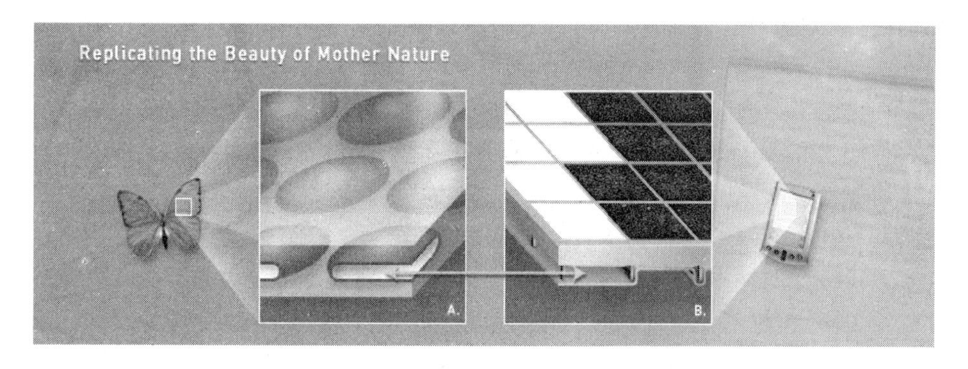

图1.14 Iridigm显示屏模仿天然结构

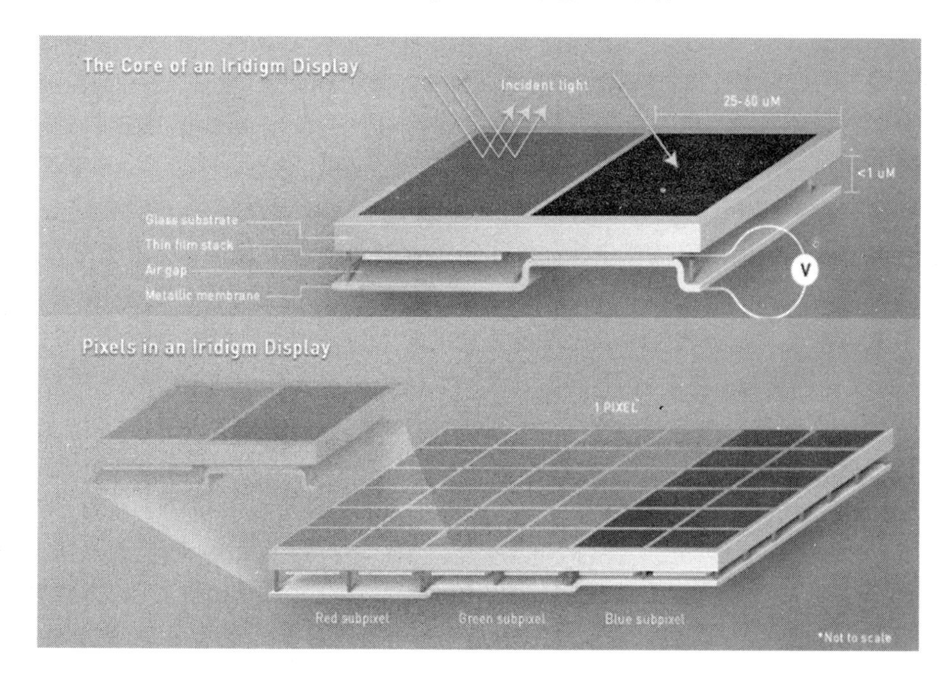

图1.15 Iridigm显示像素

MEMS器件具有如下特点：

(1) 可实现双稳态；

(2) 驱动电压小于5 V,保持电压4 V；

(3) 响应速度35 μs；

(4) 通过时间或空间调制实现灰度；

(5) 通过膜间空隙的调节实现彩色化。

1.5.6 电子纸(E-PAPER)

这是一项早在30年前就已开始研究的“环保技术”。人们希望找到了一种既能改写信息,又便于文字阅读的媒体。这就是能够利用电子装置显示,而且又具有像纸张一样的高可视性的“电子纸张”。

在实现电子纸张方面有三个技术方向。第一个方向是提高显示器技术。众多制造商正在进一步努力实现显示器的超薄轻量设计,以便使之接近于纸张。第二个方向是使用打印机和纸张,提高打印技术。目前正在研究在纸张上涂上特殊的液体,从而使之成为能够多次改写的纸张,这种纸张也称为“可改写纸张”。第三个方向是提高能够复制发光画面信息的复制技术。

对电子纸张的基本要求:首先是文字便于阅读,对比度是至关重要的。背景越白,文字越重,显示就越清楚。不要背光源,反射率要高。文字的粗细则决定于分辨率。其次是即使关闭电源也能够继续显示。只在刷新时消耗电能。第三点是要具有像纸张一样的易用性。也就是指像纸张一样薄,且能够弯曲。如果能够弯曲,就会具有较强的抗冲击性。

美国 E-Ink 公司于 2003 年春投产电子纸张。该公司开发的电子纸张为无须背照灯的反射型面板。该公司是由美国麻省理工学院媒体实验室从事电子纸张研究的成员于 1997 年设立的。

E-Ink 采用了加电压后会使带电粒子产生移动的电泳方式。显示原理为:带负电的黑色粒子和带正电的白色粒子在加电压后会在被称作微胶囊的球体中移动。微胶囊挟在电极中间,上部的透明电极施加负电压后,带正电的白色粒子就会向上移动,因此就显示为白色。显示黑色时就向电极施加正电压。

E-Ink 计划与荷兰皇家飞利浦电子和日本凸版印刷合作量产电子纸张。凸版印刷负责生产内有微胶囊的显示部分,飞利浦负责将制造的薄膜半导体(TFT)粘贴到成型的玻璃底板上。

E-Ink 研制成功的电子纸如图 1.16 所示,它的 TFT 背板以钢箔为基材,可弯曲至 1.5 cm 的曲率半径,分辨率 96 ppi,总容量 160×240 pixel,白色状态下,反射率 43%,对比度 8.5:1。这种电子纸张的对比度为 10:1,比报纸(对比度为 5:1)还高。关闭电源后的显示时间很长,据称整个画面在断电后可保持一年左右。不过,改写时电压为 15V,比液晶显示器稍高一些。

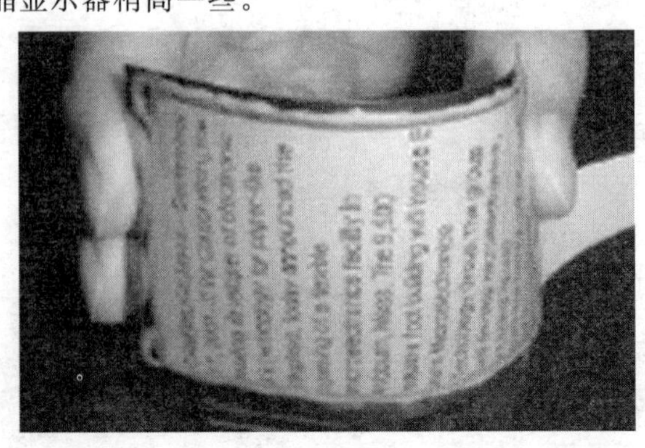

图 1.16　E-Ink 研制成功的电子纸

电子纸技术除了上述的微胶囊电泳外，还有美国 Xerox 公司和 3M 公司共同研发的旋转球技术、日本索尼公司采用的电化学反应显示技术、爱尔兰 NTERA 公司公布的称为 NanoChromics 的电致变色技术以及有机电致发光显示等。方法不下十多种，但截至目前，最为成功的要数美国 E-Ink 公司。

新型显示器尽管具有更强的柔性与节能特性，但也存在一些缺陷。例如，只能处理黑白图像，无法播放视频——这是吸引消费者接受的关键。电子纸、电子书遇到的另一个问题是下载书时收费困难，打击了运营商的积极性。但是这种情况正在改变，更多的人开始接受收费下载。电子版书籍越来越多，而且人们对阅读的观念也在发生变化。阅读对象曾经主要是书。现在有了网络，有了博客，人们可以把这些内容下载，随身携带并随时阅读。

1.6 中国液晶产业现状及其发展趋势

1.6.1 发展历程

我国液晶显示技术研究始于 1969 年，基本上与世界同时起步。但是真正形成液晶显示产业则是在 1980 年之后的事了。到目前为止，大体上经历了三个发展阶段。

第一阶段：1980—1985 年，电子部 774 厂、770 厂、科学院 713 厂和上海电子管厂，先后建成 4 英寸基片玻璃以下的 LCD 实验线，主要生产用于手表、计算器和一些仪表的液晶产品。目前这些生产线已无生产价值，或停产或早已改造。

1985—1990 年，长沙 770 厂、深圳天马、深辉、石家庄电光电子，福建莆辉等引进 7 英寸生产线，目前大部分厂还在生产。

第二阶段：1989 年开始，引进 12×14、14×14(16)英寸 TN-LCD 生产线，如天马二期、康惠、信利一期、河源精电、深辉二期、晶蕾等，这些线产量大，设备比较先进，成品率高，效益比较好，是目前主要的 TN-LCD 生产线。

与此同时一批台湾地区、香港地区、新加坡厂商也纷纷在广东、福建设厂，其中较大的有挺国、怡宝、华泰、钢达、新光、辉开等，这些厂一般均以生产 TN 低档产品为主。

1992 年以后，我国开始引进 14×14 或 12×14 英寸 STN-LCD 生产线，其中投资 1 000～1 500 万美元从美国引进的设备，只适于生产点阵 TN 屏和中小尺寸 STN 屏。投资 3 000 万美元以上，引进日本成套设备的厂家有深圳天马、河北冀雅、汕尾信利。这些生产线自动化程度高，生产节拍快(2～3 片/分)，厂房净化条件好，具备生产高档、大尺寸 STN-LCD 的条件。

可以这么说，从 1980 年开始的前二十年，对中国液晶显示产业而言，仅仅是大幕开启之前的序曲而已。它让我们认识了液晶和液晶显示器，培养并聚集了一批人才。

第三阶段：大体上从 2000 年开始。如果从京东方在北京建 5 代线算起，我国平板显示产业发展至今正好十年。10 年间，我们几乎从零开始建立起了一个规模宏大的 TFT-LCD 产业。现在我国已建和在建的生产线有 21 条，包括：四条 4.5 代线，四条 5

代线,两条 5.5 代线,三条 6 代线,八条 8.5 代线。总投资达 2 000 亿元。年生产能力将达 5 000 万 m^2。产品涵盖手机、平板电脑、笔记本式计算机、台式计算机、电视机等各类显示终端的显示屏。它所产生的直接或间接的年产值将达到数千亿元。这十年的努力可以说,从根本上改变了我国平板显示产业的面貌,使我国一跃成为 TFT-LCD 生产大国。

1.6.2 发展现状

近年来,我国液晶显示产业的整体规模得到迅速提升。截至 2012 年,产业规模已经超过 700 亿元人民币,约 740 亿元人民币,同比增长 29%。其中,国内液晶器件的产值约为 510 亿元(TFT-LCD 销售 470 亿元,TN/STN 销售 40 亿元),占比约 69%;上游材料的产值约 200 亿元人民币,占比 27%;装备的产值约 30 亿元人民币,占比约 4%。

目前,我国拥有 14 条 TFT-LCD 面板生产线。其中包括 2 代线两条、4.5 代线四条、5 代线四条、6 代线两条、8.5 代线两条,详见表 1.7。

我国液晶面板的全球市场占有率 2012 年已提升至 11.2%,已经超过日本跃居全球第三。在国内市场方面,我国液晶电视面板的自给率在 2012 年 12 月已大幅提升至 30%,手机面板已能满足境内企业 50%的需求。在技术创新方面,我国平板显示产业的专利申请数量逐年翻番,我国的平板显示产业整体进入了良性发展阶段。

在固定资产投资方面,我国平板显示产业依然增速不减。从 2003 年到 2012 年底,全国液晶显示面板产线的投资已超过 1 500 亿元人民币,预计到 2015 年,液晶显示面板产线的投资规模将接近 2 000 亿元人民币。再加上上游材料和装备的投资,估计我国平板显示产业的投资规模在 2015 年将超过 3 000 亿元人民币。

表 1.7　2012 年国内 4.5 代以上 TFT-LCD 面板生产线情况

公司	产地	生产线规格	技术规格	基板规格	2012 年产能(万片)	2012 年产能(万 m^2)
天马	上海	4.5	a-Si TFT	730×920	46	30.89
天马	成都	4.5	a-Si TFT	730×920	46	30.89
天马	武汉	4.5	a-Si TFT	730×920	46	30.89
京东方	成都	4.5	a-Si TFT	730×920	54	36.27
小计					192	128.95
天马	上海	5	a-Si TFT	1 100×1 300	108	154.44
京东方	北京	5	a-Si TFT	1 100×1 300	120	171.60
龙腾	昆山	5	a-Si TFT	1 100×1 300	132	188.76
深超	深圳	5	a-Si TFT	1 100×1 300	120	171.60
小计					480	686.40
中电熊猫	南京	6	a-Si TFT	1 500×1 850	96	266.40
京东方	合肥	6	a-Si TFT	1 500×1 850	144	399.60

续表

公司	产地	生产线规格	技术规格	基板规格	2012年产能(万片)	2012年产能(万 m^2)
小计					240	666.00
京东方	北京	8.5	a-Si TFT	2 200×2 500	108	594.00
华星	深圳	8.5	a-Si TFT	2 200×2 500	108	594.00
小计					216	1 188.00
2012年总计					1 128	2 669.35

1.6.3 抓住产业升级换代时机,大力发展我国平板显示产业

总体来说,虽然我国TFT-LCD产业已经有了一定基础,产业规模也不算太小了,市场占有率也在逐步提高,但相对韩国和台湾地区大厂的竞争力还有待提高。AM-OLED产业刚刚起步,还处于建设之中。所以,整体而言我国平板显示产业还只是刚刚越过起步阶段。

1. 我国面临发展平板显示产业的历史机遇

30多年来,我国电子信息产业的高速增长,培育和成长了一个集家电、计算机和通信等整机生产方面的庞大产业。仅以2012年为例,我国手机产量达到11.8亿部,占到全球手机总产量的71.17%,计算机的生产量更是占到全球的92.59%。2012年,我国手机、彩电、计算机等产品的产量和占全球总出货量的市场份额列于表1.8。显然,我国已成为全球最大的电子信息产品生产和消费基地。

表1.8 2012年我国部分电子产品生产量占全球市场份额情况

产品系列	生产量	占全球生产量比重
手机	11.8亿部	71.17%
液晶电视	1.14亿台	48.8%
计算机	3.5亿台	92.59%

按照台湾地区Digitimes的研究报告,2012年,中国智能手机销售量为1.89亿部,约占全球智能手机总销售量7.86亿台的24%,已成为全球最大的市场。

2010年以来,随着苹果iPad系列产品的问世,带动了平板电脑市场的大幅增长。2011年和2012年,全球平板电脑出货量分别达到7 838万台和1.53亿台,年增长率分别为283%和96%。预计未来,平板电脑出货量仍将持续增长。到2016年,全球平板电脑出货量将达到5亿台。中国的平板电脑需求量近几年也出现大幅增长,2012年中国平板电脑需求量已达到3 304万台,预计到2015年就将超过1亿台。

液晶电视经过短短十年的发展,已经成为目前全球彩电市场的主流产品。据DisplaySearch数据显示,2012年全球彩电出货量为2.52亿台,其中液晶电视出货量约为2.26亿台,液晶电视出货量占全球所有彩电的90%。2012,中国液晶电视的销售量为4 327万台,占全球总销售量的21.2%,为全球最大市场。2013年,中国液晶

电视销售量超过 5 000 万台,继续保持全球最大的市场份额。

所有这些都说明中国不仅是“世界工厂”,其本身还是“世界市场”。中国是一个具有 13 亿人口的大国,购买力旺盛,对平板显示产品有巨大的市场需求。这就给了我们发展平板显示产业的绝好机会,以及足够大的发展空间。这也就不可避免地要求中国成为全球最重要的 TFT-LCD 产业基地。否则,如果我们的企业置之度外,那就等于将自己的市场拱手让人。而且也失去一次产业更新换代的机会,并拉大了在电子信息产业核心技术方面的差距。

另一方面,还应当看到 TFT-LCD 相对其他平板显示技术要成熟得多,经过过去十年的艰苦努力,我们不仅掌握了已有的相关技术,基本上依靠自己的力量,建立起了一个庞大的工业体系,而且已经基本具备了进一步发展的必备条件。我们要趁势让我国的平板显示产业更上一层楼,不能犹豫和退缩。

2. 大力发展平板显示产业,不应该盲目铺点

平板显示产业不是一般可有可无的产业,它对国民经济、人民生活以至于国防军事都日益彰显其重要作用。平板显示产业已列入国家重点发展计划,为此国家有关部门曾发布一系列发展方针、政策以及具体方案、指导意见。我们要在国家政策指引下,科学有序、稳步推进我国平板显示产业。

从宏观来看,大力发展平板显示产业,不是铺的摊子越多越好,关键的是要把单个企业做强做大。韩国就企业个数来说,在日本、韩国、中国台湾三家之中是最少的,可是现在是规模最大的。两家企业三星和 LG D 都成了全球数一数二的大企业。

这个产业的客观条件不允许,也不应该出现乱铺摊子的情况。因为它的技术入门门槛高,一般企业没有可靠的技术来源,不敢贸然进入;它的投资金额特别巨大,动辄就是几百亿。更为重要的是,由于技术进步太快,几乎不可能一次投入而保持若干年不落后;再就是发展到今天,由于过度竞争的结果,利润已经大大摊薄,风险很大。

尽管如此,发展 TFT-LCD 也有足够的诱惑力,例如,一条 5 代线(月投料 9 万片玻璃基板)投资 100 余亿元人民币,年销售收入为几十亿元人民币,而拉动的上下游销售收入可达到三四百亿元。所以,一些地方政府对投资 TFT-LCD 项目表示出极大热情,但是,若搞不好则会在产业布局上出现过于分散,形不成“拳头”的局面。

我们要按照“集中优势兵力,打歼灭战”的思想,集中有限的人力、物力,让有优势的企业搞上去,用最快的速度赶过强手,挤进世界五强,甚至超过三星、LG D。为此,政府要利用行政、财政、税收等一切手段扶持重点企业。

3. 大力发展平板显示产业,要把重心转向技术创新

随着中国平板显示产业的崛起,全球平板显示产业的格局将产生重大变化。但中国企业参与国际竞争时仍面临着关键技术、核心技术亟须突破的困境,技术创新仍是制约中国平板显示企业发展的关键问题。

过去十年,当中国的平板显示产业还处于弱小时,理所当然地要把重点放在产业布局、产能扩张上。在技术上也不可避免地采取跟随、模仿战略。但是现在不同了,当我们的产业有了一定的规模之后,如果不能及时把发展重心转向技术进步,那么大力发展平板显示产业将只是一句空话。

解决企业技术创新不足的根本是加大研发投入。以全球规模最大、最具影响力的三星为例。三星电子公司研发费用逐年增加，占运营费用的比例逐年升高，2011年达到近7%的比例，2012年研发费用高达11.892 4万亿韩元(约合人民币663亿元)。高研发投入产生丰厚的回报，目前三星电子公司在全球拥有总专利数量达到10.3万项。其中，美国3.06万项、欧洲1.3万项。中国包含台湾地区在内仅3.61万项。当然，专利的数量并不能等同于技术创新，但是它在某种程度上反映了国家的技术创新水平。

一般来说，技术创新是一个系统发展的过程。它应当包含提出新的概念，推出新的产品、新的生产(工艺)方法，开辟新的市场，获得新的原材料，等等。今后我们的企业应当在这方面有更多作为。

4. 大力发展平板显示产业，要重视原材料的本地化

过去十年间，我们几乎从零开始建立起了一个规模宏大的TFT-LCD产业。现在我国已建和在建的生产线有21条。年生产能力将达5 000万m^2。产品涵盖手机、平板电脑、笔记本式计算机、台式计算机、电视机等各类显示终端的显示屏。它所产生的直接或间接的年产值将达到数千亿元。

如此巨大的投资，必将极大地拉动产业链上游的巨大需求，带动基板玻璃、液晶材料、偏光片、彩色滤光片、光学薄膜、触摸屏、背光源等相关原材料、元器件及相关设备等上游产业的发展。据测算，2016年之后，我国TFT-LCD产业每年至少需要液晶材料250 t、1.0亿m^2基板玻璃(含彩膜用玻璃)、1.0亿m^2偏振片、5 000万m^2彩色滤光片、十几亿m^2光学薄膜、几亿背光源组件以及数以亿计驱动IC，等等。其总价值将接近千亿元。

面对如此庞大的市场需求，我国液晶上游配套产业显得准备不足。至今我们还没能建立一个完整的上游配套产业。从某种意义上讲，建立一个完整的上游配套工业体系要比建设几条高世代器件产线更艰巨、更复杂。我们现在还只是刚刚起步。

如今，我国液晶配套产业已起步，但是仍然存在三大问题制约其快速发展。解决好核心技术问题、规模问题、发展环境问题，中国配套产业才能得到长足发展。

首先，核心技术受制于人。

原材料、元器件和专用设备等本地配套能力不足，存在核心技术缺失的现实问题。不少企业长期以来未能从根本上摆脱专利困扰，只能在国际大企业的夹缝中求生存。造成国内许多新产品以低端为主，技术附加值低，市场竞争力和价格竞争力弱，经济效益相对较低等问题。

第二，企业规模过小，生存压力过大，企业缺少积累。

上游配套企业基本上都属于中小企业，一般历史很短，企业规模过小，技术与资产的沉淀都不够，在与实力雄厚、历史悠久的国际大厂的竞争中没有多少优势。而在国内众多同行中，又往往为了生存竞争过度，竞相杀价，两败俱伤。其结果是企业勉强维持简单再生产，缺少积累，更谈不上长远的技术研发的投入。

第三,发展环境不尽人意。

企业生存环境现在遇到两方面的问题:一是企业是否能处于合理的、公平的环境中竞争,二是产业链上游企业面临融资难的困境。

为解决这些实际存在的发展瓶颈,首先,对配套产业国产化(本地化)的形势要有清醒的整体认识,要有紧迫感。

既要看到这几年上游配套产业快速发展所取得的成绩,增强国产化的信心,要坚信只要努力,任何困难都将克服,完全能够生产出合格的产品,满足器件企业的需要,又要看到配套原材料国产化仍有很大不足,不能盲目乐观,要清醒地看到关键原材料、元器件的国产化率还很低。

解决原材料、元器件国产化不只是上游供方企业的事,更是器件企业的事。他们在这件事上是利益共同体。实力雄厚的器件企业有责任支持上游原材料、设备制造企业。要伸出援手,而不是消极等待。材料要导入实用往往要经过冗长的认证阶段,需要供需双方密切配合,尤其是器件企业的大力支持必不可少。

其次,政府要出台专门针对上游配套企业做强做大的政策。

中央和许多地方政府最近几年相继出台了一系列支持平板显示产业的政策,取得了很好的效果,有力地推动了 TFT-LCD 产业的发展。但是这些政策大都侧重于对大型器件企业的支持,这对于产业发展初期无疑是对的。现在 TFT-LCD 器件产业规模起来了,完善供应链成了主要矛盾。有必要建议政府主管部门推出专门针对上游配套企业做大做强的政策,包括鼓励国产化的财政补贴、税收减免、进出口关税调节等。

建议政府出台政策鼓励有实力的大企业、上市公司进入液晶和平板显示上游配套产业。同时鼓励有条件的企业通过兼并、重组等商业手段做大做强。

最后,建议在重点企业设立原材料(专用设备)研发中心,加强研发手段建设。

上游配套企业的科研投入不足已经成为整个平板显示产业发展的瓶颈,不能不引起各方特别关注。

鉴于当前上游配套原材料企业科研力量不足,研发资金投入严重不足,新产品推出速度慢等问题,有必要大力提倡有实力的企业建立单独或联合的研发中心或产品验证试验线。必要时政府给予一定的补贴。

本章参考文献

[1] [日]谷 千束.先进显示器技术.科学出版社,共立出版,2002.

[2] 曹加恒,等.新一代多媒体技术与应用.武汉:武汉大学出版社,2006.

[3] 应根裕,等.平板显示技术.北京:人民邮电出版社,2002.

[4] 刘永智,等.液晶显示技术.西安:电子科技大学出版社,2000.

[5] 柴天恩.平板显示器件原理及应用.北京:机械工业出版社,1996.

[6] 高鸿锦.中国液晶产业现状及其发展趋势.光电子技术,2000,20(1):7-11.

[7] 高鸿锦.值得关注的无机电致发光显示器.现代显示,2004(1).

[8] 高鸿锦,万博泉.为更快更健康发展我国液晶产业而努力.现代显示,2001(4):4-6.

[9] [日]新居宏壬,等.显示器的应用.北京:科学出版社,2003.

[10] [日]掘浩雄,等.彩色液晶显示.北京:科学出版社,2003.

[11] 董友梅,董诸旺,季国平.中国液晶产业发展历程与现状,2005.

第2章　光度与色度

2.1　人眼的构造和感光机理

2.1.1　人眼的构造

眼睛的外形是一个直径大约 23 mm 的球体，其水平断面如图 2.1 所示。眼球壁由多层膜组成，最外层是硬的膜，前面 1/6 部分是透明的角膜，光线由此进入，其余 5/6 部分为巩膜，作为外壳保护眼球。角膜内是前室，含有水状液，对可见光是透明的，能吸收一部分紫外线。前室后面是虹膜，人眼的颜色由虹膜中的色素决定。虹膜中央有一直径可在 2～8 mm 间变化的小孔，称为瞳孔，相当于照相机的光圈，调节眼睛的光通量。瞳孔后面是水晶体，它是扇球形弹性透明体，能起透镜作用，其曲率由两边的睫状肌调节，从而改变它的焦距，使远近不同的景物都能在视网膜上清晰成像。水晶体的后面是后室，它充满了透明的胶质，起着保护眼睛的滤光作用。后壁侧为视网膜，它由无数的光敏细胞组成。

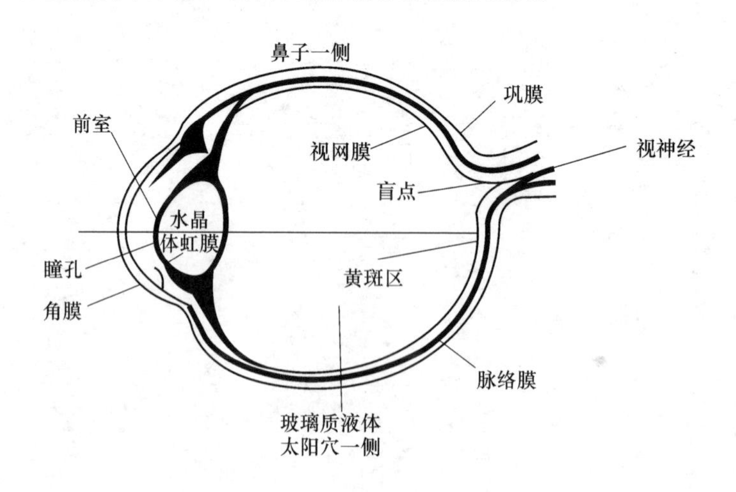

图 2.1　眼球断面图

光敏细胞按其形状分为杆状细胞和锥状细胞，锥状细胞有 700 万个，主要集中在正对瞳孔的视网膜中央区域，这个区域称为黄斑区。此处无杆状细胞，越远离黄斑区，锥状细胞越少，杆状细胞越多，在接近边缘区域几乎全是杆状细胞。人眼视网膜中，有约 1.2 亿个杆状细胞。

杆状细胞只能感光，不能感色，但是感光灵敏度极高，是锥状细胞感光灵敏度的 10 000 倍。锥状细胞既能感光又能感色。两者有明确的分工：在强光的作用下，主要由锥状细胞起作用，所以在白天或明亮环境中，看到的景象既有明亮感，又有彩色感，这种视觉叫做明视觉。在弱光作用下，主要由杆状细胞起作用，所以在黑夜或弱光环境中，看到的景物全是灰黑色的，只有明暗感，没有彩色感，这种视觉叫做暗视觉。

杆状细胞和锥状细胞经过双极细胞与视神经细胞相连，视神经细胞经过视神经纤维通向大脑，视神经汇集在视网膜的一点，此点没有光敏细胞，称为盲点。

2.1.2　感光机理

感光机理大致如下：景物经过水晶体聚焦于视网膜形成“影像”。视网膜上各点的光敏细胞受到不强的光刺激，杆状细胞和锥状细胞中的感光色素分别是视紫红质和视紫蓝质，它们受光照后发生光化学反应，并随光的波长、照度以及曝光时间的不同而产生不同数量的变白产物。当没有光刺激时，化学反应向反方向进行。

由于光化学反应使视网膜上产生与光强成正比的电位，即在视网膜上将“影像”变成“电位像”。

视网膜上各点的电位分别促使各对应的视神经放电，放电电流是振幅恒定的电脉冲，其频率随视网膜电压大小而变。也可以说是，视神经将视网膜的“电位像”按频率编码方式传送给视觉皮质。

视觉皮质要接收到多达 200 万个频率编码的电脉冲信号，首先将它们分别存入视网膜光敏细胞相对应的各细胞特殊表面中，然后进行综合图像信息处理，使人产生视觉看到景物的图像。

2.2　光的特性与人眼视觉特性

电子显示器件所显示的信息是通过人的视觉所感知的。人的视觉所能看见的信息在电磁波谱图中仅占一小部分，可见光谱的波长为 380～780 nm。不同波长引起不同的颜色感觉，可见光各种颜色的波长范围见表 2.1。

表 2.1　可见光各种颜色的波长范围

波长范围/nm	颜色
380～430	紫
430～470	蓝
470～500	青
500～560	绿
560～590	黄
590～620	橙
620～780	红

人的眼睛在可见光谱区域内对不同波长的可见光的视觉感度不同，所以人的眼睛相当于一个具有分光能力的光接受器，如图 2.2 所示。图中表示明视觉、暗视觉条件下，观察者的主观亮度感觉的光谱光效率曲线。

对于可见光区的辐射采用光度学的量来描述。光度学的量不仅与客观有关，还与人的眼睛对光的视感度有关。这点与非可见光区采用辐射度学的量不同，它只考虑纯客观物理量就行。因此，对于可见光的度量用辐射度学中引入的各个量，乘上一个与视觉有关的光谱光效率函数 $K(\lambda)$，就可以得到光度学中相应的生物物理量。

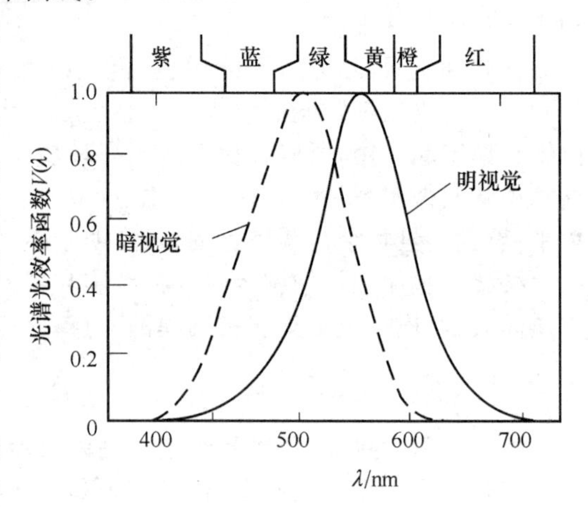

图 2.2　光谱光效率曲线

人眼对不同色感受性不一样，可用光谱光效率函数来表征。一般明视觉时辐射引起最大光效率位置为波长 555 nm。其数值约为 $K_{max}=680$ lm/W。为计算方便采用归一化条件，即用 K_{max} 除各波长处的 $K(\lambda)$，就可得到光谱光效率函数 $V(\lambda)$，即

$$V(\lambda)=K(\lambda)/K_{max} \tag{2.1}$$

显然，$V(\lambda)\leqslant 1$。

由于人的视网膜包含两种不同的感光细胞，锥状细胞和状体细胞，在不同照明条件下对光的感视度不同，$V(\lambda)$ 函数会发生变化。当亮度大于 3 cd/m^2 时，为明视觉，锥状细胞起主要作用，最大光效率位置（$K_{max}=680$ lm/W）为波长 555 nm；当亮度小于 0.03 cd/m^2 时，为暗视觉，杆状细胞起主要作用，最大光效率位置（$K_{max}=1\ 746$ lm/W）移到波长 510 nm；当亮度在 0.03～3 cd/m^2 时，锥状细胞和杆状细胞共同起作用，称为中间视觉。

人眼睛看物体感到亮与不亮，这是主观亮度。这个主观亮度与前述的人眼的特性直接相关，在客观上也决定于眼睛视网膜上所接收到的光的照度。人眼对亮度的适用范围是很大的，大约为 10 000 000∶1。但是人眼对亮度有个适应性问题。当眼睛已经适应某一平均亮度的条件下，能分辨物体中各种亮度的感觉范围就要小得多。平均亮度在正常适应亮度时，眼睛的亮度适用范围大约是 1 000∶1，而在亮度很低时只有 10∶1。比如，在平均亮度为 1 000 cd/m^2 时，对于 10 000 cd/m^2 已经感到很亮了，再增大亮度就不觉得更亮。但亮度为 1 cd/m^2 时，已有黑的感觉了，亮度再小也仍是黑色而已；又比如，平均亮度为 0.05 cd/m^2 时，0.1 cd/m^{2}亮度已感到很亮，而 0.01 cd/m^2 亮度则是黑色，此时可区分的亮度范围只有 10∶1。

人眼睛的这种亮度适应性对于显示系统很有意义。比如，在晴朗的白天用摄像机拍摄室外景物时，可分辨的亮度范围约为 200～20 000 cd/m^2，低于 200 cd/m^2 的亮度

都引起黑色的感觉。利用人眼的视觉适应性，把拍摄的景物在一个具有 2～200 cd/m^2 亮度范围的电视屏幕上重现出来，在平均亮度较低的室内观看，那么人的主观感觉与实际景象基本是相同的。因此，重要的是两者的最大亮度与最小亮度的比值相同，而绝对亮度并不起主要作用。

2.3　人眼的分辨能力和视觉残留

观看物体时，物体大小对眼睛形成的张角叫视角。其大小既决定于物体本身的大小，也决定于物体与眼睛的距离。图 2.3 中 A 表示物体的大小，D 表示由眼睛角膜到该物体的距离。则视角 α 可按式(2.2)计算，即

$$\tan \alpha/2 = A/(2D) \tag{2.2}$$

当视角 α 较小时，有 $\alpha \approx A/D$。

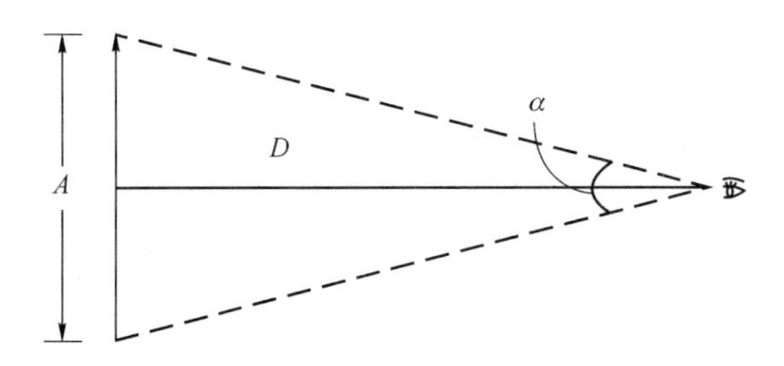

图 2.3　视角大小

当与人眼相隔一定距离的两个点靠的很近时，眼睛就有可能分辨不出这两个点。这说明人眼的分辨能力是有限的。为了确定人眼分辨物体细节的能力，这里设定人眼与被测物体之间的距离为 L，能分辨的两点间最小距离为 d，如图 2.4 所示，那么人眼能分辨这两点的视角 θ(以分为单位)，可由式(2.3)得到，即

$$\frac{d}{2\pi L} = \frac{\theta}{360 \times 60}$$

$$\theta = 57.3 \times 60xd/L = 3\,438d/L \tag{2.3}$$

人眼的分辨力为 $1/\theta$。

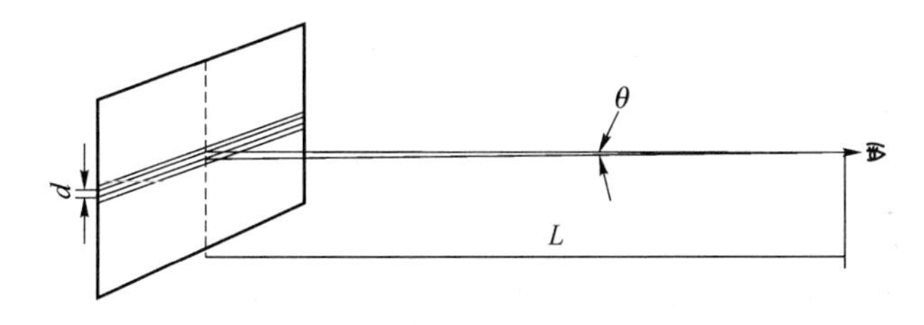

图 2.4　人眼分辨力

影响人眼分辨能力的因素大体上有：物体在视网膜成像的位置、照明强度、物体与背景亮度的对比度以及物体运动速度等。

许多光源时序上是明暗相间的周期性的断续光。为避免视觉上出现闪烁现象，有必要引进临界闪烁频率概念。

当光刺激人眼时，感觉并不是立即产生的，因为光作用于视网膜，产生兴奋再传导至大脑有关部位引起感觉，这中间需要一段时间，而且光刺激眼睛所产生的兴奋并不随着刺激的终止而立即消失，还会维持若干时间。在刺激终止后所留下来的感觉称做视觉残留。

眼睛对断续光源的这种特性，恰恰是可以利用的优点。要不然，如果眼睛对任何光源不存在时间上的延迟，那么在交变的光源下，就会觉得所有物体都是闪烁的。这样现有的几乎所有显示器都成了问题。

实验证明，对于一束断续的光，当频率低时，观察者看到的是一系列闪光，但是如果频率增加到一定程度时，人眼就不再感到闪光，而是一种固定的连续光。这种频率称为临界闪烁频率。

当周期性光信号的频率高于临界闪烁频率时，眼睛对这种周期性光的感觉就如同一个恒定的光。其亮度为

$$I = 1/T\int_0^T L(t)\,\mathrm{d}t \tag{2.4}$$

其中，$L(t)$为周期变化的实际亮度；T 为周期；I 为眼睛感觉到的周期变化的平均亮度。

临界闪烁频率与光源强度有关。电影放映速度如果每秒 24 帧，就会发现闪烁，但加大一倍就基本上消除了闪烁现象。因此，电视机选场频为 50(或 60)Hz 时，感觉的图像就是连续的了。

2.4　光度学的几个基本物理量

下面简单介绍光度学中有关的几个基本物理量。

1. 光通量

光通量是指能够被人的视觉系统所感知的那一部分光量，单位是流明(lm)。对于单色光，光通量 $\Phi_v(\lambda)$为

$$\Phi_v(\lambda)=K(\lambda)\Phi_e(\lambda) \tag{2.5}$$

由此可得

$$K(\lambda)=\Phi_v(\lambda)/\Phi_e(\lambda) \tag{2.6}$$

式(2.6)表示，某光源波长为λ，辐射出 1 W 的辐射能通量为 $\Phi_e(\lambda)$时，被观察者全部吸收后所感知的光通量 $\Phi_v(\lambda)$的大小，若

$$K(\lambda)=V(\lambda)K_{max}$$

则

$$\Phi_v(\lambda)=K_{max}V(\lambda)\Phi_e(\lambda) \tag{2.7}$$

其中，$K(\lambda)$为光通量与辐射能通量之比(lm/W)。

实际上，辐射往往不仅辐射一种波长，所以对于各种波长所发出的总辐射能通量

Φ_e 相对应的总光通量为

$$\Phi_v = K_{max}\int V(\lambda)\Phi_e(\lambda)\mathrm{d}\lambda \tag{2.8}$$

其中，$V(\lambda)$为视觉函数；K_{max}为一个换算常数，称之为最大光谱效能，它的数值是国际协议值，规定 $K_{max}=683$ lm/W，表示在人眼视觉系统最敏感的波长(555 nm)上，每瓦光功率相应的流明数。由此可见，光通量的大小反映了一个光源所发出的光辐射能所引起的人眼光亮感觉的能力。

2. 发光强度

一光源在单位立体角内所发出的光通量称作光源在该方向上的发光强度 $I_v(\varphi,\theta)$。发光强度的表示式为

$$I_v(\varphi,\theta)=\mathrm{d}\Phi_v(\varphi,\theta)/\mathrm{d}\Omega \tag{2.9}$$

其中，$\mathrm{d}\Omega$ 为立体角；$\mathrm{d}\Phi_v(\varphi,\theta)$为这个立体角所包含的光通量。

对于各向同性的点光源(即光源在各个方向的发光是均匀的)，则

$$I_v=\frac{\Phi_v}{\Omega} \tag{2.10}$$

由于整个空间立体角等于 4π，发出的总光通量为 Φ_v，则它在任何方向上的发光强度为

$$I_v=\frac{\Phi_v}{4\pi} \tag{2.11}$$

发光强度的单位是坎德拉(cd)。

3. 亮度

亮度的概念适用于面光源，是指单位面积上的发光强度，即

$$L=\frac{\mathrm{d}I}{\mathrm{d}A} \tag{2.12}$$

其中，$\mathrm{d}A$ 表示的面元是指该面元在垂直于给定方向的平面上的投影面积。如果在面光源上取一单元面积 $\mathrm{d}\sigma$，从与法线 N 成 φ 角方向观察，那么得到的亮度 L_φ 就是

$$L_\varphi=\frac{\mathrm{d}^2\Phi(\varphi,\theta)}{\mathrm{d}\sigma\mathrm{d}\Omega\cos\varphi} \tag{2.13}$$

其中，$\mathrm{d}\Phi$ 为从单元面积 $\mathrm{d}\sigma$ 沿角 φ 方向在单位立体角 $\mathrm{d}\Omega$ 中发出的光通量。将式(2.9)代入式(2.13)，则

$$L_\varphi=\frac{I(\varphi,\theta)}{\mathrm{d}\sigma\cos\varphi}=\frac{\mathrm{d}^2\Phi(\varphi,\theta)}{\mathrm{d}\sigma\mathrm{d}\Omega\cos\varphi} \tag{2.14}$$

式(2.14)是亮度更普遍的表达式。亮度不仅可以描述发光面，也可以描述光路中的任何一个截面，其亮度等于这个光束所包含的光通量除以该光束的截面积和这束光的立体角。

亮度的单位是 $\mathrm{cd/m^2}$，英制单位为英尺朗伯(fL)。

4. 照度

照度是指照到表面一点处的面元上的光通量除以该面元的面积，即

$$E=\frac{d\Phi}{d\sigma} \tag{2.15}$$

其中,$d\sigma$ 为接受光通量的面元的面积。

照度的单位是勒克司(lx),1 lx 为 1 m^2 面积上接收 1 lm 的光通量。

5. 出光度

单位面积上发出的光通量,在光度学上称作出光度或面发光度。即

$$M=\frac{d\Phi}{d\sigma} \tag{2.16}$$

出光度 M 的单位也是 lx(lm/ m^2),与照度量纲一样,但其物理意义不一样。

表 2.2 为光度学中常用的物理量。

表 2.2　光度学中常用的物理量

名称	定义	符号	单位
光通量	-	Φ	lm
发光强度	$\frac{d\Phi}{d\Omega}$	I	cd
亮度	$\frac{d^2\Phi(\varphi,\theta)}{d\sigma d\Omega\cos\varphi}$	L	cd/m^2
照度	$\frac{d\Phi}{d\sigma}$	E	lx
出光度	$\frac{d\Phi}{d\sigma}$	M	lm/m^2

2.5　颜色的基本特性与颜色混合

表示颜色有两种方式:①以颜色的色调、明度、饱和度三个特征为基础的纯生物方式;②以加法混合为基础的生物物理方式。前者是用颜色标样的芒塞尔(Munsell)表色系,后者是 CIE(国际照明委员会)表色系。关于表色系将在下一节介绍,本节将简要说明颜色的基本特性与颜色混合。

1. 颜色的基本特性

色调、明度及饱和度是颜色的三个基本特性,它与人的视觉有关,而且三者构成统一的视觉效果。

色调取决于在物体反射的光线中占主导的波长,不同波长产生不同颜色的感觉。色调是颜色最重要的特征,它是决定颜色本质的基本特征。

颜色的饱和度是指颜色的鲜明程度。如果物体的颜色饱和度高,则这个物体呈现深色,如深红、深绿等。因此,饱和度是颜色色调的表现程度,它取决于表面反射光的纯度(即波长范围的宽度)。在物体反射光的组成中,白色光越少,它的色彩饱和度越大。反之,白光越多,其饱和度越小。一般来说,在中等亮度下,颜色的饱和度最大。

明度是指刺激物的强度作用于眼睛所产生的效应,它的大小是由物体反射系数所

决定的。反射系数越大，则物体的明度越大，反之越小。明度是人眼直接感受到的物体明亮程度，可表示人眼主观亮度的感觉。当然，这里的亮度还是含有较多的客观或物理成分。

2. 颜色混合

(1) 加法混色

人眼感受的各种光的颜色，一般来说，都不是单一波长的光，而呈现某种光谱。相反，某些波长光的混合可以得到一定的颜色，而且光谱不同的光在一定条件下也能引起人眼相同的颜色感觉。

光谱中的任何一种颜色的光，都可以找到另一种颜色的光，按一定比例与之混合得到白光，这一对色光称为互补色。如红色与青色、绿色与紫色、蓝色与黄色都是互补色。如果不是互补色混色，得到的将是它们两者之间的中间色。

光谱中的色光混合是一种加法混色。实践证明，所有颜色都可以由红、绿、蓝三基色以适当比例混合得到。三基色的选择应使得其中任何一个都不能由其他两个混合产生。

加法混色的结果可以用下列简单的式子表示：

红色＋绿色＝黄色

红色＋蓝色＝紫色

蓝色＋绿色＝青色

红色＋绿色＋蓝色＝白色

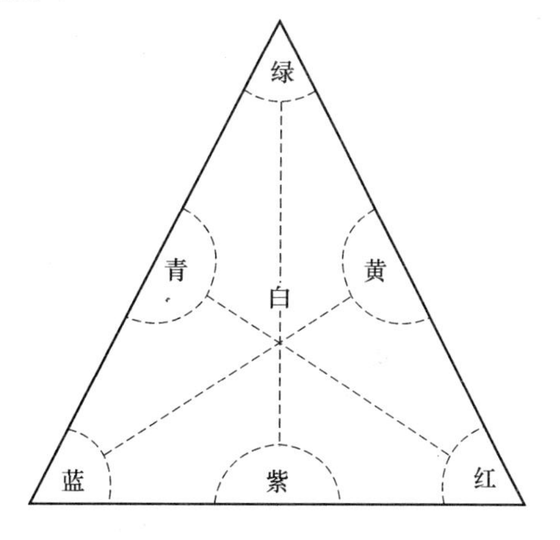

图 2.5 加法混色的彩色三角形

加法混色的结果还可以用一个彩色三角形表示，如图 2.5 所示。

在显示器上，常用的加法混色有时序混色和空间混色两种办法。

① 时序混色

将两种以上的颜色以 40～50Hz 以上的交替频率作用于人眼，利用人眼的视觉惰性形成混色状态。这种混色称为时序混色，也叫时间混色。

现在 LCOS 就是利用时序混色实现彩色的。红、绿、蓝三基色组成光源，在时序时钟信号作用下，配合 LCOS 芯片电路动作，依次产生红色、绿色、蓝色光脉冲，利用人眼的视觉惰性合成彩色。这样既减少了制作滤色膜的复杂工艺，又避免了滤色膜对光线的衰减，非常有利于提高显示器分辨率和亮度。

② 空间混色

红、绿、蓝 3 个发光点，当它们互相靠得很近，近到人眼不能分辨时，这 3 个发光点便在人眼中产生混色效应。

无论 CRT，还是多数平板显示(LCD、PDP 等)都采用空间混色来实现彩色化。以 LCD 为例，彩色滤色膜上红、绿、蓝的线宽、线间距都在 10 μm 以下，在一定距离下，人眼无法辨认透过滤色膜的红、绿、蓝各个光束,只能看到混合作用后的彩色点。

(2) 减法混色

日常生活中颜料、油漆等按不同颜色比例混合得到的颜色与上述的色光加法混合得到的颜色是不一样的。颜料的颜色是颜料吸收了一定波长的光以后所余下的光线的色调,例如,黄色颜料是从入射白光中吸收蓝光,而反射红光和绿光,所以用颜料、油漆等配色是一种减法混色。

减法混色的三原色是黄、品红、青,它们是加法混色三原色红、绿、蓝的补色。彩色电视机主要是应用加法混色,而彩色影片的染料则是按减法混色原理设计的。减法混色得到的各种结果如图 2.6 所示。

加法混色后颜色的明度是增加的,等于其投射光明度的总和,而在减法混色中,混合后得到颜色的明度是减少的。

3. 表色体系与色度图

(1) 芒塞尔表色体系

芒塞尔表色体系是基于颜色的色调、明度、饱和度三特征为基础的表色体系。最初是画家芒塞尔提出的方案,其后由美国光学会作了修改。

芒塞尔表色体系立体模型,如图 2.7 所示,采用圆柱形坐标系,纵轴为明度的变化,圆周方向为色调的变化,而半径方向为饱和度的变化。

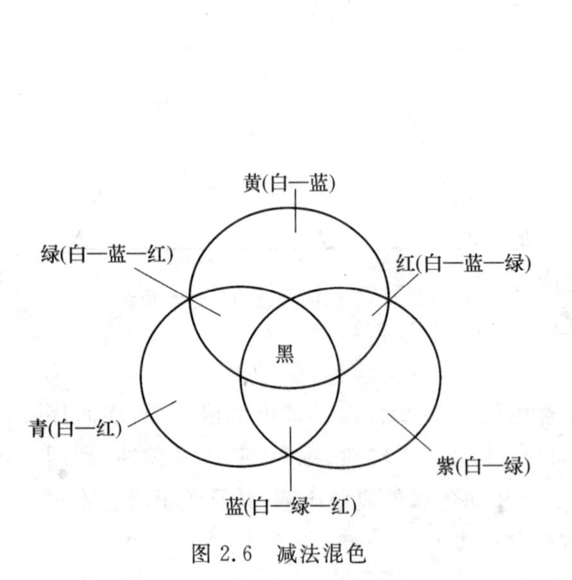

图 2.6　减法混色

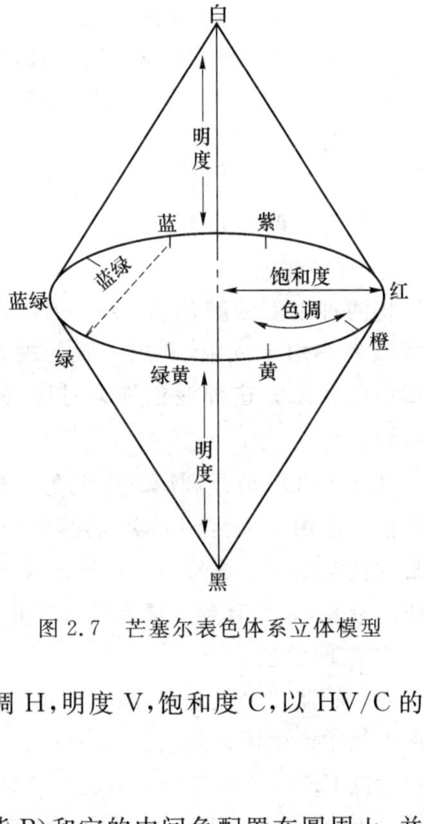

图 2.7　芒塞尔表色体系立体模型

利用芒塞尔表色体系表示颜色时,采用色调 H,明度 V,饱和度 C,以 HV/C 的形式表示颜色。

① 色调(芒塞尔 Hue:H)

把 5 种基本色彩(红 R、黄 Y、绿 G、蓝 B、紫 P)和它的中间色配置在圆周上,并按一定规则把圆周 100 等分。然后从 1 到 100 进行编号，用于表示色彩。具体的方法是以数字开头，结合代表色彩的符号，例如，1R，2R，…，10R 等。而各颜色的代表色是由数字 5 开头，例如，5R，5YR，5Y，…，5RP 等。

② 明度（芒塞尔 Value：V）

以无色彩为基准，当光全部吸收的理想黑色时，V=0；光全部反射的理想白色时，V=10。自下而上均分 10 等分，并以 10/，9/，…，1/，0/的符号表示。

③ 饱和度（芒塞尔 Chroma：C）

圆形的中心是中灰色，其亮度和圆周上的各种颜色的明度是相等的。从圆周向圆心过渡，表示颜色的饱和度逐渐降低。中心 C=0，为无彩色。从中心向外沿半径等分，并以 2/，4/，…，14/的符号表示。

例如，在色调 H 为 5R，明度为 5，饱和度为 10 的场合，可记作 5R5/10。另外，对无彩色的情况，用字母 N 表示，如 N5，N 后面的数字表示明度。实际颜色用芒塞尔表色体系表示，只需把要表示的颜色与色标卡直接比较即可，只要颜色相等就可采用芒塞尔色标卡的值。比较时的条件为，在标准光源 C，日光或接近日光亮度的照明光线下，色标卡的背景为V=5～7左右的无色彩背景。

(2) CIE 表色体系

CIE 表色体系是国际照明委员会（CIE）1931 年确定的 CIE 表色体系。

在混色系的表色体系中，利用三刺激值对颜色进行定量表示。为了求出任意色刺激的三刺激值，需要用等色函数，一旦等色函数被确定下来，就能够通过色刺激与等色函数的波长积分来求得三刺激值。但是，等色函数会因基础刺激与原刺激的选择方法不同而取不同的值。因此决定标准的表色体系，就有必要对基础刺激和原刺激进行标准化处理。

为此，国际照明委员会 1931 年对原刺激和基础刺激以及相应的标准等色函数作了如下规定。

- 对于 R、G、B 的原刺激，波长分别为 700 nm、546.1 nm、435.8 nm，都是单色。
- 把等能量光谱的白色光作为基础刺激。此时的亮度系数为

$$l_R : l_G : l_B = 1 : 4.5907 : 0.0601$$

在采用上述基础刺激和原刺激所进行的等色实验获得的数据基础上，确定了 RGB 表色体系的等色函数（见图 2.8）。由图 2.8 可见，如果等色函数存在负值，则意味着要配制等能量白光存在着负值混合，因而给测量和计算带来许多不便。于是通过对 RGB 表色系的数学变换建立了 *XYZ* 表色系，要配制任何一种色都可以用 3 个虚设的基色 *X*、*Y*、*Z* 的正值混色得到。该表色系在实际使用中非常方便，所以又称 CIE-*XYZ* 标准表色系。

如图 2.9 所示为在 CIE-*XYZ* 标准表色系中，用 *X*、*Y*、*Z* 表示等色函数中的三刺激值的混色曲线。

① 发光体的表色

假设具有辐射功率分布为 $\Phi(\lambda)$ 的发光体，则 *X*、*Y*、*Z* 三个刺激值由式(2.17)决定，即

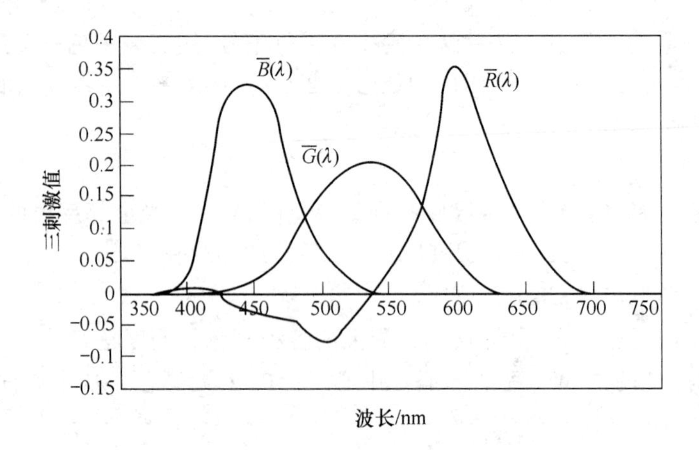

图 2.8 RGB 表色体系的等色函数

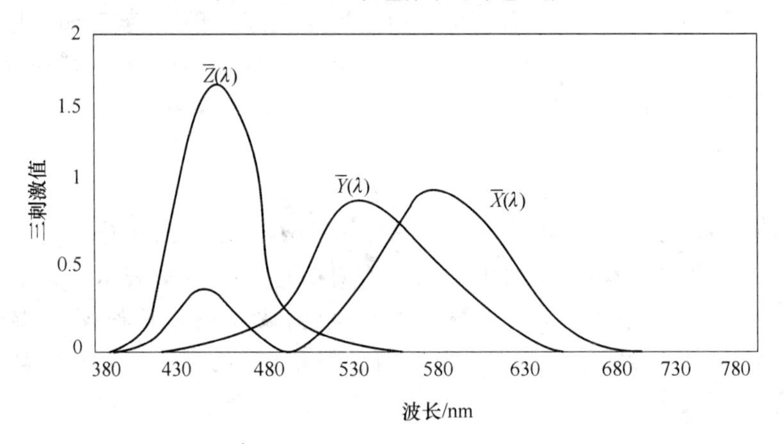

图 2.9 *XYZ* 表色体系的等色函数

$$X = K_{\max}\int \Phi(\lambda)\overline{X}(\lambda)\mathrm{d}\lambda$$

$$Y = K_{\max}\int \Phi(\lambda)\overline{Y}(\lambda)\mathrm{d}\lambda$$

$$Z = K_{\max}\int \Phi(\lambda)\overline{Z}(\lambda)\mathrm{d}\lambda \tag{2.17}$$

其中，$\overline{X}$、$\overline{Y}$、$\overline{Z}$ 为等色函数中的三刺激值；$K_{\max}=680\ \mathrm{lm/W}$；$x$、$y$、$z$ 为 CIE-*XYZ* 标准表色系的色标坐标，可用式(2.18)求得，即

$$x = \frac{X}{X+Y+Z}$$

$$y = \frac{Y}{X+Y+Z}$$

$$z = \frac{Z}{X+Y+Z} \tag{2.18}$$

由上可知，发光体的表色可使用亮度 Y 和色度坐标 x、y 来表示。因为在建立 *XYZ* 系统时，规定只有 Y 包含亮度，X、Z 不含亮度，只含色度，这样一来便于测量与

计算。

② 非发光体的表色

非发光体(物体)色的三刺激值 X、Y、Z 由式(2.19)表示

$$X = \frac{1}{K}\int \Phi(\lambda)\rho(\lambda)\overline{X}(\lambda)\mathrm{d}\lambda$$

$$Y = \frac{1}{K}\int \Phi(\lambda)\rho(\lambda)\overline{Y}(\lambda)\mathrm{d}\lambda$$

$$Z = \frac{1}{K}\int \Phi(\lambda)\rho(\lambda)\overline{Z}(\lambda)\mathrm{d}\lambda \tag{2.19}$$

其中,$\rho(\lambda)$为该物体的光反射率或透过率;$\Phi(\lambda)$为光源的标准光辐射功率。

$$K = \int \Phi(\lambda)\overline{Y}(\lambda)\mathrm{d}\lambda \tag{2.20}$$

也就是说,物体色的三刺激值是物体的反射或透射光的三刺激值与照明光的亮度 Y 的比值。前式中 Y 称作视感反射率(或视感透射率)。

由上可知,非发光体(物体)色是用 Y 和从式(2.19)和式(2.10)中求得的色度坐标 x、y 来表示。

③ xy 色度图

各种颜色的色度都能够在 xy 色度图上找到相应的色点位置;反之在色度图上的任何一色点都可以确定出它的色度坐标。不同的色光给予不同的色名。如图 2.10 所示为 CIE1931 xy 色度图,表示了色度和色名的关系以及标准单色光的坐标点位置。

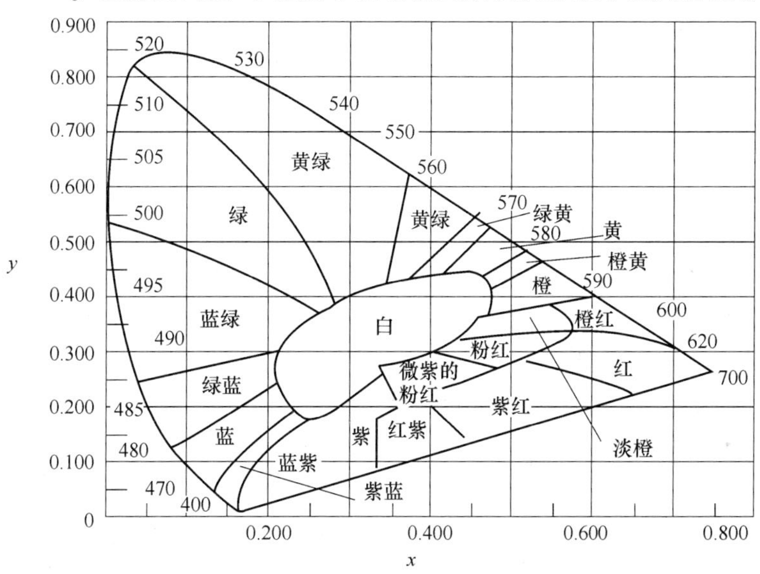

图 2.10　CIE1931 xy 色度图

图 2.10 中将不同波长的单色光色坐标点连起来的曲线称作光谱轨迹曲线,连接轨迹首尾两点的直线称非光谱色光轨迹。两轨迹所围成的舌形曲线内包含了一切物理上可能实现的颜色。舌形曲线上各点对应着各光谱单色光。各点既可用波长表示,又可用

色坐标表示。曲线内各点为非单色的复合光。依据不同坐标点的颜色不同又可划分若干小区域,形成色域。图 2.10 也适用于明度 Y 值有着较宽变化范围的发光体的色度量。对于非发光体的色,因为明度 Y 值明显地受色知觉的变化而改变,所以它的色名和色坐标的关系随 Y 值而有所不同。

图 2.11 为在 xy 色度图上表示绝对黑体辐射轨迹,用以表示不同光源的颜色,这就是所谓色温曲线。根据不同要求,主要有 A、C、D_{65} 等几种标准白光。光源 A 为色温 2 856K 的充气钨丝白炽灯。光源 C 是由光源 A 加一个前置滤光器组成。其辐射对应的色温为6 774K。D_{65} 光源的色度靠近普朗克曲线上 6 500K 的点,所以它有相关色温 6 500K ,人们因此称这个光源为 D_{65}。它与光源 C 一样都具有较好的日光曲线。

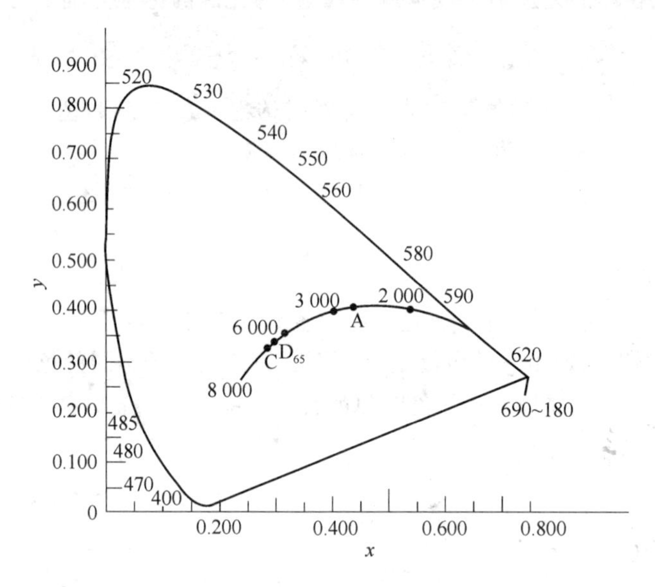

图 2.11 标准白光 A、C、D_{65} 在色度图上的位置

④ 均匀色标制

一般来说,CIE1931 色度图最大的缺点在于各色度点在视觉上间距不相等,也就是说 xy 色度图上色度点的距离与感觉上颜色的差别(色差)是不一样的。它们会因为在色度图上所处的位置不同,而有很大的不均匀性。在蓝色区域内,即使两点距离较短,感觉的色差也会较大;而在绿色区域,即使两点相距较远,感觉的色差也不大。

于是人们一直在探索一种新的色度图,希望在这种色度图上,每一种颜色的宽容量最好都很相近,而且在色度图各处大小一致。为此,人们经过大量研究,在 1960 年 CIE 最终选定了 CIE-UCS 坐标制,即均匀色标制。

在这一坐标系里,用 u、v 表示色度坐标,它们与 xy 色度坐标的转换关系如式(2.21)所示,即

$$u=\frac{4x}{-2x+12y+3}$$

$$v=\frac{6y}{-2x+12y+3} \tag{2.21}$$

CIE 在 1976 年采用了新的均匀坐标制，称为 1976 CIE-UCS 坐标制。其转换公式为

$$u' = u = \frac{4x}{-2+12y+3}, v' = 1.5\ v = \frac{9x}{-2x+12y+3} \tag{2.22}$$

现在讨论色彩重现及评价重现质量都是依据 1976 CIE-UCS 色度图，如图 2.12 所示。

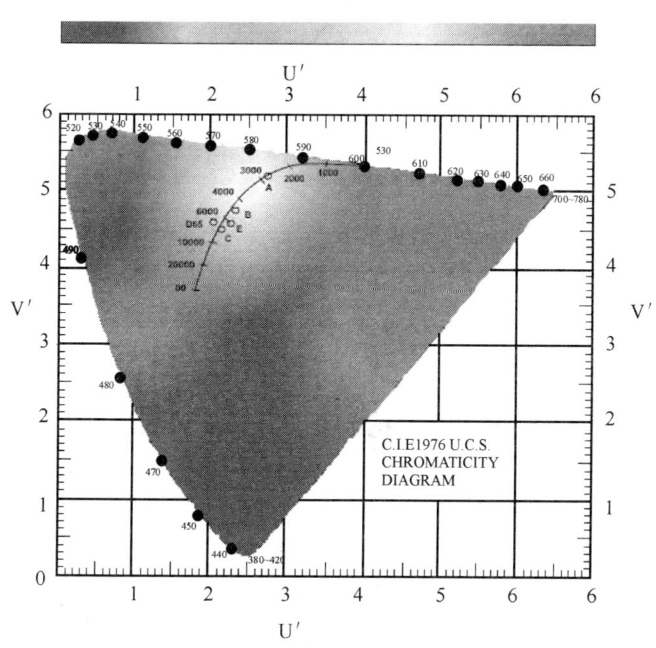

图 2.12　1976 CIE-UCS 色度图

⑤ 关于色度图的应用

色调与主波长对应。单色光曲线上任一点与光源点的连线，线上各点的色调相同，对应同一单色光波长——主波长。

连接光谱轨迹首尾两点的直线上任何一点都没有主波长，其色调可由该点与光源点连线的延长线相交于对侧的光谱轨迹，相交点的主波长就是该色调的补色主波长。

任一色光可视为相应主波长的单色光与白光混合的结果，白光成分增加，色饱和度减小。

在图 2.13 中，设光源点 C 的色度坐标为 $C(x_C, y_C)$，被测物的色坐标为 $F(x_F, y_F)$，由 C 点画一经过 $F(x_F, y_F)$ 点的直线交光谱轨迹于主波长点 $S(x_S, y_S)$，则该被测点颜色的纯度(P_e)为

$$P_e = (x_C - x_F)/(x_C - x_S) = (y_F - y_C)/(y_S - y_C) \tag{2.23}$$

对于白光，$P_e = 0$；对于单色光，$P_e = 1$。因此，P_e 可用来在色度学中表示饱和度。色度坐标点距单色光曲线愈近，色饱和度愈大。

虽然，单色光的纯度都是 $P_e = 1$，但是，色纯度这个参数与感觉不相符合。这就是说，色调不同而色纯度相同的彩色量，就感觉来说饱和度很不一样。例如，黄色的饱和度要比绿、红或蓝色的低得多。

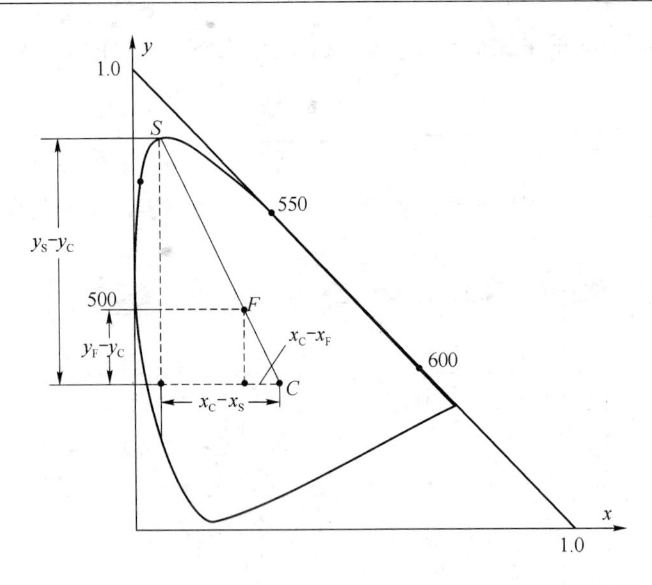

图 2.13　在色度图上确定任何一个点(F)的主波长 λ_S 和色纯度(P_e)

2.6　色调特性与 γ 值修正

色调是在图像中表现从明亮部分到灰暗部分的各阶段明暗程度的描述。通常分为模拟色调与数字色调。利用计算机制作或数码相机拍摄的图像,获得的不同亮度级别,称为数字色调。与此相对,任何一个物体,从最明亮到最灰暗部分可以用连续的亮度级别来描述的状态,称作模拟色调。当然,如果像显示文本那样仅用明、暗两种亮度级别时,称为二值色调。

(1) 色调特性与 γ 值

在电视等系统中,把反映物体的亮度输入图像和与其对应的再现图像亮度(输出)之间关系的曲线,称为色调特性曲线,如图 2.13 所示。其中,图 2.13(a)输入输出均为直线刻度坐标;而图 2.13(b)则是将图 2.13(a)中的数据用对数坐标表示。因为人对明暗的感觉与亮度的关系或者说对于 RGB 三色信号的感觉也接近对数函数关系,所以通常采用图 2.13(b)所表示的特性曲线。图中色调特性曲线的倾斜角的正切(tan)值称为 γ(Gamma)值,并把它作为色调特性的指标。

原则上要求在显示器上再现的图像,应当尽可能忠实地反映被摄物的本来模样。但实际上被摄物周围环境的亮度是千差万别的,实际上很难还原"本来模样",而且也没有必要与原来的亮度完全保持一致。但是,同一个景物内的亮度分布必须与被摄物原来的亮度分布成比例。这一点在避免彩色图像高色度颜色的色再现误差中显得尤为重要。

在图 2.14 所示的色调特性曲线中,直线 A、B 都是没有亮度失真的特性曲线。它们在对数坐标的图 2.14(b)中,就是倾斜角为 45°的直线,所以 A、B 直线的 γ 值等于 1。

图 2.14(a)中的 D、E 两条曲线在对数坐标系里也成了直线，而且斜率 γ 值为一定值，其中 D 的 $\gamma<1$，而 E 的 $\gamma>1$，在这种情况下存在同样的亮度失真。D 的场合是所有明亮部分都被压缩，使人感到惨白，E 是把灰暗的部分全部压缩，给人以黑暗感，但各自黑白部分微妙的浓淡变化就再现不出来了。另外，图 2.14(a)中，C 呈现直线特性，但是黑暗部分没有再现，给人以上浮感。

(2) γ 值修正

图 2.14 反映全部电视系统的整体色调特性，而电视系统从摄像机摄入图像到显示屏再现图像，要经过许多子系统。如果所有这些子系统的 γ 值均为 1，就不会产生失真问题。但实际上，摄像系统和显示器都很容易产生亮度失真。特别是显示器，受到周围环境光线等因素的影响产生复杂的亮度失真情况。因此，完全有必要对系统进行 γ 校正，以便使系统的整体 γ 值接近等于 1。

没有经过 γ 校正的系统会影响最终输出图像的颜色亮度。例如，一种颜色由红色和绿色组成，红色的亮度为 50%，绿色的亮度为 25%，如果一个未经过 γ 校正的显示器的 γ 值是 2.5，那么输出结果的亮度将分别为 18% 和 3%，其亮度大大降低了。

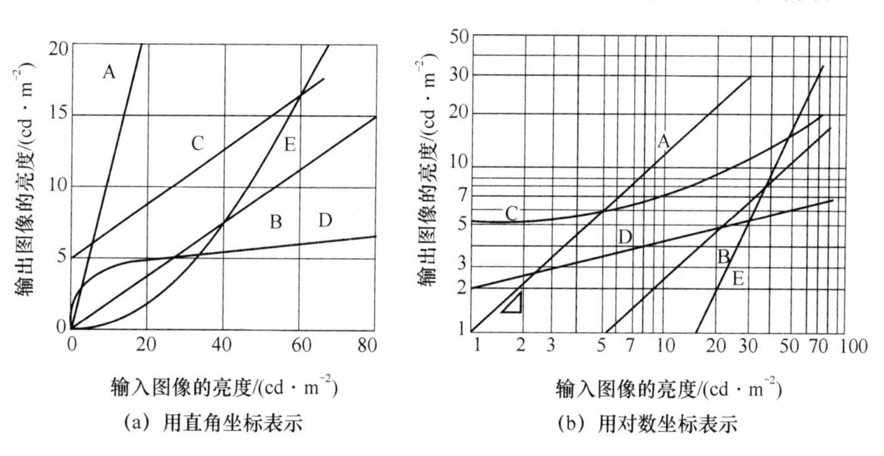

图 2.14　图像系统的色调特性

在计算机图形中，γ 校正编码通常是通过存储在帧缓冲器中的查表来实现的。γ 校正幂指数函数可以正确地再生亮度值。以液晶显示器为例，LCD 显示由最亮到最暗可分为若干级灰度，不同灰度级 G 由亮度的 γ 指数函数决定。即

$$G=K(L)^{1/\gamma}$$

在没有实际的 γ 值数据时，人们通常用 $\gamma=1/0.45$(约 2.22)。

校正过程是通过对于 LCD 模块驱动电压的调节，使灰度级与亮度关系的归一化曲线满足 γ 值为 2.2 时，LCD 的图像能够达到较好的效果。

本章参考文献

[1]　梁柱. 光学原理教程. 北京：北京航空航天大学出版社，2005.

[2] 余理福,等.信息显示技术.北京:电子工业出版社,2004.
[3] 汤顺青.色度学.北京:北京理工大学出版社,1990.
[4] [德]郎格.色度学与彩色电视.张永辉,等,译.北京:中国电影出版社,2004.
[5] 应根裕,等.平板显示技术.北京:人民邮电出版社,2002.
[6] 杨虹,彭俊彪,曹镛.OLED/LCD器件中的γ校正.发光学报,2004,25(2):207-211.
[7] [美]BERNS R S.颜色技术原理.李小梅,等,译.北京:化学工业出版社,2002.

第3章　图像质量与显示器性能

3.1　图像信息的产生与传输

电子图像通常分为静止图像与活动图像。

电视传送的主要信息是活动图像，其基本过程是在发送端把活动景物的光信号转变成与它相对应的电信号。经过加工、处理、记录，并传送，在接收端再把电信号还原成原来景物的图像。

发送端使用的摄像器件，过去大多采用真空电子型的摄像管，现在大多采用固体器件的摄像管，如CCD。接收端的显示器件则包括显像管和平板显示器件。

图像信息指表示图像的信号是用与图像空间位置(x,y,z)相应的亮度或色彩变化分布函数$f(x,y,z)$所表示的光信号；或者是通过扫描等技术手段，由光信号转换的随时间变化的电压变化函数$f(t)$电信号。前者称为图像，后者称作图像信号。

3.2　图像中的像素

任何一幅图像都可以看成由无数个十分微小的点集合而成的，即由肉眼分辨不出大小的像素点集合而成的。

图像中的像素是构成图像的最小面积单元，具有一定的亮度和色度等属性。通常一幅CRT显示屏上的图像的像素数为30～50万个，而高分辨的显示器上的图像的像素数为100万个以上。对于黑白的图像，每个像素数点为黑白程度不同的小点，而彩色图像，每个像素数又由红、绿、蓝3个点组成。

在不同的图形显示方式下或计算机硬件间转移图像时，必须考虑像素的宽和高的比例，也称像素的宽高比。它与图像格式和方型像素显示有关。

方型像素的概念最早是在计算机行业提出并实际应用的，目前计算机行业绝大多数显示标准都符合方型像素原则，例如：640×480，800×600，1 024×768，1 152×864，1 280×960，1 600×1 200均符合4∶3方型像素原则(计算机屏幕为4∶3)，只有1 280×1 024例外。

方型像素有利于图形和图像的计算机处理。尤其是作各种特技处理，如图画旋转时，方型像素具有优越性，无须几何失真较正。

随着多媒体计算的迅猛发展,HDTV 与计算机的结合越来越紧密。因此,国际电信联盟提出了方型像素通用 HDTV 视频格式,其有效图像格式为 1 920×1 080,具有和多媒体计算机进行互操作的优点,并建议各国首选方型像素格式,以达到世界统一的标准。为此,我国 HDTV 采用分辨率为 1 920×1 080(方型像素格式)、帧频为 25 Hz的隔行扫描方式,将来过渡到帧频为 50 Hz 的隔行扫描方式。

可以根据图像的宽高比和图像的像素数推算出像素的宽高比。以 SDTV 标清数字电视中的 720×576 图像格式为例,像素宽高比为 4/720 : 3/576=1.066 7,不是方型像素。而 HDTV 高清数字电视中的 1 920×1 080 图像格式,像素宽高比为 16/1 920 : 9/1 080=1,则是方型像素。

3.3 图像的逐行扫描与隔行扫描

无论 CRT、LCD 还是 PDP 显示屏,要想把模拟信号变成图像显示出来,都不是一个图像同时出现,而是一行一行地进行电-光转换。这种转换与图像形成过程是利用人眼的视觉暂留现象,以此使人感到是一幅图像。这种沿着行的地址进行横向移动扫描称为水平扫描,又称行扫描。另外,把扫描线从上到下顺序一点点下移的动作,称为垂直扫描。

1. 隔行扫描

目前的电视图像是隔行扫描的,每幅图像需要扫描两遍。第一遍先扫描奇数行(1,3,5,…),第二遍扫描偶数行(2,4,6,…)。这样通过扫描两遍才能把一幅图像的所有像素都选择出来,这样的一遍扫描称为一场,两场合为一帧。帧扫描频率为 25 帧/秒(PAL 制)或 30 帧/秒(NTSC 制)。在常见的设备中,普通广播电视接收机、录像机、大部分视频摄像机、DVD、VCD、LD 等全都是隔行扫描。

2. 逐行扫描

逐行扫描是按照 1,2,3,4,5,… 的顺序进行扫描,只需要一遍扫描就可以完成一帧。由于 1 帧所含的扫描线数等于 2 场,所以当帧扫描频率与场扫描相同时,逐行扫描的信息量将是隔行扫描的两倍。现在个人计算机等大多采用逐行扫描。隔行扫描与逐行扫描原理的对比示意图,如图 3.1 所示。

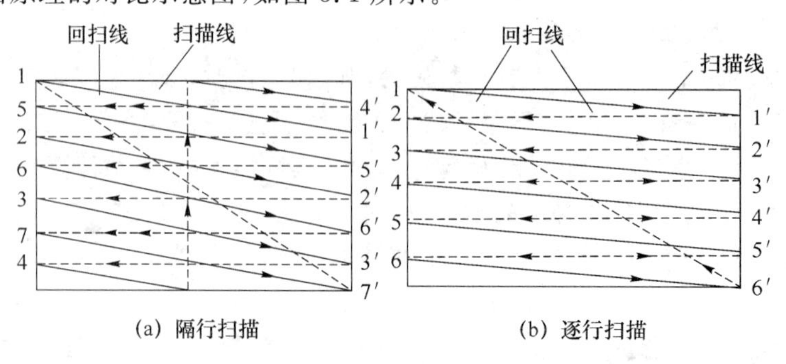

(a) 隔行扫描 (b) 逐行扫描

图 3.1 隔行扫描与逐行扫描

现在的模拟电视之所以要采用隔行扫描，是因为每套电视节目的信道带宽只有 6～8 MHz，在这样窄的信道内传送逐行扫描图像，帧频只能达到每秒 25/30 帧，这样的图像会产生严重的大面积闪烁。用隔行扫描时，同样的带宽可以传送每秒 50/60 场的信号，尽管总的信息量仍是一样，但却能将大面积闪烁减到可以容忍的程度。

但是隔行扫描也带来新的问题，即会造成行间闪烁。隔行扫描时，相邻的两行其实是分开在两个场里，所以它们在屏幕上出现的时间会相差 1/50 s 或 1/60 s(相当于一场的间隔)。当一帧中相邻两行不一样时，就会出现明显的行间闪烁。隔行扫描的主要缺点还有：①光栅结构显得粗疏；②垂直分辨率严重受损，大约只有水平分辨率的一半左右；③在画面上造成梳齿现象(又称羽状干扰)和行抖动。只要在拍摄过程中画面上的物体或镜头移动了，就有可能发生梳齿现象(jagged edge)。

3.4　逐行扫描目前还是有用的概念

隔行扫描是模拟电视时代的产物，现在已经到了数字电视时代，还要不要继续使用隔行扫描？是否应该用逐行扫描来代替它？这些问题曾在美国引起了很大争论。1995 年，美国制定数字电视标准时，许多著名的计算机公司强烈反对继续沿用隔行扫描，要求改用逐行扫描。理由是数字压缩技术可以使信道带宽的利用率大大提高，本来只能送一路模拟电视的信道现在可以传送 4 路数字电视，即使采用逐行扫描也不会过多占用信道。争论整整一年，最后制定的标准是两种格式都采用。为数字电视制定的标准中包含了多种扫描方式：480i、480p、720i、720p、1080i，其中 i 是隔行扫描，p 是逐行扫描。

采用逐行扫描的另一个理由是平板显示器件必须采用逐行扫描。平板显示器件如 TFT-LCD、TFT-OLED、DLP 等都有一个重要特性，即采样保持的性质。当一个像素被访问时，它获得一个亮度值将一直保持到下一次被访问。通常这些器件都工作在 50/60 Hz，像素的亮度在一帧内是保持不变的，当然不会有闪烁问题。如果采用隔行扫描反倒会出现问题，例如两场一起显示会形成隔行梳齿状现象，如果物体在两场之间移动足够快，就会一个物体出现两个分离的图像。

逐行扫描能够提供比较高质量的图像，是目前电视发展的一个方向。但是现在主要广播电视仍然是隔行扫描的。在这样一个逐行扫描节目源非常少的情况下，如何才能享受逐行扫描的好处？唯一可行的办法是将收到的隔行扫描信号转换成逐行扫描显示。逐行扫描读出法的原理是把奇数场信号和偶数场信号存入两个存储器，合成一帧完整图像再逐行读出。其图像信号形成有两种方式。

1. 简单的重复方式

简单的重复方式是在一场(1/50 s)时间内，按存入时的次序逐次逐行读出图像信号，读出的逐行图像信号未作任何处理，这样就能把隔行扫描的图像信号变为帧频为 50 Hz 的逐行扫描图像信号。其读出的逐行扫描图像的速度是写入隔行信号速度的一倍。由隔行扫描方式变为逐行扫描方式，减小了行间闪烁，帧间时间差由 40 ms 降低为 20 ms,但仍存在大面积图像闪烁。

2. 利用插值算法生成逐行扫描图像信号

利用插值法生成逐行扫描图像的具体方法如图 3.2 所示。它同样先要用两个场存储器把奇、偶两场信号存储起来,取本场中垂直相邻的像素 A、B 以及在前一场的、与该像素在时间上相邻的像素 C ,从这 3 个像素的亮度值中找出中间值,如果是 A<B<C ,则新像素值取 B;如果是 A<C<B ,则取 C;如果是 C<A<B ,则取 A。中值不是平均值,而是从A、B、C 这三个像素的亮度中取居于中间的值。图中的 A′、B′、C′是另一组像素,新的插入行信号都是采用这一方法生成。静态图像时像素 C 的值就是中值:运动图像时,本场内相邻像素的相关性大,即像素 A、B 值比较接近,中间值不会是像素 C 的值,这就实现了场内的运动预测,可以避免出现水平运动图像的锯齿形失真。这种方法的优点是改善了垂直边沿锯齿化,但会使图像细节有些损失,还会引入混迭效应。

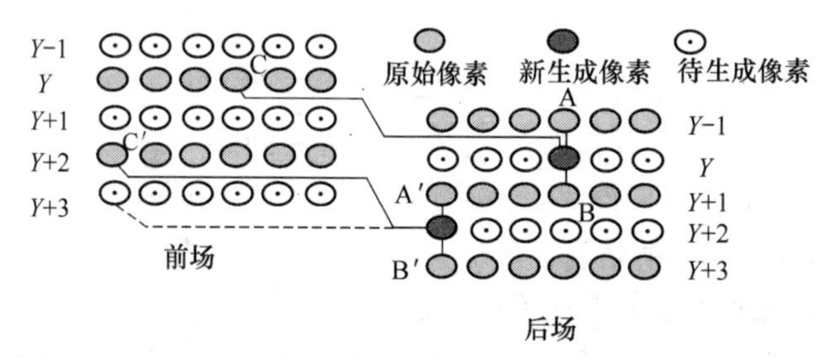

图 3.2 插值法生成逐行扫描图像

在屏幕亮度为 100 cd/m^{2}的条件下,正常人眼的临界闪烁频率为 46 Hz ,并随着屏幕亮度的上升而上升。我国彩色电视标准中规定的场频为 50 Hz ,虽然高于临界闪烁频率,但在高亮度图像时,仍会产生大面积图像闪烁。为了减小图像的大面积闪烁,只有提高场频(隔行扫描)或帧频(逐行扫描)。倍频扫描变换技术可以减轻或消除大面积图像闪烁,对行间闪烁也有所改善。

倍频扫描是利用大规模数字集成电路,先将模拟信号转换成数字视频信号,在扫描电路中使用存储器将每场数字信号存储一次,读取两次,因而由 50 场变成 100 场,这样,有助于消除画面的闪烁感。但是,这 100 场画面中有一半画面是重复的,所以称此倍频方式为 AA BB 制,即无论奇数行还是偶数行组成的一场均出现两次,并不能补充移动画面的过渡过程,因而无助于移动画面跳动感的改善。

鉴于当前逐行节目源难以获得,几乎所有平板显示器都配备了隔行扫描-逐行扫描转换器、倍线器和运动补偿线路,以便将隔行扫描转换成逐行扫描,克服行间闪烁、大面积图像闪烁以及运动图像的梳齿状现象与拖尾。

不过应当特别指出的是,现代的 CCD 摄像机和电影摄像机一样是整幅图像一起摄取的,早已不是由图像的顶部一行行地扫描到底部。在显示方面,TFT-LCD、DLP 的显示屏现在大多采取整幅显示图像的办法。未来的摄像机和显示器与从上至下的逐行扫描概念没有必然的联系。不过,逐点脉冲发光的 CRT、逐行顺序显示的无源

LCD、无源 OLED、FED、TDEL 等仍然需要逐行(隔行)扫描的概念。

对于图像的压缩并不要求特定的扫描方式，虽然迄今为止的共同做法是从图像的上部开始逐渐进行到下部。合适的话，也可以按行、列进行压缩处理。图像帧的概念是正确而有用的，这一概念在可预计的未来仍将继续使用，但扫描的概念将会逐步退出使用。

3.5　电视图像的基本参数

在理想的情况下，显示屏上重现的图像应该与原景物一样，就是说它的几何形状、相对大小、细节的清晰度、色彩、亮度分布及物体运动的连续感等，都要与直接看景物一样。但实际上要做到完全一样是不可能的。有关图像的几何特性、亮度、对比度、灰度、色彩等与其他显示器有共性的内容将在下一节显示器的主要性能中介绍。这里，着重介绍电视图像特有或特别重要的参数。

1. 图像清晰度

图像清晰度是指人主观感觉到的图像的细节的程度。分别用人眼在水平或垂直方向所能分辨的像素数来定量描述，并相应地称为水平清晰度和垂直清晰度，以"TV 线"或"行数"为单位。清晰度既与人的主观因素(如视力等)有关，也与电视机、电视系统的分辨率有关。

如果人眼最小分辨角为 θ，在分辨能力最高的垂直视线角 15°内所能分辨的线数应为

$$Z=15/\theta \tag{3.1}$$

当 θ 分别为 $1'$、$1.5'$、$2'$时，Z 对应的为 900 线、600 线、450 线。反过来，如果 1 000 线的图像清晰度，那么人眼最小分辨角就只有 0.9°。

2. 电视系统的分辨力

电视系统的分辨力是指电视系统本身分辨图像的能力，它不受人的主观因素的影响。一般来说，扫描行数越多，电视系统的分辨率越高。垂直清晰度 M 主要取决于图像有效行数 Z，由于不是所有的行正好扫到图像的分界线上，有效行数 Z 还要乘一个凯尔系数 K_1，即

$$M=K_1Z \tag{3.2}$$

对于逐行扫描上述关系是正确的。但对于隔行扫描，还要乘上一个隔行扫描系数 K_2，即

$$M=K_1K_2Z \tag{3.3}$$

在同一电视系统中，水平分辨率与垂直分辨率相同时，图像质量最好。当图像的宽高比为 A 时，则水平清晰度 N 为

$$N=AM=AK_1K_2Z \tag{3.4}$$

2006 年 4 月 5 日，信息产业部公布了数字电视相关的 25 项电子行业标准，其中《数字电视接收设备——显示器标准》中的液晶、等离子的两项标准被称为平板电视的

高清国标。标准明确规定,等离子和液晶电视垂直清晰度和水平清晰度必须达到720线以上才算高清。按照这个标准衡量,目前市场上42英寸的等离子电视,几乎没有一款能达到高清国标要求。弄清其中的道理,有助于理解电视系统的分辨率的概念。

目前,42英寸等离子分辨率有4种,分别是852×480、1 024×768、1 024×1 024、1 024×1 080。垂直清晰度,如果不考虑凯尔系数 K_1,对于液晶、等离子,垂直方向上有多少个像素,就可认为是多少线(实际上还达不到,只是最理想情况下才能达到,但是对于电视的清晰度,垂直清晰度并不重要,因此暂不计较)。如852×480,可以认为垂直清晰度是480线,1 024×768的垂直清晰度是768线。

而水平清晰度则不同。如式(3.4)所示,液晶或等离子屏幕水平方向上的像素数量并不代表水平清晰度的线,它还与图像的宽高比有关。对于16∶9的平板电视,其电视线数值为水平方向上的像素数量/A(宽高比)。这里,852×480的水平清晰度是852/16×9=479电视线,而且还不是说852×480的等离子水平清晰度一定能达到479电视线,而是说最高不可能超过479电视线。而1 024×768、1 024×1 024、1 024×1 080这3种分辨率的等离子,水平清晰度最高不可能超过576电视线,因此目前市场上42英寸的等离子电视,都达不到高清720电视线的标准,都不算高清。当然,这并不表明42英寸的等离子电视就不能达到高清电视的标准,尽管在大多数情况下,要做到这一点还有困难。

另外,在讨论图像清晰度时,不能忽视像素格式的匹配。对于固定像素寻址方式显示图像的平板电视机,每个数字像素在显示器上有一个唯一的数字地址,因此只有当图像或信号源的像素格式与电视机固有的像素格式完全匹配时,才能实现一对一的映射,在理论上,电视机可以产生与源图像完全匹配的图像。

但在大多数情况,电视信号源图像的像素格式与电视机固有的像素格式不完全匹配。例如:我国HDTV的图像的像素格式为1 920×1 080,而电视机固有的像素格式多种多样,有852×480、720×576、1 280×720、1 024×1 024、1 366×768等,当1 920×1 080的源图像加到其他像素格式的电视机上,就需要向上或向下进行变换,以达到和电视机的像素格式相匹配,否则图像会过度充满或未充满荧屏。

所以针对电视机的像素,电视机必须对信号源的图像像素格式进行变换,重新取样到电视机固有的像素格式。这样将会有周期的无规则性视觉伪像和虚假图像轮廓出现,使图像清晰度受损失。无论是图像的像素格式向上变换还是向下变换,显示的图像的质量上总是低于信号源图像。

3. 视频信号带宽、场频与扫描行数

图像信号又称视频信号。当要求图像的分辨率越高时,则亮度信号的频带越宽。根据人眼视觉系统的特性,图像信号的最大带宽可由式(3.5)计算,即

$$f_{\max}=1/2\ AK_1K_2Z^2f_p \tag{3.5}$$

其中,A 为图像宽高比;K_1 为凯尔系数;K_2 为隔行扫描系数;Z 为扫描行数;f_p 为帧频。按我国电视标准计算,图像信号的最大带宽 $f_{\max}$ 约为5.1 MHz。实际上,我国视频传输通道的带宽规定为6 MHz。

选择场频主要考虑画面无闪烁、不受电源干扰、活动图像有连续感、占用带宽尽可能窄等因素。我国现行电视系统采用 50 Hz，高于人眼临界闪烁频率，这既有利于克服画面闪烁，也与市电电源的频率相同可避免电源的干扰。

扫描行数的确定，主要考虑图像的清晰度与图像信号宽带两方面的因素。如前所述，当行数 Z 增加时，图像清晰度增加。但是，由于带宽与扫描行数的平方成正比，行数增加会使带宽急剧增加，而视频带宽的增加会使在一定波段中可安排的电视频道数目减少；同时，带宽的增加还将导致电视设备的复杂化，增加投资成本。我国现行电视采取 625 线就是综合考虑这些因素的折中方案。高清电视的扫描行数一般要增加到 1 000 线以上，相应地带宽要 10 MHz 以上。

3.6　显示器的主要性能

显示功能方面可分为：静态图像、动态图像及立体图像。

显示器性能的主要指标包括：画面尺寸、显示容量（分辨率）、亮度、对比度、灰度、显示色数、响应速度、视角、功耗、体积/质量等。

1. 画面尺寸

画面尺寸一般用画面对角线的长度表示，单位用英寸或厘米。常用对角线的英寸数作为型号表示，如图 3.3 所示。

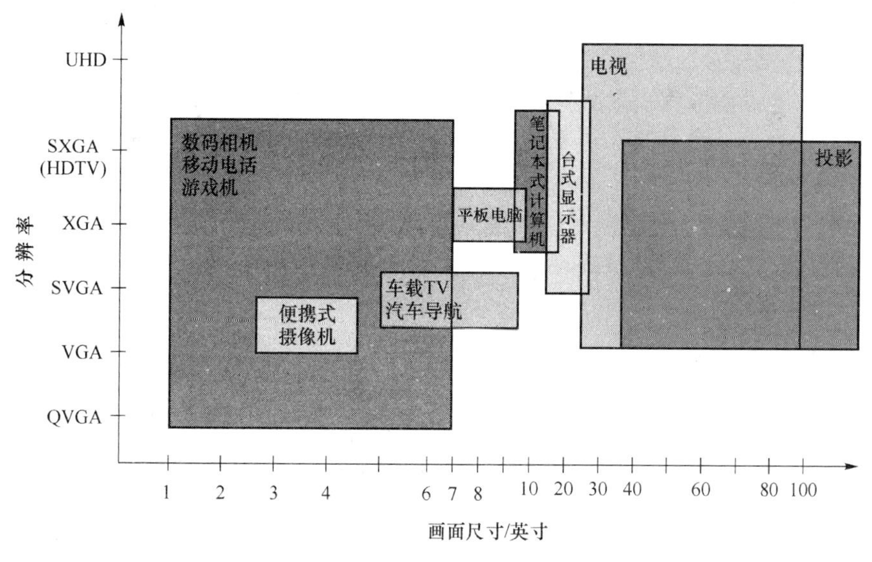

图 3.3　画面尺寸

2. 显示容量

显示容量表示总像素数。在彩色显示时，一般将 RGB 3 点加起来表示一个像素。有时，总像素数也以分辨率表示。分辨率可以用每 1 mm 的像素数表示，也常用像素节距（pitch）表示。但在显示器领域，分辨率一词的用法并不完全统一。显示格式与对应的像素数和宽高比见表 3.1。

表 3.1　显示格式与对应的像素数和宽高比

显示格式的名称		像素数		宽高比（宽∶高）
		宽	高	
OVGA	Ouarter VOA	320	240	4∶3
VGA	Video Graphic Array	640	480	4∶3
SVGA	Super VGA	800	600	4∶3
XGA	Extended Graphic Array	1 024	768	4∶3
FXGA	Wide XGA	1 366	768	16∶9
SXGA	Super XGA	1 280	1 024	5∶4
SXGA	Super XGA	1 366	1 024	4∶3
SXGA+	SXGA plus	1 400	1 050	4∶3
UXGA	Ultra XGA	1 600	1 200	4∶3
OXGA	Ouad XGA	2 048	1 536	4∶3
	DTV(720p)	1 280	720	16∶9
	DTV(1 080i)	1 920	1 080	16∶9

分辨率是影响图像质量的一项重要指标。通常有屏分辨率与图像分辨率之分，二者不可混淆。屏分辨率是指屏幕上所能呈现的图像像素的密度。以水平和垂直像素的多少来表示。显示器上的像素总数量是固定的。分辨率与画面尺寸及像素间距(或点距)有关。

图像分辨率是指数字化图像的大小，是对信号和图像视频格式而言，也是以水平和垂直像素的多少来表示。二者之间的区别在于，屏分辨率是由显示器屏的结构、类型、像素组成方式，即由产品本身所确定的一个不变的量。而图像分辨率是说明图像系统(根据人眼对图像细节的分辨率而制定的)的分解像素的能力(数目)，是由扫描行数、信号带宽等所确定的。例如，PAL 制图像分辨率为 720×576 扫描格式，NTSC 制为 720×480。

中国信息产业部公布的 SJ/T 11343—2006《数字电视液晶显示器通用规范》中规定：

- HDTV 水平、垂直方向上的清晰度(即分辨率)≥720 电视线；
- SDTV 水平、垂直方向上的清晰度(即分辨率)≥450 电视线。

摄像机、数字相机普遍采用静态分辨率和动态分辨率的概念。它们都属于图像分辨率范畴。静态分辨率是指拍摄静止图像时所采用的扫描格式，大多数高档产品都支持 XGA。动态分辨率，顾名思义就是记录动态视频图像所采用的格式，目前一般不会超过 VGA，通常为 QVGA 或更低。动态分辨率的确定与帧频和存储卡容量有关。HDTV 复合测试图图例如图 3.4 所示。

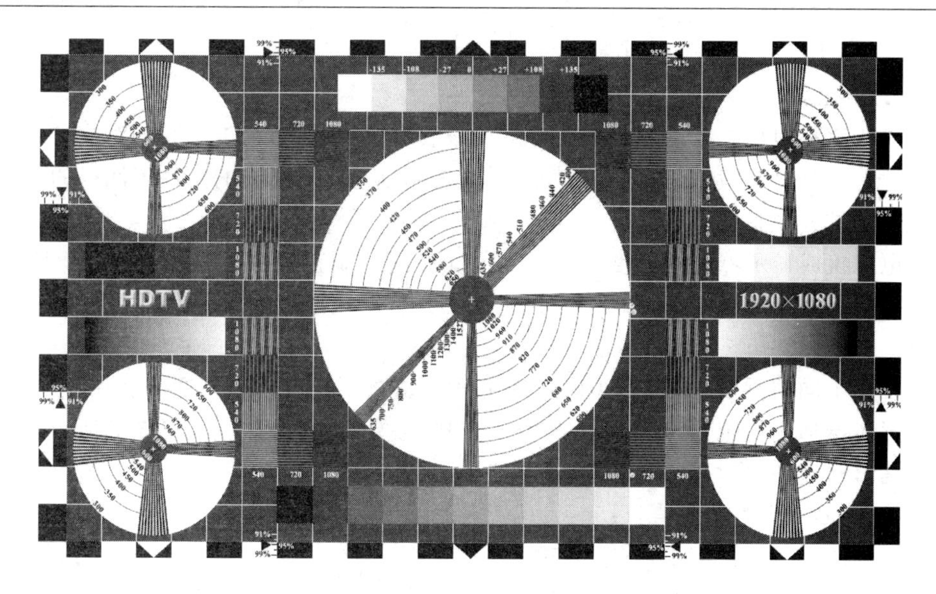

图 3.4　HDTV 复合测试图图例

3. 亮度

亮度表示显示器的发光强度。用 cd/m²(又称 nit)或 ft · L(英尺朗伯)表示,目前常用前者。对画面亮度的要求与环境光强有关,室内要求显示器画面亮度可以小些,室外应该大些。

在非发光型液晶显示器中,内装背光源的,被视为表观发光型的,在亮度的评价中将采用这种亮度单位。对于不装背光源而利用周围光反射的液晶显示器,则常用与标准白板的反射光量的比较表示其亮度。

在测量电视机(或显示器)的亮度时,因对电视机调整状态不同,表征屏亮度的参数指标也不同,主要有 4 种,即有用峰值亮度、有用平均亮度、最大峰值亮度及最大平均亮度。

液晶显示屏本身不发光,要外加光源。用寻址方式开关像素、显示图像。所以通常情况下,有用平均亮度和有用峰值亮度是一样的;最大平均亮度和最大峰值亮度是一样的。对于主动发光的显示器(例如 CRT、PDP)平均亮度与峰值亮度是不一样的。对于正常观看电视图像节目而言,只有有用平均亮度才有实际意义。因此,在标准《数字电视液晶显示器通用规范》(SJ/T 11343—2006)中只规定它的有用平均亮度值≥350 cd/m²。这个数值要比 PDP、CRT 大得多。

- CRT 电视机有用平均亮度标准规定值≥60 cd/m²。
- PDP 电视机有用平均亮度标准规定值≥60 cd/m²。

现在产品标称的亮度数值都远高这个数值。不过亮度过高并不好,容易造成眼睛疲劳。

我国新公布的标准中还规定了亮度均匀性标准:

- LCD 亮度均匀性≥75%;
- PDP 亮度均匀性≥80%;

• CRT 亮度均匀性≥50%。

4. 对比度

对比度是用最大亮度和最小亮度之比来表示,分暗场对比度和亮场对比度。暗场对比度是在全黑环境下测得的,亮场对比度是在有一定环境光的条件下测得的。对比度值与测试方法有很大关系。

电视机或显示器的对比度是在对比度和亮度控制正常位置,在同一幅图像中,显示图像最亮部分的亮度和最暗部分的亮度之比。对比度越高,图像的层次越多,清晰度越高。

采用不同的测量方法和不同的测试信号得到的对比度值是不同的。在《数字电视液晶显示器通用规范》(SJ/T 11343—2006)中,规定 HDTV 采用如图 3.5 所示的黑白窗口信号(16∶9)进行测量。该标准规定:

• LCD TV 对比度值≥150∶1;

• PDP、CRT 的对比度值≥150∶1。

在通常情况下,好的图像显示要求显示器的对比度至少要大于 30∶1。

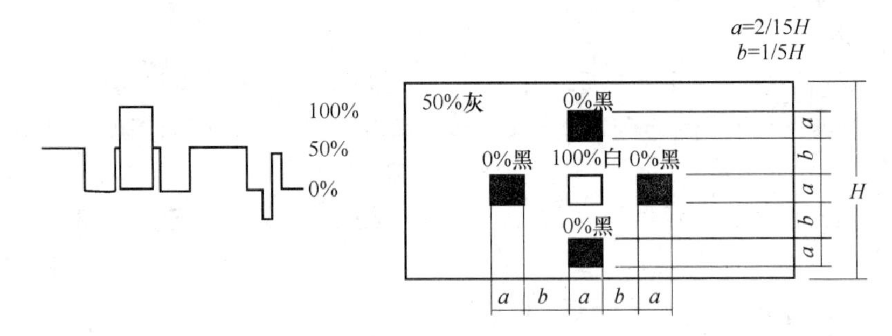

图 3.5 黑白窗口信号(16∶9)

5. 灰度

灰度通常是指图像的黑白亮度之间的一系列过渡层次。灰度与图像的对比度的对数成正比,并受图像最大对比度的限制。日常生活中,一般图像的对比度不超过 100。

为了精确表示灰度,人们在黑白亮度之间划分若干灰度等级。而在彩色显示时,灰度等级表示各基色的等级。在现代显示技术中,通常用 2 的整数次幂来划分灰度级。例如,人们将灰度分为 256 级(用 0～255 表示),它正好占据了 8 个 bit 的计算机空间。所以,256 级灰度又称 8 bit 灰度级。在彩色显示时,就是 1 670 万色全色。

一般来说,字符显示对灰度没有要求,只要有一定的对比度即可。而图形显示则不仅要求高的对比度,还要求尽可能多的灰度级。灰度级越多,图像层次越分明、色彩越丰富、也越逼真。

6. 色域和色域覆盖率

色域是指 CIE 1931 年公布的人眼可见光谱(380 ～780 nm)。色域表示显示颜色的范围和鲜明度,通常用 CIE 1976 均匀色度坐标中显示显示器的 R、G、B 三角形大小来示表示。在马蹄形线框中,三角形越接近外侧颜色的饱和度越高,越接近中心就越靠近白色。

色域覆盖率定义为：在 1976CIE $u'v'$色度图上，显示电视机或其他显示器的色域面积（即三基色 R、G、B 三角形的面积）占 $u'v'$色度空间全部面积 0.195 2 的百分数。该百分数值越大，说明重现还原的彩色越多，彩色越鲜艳。

色域覆盖率可用色度计分别测量屏幕中心红色的色度坐标 u'_R、v'_R，绿色的色坐标 u'_G、v'_G，蓝色的色度坐标 u'_B、v'_B；然后计算 R、G、B 三角形的面积 S_{RGB}，用式(3.6)计算，即

$$S_{RGB}=\frac{1}{2}[(u'_R-u'_B)(v'_G-v'_B)-(u'_G-u'_B)(v'_R-v'_B)] \tag{3.6}$$

色域覆盖率用 C_p 表示，则用 R、G、B 三角形的面积 S_{RGB}除以 0.195 2，乘以 100%。即

$$C_p=\frac{S_{RGB}}{0.195\,2}\times 100\% \tag{3.7}$$

对于 LCD 电视机的色域覆盖率在《数字电视液晶显示器通用规范》(SJ/T11343—2006)中规定≥32%，同样对 PDP、CRT 电视机的色域覆盖率也规定≥32%。

对于色域覆盖率还有一种常用的表示法，以 NTSC 三角形的面积为基准，测定的 R、G、B 三角形的面积与它相除，这样得到的数值可能超过 100%。

7. 响应时间

响应时间指显示器各像素点在激励信号作用下，亮度由暗变亮和由亮变暗的全过程所需的时间，响应时间等于上升时间和下降时间之和，如图 3.6 所示。其中，图像亮度从 10%上升到 90%所需的时间为上升时间；图像亮度从 90%下降到 10%所需的时间为下降时间。

显示器件一个像素的响应速度与显示图面整体的响应速度不一定一样。一般使用比较实用的方法，即用图面整体的响应速度来表示。

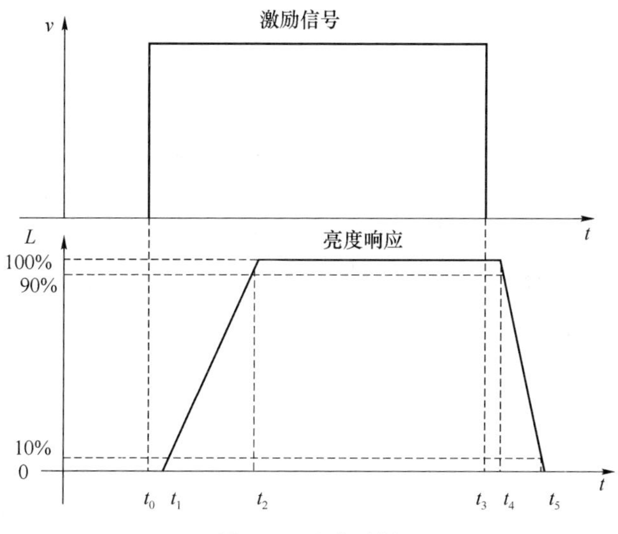

图 3.6 响应时间

电视图像要小于 1/30 s 响应时间，一般主动发光的显示器响应时间都可小于 0.1 ms，而非主动发光的 LCD 的响应时间为 10～500 ms。

8. 视角

一般用面向画面的上下左右的有效视场角度来表示。在国际电工委员会公布的文件中对视角作了规定，即在屏中心的亮度减小到最大亮度的 1/3 时(也可以是 1/2 或 1/10 时)的水平和垂直方向的视角。也就是说，首先测量屏中心点的亮度为 L_0，然后水平移动测量仪器的位置，分别在中心点的左右水平方向测得亮度为 $L_0/3$ 时，得到的左视角和右视角的和，即为水平视角；同样的方法，在垂直方向测得上、下视角的和，即为垂直视角。

在《数字电视液晶显示器通用规范》(SJ/T 11343—2006)中规定：

- 水平可视角≥120°；
- 垂直可视角≥80°。

9. 功耗

功耗分只测定显示器件的情况和测定包括驱动电路等在内的模块的情况。一般用户往往用后者，因为它比较实用。

反射式 LCD 的功耗很低，属 $\mu W/cm^2$ 量级。但是透射式 LCD 的功耗基本上由背光源的功耗所决定，也就不低了。

3.7 信息数字化与显示器分辨率

目前各类信息媒体都朝着数字化方向发展。各种印刷品(包括照片)等纸质图像的精细程度与显示器一样，都用分辨率这一技术指标来表示。除了前面已提到的，可用水平和垂直方向所包含的像素点的数目来表示外，还可以用 dpi(dot per inch)来表示分辨率的大小。它的定义是画面的水平方向上，每英寸距离内所含有的最多的点数。

表 3.2 列出了印刷、照相典型的分辨率以及标准画面尺寸的像素容量。报纸的分辨率为 130 dpi，像素节距为 200 μm，A3(相当于 20 英寸对角线长)尺寸的像素容量为 300 万左右。在高级美术印刷中，分辨率为 350 dpi，像素节距为 70 μm，在 A4 尺寸(相当于 14 英寸)中像素容量为 1 100 万。而在照相中，当底片的 ISO 灵敏度为 100 时，分辨率为 300 网点/mm，在 35 mm 大小的尺寸上像素容量估计约为 9 000 万。但冲洗的照片其分辨率大幅度降低，仅为 20 网点/ mm，像素节距为 50 μm，在所有普及的规格尺寸中的像素估计为 400 万左右。这与电子类电视机或个人计算机 30 万左右的显示容量相比，印刷、照相媒体的分辨率是非常高的。

表 3.2　印刷、照相典型分辨率

	分辨率		节距	像素容量
	dpi	网点/mm	/μm	(万像素·尺寸)
美术印刷	350	14	～70	1 100/A4(14 英寸)
报　纸	130	5	～200	300/A3(20 英寸)
FAX(G3)	200	8	125	340/A4
照相底片 (ISO 100)	-	320	～3	～9 000/35 mm
照相正片		～20	～50	～400/E(12 cm×8 cm)
眼睛的分辨能力	视细胞～2 μm→视角 0.5′			～80 μm/明视 30 cm

顺便介绍一下与人眼分辨率之间的关系。人眼视细胞为 2 μm,分辨视角为 0.5′左右。眼睛的分辨能力的测试要用若干图案,通过识别图案中的点或分立的两根线来确定分辨力。虽因人而异,但表中使用了平均值。若将分辨视角替换为明视距离 30～50 cm 处的分辨长度,则为 80 μm。

由此看来,高级印刷或照片的分辨率大体上和人眼的分辨能力相当。也就是说今后满足多媒体要求的显示器应达到的目标就是人眼分辨能力的水平。

那么相当于人眼分辨能力的显示器在各种使用条件下,将是什么样的规格?如图 3.7所示为以观看距离为 D,从眼睛的分辨能力算出来的显示器最大有效像素数与画面尺寸之间的关系。若观看距离为 50 cm,画面尺寸为 10 英寸,那么最大有效像素数为 500 万左右。若画面尺寸大一些,如台式机的显示器则达 1 000～2 000 万像素级别。在 2 m 收视距离看壁挂电视,当画面尺寸为 50 英寸时,则达到约 1 000 万的像素数。若在更远处投影电视时,那么最大有效像素数大概是 500～1500 万像素。

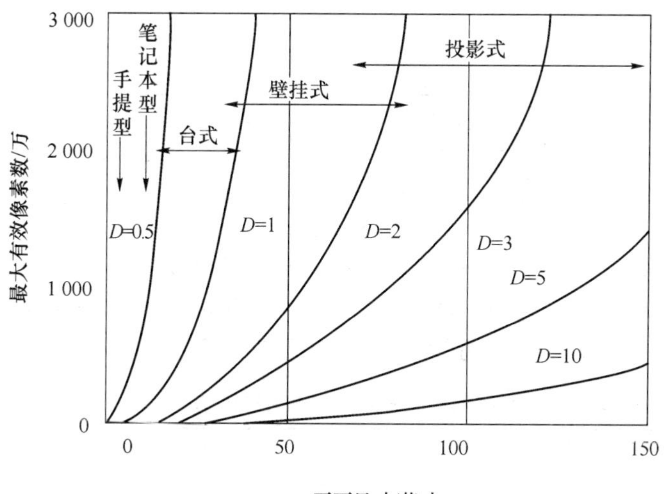

图 3.7　从眼睛分辨能力算出的显示器最大有效像素数

3.8 关于 On /Off 响应时间与 GTG 响应时间

对于 LCD 的响应时间，用户通常对厂家宣称的过快数据感到困惑。其原因在于显示屏响应时间的定义出现漏洞，按照国际标准化组织(ISO)的定义，所谓上升、下降时间是指电光信号分别在稳定值的 10%与 90%之间的时间间隔。其余 20%的时间被忽略了。ISO 这样定义的初衷不难理解，因为对于液晶分子来说，开启和断后都有滞留时间，而且是费时的，有时甚至可能超过 ISO 响应时间定义本身所占时间，所以省去这 20%就可能美化了指标。

如图 3.8 所示的某液晶显示器响应时间测试数据，按照 ISO 定义上沿时间为 28.5－12＝16.5 ms。但如果观察整个像素从 0%灰度到 100%灰度转化的全部过程，实际用时超过了 40 ms，达到 ISO 定义所用时间的两倍多。

当然，ISO 定义的缺陷还不止如此，其中最为严重的是忽略了色彩变化时——即不同灰度切换的时间，这也是人们日常使用显示器是最多的显示状况。从液晶的显示原理来说，当一像素从较浅灰度转变为较深灰度时，其加在像素两端电极电压也应加强。但是和 ISO 定义的黑白黑切换的最大激励电压相比，在灰度切换时相应的施加电压要低得多，因此在这种情况下液晶分子转动的响应速度会变慢。同理，当色度从较深灰阶到浅灰阶转变时，响应速度也会变慢。这样看来，传统的 On/Off 用黑白转换时间来表示 LCD 响应时间，无法精确地表示 LCD 面板的整体响应时间。

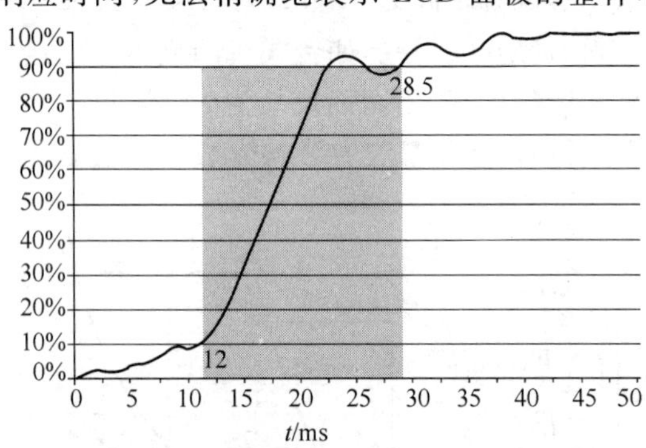

图 3.8 某液晶显示器响应时间测试数据

在传统响应时间计算方式下，液晶显示器虽然可拥有 16 ms、12 ms 或 8 ms 的响应时间，然而其灰度响应速度却可能超过 40 ms 甚至 60 ms，见表 3.3。所以，以黑白黑为响应时间标准无法全面表现 LCD 真实的反应速度。

表 3.3 传统响应时间与对应最大灰阶响应时间对比

传统(On/Off)响应时间/ms	对应最大灰阶(GTG)响应时间/ms
25	80
16	60
12	40
8	20

于是，灰度响应时间(Gray To Gray，GTG)概念在被忽视了很长时间之后再一次被提出。希望以灰度响应时间的概念，全方位体现 LCD 在彩色切换（即灰度变化）上的真实速度，并找到对响应时间进行更准确的表述，力求符合用户实际使用上的需求。

要分析影响响应时间的因素，先从响应时间方程式说起。响应时间的方程式为

$$\tau_r=\frac{\gamma_1 d^2}{\Delta\varepsilon(V^2-V_{th}^2)},\tau_d=\frac{\gamma_1 d^2}{\Delta\varepsilon V_{th}^2} \tag{3.8}$$

其中，γ_1 为液晶材料的黏滞系数；d 为液晶盒间隙；V 为液晶盒驱动电压；$\Delta\varepsilon$ 为液晶材料的介电系数。

所以，要缩小响应时间，需要从以下四个方面努力：

（1）减小液晶材料的黏滞系数；

（2）减小液晶盒厚；

（3）增大液晶盒驱动电压；

（4）增大液晶材料的介电系数。

这其中液晶材料的黏滞系数和液晶材料的介电系数都是直接与液晶材料本身的特性相关的，研发人员需要经过反复试验，多方面对比测试，才能确定一种稳定而又可以满足低响应时间要求的液晶材料。

另一方面，通过提高制造工艺，减小液晶盒厚，以提高响应时间。而这些也正是以往面板厂家提高响应时间最直接的方法。但由于液晶材料的自身特性，利用这些方法提速的 LCD，最快响应时间依然是“黑→白→黑”，GTG 响应时间则参差不齐，所以 GTG 响应时间的整体提升只能通过增大液晶盒驱动电压的方法来实现。

增大液晶盒驱动电压固然可以提高响应速度，但是同时也会减小液晶的寿命，所以液晶盒驱动电压是否可以增加，增加多少都是需要严谨的科学试验和反复的实际测试的。

GTG 响应时间的实现显然是与这两年流行的过驱动(OverDrive)技术分不开的。过驱动是 2001 下半年由 NEC 为液晶电视开发的 FFD 技术的基础上发展起来的，它可以看做是“过驱动”技术的前身。实际上该技术的原理很简单，当施加电压开启液晶屏某个像素时，假设在 1 V 电压激励下液晶分子从白态到黑态的转换过程用时20 ms。NEC 的 FFD 技术提出：为什么不把激励电压加倍获得更快的响应时间呢？比如加 2 V电压来获得 10 ms 的响应时间（但实际上并不需要电压加倍）。从当时 NEC 发布的研究报告来看，这一技术是可行的，通过增加灰度转换的上、下沿的电压，可以减少灰度转换过程的时间。未使用过驱动与使用过驱动的波形对比如图 3.9 所示。

现在不少公司都相继采用过驱动技术。它以先进集成电路的精准操控，让液晶分子转动更快，大大缩短了每个灰度间的响应时间，据说可使其平均 GTG 达到 4 ms，这比传统 LCD 又有了新的飞跃。

过驱动技术是建立在增大液晶盒驱动电压的基础上的。因为加大的驱动电压仅仅是加在灰度转换的上、下沿上，属于瞬间电压调节，而且幅度并不大。所以过驱动的电压调节是完全在安全范围之内的，寿命不会受到任何影响。

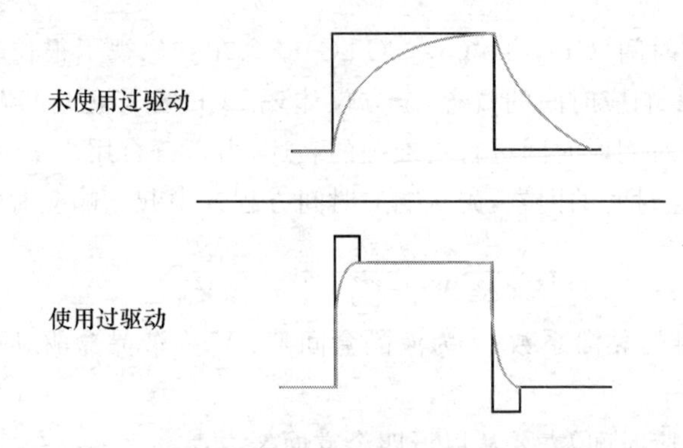

图 3.9　未使用过驱动与使用过驱动的波形对比

总之,液晶显示器的"On/Off"响应时间依然是 8 ms(16 ms 或其他数值),只是在原有的显示器上另加一个过驱动芯片,使之实现更快的灰度(GTG)响应时间。而使用过驱动技术的灰度响应时间则可以达到 4 ms,在一定程度上改善了图像的质量。当然为此要额外付出代价,并不是所有用户都需要它。

本章参考文献

[1]　[日]大石严,等.显示技术基础.白玉林,等,译.北京:科学出版社,2003.

[2]　彭国贤.显示技术与显示器件.北京:人民邮电出版社,1981.

[3]　信息产业部.SJ/T 11343—2006"数字电视液晶显示器通用规范".2006.3.

[4]　信息产业部.SJ/T 11348—2006"数字电视平板显示器测量方法".2006.3.

第4章 液晶化学

近年来，液晶显示技术(LCD)发展迅猛，液晶显示器几乎渗透到人们日常生活和生产活动的每一个角落，如手表、计算器、移动通信、各种数码设备、电视机、各种生产设备和公共显示设备等，可以认为液晶显示器件是人们获取信息极其重要的方式之一。

液晶材料是液晶显示器的关键的光电子材料。液晶显示技术的出现和发展与液晶材料的出现和发展紧紧地联系在一起，因为联苯氰类的发现，才实现 TN-LCD 的工业化生产，同样因为含氟液晶材料的出现，才实现了 AM-LCD 的产业化。因此研究新型性能优良的液晶材料将极大促进液晶显示技术的发展。而研究新型液晶材料是液晶化学面临的重要课题。

本章将讨论液晶的概念和液晶分子结构与性能的关系，并对各种液晶材料性质及应用进行详细的介绍。

4.1 概　　述

4.1.1 液晶的发展史

1888 年，F. Reinitzer 在测定有机化合物熔点时，发现某些有机化合物在熔化后经历了一个不透明的浑浊液态阶段，继续加热，才成为透明的各向同性的液体，这种浑浊的液体中间相具有和晶体相似的性质，随后，德国人 Lehmann(1855—1922 年)用偏光显微镜证实了此中间相态具有光学各向异性，兼有液体的流动性和晶体的光学各向异性，故称为液晶(liquid crystal)。

胆固醇苯甲酸酯是世界上首次被发现具有液晶相的化合物，其状态随温度变化如图 4.1所示。

$$\text{胆固醇苯甲酸酯} \underset{\text{冷却}}{\overset{\Delta 145.5℃}{\rightleftharpoons}} \text{乳白色黏稠液体} \underset{\text{冷却}}{\overset{\Delta 178.5℃}{\rightleftharpoons}} \text{完全透明液体}$$

图 4.1　胆固醇苯甲酸酯特性

由此发现热致液晶，即在热的作用下产生一种液晶相态。

20 世纪 20～70 年代，液晶化学家合成了大量的液晶材料，主要是氧化偶氮茴香醚等；液晶物理学家对液晶的性质进行了大量的研究，如液晶相态的划分、液晶连续体理论的创立(1958 年)、介电各向异性(1926—1932 年)、向列相的变形和阈值(1927 年)和摩擦法制备单畴液晶并研究光学各向异性。

1960—1968 年,进行了液晶热图术的应用研究,即利用胆甾相(Ch) 液晶的光选择性反射原理,制造了液晶温度计。

1968 年,首次合成了室温液晶材料——MBBA,并发现了 DS 显示原理(动态散射,USA)。其后出现了 GH 显示(USA)和 ECB 显示模式(电控双折射)等液晶显示技术。

1971 年,人们发现了 TN-LCD 显示模式,特别是在 1972 年完成了 5CB 等液晶材料的合成(Gray),并实现了无缺陷显示板工艺,使得液晶显示技术迅速工业化。

为了增大显示容量、显示面积、提高易读性和全色化,20 世纪 80 年代初相继开发了 STN-LCD、FLC-LCD 和 AM-LCD 等现代显示技术。STN-LCD 和 AM-LCD 在 1985—1987年相继实现大规模工业化生产。

4.1.2 液晶的分类

液晶化合物一般根据形状和性质进行分类。

1. 液晶分子几何形状分类

(1) 棒状分子:目前实用化的液晶材料,有近 10 万种。棒状分子是本章讨论的重点。

(2) 碟状分子:目前有大量文章发表,主要应用于显示和存储技术等。

(3) 条状分子:短而粗的分子。

除棒状分子、碟状分子、条状分子以外, 还有其他类型的液晶分子,如碗状分子、燕尾状分子等。

2. 液晶分子的大小分类

(1) 小分子液晶:分子量较小,主要应用于液晶显示。小分子液晶为本章讨论的重点。

(2) 高分子液晶:分子量较大,类似一般的高分子,主要用于高强度材料。

3. 液晶态形成的方式分类

(1) 热致液晶:这种液晶在一定的温度范围内存在,在化合物熔点以上的温度下稳定存在的热致液晶称为互变液晶,在某些情况下,液晶态只在低于熔点的温度下稳定存在,并且只能随着温度的降低才能得到液晶态,这种类型的热致液晶称为单变液晶。

(2) 溶致液晶:这种液晶是由极性(双亲)化合物和某些溶剂(例如水)的作用而形成的,它们存在于一定的区域内(regions),并随浓度和温度的变化而变化。

(3) 两性液晶:在一定条件下,可形成溶致和热致液晶,如某些长链脂肪酸的碱金属盐类。

4.1.3 液晶的相态结构

液晶的相结构是由分子排列、分子构型和分子间相互作用来描述的，从化学观点来看，完全不同类型的分子可以形成相似的相结构，液晶的相结构通常有以下几种。

1. 向列相

棒状液晶化合物中存在的向列相(nematic phase) 如图4.2(a)所示。

典型的棒状分子形成的向列相，在分子指向矢(director)方向上，分子几乎相互平行，这些分子相对于不同的轴又具有一定的自由运动。

向列相结构的特点可以总结如下：向列相是由棒状(条状、碟状)分子组成的，分子质心没有长程有序性，具有类似于普通流体的流动性，分子不排列成层，能上、下、左、右、前、后滑动，只在分子长轴方向(指向矢)上保持相互平行或近于平行，分子间短程相互作用微弱。

2. 近晶相

近晶相(smectic phase)结构比向列相结构复杂得多，通常可以分为S_C、S_A、S_B、S_I、S_F、S_L、S_J、、S_G、S_E、S_K、S_H 等相态，近晶相(S)结构示意图如图4.2(b)所示。

近晶相结构的特征为：近晶相是由棒状(条状、碟状)分子组成的，分子可以排列成层，层内分子长轴相互平行，其方向可以垂直于层平面，也可以与层平面成倾斜排列。由于分子排列整齐，其规整性接近晶体，具有二维有序性，分子质心位置在层内无序，可以自由平移，从而具有流动性，但黏度较大，分子在层内可以前、后、左、右滑动，但不能在上、下之间移动，因而具有高度的有序性。

3. 胆甾相

在胆甾相(手性液晶)化合物分子中有一个或一个以上的不对称碳原子，由于不对称碳原子(C^*)的存在，使该类液晶的结构和性质与向列相和近晶相有着很大的差别。在手性液晶化合物中存在一些重要相态，而且相当复杂，例如，兰相、胆甾相等，在此不详细介绍。

如图4.2(c)所示为典型的手性向列相结构，由于分子手征性的存在，向列相改变到胆甾相(N^*)，胆甾相分子排列成层，层内分子相互平行，分子长轴平行于层平面，不同层内的分子长轴方向稍有变化，沿层的法线方向排列成螺旋状结构。

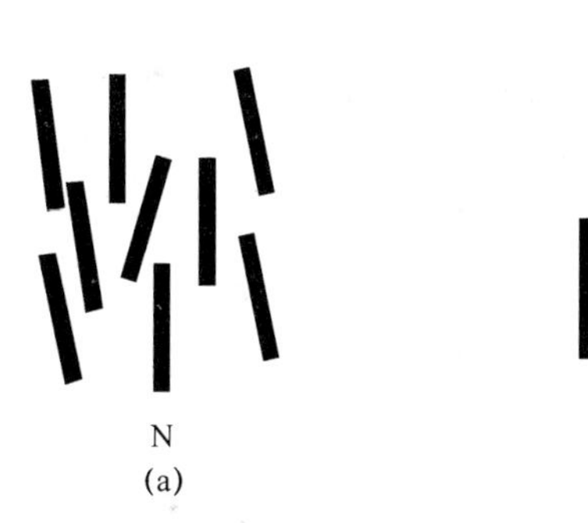

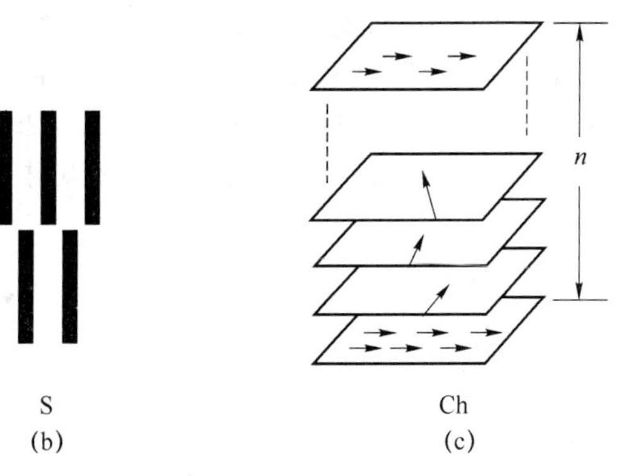

图4.2 液晶相态示意图

4.2 液晶的化学结构与性质的关系

只有具有分子结构各向异性的化合物才可能产生液晶相态,目前显示用液晶材料主要是棒状分子,因此本章的讨论重点具有广泛用途的棒状液晶。

任何有机化合物的性质取决于其分子的结构,液晶化合物也不例外,液晶化合物的特性由液晶化合物的分子结构决定,即液晶分子结构的各向异性决定液晶性质各向异性。

液晶分子的结构可以用以下通式表示:

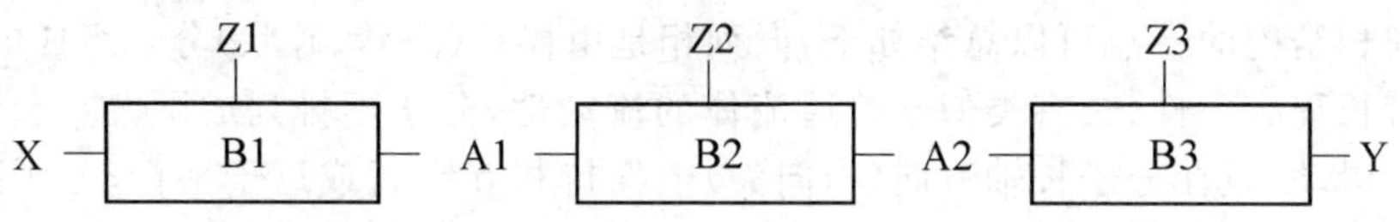

其中,X、Y 为末端基团,烷基(R)、烷氧基(RO)、氰基(CN)、NCS、F、Cl、Br、CF_3、OCF_3、$OCHF_2$ 等;B 为环体系,苯环、嘧啶环、吡啶环、环己烷环、二氧六环等;A 为连接基团(中心桥键),炔键(C≡C)、烯键(C=C)、亚乙基(CH_2CH_2)、亚甲氧基(CH_2O)、酯基(COO)等;Z 为侧向基团,烷基(R)、烷氧基(RO)、氰基(CN)、、NCS、F、Cl、Br、CF_3、OCF_3、$OCHF_2$ 等。

液晶相的形成是由棒状分子各向异性的分子形状以及由此产生的各向异性的各种电性力所引起的,通过改变分子形状和基团,从而改变分子的末端和侧向吸引力的大小,能够改变液晶相的特征。通过近百余年来的研究,科学家们发现了分子结构与液晶特性之间的部分关系,并可进行定性的解释。但是,对于液晶的大多数性质与分子结构之间的关系均不能建立定量的关系,特别是弹性常数等性能与分子结构之间的关系等问题仍需进一步研究。

一般认为化合物分子形成液晶相应具备下列条件:

(1) 分子形状各向异性,分子的长径比$(l/d)>4$;

(2) 分子长轴不易弯曲,有刚性,且为线性结构;

(3) 分子末端含有极性或可以极化基团,通过分子间电性力、色散力等使分子保持取向有序。

分子结构的各向异性是化合物具有液晶相态的必要条件,但分子长轴不能弯曲,且为具有刚性的线性结构。如高分子一般长径比 $l/d>>4$,但不具有液晶相,因为分子链的绕曲,不具有刚性和线性结构,不能形成有序排列。

1,4-取代的环己烷反式结构能够形成液晶相,而顺式结构则不能形成液晶相,如图4.3所示,这里以烷基环己基苯氰为例来说明。

图 4.3 烷基环己基苯氰

环己烷反式结构可以保持分子的线性，而顺式结构则不能，所以在含有环己烷环的液晶分子中，1,4－取代环己烷环必须是反式结构才能形成液晶相态。

分子结构影响液晶性质主要包括下列方面。

1. 相态

不同的分子结构可以产生不同的液晶相态，如近晶(S)相、向列(N)相等。液晶材料可能只有S相或N相，也有可能具有多种相态。

液晶分子的结构和相态的关系可应用下列理论解释，即通过分子结构中的各个基团的性质，判断液晶分子的侧向引力和末端引力的相对大小来解释液晶相态的类型。

- 若分子的末端引力＞侧向引力，易形成N相；
- 若分子的侧向引力＞末端引力，易形成S相。

2. 物理性质

液晶材料的分子结构影响液晶的下列物理性质：相变温度(S-N，N-I，S-I等)、介电各向异性($\Delta\varepsilon$)、折射率各向异性(Δn)和黏度(η)等。

液晶的各种物理性能参数将在液晶物理中有详细的介绍，本章将对其化合物结构与性能的关系进行简单的介绍。

(1) 相变温度

- 相变温度：指化合物各种相态之间的转变温度。
- 熔点(m. p)：化合物从固态到液晶相态的转变温度。
- 清亮点(c. p)：化合物从液晶相态到各相同性的转变温度。

此外，还有液晶相态之间的转变温度等，如T_{S-N}是指化合物从近晶相到向列相的转变温度。

一般分子刚性强，分子之间结合紧密，则液晶的热稳定性大，即清亮点高，液晶相(介晶相)的温度范围宽。

(2) 介电常数各向异性

$$\Delta\varepsilon=\varepsilon_{/\!/}-\varepsilon_{\perp}$$

其中，$\varepsilon_{/\!/}$、$\varepsilon_{\perp}$分别表示液晶分子长轴和纵轴的介电常数，从分子的极性的角度，表示液晶分子长轴和纵轴的极性大小。

可以采用偶极分解的方法解释液晶分子的各个基团在分子长轴和纵轴的极性加和性能，从而判断其对分子$\Delta\varepsilon$的影响。

(3) 折光率各向异性

$$\Delta n=n_e-n_o$$

其中，n_e和n_o分别表示液晶分子对非寻常光和寻常光的折射率。一般与液晶分子的极化度有关，极化度越大，共轭体系大，电子云密度大，离域电子多，液晶材料的Δn较大。

例如，苯环体系的液晶与环己烷体系的液晶比较，前者具有较大的折光率各向异性。

液晶材料的n_o变化不大，一般在1.5左右，而分子结构对液晶材料的n_e影响较大。

(4) 弹性常数

当体系的平衡构型受到扰乱时,液晶的弹性常数是使体系恢复到平衡构型的恢复力矩(rescoring torque)。在显示中,正是电场或磁场感应了内部的扰动,它是在确定液晶的静态畸变模式的弹性力和电场力或磁场力之间处于平衡状态(动态行为还要考虑到体系的黏滞特性)。

正如 Frank 指出的那样,任意的变形状态都可以设想成是 3 个基本动作,即展曲(splay)、扭曲(twist)以及弯曲(bend)的综合作用,如图 4.4 所示。

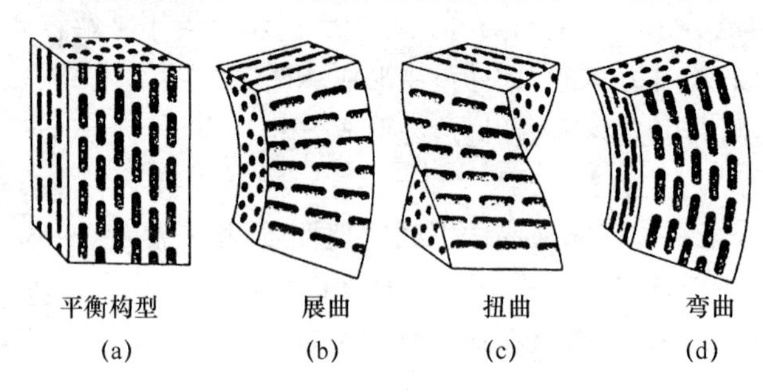

图 4.4 变形状态基本动作

(5) 黏度

黏度是流体内部阻碍其相对流动的一种特性。假设在流动的流体中,平行于流动方向将流体分成不同流动速度的各层,则在任何相邻两层的接触面上就有与面平行而与流动方向相反的阻力,称为黏滞力或内摩擦力。

黏度可分为动力学黏度(Dynamic Viscosity,用 η 来表示)和运动黏度(Kinematic Viscosity,用 υ 来表示)。二者之间的关系为:

$$\upsilon=\eta/\rho$$

其中,ρ 为流体的密度。

液晶分子的指向矢在电场或磁场中重新取向时,旋转黏滞系数(r)是一个非常重要的参数。在 LCD 中,响应时间(switching time)τ 是与 rd^2 成正比(d 为液晶盒的厚度)。向列相液晶旋转黏度的大小在 0.02～0.5 Pa · s 之间。

与分子极化度、环的数目和分子宽度有关,黏度越小,显示器件的响应速度越快。

4.2.1 末端基团的作用

1. 正烷基链

大部分液晶分子中含有一个烷基末端基团(少部分含有烷氧基),人们研究了许多同系列化合物,揭示了烷基链长与液晶相变温度之间的关系,其明显的特征是随着烷基碳原子数的变化,液晶化合物的清亮点存在交叉效应(奇偶效应)。其典型例子如图 4.5和图 4.6 所示。

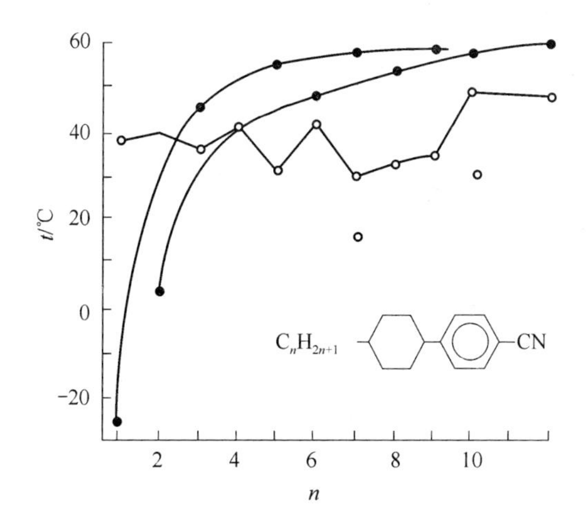

图 4.5　4-(反-烷基环己基)苯氰系列烷基链长与相变温度的关系

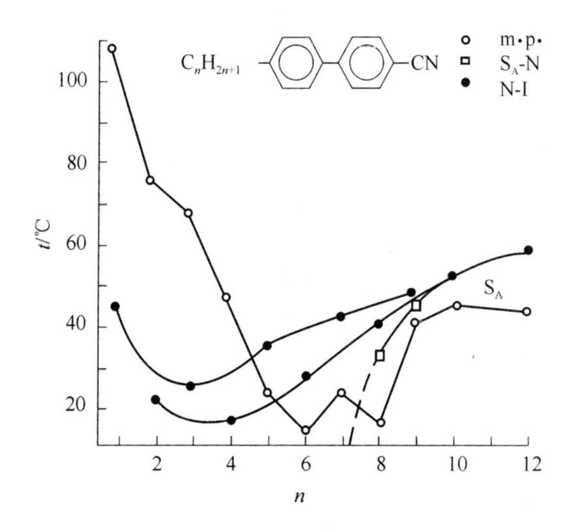

图 4.6　4-烷基-4′-联苯氰系列烷基链长与相变温度的关系

由图 4.5 和图 4.6 可见,这些化合物的熔点是不规则的,且无法进行预测,大约在 C5 时达到最小值。然而,将烷基碳原子数为偶数和奇数化合物的 N-I 相变温度曲线分别连接,常常得到两条比较平坦的曲线,偶数碳原子化合物的 N-I 值在下面一条曲线上,奇数碳原子化合物的 N-I 值较高。对于短烷基链来说,碳原子数奇、偶之间的 N-I 值交替效应是非常明显的。在 S_A 相中,同样存在着这种现象,但是 S_B-S_A 的转变则存在着相反的交叉效应。

这种交叉效应存在的原因大致为:在奇数碳原子链中,末端的 CH_3 基团拉长了分子长轴,有效增加了分子的长宽比;而偶数碳原子链中,末端的 CH_3 基团倾向于使分子轴保持一定的距离,有利于增加分子的宽度,减小分子的长宽比,所以具有奇数碳原子数的烷基链液晶化合物具有较高的熔点和清亮点。如果烷基链连在苯环上,这种作用会变得很大,在某些情况下,可以观察到很大的交叉效应,如图 4.7 所示。

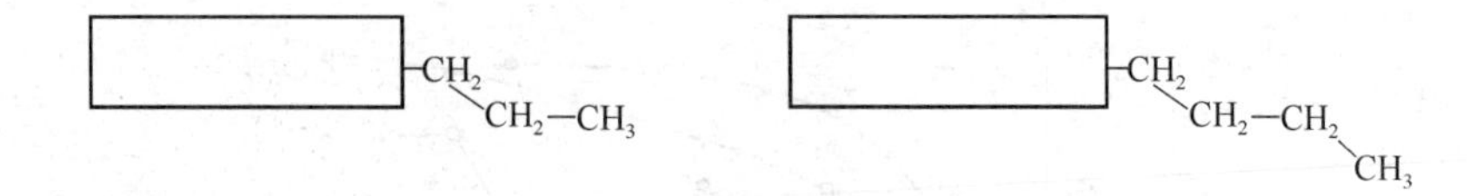

图 4.7 交叉效应

烷基链的长度也影响到向列相的弹性常数,虽然在液晶中弹性要比在固体中弱得多,但是它们仍然是很重要的。在液晶中,所有的畸变(distortion)都是弯曲的,用展曲(splay)、扭曲(twist)及弯曲(bend)3 项力来描述向列相指向矢的畸变,对应的弹性常数分别为 K_{11}、K_{22}、K_{33}。K_{33}/K_{11}的比率对 TN-LCD 的阈值锐度有很大的影响,理想的 K_{33}/K_{11}值一般小于 1,因而化合物应具有长的烷基链。相反,在 STN-LCD 中,要求 K_{33}/K_{11}具有较大的值,烷基链要短一些。这也是 STN-LCD 混合液晶配方中较少使用长链烷基液晶化合物的原因之一。

在烷基链较长的分子中,主要形成近晶相,在形成近晶相的同系列化合物中,近晶相的形成在很大程度上还取决于其他末端基团和介晶基团,近晶相到向列相的相转变(N-S)温度通常没有奇偶效应。

由图 4.6 可见,烷基链长为 8 个碳原子时,化合物出现近晶相态,这是因为随着烷基链长的增加,分子之间非极性烷基的色散力相互作用力增大,由于烷基链的紧密有序排列,引导液晶分子分层紧密堆积,更倾向于形成二维有序的近晶相态。

若化合物的两个末端基团均为烷基链,则减小了分子之间的末端引力,适当增加了分子之间的侧向引力,有利于液晶分子分层紧密堆积,更倾向于形成二维有序的近晶相态。

一般烷基链较长时,液晶材料的黏度较大。可能是由于烷基链较长时,非极性烷基的作用力较强烈,分子之间相互滑动时摩擦力较大的缘故。所以在混合液晶,特别是 TFT-LCD 混合液晶材料中,较少使用 5 个碳原子以上的链长的液晶材料,主要是因为链长的液晶材料增加了混合液晶的黏度,不利于提高显示器件的响应速度。

2. 手性支链烷基链

当支链中心是手性时,化合物具有光活性,除了胆甾醇的衍生物外,液晶分子中的不对称基团可以通过手性醇或酸引入,如通过 2-辛醇 、2-异丁醇或 α-氯烷基羧酸(α-chloro alkyl carboxylic acid)引入。具有这种基团的液晶分子呈现胆甾相而不是通常的向列相。这种材料在液晶显示中得到了广泛的应用,如在主体液晶中含有 0.5 wt%的 CB15 时,可以引入长螺距,能够防止反扭曲(reverse twist)的产生。在 STN 显示中,使用这些材料来产生特定的扭曲角度。当使用浓度较小时,对液晶混合物的黏度并没有太大的影响,但是,它们能够影响阈值电压和陡度。当浓度为 2～5 wt%时,可以产生较大扭曲的手性向列相(N^*),其螺距的典型值为几个微米。CB15 不显示液晶相,但是由于它结构上与液晶相似,所以在低浓度下使用并不明显地降低主体液晶的 N-I 的相变温度。表 4.1 列举了几种常用的液晶材料的手性添加剂。

表 4.1　手性添加剂的性能参数

-	结　构	相变温度	HTP/μm^{-1}
CN	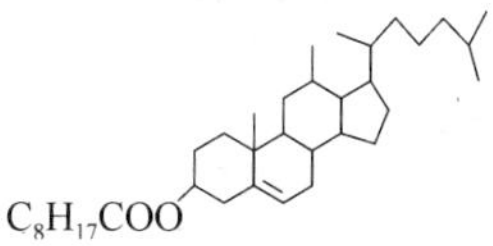 $C_8H_{17}COO$	C26Ch41I	−4.4
S-811	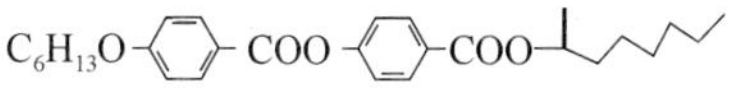 $C_6H_{13}O$—COO—COO—	C48I	−13.3
R-811	S-811 的对映体	C48I	+13.3
C-15	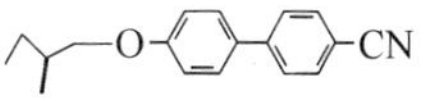 O—CN	C154I	−1.6
CB-15	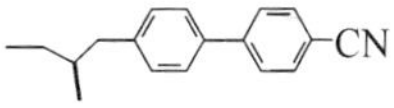 CN	C4Ch(−30)I	+9.6
S-1011	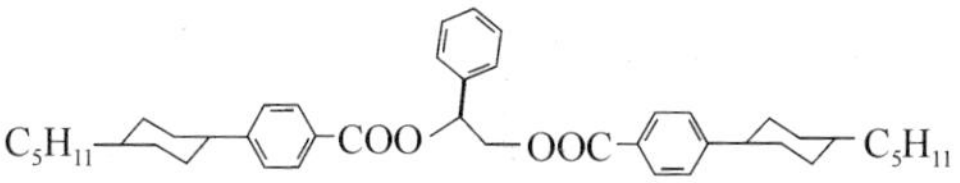 C_5H_{11}—COO—OOC—C_5H_{11}	C134I	−39.5
R-1011	S-1011 的对映体	C134I	+39.5

注：HTP 值是指光活性添加剂对液晶化合物的扭曲能力。其定义为 HTP$=1/pc$，其中，p 为螺距大小，即液晶分子的指向矢充分旋转一个螺旋的高度；c 为光活性添加剂的浓度。

3. 烯链

链烯基类化合物是近十年来发展起来的最重要的液晶材料之一，由于此类液晶化合物的一些特殊的性能，几乎应用于所有的中高档混合液晶中，如快速响应的 TN-LCD、高占空比 STN-LCD 和 TFT-LCD。

表 4.2 列举了一类酯类链烯基液晶材料的熔点(C-N)、清亮点(N-I)及弹性常数(K_{33}/K_{11})的比值。

表 4.2　酯类液晶的弹性常数的比值

结　构	C-N/℃	N-I/℃	K_{33}/K_{11}
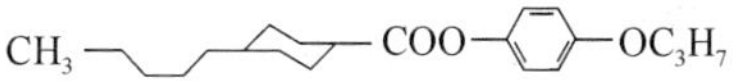 CH_3—COO—OC_3H_7	41	71.3	0.93
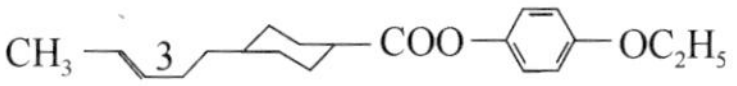 CH_3 3 —COO—OC_2H_5	45	97.1	1.38
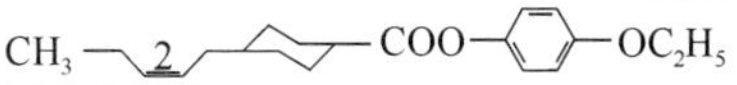 CH_3 2 —COO—OC_2H_5	33	58.3	0.88
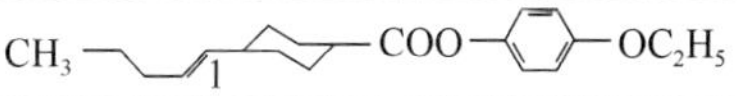 CH_3 1 —COO—OC_2H_5	57	92	1.23

由表 4.2 可见，双键的位置对液晶化合物的性能影响很大，链烯基的双键处于环体系奇数位置时，液晶化合物与饱和烷基链相比，具有高的清亮点和弹性常数；链烯基的双键处于环体系偶数位置时，液晶化合物与饱和烷基链相比，具有低的清亮点和弹性常数。

表 4.3 为链烯基环己基苯氰的弹性常数的比值,其中两种链烯基化合物的双键于奇数位置,液晶化合物的 K_{33}/K_{11} 很大,它们是目前为止发现的最大的弹性常数的比值的液晶化合物之一,已广泛应用于高档的 STN-LCD 用混合液晶。

表 4.3　链烯基环己基苯氰的弹性常数的比值

结　构	K_{33}/K_{11}
C_3H_7—CN	2.41
CH_3—CN	2.56
CH_3—CN	2.03
CH_3—CN	1.38

4. 烷氧基链

当 RO 与芳环连接时,由于氧原子的 P 轨道和苯环的大 π 键重叠,增加分子的共轭效应,形成更大的 π 键,从而刚性增加,热稳定性增强,表现为液晶材料的熔点和清亮点升高;同时由于 π 键离域电子更多,分子间的摩擦力增大,液晶材料的黏度增大。烷(氧)基联苯氰的性能参数见表 4.4。

表 4.4　烷(氧)基联苯氰的性能参数

结　构	C-N/℃	N-I/℃	$\eta/(mm^2\cdot s^{-1})$
C_5H_{11}—CN	24	35	25
C_4H_9O—CN	78	75.5	73

当烷氧基和非极性饱和环直接连接时,即极性中心位于分子的中心,两端为非极性基团,分子极化方向的一致性被破坏,不利于液晶分子的有序排列和紧密堆积,液晶材料的熔点和清亮点均大大降低。双环已烷液晶的性能参数见表 4.5,说明局部区域极化通常不增加液晶的热稳定性。

表 4.5　双环已烷液晶的性能参数

C_5H_{11}—X		
X	相变温度/℃	$\eta/(mm^2\cdot s^{-1})$
C_3H_7	C15.6S95.6I	-
C_2H_5O	C35S56N63I	-

表 4.6 为末端基团对双环已烷液晶性能的影响。

表 4.6　末端基团对双环己烷液晶性能的影响

C_5H_{11}—(环己基)—(环己基)—X	
X	相变温度/℃
O Me	C12S29N37I
Et	C-8S76I
CN	C60S1(43)S2(52)N85I

由表 4.6 可见，局部极化末端引力增强，可以压缩液晶材料的 S 相，易形成 N 相。

所以设计液晶分子结构时，各个基团的连接顺序非常重要，只有满足连接基团的极化一致性，方能得到高清亮点、适当的相态和低黏度的液晶材料。

5. 其他末端基团

液晶分子的末端基团除一端为烷基外，另外一端主要是下列基团，如烷基(R)、烷氧基(RO)、氰基(CN)、NCS、F、Cl、Br、CF_3、OCF_3、$OCHF_2$ 等；烷基(R)和烷氧基(RO)在前面已介绍，下面主要讨论与芳香环相连的其他末端基团对液晶材料性能的影响。

讨论氰基(CN)、NCS、F、Cl、Br、CF_3、OCF_3、$OCHF_2$ 等基团对液晶材料性能的影响，主要考察它们下列三方面性能。

- 末端基团是否具有较大的吸电子能力：若末端基团具有较大的吸电子能力将增加液晶材料的极性，增加液晶材料的介电各向异性($\Delta\varepsilon$)。
- 末端基团是否与苯环形成共轭效应：若末端基团与苯环形成共轭效应，将形成更大的共轭体系，产生更多的离域电子，将增加液晶材料的刚性，熔点和清亮点增加，折射率各向异性(Δn)增大，同时黏度增大。
- 末端基团是否增加分子长度：若末端基团有效增加分子的长度，将提高液晶材料的熔点和清亮点。

(1) 末端基团对液晶相变温度的影响

表 4.7 列举了不同末端基团的液晶化合物的相变温度。

表 4.7　末端基团对液晶相变温度的影响

CH_3—(烯基链)—(环己基)—(苯基)—COO—(苯基)—X			
X	C-NorC-S/℃	S-N/℃	N-I/℃
H	87.5	-	114
F	92	-	156
CN	111	-	226
OCH_3	122	-	212
CH_3	106	-	176
PH	155	142	266

由表 4.7 可见,末端基团对液晶向列相稳定性的影响的有效顺序为

$$PH > CN > OMe > Me > F > H$$

这是因为随着末端基团的长度减小,分子的长宽比减小,说明任何增加分子的长度而不增加分子宽度的末端基团都会提高液晶的热稳定性。

(2) 末端基团对液晶极性和黏度的影响

表 4.8 列举了不同末端基团的液晶材料的相变温度、介电各向异性(Δε)、折射率各向异性(Δn)和黏度的数据。

表 4.8 末端基团对液晶极性和黏度的影响

R—⟨环己基⟩—⟨环己基⟩—⟨苯环⟩—X

R	X	相变温度/℃	Δε	Δn	$\eta/(mm^2 \cdot s^{-1})$
C_5H_{11}	F	C54S96.6N155I	4	0.097	16
C_5H_{11}	CN	C73S81N242.5I	12	0.182	94
C_5H_{11}	$OCHF_2$	C51S69N172I	10.5	0.114	23
C_5H_{11}	OCF_3	C38S69N153.7I	9.2	0.088	16
C_5H_{11}	Me	C64.5S108N180I	0.2	0.111	22
C_3H_7	OMe	C79S128.N211.5I	-	-	-

由表 4.8 可见,氰基(CN)与苯环形成更大的共轭体系,由于氰基具有强的吸电子共轭效应,使液晶分子的刚性增强,离域电子增多,液晶材料相对其他基团表现为高的相变温度、介电各向异性(Δε)、折射率各向异性(Δn)和黏度;F 原子与苯环产生弱的给电子共轭效应和强的吸电子诱导效应,$OCHF_2$、OCF_3 使液晶材料的极性增加;而具有强的吸电子效应,相对于甲基末端基团,极性增加较多;但所有含氟体系,由于对苯环共轭体系增加较少,离域电子增加不多,所以折射率各向异性(Δn)和黏度较小。戊基环己基苯类液晶和双环己基乙基苯类液晶的性能参数同样说明末端基团对液晶材料的性质影响,见表 4.9 和表 4.10。

表 4.9 戊基环己基苯类液晶的性能参数

C_5H_{11}—⟨环己基⟩—⟨苯环⟩—X

X	Δε	$\eta/(mm^2 \cdot s^{-1})$
CH_3	0.3	7
F	3	3
OCF_3	7	4
CF_3	11	9
NCS	11	12
CN	13	22
OCH_3	−0.5	8

表 4.10 双环己基乙基苯类液晶的性能参数

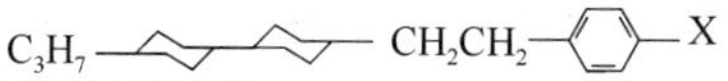

C_3H_7—(环己基)—(环己基)—CH_2CH_2—(苯基)—X

X	Δε	$\eta/(mm^2 \cdot s^{-1})$
CH_3	0	14
F	6	18
OCF_3	8	14
CF_3	12	23
CN	12	75
OCH_3	−1	44

在讨论末端基团对液晶极性的影响时,还需要考虑液晶分子的缔合等方面的问题。如以羧基为末端基团的化合物,由于诱导作用产生了高得多的液晶热稳定性,如下:

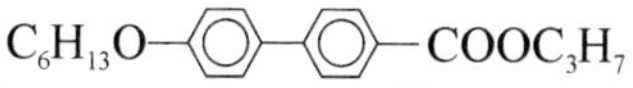

$C_6H_{13}O$—(苯基)—(苯基)—$COOC_3H_7$

C-S, 67.5 ℃; S-I, 107 ℃

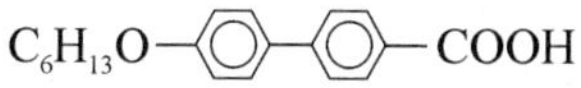

$C_6H_{13}O$—(苯基)—(苯基)—COOH

C-S_C, 213 ℃; S_C-N, 243 ℃; N-I, 272.5 ℃

这是由于羧酸形成了二聚物,这样使分子长度增加两倍,而没有增加分子宽度的原因,如下:

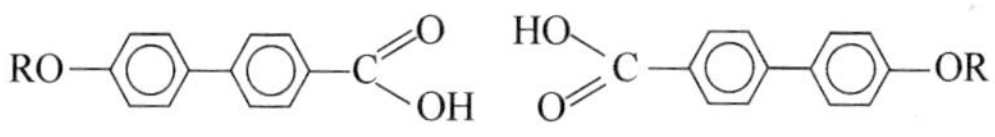

RO—(苯基)—(苯基)—C(=O)OH HO(O=)C—(苯基)—(苯基)—OR

在极性基团(如氰基)的情况下,瞬时二聚体或偶合体的长度是分子长度的1.4倍,并且偶合体是反平行排列方式,反平行的程度是由分子结构决定的,不能精确地预测。

反平行分子对的存在明显地降低了向列相的介电各向异性,如下:

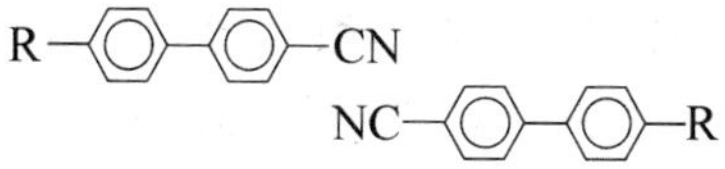

R—(苯基)—(苯基)—CN
NC—(苯基)—(苯基)—R

因而,具有大偶极矩的末端基团将增大Δε,但是,在某些情况下,例如氰基,由于反平行分子对的存在,Δε比预料值要低。

4.2.2 侧向基团的作用

取代基的性质、极性和大小影响液晶的性质,而且取代基团的位置也明显地影响液晶的性质。侧向基团的作用主要归纳为下列三方面:

(1) 任何一种侧向取代基将使分子变宽,影响分子的紧密排列,并降低了侧向吸引力,从而降低了向列相和近晶相的热稳定性;

(2) 侧向基团的偶极可采用分解法判断分子极性的增减;

(3) 一般侧向基团的存在增大分子之间的摩擦力,从而增加液晶材料的黏度。

取代基的性质包括:是否形成共轭效应、极性(吸电子或推电子基团)和 基团大小(取代基体积的大小)。目前,液晶材料的侧向取代基主要是氰基(CN)和F原子,但最具实用价值的是F原子。

- CN:强吸电子基团;易与苯环形成共轭效应,具有强的吸电子共轭效应;双原子基团,强烈增加分子宽度。
- F:电负性大;原子小,分子宽度增加少;吸电子诱导效应;具有共轭效应,但不强烈。

所以,侧向CN相对于F原子对液晶性能,如热稳定性、分子极性和黏度的影响要强烈得多。

1. 简单液晶分子结构的侧向取代基

在对称体系中,侧向基团主要影响分子的宽度。简单侧向取代基对同系列化合物的影响,见表4.11。

表4.11 侧向取代基对液晶性能的影响

C_5H_{11}—(环己基)—(苯环,X取代)—(环己基)—C_5H_{11}

X	C-NorC-S/℃	S-N/℃	N-I/℃
H	50.0	196.0	-
F	61.0	79.2	142.8
CL	46.1	-	96.1
Me	55.5	-	86.5
Br	40.5	-	80.8
CN	62.8	43.1	79.5
NO_2	51.2	-	57.0

由表4.11可见,随着侧向取代基的体积的增大,液晶分子的宽度增加,分子的侧向引力减小,取代基明显扰乱了紧密堆积结构和层状结构液晶材料的清亮点逐渐降低,近晶相明显被压缩或消失。

在液晶材料的应用中,一般使用向列相(N)液晶材料,不希望选用具有较高近晶相(S)的液晶材料,因为近晶相溶解性和黏度等较差,对混合液晶的性能有不利的影响。为了压缩或消除近晶相,可采用在液晶分子中引入侧向基团的方法。

2. 共轭体系中的侧向取代基

表4.12为在液晶分子的共轭体系中引入侧向取代基时液晶材料的性能。

表 4.12　苯环之间一个和多个侧向取代基对液晶性质的影响

	结构式	相变温度/℃	Δn	Δε
1	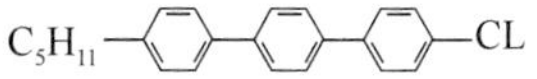 C_5H_{11}—…—CL	C105S245I	0.32	-
2	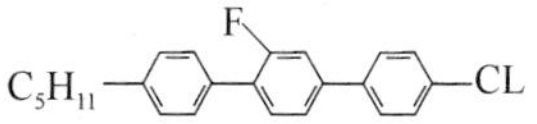 F; C_5H_{11}—…—CL	C96S134N157.6	0.27	5
3	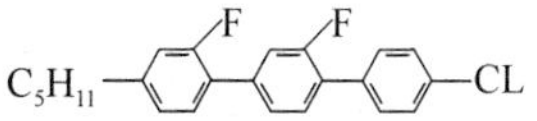 F F; C_5H_{11}—…—CL	C60N111I	0.25	12
4	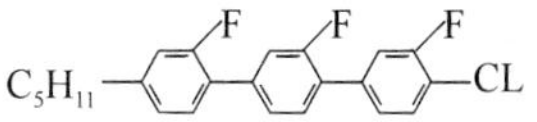 F F F; C_5H_{11}—…—CL	C66N77I	0.22	14
5	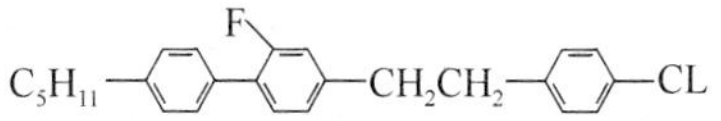 F; C_5H_{11}—…—CH_2CH_2—…—CL	C94N71I	0.20	4

联苯侧向取代基增加了分子的宽度，降低液晶材料的熔点和清亮点，但表中化合物 1 到化合物 2 产生了剧烈的清亮点下降和近晶相的压缩，说明苯环之间的侧向基团还有除增加分子宽度以外更重要的影响因素，即需要考虑苯环之间的平面扭曲角度问题。

由于侧向基团的引入，两个共轭的苯环之间的平面发生扭曲，降低分子的共轭程度，降低分子极化度。因此液晶分子的刚性降低清亮点下降，折射率各向异性(Δn)减小。

但随着侧向 F 原子的增多，特别是在氟原子的方向具有一致性时，介电各向异性增大。

表 4.13 例子说明了通过在液晶分子中引入侧向基团，可压缩或消除液晶材料的近晶相。当然，引入侧向基团将增加液晶材料的黏度，所以在设计液晶分子时，引入的侧向基团不宜太多。

表 4.13　侧向氟原子的数目对液晶性能的影响

结　构	相变温度/℃	η/($mm^2 \cdot s^{-1}$)
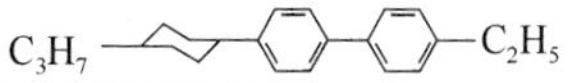 C_3H_7—…—C_2H_5	C34S146N164I	20
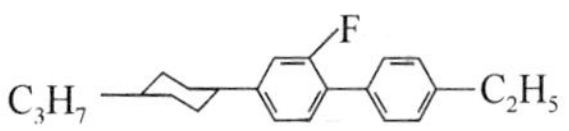 F; C_3H_7—…—C_2H_5	C37N117I	27
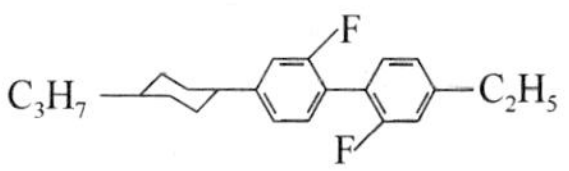 F; C_3H_7—…—C_2H_5; F	C29N80I	42

3. 酯类体系侧向取代基

在酯类液晶中引入侧向基团，可使液晶材料产生一些重要的性能，如负性液晶材料，它们在现代液晶显示中，特别是在需要负性液晶材料的 MVA 型 AMD 中具有重要的应用价值。

表 4.14 列举了以氰基为侧向基团的酯类液晶材料的性能。

表 4.14　氰基为侧向基团的酯类液晶材料的性能参数

C_3H_7—(环己基)—(苯基)—COO—(苯基，X、Y 取代)—R

R	X	Y	C-N/℃	S-N/℃	N-I/℃	Δε	$\eta/(mm^2 \cdot s^{-1})$
C_5H_{11}	H	H	87	(80)	176	0.6	41
C_5H_{11}	CN	H	57		111	−4	200
C_5H_{11}	CN	CN	106		(101.6)	−18	
OC_4H_9	CN	CN	138		148	−20	

由表 4.14 可见，酯类液晶中引入侧向氰基时，形成典型的负性液晶材料。由于氰基体积大，极大地增加了分子的宽度，大大降低了相变温度，同时黏度急剧增大；但侧向基团从一个氰基增加到两个氰基时，分子宽度增加有限，二者之间的相变温度变化较小。

尽管两个 CN 相对于一个氰基的侧向基团对 T_{N-I}影响有限，但对液晶的 Δε 的影响较大，极大增加了液晶分子侧向极性，因为两个氰基在分子的长轴方向的极性相互抵消，而分子纵轴方向的极性相互叠加，加和的结果极大地增加了液晶分子侧向的极性，形成具有较大的负介电各向异性的液晶材料。

尽管此类液晶材料的介电各向异性的负值大，但液晶的黏度大，且电、光、化学等稳定性差，几乎没有实用性。

用氟作为侧向取代基可以解决用氰基作侧向取代基所引起的一些问题，如黏度大等。在下列化合物中，列出了一个或两个氟侧向取代基对 Δε 和 η 的影响，分子中含有一个氟侧向取代基时，N-I 相变温度降低了 27 ℃，当存在两个氟侧向取代基时，相变温度的降低要小得多，其黏度与母体的黏度相差不大，Δε 明显是负的，但不如氰基为侧向取代基时负得多。表 4.15 为以 F 原子为侧向基团的液晶材料的性能参数。

表 4.15　F 原子为侧向基团的液晶材料的性能参数

C_5H_{11}—(环己基)—COO—(苯基，X、Y 取代)—OC_2H_5

X	Y	C-N/℃	N-I/℃	Δε	$\eta/(mm^2 \cdot s^{-1})$
H	H	57	86	−1.2	19
H	F	49	59	−1.9	21
F	F	51	63	−4.6	18

比较氰基和 F 原子侧向基团对液晶性能的影响可得出下列结论：相对于 F 原子，氰基侧向基团对 T_{N-I}影响较大，但单侧向基团对相变温度的影响大于双侧向基团的影响；氰基和 F 原子侧向基团均为负性液晶材料，但双侧向基团对介电各向异性的影响大于单侧向基团的影响；F 原子侧向基团黏度影响不大。

4. 强极性基团的侧向取代基

在强极性末端基团(如氰基)的化合物中,常常形成瞬时耦合分子对,因而 Δε 并不像预料的那么高,如化合物 a。邻位取代基妨碍了分子间耦合,其 Δε 比预料的只由侧向取代基所引起的作用要大,但由于分子宽度增加,N-I 相变温度降低。表 4.16 为化合物侧向氰基对介电特性和相转变温度的影响。

表 4.16　化合物侧向氰基对介电特性和相转变温度的影响

R—(环己基)—(苯基)—COO—(苯基, X, Y)—CN

-	X	Y	C-N /℃	N-I/℃	Δε	ε//	ε⊥
a	H	H	111	225	14.3	19.0	4.7
b	CN	H	132.2	178.7	3.2	11.0	7.8
c	H	CN	85.2	143.9	28.2	35.7	7.5

当 X 为氰基时,N-I 相变温度的降低比 Y 是氰基时的降低数值大。因为中间的侧向基团更大地增加分子的宽度;同时侧向氰基的极性分子的长轴方向抵消,而分子纵轴极性增加,所以相对于化合物 a,介电各向异性降低。在化合物 c 中,两个氰基在分子长轴方向上极性叠加,当然分子纵轴极性同时增加,但为什么介电各向异性发生急剧的增大呢? 这是由于反平行有序程度的降低,极大地增加了分子长轴的极性,其 Δε 相对要大得多。

在液晶的分子设计中,为了增加液晶材料的极性,人们通过在强极性末端基团的邻位引入侧向基团,使液晶分子的极性在长轴方向叠加,同时消除液晶分子的反平行排列,可极大地改善分子的极性,设计出具有大的介电各向异性的液晶材料。表 4.17 是取代氟氰苯酚酯类液晶的性能参数,该化合物是利用上述原理所设计的高极性液晶分子的典型代表。

表 4.17　取代氟氰苯酚酯类液晶的性能参数

C_7H_{15}—(苯基)—COO—(苯基, X1, X2)—CN

-	X1=X2=H	X1=F、X2=H	X1=H、X2=F
C. P/℃	57	53.8	27.8
Δε	19.9	9.8	48.9
Δn	0.15	-	0.142
K_{33}/K_{11}	1.52	1.41	1.71

由表 4.17 可见,X1=H、X2=F 时液晶材料具有极高的介电各向异性(Δε)。此化合物极其同系物对增加混合液晶的极性,降低混合液晶的阈值电压作用明显,在目前显示用液晶,如低阈值 TN、HTN、各种 STN 混合液晶中具有广泛的应用。不同侧

向基团液晶的性能参数见表 4.18。

表 4.18　不同侧向基团液晶的性能参数

C_3H_7—⟨环己基⟩—⟨环己基⟩—CH_2CH_2—⟨苯环(Y)⟩—X

X	Y	C-N/℃	S-N/℃	N-I/℃	Δε
H	F	45	83	134	6
F	F	20	50	117	9
H	CN	69	-	196	12
F	CN	72	-	170	18

由表 4.18 可见,末端为 F 时,侧向 F 原子对液晶的 Δε 同样影响较大。

在应用中,侧向基团一般为 F 原子,因氰基为侧向基团时,分子宽度增加较多,极大地降低液晶材料的相变温度;特别是氰基与苯环形成共轭效应,极大地增加了液晶材料的黏度,影响其应用价值。

4.2.3　连接基团

连接基团(中心桥键)是指将液晶分子的环体系连接起来的基团,常用连接基团的结构见表 4.19。

表 4.19　常用连接基团的结构

连接基团	液晶通称
-	联苯(biphenyl)
—CH_2CH_2—	二苯基乙烷(diphenylethane)
—CH=CH—	二苯乙烯(stilbene)
—C≡C—	二苯乙炔(tolane)
—CH=N—	西佛碱(schiffs base)
—N=N—	偶氮苯(azobenzene)
—N=N(→O)—	氧化偶氮苯(azoxybenzene)
—C(=O)—O—	苯甲酸苯酯(phenyl benzoate ester)
—C(=O)—S—	硫代苯甲酸苯酯(phenyl thiobenzoate)

连接基团的具有下列结构和性能特点:增长分子的长度以及增大分子的长宽比,有利于提高液晶的相变温度;影响分子的极化度和柔韧性,如产生或破坏共轭体系形成;连接基团必须保持了分子的线性,连接基团所含的原子数一般为 2 或 2 的倍数,双键必须保持反式结构。否则失去液晶态,故连接基团为 0 原子、2 原子或 2 原子的倍数。

表 4.20 为不同类别的连接基团液晶材料的性能参数。

表 4.20　不同类别的连接基团液晶材料的性能参数

$C_5H_{11}O$—⟨⟩—X—⟨⟩—CN			
-	X	C-N/℃	N-I /℃
a	—N=N(→O)—	93*	142.6
b	—N=N—	92	139
c	—CN=CN—	97	126
d	—COO—	87	96
e	—C≡C—	78	94
f	—CH=N—	62	93
g	—C—C—	53	67.5

注：* 在 107.2 ℃下有 S_A 相存在。

表 4.20 中，a 和 b 有非常高的热稳定性，早期市场销售的液晶混合物中含有 4-4′-二烷氧基氧化偶氮苯，由于这些液晶是淡黄色的，而且光稳定性也不好。f 是西佛碱，有良好的液晶相稳定性，但对水不稳定。c 的光稳定性也较差，只有反式(trans)异构体是液晶，在光照下变成顺式(cis)异构体，因而破坏液晶的性质。e 对光不是很稳定，但它们的 Δn 很大，因而也具有使用价值。

由于中心桥键 CH=CH、CH=N、N=N 和 N=N(O)形成的液晶材料的化学、光化学和紫外稳定性较差，且部分为有色液晶，几乎没有实用价值。

实用性强的液晶材料的连接基团具有下列特点：

• CH_2CH_2 柔软，降低黏度，易破坏共轭效应或使分子刚性降低；
• C≡C 形成共轭效应，如二苯乙炔类，液晶分子极化度极大，Δn 值大；
• COO 与苯环形成共轭效应，具有高的热稳定性，但可能增大黏度和 Δn；
• CH_2O 破坏液晶分子刚性，一般黏度较大。

1. 中心桥键对相变温度的影响

不同类别的连接基团液晶材料的相变温度见表 4.21。

表 4.21　不同类别的连接基团液晶材料的相变温度

结　构	N-I，n=0/℃	N-I，n=1/℃
C_5H_{11}—⟨苯环⟩—$(CH_2CH_2)_n$—⟨苯环⟩—CN	35	−24
C_5H_{11}—⟨环己烷⟩—$(CH_2CH_2)_n$—⟨苯环⟩—CN	55	51

由表 4.21 可见，柔软的中心桥键亚乙基破坏二苯环的共轭体系，分子的刚性下降，N-I 稳定性降低。化合物中心桥键亚乙基与饱和的环己烷环相连，对液晶分子相变温度的影响不明显。

不同类别的连接基团液晶材料的相变温度见表 4.22。

表 4.22 不同类别的连接基团液晶材料的相变温度

C_5H_{11}—(A)—X—(苯环)—CN				
X	A=PH		A=CY	
	C-N/℃	N-I/℃	C-N/℃	N-I/℃
CH_2CH_2	62	[−24]	30	52
CH_2O	49	[−20]	74	(49)
COO	64	(55)	48	79
C≡C	79.5	[70.5]	-	-

由表 4.22 可见,中心桥键 C≡C、COO 与 CH_2CH_2、CH_2O 相比,液晶 N-I 的热稳定性提高较多,特别是在两个不饱和环之间表现更为明显。

不同类别的连接基团液晶材料的相变温度见表 4.23。

表 4.23 不同类别的连接基团液晶材料的相变温度

C_3H_7—(环己基)—X—(环己基)—C_3H_7			
X	C-N/C-S/℃	S-N/℃	N-I/℃
CH_2CH_2	34.6	73	-
CH_2O	6.9	8.0	17.5
COO	22.8	-	36.6

由表 4.23 可见,在饱和环之间引入不同的中心桥键,由于 CH_2O 和 COO 使非极性的液晶分子产生中心的局部极化,破坏了非极性的液晶分子的层状紧密排列的倾向,压缩 S 相,增强 N 相的稳定性。

2. 中心桥键对 Δn 的影响

中心桥键对 Δn 的影响考查其与环体系形成共轭体系的可能性。若中心桥键与环体系形成更大的共轭体系,产生更多的离域电子,液晶材料的介电各向异性增大,否则减小。

表 4.24 列举了不同类别的连接基团液晶材料的性能参数。

表 4.24 不同类别的连接基团液晶材料的性能参数

C_5H_{11}—(环己基)—(苯环)—X—(苯环)—Z					
X	Z	相变温度/℃	$\Delta\varepsilon$	Δn	$\eta/(mm^2 \cdot s^{-1})$
-	OCF_3	C43S128N147.4I	8.9	0.140	16
CH_2CH_2	OCF_3	C47S68N73.7I	7.2	0.104	16
COO	OCF_3	C106S(84)S131N168I	15.3	0.134	35
C≡C	OCF_3	C50S134S167N190I	9.9	0.219	18

由表 4.24 可见,中心桥键对 Δn 的影响顺序为:

$$C\equiv C>COO>CH_2CH_2$$

两个苯环之间引入 $C\equiv C$,形成更大的共轭体系,因此液晶材料的折射率各向异性最大,同时分子的刚性好,相变温度高;而 CH_2CH_2 破坏了两个苯环之间共轭体系,液晶材料的折射率各向异性最小。另外中心桥键为 COO 的酯类液晶材料的黏度相对较大。

3. 中心桥键对黏度的影响

不同类别的连接基团液晶材料的性能参数见表 4.25。

表 4.25　不同类别的连接基团液晶材料的性能参数

R—(环己基)—X—(苯环)—(苯环)—C_3H_7

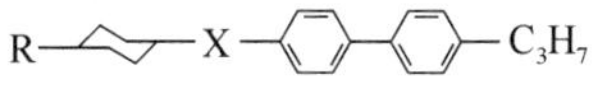

R	X	N-I/℃	Δn	$\eta/(mm^2\cdot s^{-1})$
Pr	-	170	-	24
Pr	CH_2CH_2	131	0.101	17
Pr	CH_2O	140	0.105	48
Pr	COO	190	0.112	44.2
Pr	OOC	158	0.116	103

由表 4.25 可见,中心桥键对黏度的影响顺序为:

$$OOC>>COO>CH_2O>C\equiv C>CH_2CH_2$$

可见,酯类液晶材料的黏度相对较大。而且 COO 的连接方向不同,对液晶材料的黏度影响非常大,如下:

	黏度
C_5H_{11}—(环己基)—(苯环)—COO—(环己基)—C_3H_7	119
C_5H_{11}—(环己基)—COO—(苯环)—(环己基)—C_3H_7	40

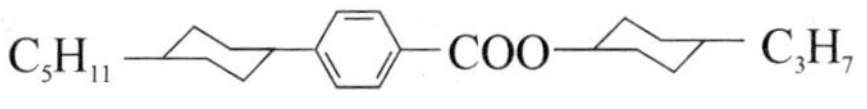

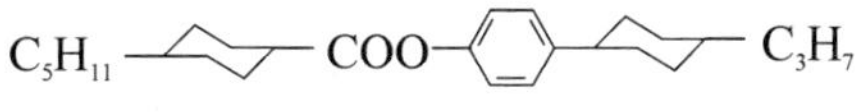

利用液晶分子中的电荷分布状况可以很好的解释 COO 的方向对黏度的影响,如图 4.8 所示。

图 4.8　连接基团的极化方向示意

当氧原子和苯环相连接时,由于羰基(C=O)氧原子的吸电子作用,电荷的极化方向一致,电子云均匀分布;而当氧原子和环己烷连接时,电荷集中于分子的纵轴方向,电子云非常集中,这样使液晶分子的摩擦力增大,黏度增大。

4.2.4　环体系

环体系组成液晶分子的骨架,保持着液晶分子的刚性结构和结构各向异性,可以认为没有环体系的存在,将不可能产生液晶相。任何环体系都应具有线性构型,这样才能保持分子的线性,在现在发现的液晶材料中,主要使用1,4—取代六元环,其他的取代方式不能实现化合物的线性结构。实际上少部分液晶中含有五元环,但该类液晶材料的熔点和清亮点低,实用价值不大。

具有实用价值的液晶材料主要由1,4—取代的六元环组成,重要的六元环为:苯环、嘧啶环、吡啶环、环己烷环、二氧六环等,如图4.9所示。

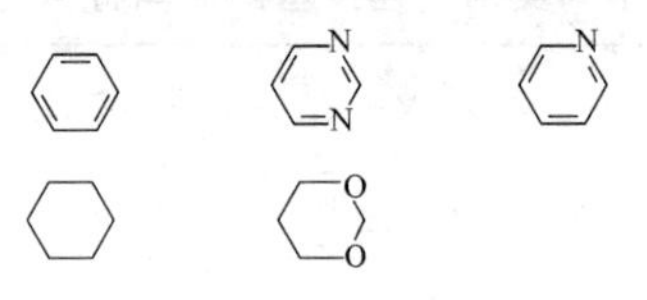

图4.9　六元环

环体系不但影响液晶的稳定性,而且也影响介电各向异性、双折射、弹性常数及黏度等。苯环、嘧啶环、吡啶环为不饱和环,环中具有大π键,其共轭体系中有离域电子,一般由此组成的液晶材料折射率各向异性和黏度较大;环己烷环、二氧六环为饱和环,环中无共轭体系和离域电子,一般由此组成的液晶材料折射率各向异性和黏度较小。下面讨论六元环环体系对液晶材料性能的影响。

1. 极性末端基团

环体系对液晶性质有明显的影响,下面将各种环体系直接连接到4-氰基苯基基团上来比较一些重要的物理性质。

不同环体系的极性末端基团液晶的性能参数见表4.26。

表4.26　不同环体系的极性末端基团液晶的性能参数

C_5H_{11}—A—⟨⟩—CN								
	A	C-N/℃	N-I/℃	Δn	$\Delta\varepsilon$	$\varepsilon_{\perp}$	$\eta/(mm^2 \cdot s^{-1})$	K_{33}/K_{11}
a		22.5	35	0.18	11.5	6.6	26.3	1.3
b		31	55	0.1	9.7	5.3	21.5	1.6
c		71	52	0.18	19.7	8.0	55	1.2
d		56	52	0.09	13.3	8.0	47	1.4

由表4.26可见,无论何种环体系,分子的刚性较好,化合物的清亮点基本相当。但化合物a和c中,不饱和环与苯氰组成大的共轭体系,具有较多的离域电子,黏度、Δn和$\Delta\varepsilon$均较大。化合物b和d由饱和环与苯氰连接,共轭体系的大小没有变化,黏度、Δn和$\Delta\varepsilon$相对较小。但必须指出饱和环,如环己烷环、二氧六环代替苯环,K_{33}/K_{11}增大。

三环体系苯氰类液晶的性能参数见表4.27。

表 4.27　三环体系苯氰类液晶的性能参数

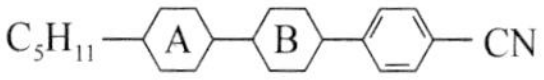

C_5H_{11}—(A)—(B)—(苯环)—CN

A	B	相变温度/℃	Δε	Δn	$\eta/(mm^2 \cdot s^{-1})$
		C130N239I	13.5	0.356	90
N, N		C124S204.5N259.5I	-	-	-
		C96N222I	9.1	0.21	78
		C53.8S60.3N234.4I	13.0	0.17	94
	O, O	C87N222.1I	13.3	0.214	130
	N, N	C100.5N231I	23.0	0.24	200

同样可以通过共轭体系的大小解释上述三环体系液晶材料的性质的规律。从表 4.27 中还可以看出，由二氧六环和嘧啶环组成的液晶材料的黏度较高，所以它们的应用受到限制。

极性末端基团和饱和环相连时，极性基团和环的相对位置是很重要的。若极化度高区域和极化度低的区域交替出现时，液晶材料的热稳定性降低。若在化合物分子中只有一个高极化度的区域和一个低极化度的区域，其相转变温度就高。交替极化的液晶材料的性能参数见表 4.28。

表 4.28　交替极化的液晶材料的性能参数

结　构	N-I/℃
 C_5H_{11}— —CN	85
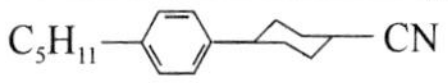 C_5H_{11}— —CN	−25
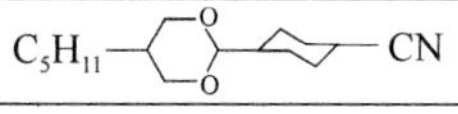 C_5H_{11}—(O, O)— —CN	46.7
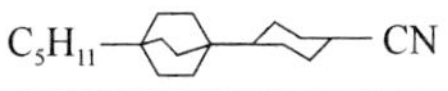 C_5H_{11}— —CN	129
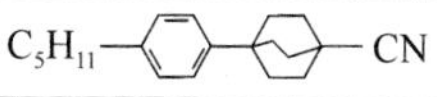 C_5H_{11}— —CN	50
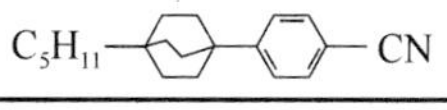 C_5H_{11}— —CN	129

当容易极化的不饱和环和不易极化的饱和环的交替出现，即相当于分子的极化中心的交替出现，液晶材料的相变温度同样降低。R-A-B-K-CN 的相变温度见表 4.29，说明了上述相同的规律。

表 4.29 R-A-B-K-CN 的相变温度

A	B	K	N-I/℃
			C80N160I
	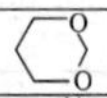 O O		C110N165I
	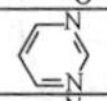 N N		C125.5N243I
	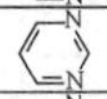 N N		C112N175.5I
	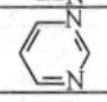 N N		C109.5N175I
			C133N230I
			C73S81N239I
			C95S197N236I
			C182N257.5I

2. 非极性末端基团

完全由脂肪族环状或苯环与非极性基团组成的化合物,如果没有侧向取代基,则分子易于堆紧密积层,其侧向引力较大,易形成近晶相,通常是 S_B 相。增加烷基链的长度倾向于增大近晶相的稳定性,不同环体系非极性末端基团液晶的相变温度见表 4.30。

表 4.30 不同环体系非极性末端基团液晶的相变温度

结 构	相变温度/℃
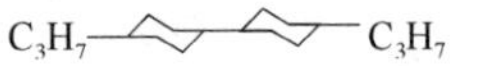 C_3H_7— —C_3H_7	S_B81.8I
 C_3H_7— —CH_2CH_2— —C_3H_7	C34.6 S_B 73I
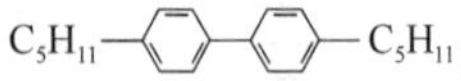 C_5H_{11}— —C_5H_{11}	C12 S_E 47 S_B 52I
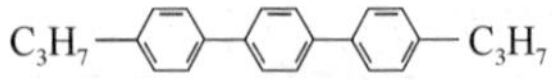 C_3H_7— —C_3H_7	C221S228I

尽管上述液晶化合物容易形成 S 相,特别是多环己烷体系,由于没有极化中心,液晶材料的折射率各向异性很小,同时这类液晶化合物相对于其中一个末端基团为极性基团时具有更低的黏度,若将其用于调制混合液晶时,可以降低混合液晶的折射率各向异性和黏度,它们在 TFT-LCD 用混合液晶中得到广泛的应用,不同末端基团双环己烷液晶的相变温度及不同末端基团环己烷联苯液晶的相变温度见表 4.31 和表 4.32。

表 4.31 不同末端基团双环己烷液晶的相变温度

C_5H_{11}— —X	
X	相变温度/℃
C_2H_5	C-8S76I
OCH_3	C12S29N37I
CN	C60S(43)S(52)N85I

表 4.32 不同末端基团环己烷联苯液晶的相变温度

C_5H_{11}—(环己烷)—(苯)—(苯)—X

X	相变温度/℃	Δε	$\eta/(mm^2 \cdot s^{-1})$
CH_3	C98S123N178I	-	-
C_3H_7	C29S160N170I	0.4	24
OCH_3	C80N165I	-	70
CN	C96N222I	17	90

3. 环数目对液晶性质的影响

环体系的数目对液晶材料的性能影响较大，不同的环数目对液晶相变温度的影响见表 4.33。

表 4.33 不同的环数目对液晶相变温度的影响

（1）C_5H_{11}—(环己烷)—(苯)—CN
（2）C_5H_{11}—(环己烷)—(苯)—(苯)—CN
（3）C_3H_7—(环己烷)—(环己烷)—(苯)—CN

相变温度/℃	Δε	Δn	$\eta/(mm^2 \cdot s^{-1})$
C24N35.3I	12	0.119	21.5
C96N222I	17	0.21	90
C73S81N242.5I	12	0.182	94

由表 4.33 可见，环数目增加，有效增加了分子的长度，增大了分子的长宽比液晶材料的熔点和清亮点提高，但液晶分子的流动性变差，黏度增大。所以在混合液晶配方调制过程中，可通过加入三环或四环体系的液晶材料，提高混合液晶的清亮点，提高液晶的工作温度范围，但加入太多，将提高混合液晶的熔点和黏度，对混合液晶的低温稳定性和响应速度造成不利的影响。

4.3 显示用单体液晶材料

百年来，通过化学家们的大量研究，液晶材料的种类到达数十万种，它们的分类方法较多，下面将根据它们的结构不同进行分类介绍。液晶分子的结构分类主要依据它们的环体系、连接基团和末端基团的不同。

表中的性能数据来源不同的资料，因测其量温度不同，母体介质不同，仪器不同和不同类型的液晶盒，可能有一些误差，但并不妨碍不同结构的性能比较。

1. 联苯类

联苯类液晶分子由两个或多个苯环直接连接，一般它们具有较大的共轭体系，离域电子较多,液晶材料的 Δn 和黏度大;若为苯氰类化合物,一般具有较高的黏度;若为三联苯则具有高的相变温度。联苯类液晶的性能参数见表 4.34。

表 4.34　联苯类液晶的性能参数

结构*	$\Delta\varepsilon$	Δn	$\eta/(mm^2 \cdot s^{-1})$
R-PH-PH-CN	10～12	0.184	25～35cp
RO-PH-PH-CN	12～15	0.193	-
R-PH-PH-PH-CN	-	0.25～0.30	-

注:* PH=苯环。

2. 苯基环己烷类

(1) 环己基苯氰类

环己基苯氰类结构通式为:R-CY-PH-CN,R=烷基、烷氧基等。

如 C_5H_{11}-CY-PH-CN,液晶的性能参数为 $\Delta\varepsilon=9.9$,$\Delta n=0.124$,黏度 $\eta=20$cp,相对于戊基联苯氰,由于共轭体系减小,液晶材料的 $\Delta\varepsilon$、Δn 及黏度下降;同时具有良好的光、化学稳定性;适宜开发 $\Delta\varepsilon=10$ 左右、$\Delta n=0.13$～0.15、低黏度的液晶混合物,主要应用于TN-LCD。

(2) 其他苯基环己烷类

- R 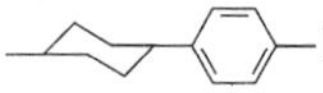　R、OR
- R 　R、OR
- R 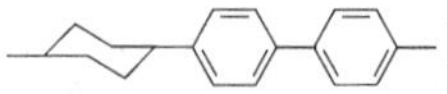　R、OR

以上三类液晶化合物的末端基团为低极化的非极性基团烷基和烷氧基,环己基苯类具有低黏度、低 Δn 和低极性($\Delta\varepsilon$)的特点;双环己基苯类为三环体系,其熔点和清亮点高,但由于只有一个苯环,亦具有低黏度、低 Δn 和低极性($\Delta\varepsilon$)的特点;环己基联苯类熔点和清亮点高,由于是联苯体系,所以具有相对较高的折射率各向异性,但黏度和极性较低。它们都具有良好的稳定性。

3. 酯类

环体系通过酯基(COO)连接的液晶材料,主要为苯甲酸酯类及环己烷酸酯类,一般酯类液晶比同类型的其他液晶材料,如环体系直接相连或其他连接基团,具有高的黏度,所以酯类液晶材料主要用于 TN 和 STN-LCD 用混合液晶,而快速响应的 AM-LCD 用液晶材料基本上不用酯类液晶。

(1) 二环体系酯类液晶

二环体系酯类液晶的末端基团为 CN,由于氰基的强烈吸电子作用,因此液晶具有较大的介电各向异性,二环体系酯类液晶的性能参数见表 4.35。

表 4.35 二环体系酯类液晶的性能参数

结　构	Δε	Δn	η/(mm²·s⁻¹)
R—⬡—COO—⌬—CN	~20	0.16	42
R—⌬—COO—⌬—CN	~7.5	0.12	40

化合物4为苯甲酸氰基苯酚酯,共轭体系较大,且氰基为强烈吸电子的基团,其性能具有Δε大和Δn大的特点。化合物5为环己基甲酸氰基苯酚酯系列,共轭体系相对化合物4较小,故Δε和Δn较小。但其黏度较高,主要应用于TN-LCD用混合液晶,以提高混合液晶的极性,降低阈值电压。

(2) 末端基团为R、OR、F的酯类液晶

末端基团为R、OR、F的酯类液晶的性能参数见表4.36。

表 4.36 末端基团为R、OR、F的酯类液晶的性能参数

结　构	Δε	Δn	η/(mm²·s⁻¹)
R—⌬—COO—⌬—R、OR	0~-2	0.09~0.12	15~20
R—⬡—COO—⌬—R、OR	0~-2	0.08~0.09	13~17
R—⬡—COO—⌬—F	12	0.03	~12

化合物的末端基团为R、OR、F时,共轭效应较小,极化率低,所以它们均具有低清亮点、低Δε、低Δn和低黏度,但化合物R—⬡—COO—⌬—F中的F原子吸电子的诱导效应大,所以极性较高,Δε大。表4.36中的3类化合物主要应用于TN-LCD用混合液晶,以降低混合液晶的熔点和黏度,提高其低温稳定性和显示器件的响应速度。

(3) 三环体系酯类液晶

三环体系酯类液晶的性能参数见表4.37。

表 4.37 三环体系酯类液晶的性能参数

结　构	Δε	Δn	η
R—⬡—COO—⌬—⌬—CN	高	高	大
R—⬡—COO—⌬—⬡—R	低	低	小
R—⬡—OOC—⌬—⬡—R	低	低	大
R—⌬—OOC—⌬—⬡—R	低	较高	小

与表4.37中的其他化合物比较,化合物R—⬡—COO—⌬—⌬—CN为氰基联苯酯类,共轭体系大,氰基吸电子能力强,故液晶材料的极性大、黏度极高、清亮点高(K84N230I),应用于普通TN-LCD用混合液晶,以提高混合液晶的清亮点。后3项

化合物由于在高频下,其 Δε 可转变为负值,所以,可应用于双频驱动液晶显示器件。

4. 乙烷类

(1) 亚乙基苯氰类

亚乙基苯氰类液晶的性能参数见表 4.38。

表 4.38　亚乙基苯氰类液晶的性能参数

结　构	Δε	Δn	η/(mm² · s⁻¹)
R— CH_2CH_2 — CN	-	0.09～0.12	15～20

由于 CH_2 CH_2 为柔软的中心桥键,与 R-CY-PH-CN 比较,具有稍低 Δ*n* 和低黏度的特点,且 K_{33}/K_{11} 较大(1.8)。与二环酯类 R-CY-COO-PH-CN 液晶比较,Δε 降低,但黏度减小和清亮点下降,但 K_{33}/K_{11} 升高。此类化合物主要应用于早期的 STN-LCD 中。该化合物的合成步骤较长,价格较高,所以现在的应用受到限制。

(2) 环己基亚乙基烷(氧)基苯类

R— CH_2CH_2 — R、OR

与环己基烷(氧)基苯类性能相似,具有低 Δ*n*、低黏度和低清亮点,主要作为混合液晶的溶剂使用,用于降低混合液晶的黏度和 Δ*n*,以提高响应速度和低温稳定性。

(3) 其他乙烷类液晶材料

R— CH_2CH_2 — CN

R— CH_2CH_2 — CN

R— CH_2CH_2 — CN

与双环己基亚乙基苯氰类相比,亚乙基联苯氰具有高黏度和高 Δ*n*,而它们均具有高的熔点和清亮点,主要用于提高混合液晶的清亮点,以提高显示器件的工作温度范围。

5. 双环己烷类

(1) 双环己基氰类

R— CN

与相应的烷基环己基苯氰相比,双环己基氰类的 Δε 相对较低,且 Δ*n* 较小(0.06 左右)。

(2) 其他末端基团双环己基烷类

R— R、OR、CH_2OR、COOR

R— CH_2CH_2 — R、OR

由于没有大的共轭体系存在,该类液晶材料具有低 Δ*n* 和低黏度,且极性小,主要作为溶剂类液晶使用,以降低混合液晶的黏度和 Δ*n*。

6. 嘧啶类

嘧啶类液晶材料的通式如下:

R—(嘧啶环)—(苯环)—R、OR、CN

(1) CN 类

戊基嘧啶苯氰的性能数据：Δn 为 0.23、$\Delta\varepsilon$ 为 20，黏度为 80～100 cp。可见，此类化合物由于共轭体系大，离域电子较多，同时氰基的强烈吸电子效应，使其具有大的极性（$\Delta\varepsilon$ 大）和高 Δn，但黏度高。

(2) OR 类

嘧啶苯醚类的性能数据：Δn 为 0.16、$\Delta\varepsilon$ 为 2～3、黏度为 40～50 cp，K_{33}/K_{11} 为 0.6，可见，相对于嘧啶苯氰类，具有低 Δn、低黏度和低 $\Delta\varepsilon$，但相对于联苯醚类液晶化合物，具有高 Δn 和高黏度。所以从液晶材料的上述性能参数，与一般化合物的性能比较，没有任何优势，但所有嘧啶类化合物，与同类型的其他液晶材料相比，具有 K_{33}/K_{11} 小的特点，非常适合 TN-LCD 的多路驱动。所以，目前嘧啶类化合物主要应用于多路驱动 TN-LCD 中。

7. 二氧六环类

R—(二氧六环)—(苯环)—CN

戊基二氧六环苯氰的性能数据：Δn 为 0.09、$\Delta\varepsilon$ 为 13.3、黏度为 47 cp、$\varepsilon_{\perp}$ 为 8.0。与联苯氰相比，Δn 较小，$\Delta\varepsilon$ 更大，但黏度稍大；与环已基苯氰相比，$\Delta\varepsilon$ 大得多；特别是该类材料 $\varepsilon_{\perp}$ 相当大，有利于增加电光曲线的陡度，适合于 TN-LCD 的多路驱动。

8. 炔类(二苯乙炔类)

二苯乙炔类液晶材料在 TN 和 STN-LCD 的混合液晶中，已得到广泛的应用，它的突出特点是共轭体系大，离域电子多，末端基团为烷(氧)基时，极性小，但黏度较小，因此液晶材料具有大的 Δn、小的 $\Delta\varepsilon$ 和相对低的黏度，适用于提高混合液晶的 Δn 和降低黏度。它主要有以下 2 类。

(1) 具有黏度小、Δn 大(0.25～0.3)、$\Delta\varepsilon$ 较小的性能特点：

R—(苯环)—≡—(苯环)—OR

(2) 具有黏度小(黏度相对同结构二环体系炔类黏度大)、Δn 大(0.25～0.3)和 $\Delta\varepsilon$ 较小(约为 1)的性能特点：

R—(环己烷环)—(苯环)—≡—(苯环)—OR

9. 链烯基类

链烯基类液晶材料的分子结构特点是混合物分子的末端基团含有碳碳双键，且为反式结构。

R—CH=CH—CH₂—(环己烷环)—(Ⓐ)$_n$—(苯环，Y, X)

Ⓐ =苯环、环已烷环

n=0、1　Y=H、F

X=R、OR、F、CN、OCF_3、etc

与同结构烷基末端基团相比，它们具有黏度较小、熔点低、清亮点高，低温稳定性好,特别是 K_{33}/K_{11} 大。由它们调制的混合液晶黏度低、且黏度随温度的变化率低和低温稳定性好,适合于多路驱动,现已广泛应用于低黏度 TN-LCD、STN-LCD 和 TFT-LCD 用混合液晶中。目前广泛使用的链烯基类液晶材料的具体类别将在下一章详细介绍。

10. 负性液晶材料

负性液晶材料($\Delta\varepsilon<0$)的结构特点是侧向含 CN、F 等基团,由于侧向吸电子基团的存在,使得液晶分子的 $\varepsilon_{\perp}$ 大于 $\varepsilon_{/\!/}$。

具有实用价值的负性液晶材料主要是侧向含(二)氟液晶材料,现已广泛应用于 MVA-LCD用混合液晶。此类材料将在 4.4 节中详细介绍。

11. 含氟液晶材料

(1) 结构特点

含氟(F)液晶材料的结构通式如下:

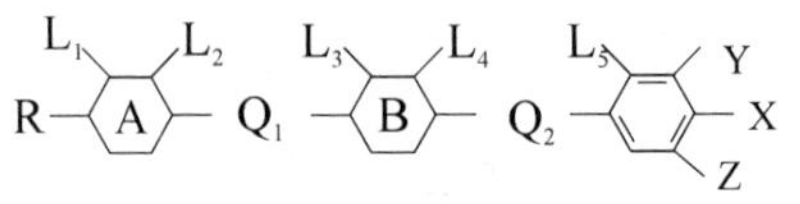

L_1　L_2　L_3　L_4　L_5　Y

R—(A)—Q_1—(B)—Q_2—(苯环)—X

Z

L_1～L_5、Y、Z=H、F　　X=F、OCF_3、CF_3、$OCHF_2$

Q_1、Q_2=—、COO、CH_2CH_2、CH_2O、C≡C

A、B=

(2) 液晶材料的特性

由于氟原子的原子半径小,电负性大,所以它具有强的吸电子诱导效应,同时碳氟键键能大,所以此类材料具有高的化学、热和光化学稳定性、高电阻率、高的电荷保持率;根据氟原子的位置不同,可设计出不同极性的液晶分子,如负性液晶和正性液晶;根据氟原子的个数不同,可设计出高低极性不同的液晶分子。另外含氟液晶材料与含氢液晶材料相比,由于氟原子半径只是比氢原子稍大,所以对其相变温度影响较小,且 Δn 变化不大。不同的环体系组合的 Δn 范围如下:

CY—CY—PH　Δn　0.06～0.10

CY—PH—PH　Δn　0.10～0.18

PH—PH—PH　Δn　0.15～0.25

含氟液晶材料还有黏度较小的特性,特别是旋转黏度较小。

由于含氟液晶材料具有高稳定性、Δn 适当、黏度低、极性可调,非常适应于 TFT-LCD 对液晶材料的性能要求,目前使用的 TFT-LCD 液晶材料几乎由含氟液晶材料组成,当然,含氟液晶在 TN 和 STN-LCD 中同样得到广泛应用。

(3) 重要的三类含氟液晶材料

① 适用于 TN-TFT LCD。

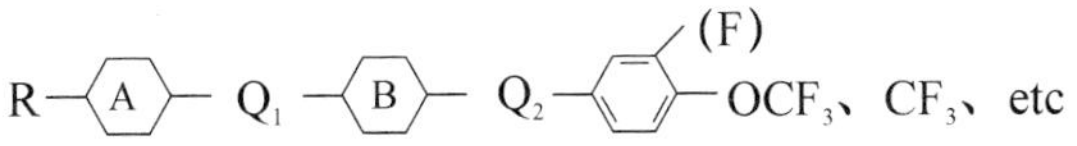

R—〈A〉— Q_1 —〈B〉— Q_2 —(苯环, (F))—OCF_3、CF_3、etc

A、B=苯环、环己基环

Q_1、Q_2=—、COO、CH_2CH_2

② 具有较高的极性(Δε),较小的 Δn,适用于 TN-TFT LCD 和 IPS-LCD。

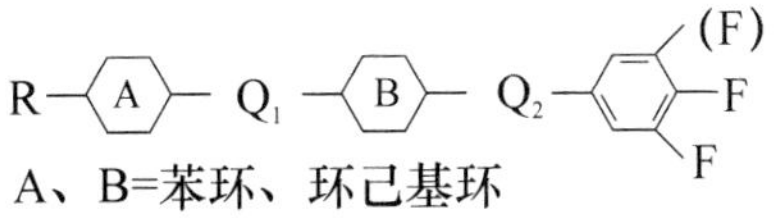

R—〈A〉— Q_1 —〈B〉— Q_2 —(苯环, (F), F, F)—F

A、B=苯环、环己基环

Q_1、Q_2=—、COO、CH_2CH_2

③ 具有负性 Δε,适用于 MVA- LCD。

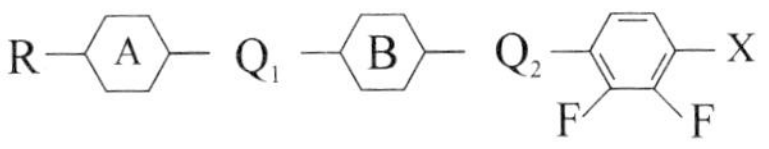

R—〈A〉— Q_1 —〈B〉— Q_2 —(苯环, F, F)—X

Q_1、Q_2=—、COO、CH_2CH_2

A、B=苯环、环己烷环

X=R、OR

目前广泛使用的含氟液晶材料的具体类别将在下一章详细介绍。

4.4 显示用混合液晶材料

液晶显示(LCD)是一种跨世纪的平板显示技术,它的出现和发展使显示技术产生了革命性的变革。与其他显示器件相比,LCD 具有体积质量小、无辐射、不耀眼、抗干扰性好、抗震性能好、有效显示面积大等一系列突出的优点,在世界范围内已经迅速登上主流显示器的地位。液晶显示器主要应用于台式 PC 监视器、便携 PC、掌上 PC、电子图书、移动通信、车载设备、数字信息家电、LCD-TV、游戏机、投影机、PDA、电子记事本、电子字典、各种计算器、记时器等。

根据所采用的液晶材料、平板结构、驱动方式等的不同,LCD 产品中应用最多的包括以下 3 类:扭曲向列型(TN-LCD)、超扭曲向列型(STN-LCD)及薄膜晶体管型(TFT-LCD)。

液晶显示是利用液晶材料的双折射性能实现的显示技术,液晶材料为液晶显示的关键光电子材料,高性能液晶显示必须由优良性能的液晶材料实现。

根据显示方式的不同,液晶材料也可以分成 3 类,即 TN-LCD、STN-LCD 及 TFT-LCD 用液晶材料。但不同的显示方式对液晶材料的性能要求有很大的差别,即使是同样显示方式根据用途、工艺条件等不同,对液晶材料的要求也不相同。然而任何单体液晶只具有一方面或几方面的优良性能,不能直接用于显示,所以每一种单体液晶材料不可能满足任何一种显示方式对液晶材料的性能要求,因而需调制混合液晶,得到综合性能良好的材料。

实际应用中,人们根据显示方式对液晶材料的性能参数的需要,通过选用多种具有一些优良性能的液晶单体,一般为 10～20 种单体液晶,将其调制成混合液晶,其性能达到最优化以使液晶材料的综合性能最佳，满足显示用液晶材料的各项性能的要求。

4.4.1 混合液晶的性能参数与显示的关系

混合液晶的性能参数与显示的关系见表 4.39。

表 4.39 混合液晶的性能参数与显示的关系

LCD 器件	LC 材料
快速响应	低的旋转黏度
宽的工作温度范围	很低的 S-N 相变温度和高的清亮点
低工作电压	高的介电各向异性
宽视角	Δn 与盒厚匹配(如第一极值点)
高稳定性	高光、热、化学和抗紫外稳定性

一般显示技术需材料具有下列性能。

1. 工作温度范围

一般要求液晶材料的熔点低，清亮点高，即液晶材料具有宽的向列相温度范围，使得液晶显示器件具有工作温度范围宽的特点。但并不是液晶材料的向列相温度范围越宽越好，因为提高液晶材料的清亮点可能增加黏度，降低器件的响应速度；同时低温稳定性降低，容易产生晶析；另外宽温液晶材料使用的单体液晶成本高，致使显示器件的制造成本提高。因此根据用途不同，如室内或室外使用，在实际应用中通常对液晶材料的向列相温度范围提出不同的要求。人们根据显示器件的用途将液晶材料的向列相温度范围进行分类，见表 4.40。

表 4.40 各种用途液晶材料的向列相温度范围

用　途	温度范围/℃
普通 TN	−30～60
宽温 TN	−40～90 或 100 以上
普通 STN	−30～80
CSTN	−40～95 以上
TFT	−40～70 以上

2. 黏度

液晶材料的黏度和响应速度之间具有下列关系，即

$$\tau \propto \gamma d^2 \tag{4.1}$$

其中，γ 为旋转黏度；d 为液晶盒盒厚。

由式(4.1)可见，提高液晶显示器件响应速度的最好方法是降低混合液晶的黏度和减小液晶盒的盒厚。

为了提高显示器件的响应速度，需要尽量降低液晶材料的旋转黏度(γ)。但一般

低黏度的液晶材料的清亮点、折射率各向异性等较低，因此调制混合液晶的配方时，在降低黏度时，需要考虑其他方面的性能要求。

3. 折射率各向异性

液晶显示器件的透过率与混合液晶折射率各向异性（Δn）和液晶盒的厚度具有下列关系，即

$$T = \frac{1}{2}\frac{\sin^2\left(\frac{\pi}{2}\sqrt{1+\mu^2}\right)}{1+\mu^2} \qquad \mu = 2d\frac{\Delta n}{\lambda} \tag{4.2}$$

其中，T 为透过率，d 为盒厚。

由式(4.2)可见，当 $d\Delta n$ 等于一定的值时，液晶盒具有最大的透过率(极值点)。

试验表明，在扭曲角为 90°的 TN-LCD 中，$d\Delta n=0.5$ 时，得到第一极值点；$d\Delta n=1.05$时，得到第二极值点。在扭曲角为 240°的 STN-LCD 中，$d\Delta n=0.85$ 时，得到第二极值点。

无论何种显示方式，均利用上述第一和第二极值点，使液晶盒产生最大的光透过率，产生高的对比度和画面质量。由此，调制混合液晶时，混合液晶的折射率各向异性(Δn)必须与液晶盒的厚度(d)相适应。当然在实际应用中，由于显示方式不同或需要的显示的底色不同（如 STN 中的蓝模式、黄模式或灰白模式等），$d\Delta n$ 的值可能有较大差别。

4. 介电各向异性

混合液晶的阈值电压与其介电各向异性和弹性常数的关系为

$$V_{th} = \pi\sqrt{\frac{K_{11}+(K_{33}-2K_{22})}{4\cdot\varepsilon_0\cdot\Delta\varepsilon}} \tag{4.3}$$

混合液晶的阈值电压主要取决于液晶的 $\Delta\varepsilon$，$\Delta\varepsilon$ 大，有利于降低液晶的阈值电压；同时弹性常数(K)对阈值电压影响较小，但可优化液晶材料的阈值电压。所以通过不同极性单体液晶的混合，将混合液晶的 $\Delta\varepsilon$ 调制到合适的值，以适应显示器件的工作电压的要求。但提高液晶的 $\Delta\varepsilon$，可能增加液晶的黏度和降低液晶的稳定性。

5. 弹性常数

适当的液晶的弹性常数(K)和 K_{33}/K_{11}，一方面提高电光曲线的陡度，满足多路驱动的要求，同时可对液晶的阈值电压进行优化和调整；另一方面适当的弹性常数可提高对比度和响应速度。

为了提高电光曲线的陡度，满足多路驱动的要求，需要适当的液晶弹性常数与之相适应，TN-LCD 要求弹性常数的比值(K_{33}/K_{11})小一些；而 STN-LCD 要求弹性常数的比值(K_{33}/K_{11})尽量大一些。

6. 电阻率和高稳定性

各种显示方式对液晶材料的电阻率(ρ)具有一定的要求，理论上，电阻率越高，液晶材料的稳定性越好，功耗电流越低。当然，电阻率主要取决于液晶材料本身的结构和纯度。一般而言，共轭体系大和极性大的液晶材料，化学、光化学等稳定性不好且容易分解的液晶材料电阻率较差，如联苯氰类、氟氰酯类等；另一方面，若液晶材料含有杂质或吸附杂质，如离子、水分和各种无机及有机杂质，其电阻率较低。尽管电阻率高

对液晶显示有利,但高电阻率液晶材料可能会面临一些问题,如制造成本很高、静电较强等,另太高电阻率本身对 TN、STN-LCD没有太大的意义。一般的显示方式对液晶电阻率的要求如下:

$$\text{TN} \quad >5\times10^{10}\ \Omega\cdot\text{cm}$$
$$\text{STN} \quad >1\times10^{11}\ \Omega\cdot\text{cm}$$
$$\text{TFT} \quad >1\times10^{13}\ \Omega\cdot\text{cm}$$

当然,液晶材料必须具有高的化学、光化学、热稳定性,良好的抗紫外线效果,特别是 TFT 具有高的电荷保持率 (holding radio),否则即使液晶材料的初始电阻率高,若稳定性差,在使用过程中显示画面的质量下降,直至不具有显示的效果。

4.4.2 混合液晶

为了满足显示对液晶材料各种性能参数的要求,人们需要将多种单体液晶混合在一起,以达到性能最优化,得到满足显示需要的各种性能参数,如工作温度范围、黏度、Δn、$\Delta\varepsilon$ 和电光曲线的陡度等。混合液晶的调制实际上是一个相当复杂的工作,目前没有任何理论或公式能准确计算 10～20 种液晶单体混合后的熔点、清亮点、黏度、Δn、$\Delta\varepsilon$ 和电光曲线的陡度等,现在主要是通过经验和多次实验解决混合液晶配方的问题。

混合液晶配方的调制应同时调节液晶的许多物性参数,调节一个性能参数而不影响另一个参数的值是不可能的,有时加入某种单体液晶调节混合液晶的某种性能参数,可能对其他一种或几种性能参数有利,但可能对另外一些性能参数的改善不利,如加入低熔点低清亮点的溶剂类液晶单体,可能降低混合液晶的黏度和减小 Δn,但它会降低混合液晶的清亮点,减小工作温度范围;降低混合液晶的 $\Delta\varepsilon$,升高阈值电压。因此,混合液晶中性能参数相互冲突的地方很多,反复的试验将是调制优良混合液晶的理想方法。当然,通过前人的总结,调制混合液晶也有一些经验规律。如在许多种情况下,某些性能参数随浓度呈线性变化,而另一些参数则不然。

1. 相转变温度

混合液晶的熔点一般较低,可以通过二元体系来说明,一般二元体系的熔点低于组成它的任一种纯组分的熔点。二元体系的熔点和清亮点如图 4.10 所示。

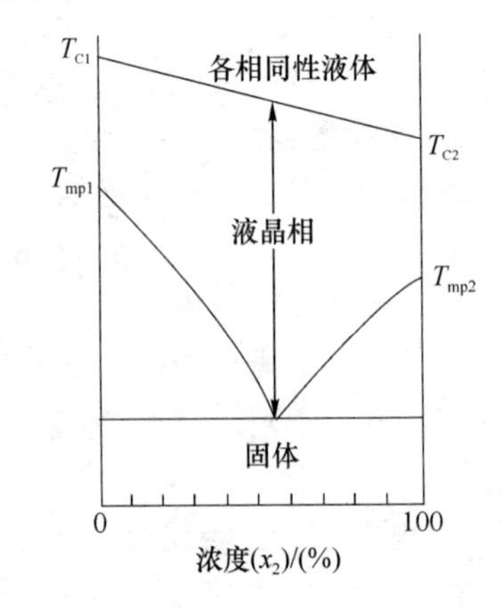

图 4.10 二元体系的熔点和清亮点

混合液晶的清亮点如图 4.9 所示,满足式(4.4),即

$$T_C = \sum X_i T_{C_i} \tag{4.4}$$

当极性相同的化合物相混合时,式(4.4)成立,当极性化合物和非极性化合物相混合时,常常发生大的负偏差。

在混合液晶的调制过程中,通过选择多种且适当的单体液晶有机调配混合,可以形成低共熔混合物,有效降低液晶的熔点;同时通过加入高清亮点的单体液晶,能够提高混合液晶的清亮点,从而调制出向列相温度范围满足要求的混合液晶。

2. 介电常数

介电常数的大小直接确定了液晶分子和所加电场相互作用的程度，因此，对阈值电压有重要影响。具有强极性末端基团的液晶材料通常具有较大的 $\Delta\varepsilon$，因而具有低的阈值电压。但是需要考虑缔合分子对的问题，当这些缔合分子对被减少或消除时(例如加入非极性分子)能够增大介电各向异性，如在某些情况下，加入 50% 的非极性液晶时，并不明显地降低 $\Delta\varepsilon$。但将 $\Delta\varepsilon$ 低和 $\Delta\varepsilon$ 高的单体液晶相混合，所形成的液晶混合物中可能出现近晶相，虽然在液晶混合物的工作温度范围内出现近晶相并不受欢迎，但是，在较低温度下存在近晶相对弹性常数将产生有利的影响。

在大多数液晶显示中，混合液晶的 $\Delta\varepsilon/\varepsilon_{\perp}$ 是非常重要的性能参数，通常希望 $\Delta\varepsilon/\varepsilon_{\perp}$ 小一些，有利于提高混合液晶电光曲线的陡度和多路驱动，因此液晶材料应具有大的 $\Delta\varepsilon$(为了降低阈值电压)和大的 $\varepsilon_{\perp}$，这样的条件很难满足。在混合液晶的调制过程中，人们通过加入负介电各向异性的材料以增大液晶混合物的 $\varepsilon_{\perp}$，但对于给定混合液晶的阈值电压，在较大程度上改变 $\Delta\varepsilon/\varepsilon_{\perp}$ 将非常困难。

3. 弹性常数

目前精确地预测混合液晶的弹性常数几乎不可能，但通过仪器可以进行测量。在液晶混合物中，弹性常数 K_{11}、K_{22} 的变化几乎为线性，而 K_{33} 为负偏差。因而 K_{33}/K_{11} 发生的偏差比预料的要低。接近近晶相时，K_{33}/K_{11} 的比趋于降低。因此，极性和非极性混合物(显示低温近晶相)对弹性常数可能有益。

TN-LCD 要求弹性常数的比值(K_{33}/K_{11})小一些，联苯和苯基嘧啶类化合物具有小的 K_{33} 值，K_{33}/K_{11} 较小，因此联苯和苯基嘧啶类化合物在 TN-LCD 用混合液晶中得到了广泛的应用。

STN-LCD 要求弹性常数的比值(K_{33}/K_{11})尽量大一些，因此应尽量选用 K_{33} 较大的单体液晶，如含有链烯基、非芳环体系和短链烷基的单体液晶。

4. 折射率各向异性

对于简单的 TN-LCD 通常根据 $d\Delta n=1.05$ 来选择 Δn 。对于要求比较宽视角的TN-LCD和 TFT-LCD，根据 $d\Delta n=0.5$ 来选择 Δn ，即要求使用 Δn 较小的液晶材料。对 STN-LCD，$d\Delta n$ 值非常重要，它影响到显示器件的光学性质，因而对 Δn 的选择非常严格。

双折射在很大程度上是由液晶分子中芳香结构(π 键)和末端基团类别决定，因此，折射率各向异性实际上与分子的介电各向异性有关，具有大介电各向异性的分子常常具有大的 Δn，但是也有例外的情况存在，如多氟体系液晶材料。在同系列化合物组成的混合物中，Δn 常常与组分的浓度呈线性关系。

5. 黏度

黏度与显示器件的响应速度有关，且黏度与温度的关系很大，温度变化 20 ℃，黏度变化 3～5 倍。向列相液晶的黏度可由式(4.5)估算，即

$$\log\eta_i = \sum C_i \log\eta_i \tag{4.5}$$

调制液晶混合物时，需要考虑许多因素，总体来说，以具有低熔点和适当向列相温度范围的液晶材料作为混合物的基础，它们由极性和非极性液晶材料组成，以避免近晶相的形成；选择组分时也应考虑到 Δn 的要求；如果需要低阈值电压的混合液晶，则

需加入大 $\Delta\varepsilon$ 的液晶材料,而 $\Delta\varepsilon/\varepsilon_{\perp}$ 的调节可能非常困难;同时加入具有高清亮点(N-I)的液晶来增大混合液晶向列相温度范围。所以,混合液晶具有多组分,且每个组分对混合液晶的最终性质都有贡献。

综上所述,没有任何一种单体液晶的性能能够满足液晶显示的要求,必须合成性能优异的各种单体液晶材料,且这些材料都有其各自的优良特性。在调制混合液晶时,选择适当的单体液晶,并按一定的比例进行混合,得到满足不同显示方式要求的混合液晶。当然,所选用的单体液晶能够改善混合液晶的某些性能,而同时又对混合液晶的其他一些性能产生不利的影响,如苯基环己烷类液晶 Δn 较小,黏度低,可以改善混合液晶体系的低温性能,但不能得到 Δn 较大的混合液晶;嘧啶、联苯以及炔类液晶的 Δn、$\Delta\varepsilon$ 较大,有利于提高混合液晶的 Δn 和降低阈值电压,但它们的黏度较大、响应速度较慢、光稳定性和低温性能较差。所以调制混合液晶是非常复杂的工作,不可能得到性能十全十美的混合液晶,只能找到一个最佳的折中方案,兼顾各方面的要求,以满足液晶显示的要求。

4.4.3　混合液晶的分类及所用单体液晶组分的相互关系

根据液晶显示方式的不同,混合液晶主要分为 3 大类:TN-LCD 用液晶材料、STN-LCD 用液晶材料和 AM-LCD 用液晶材料。同时各类混合液晶又可细分为许多小的类别,如图 4.11 所示。

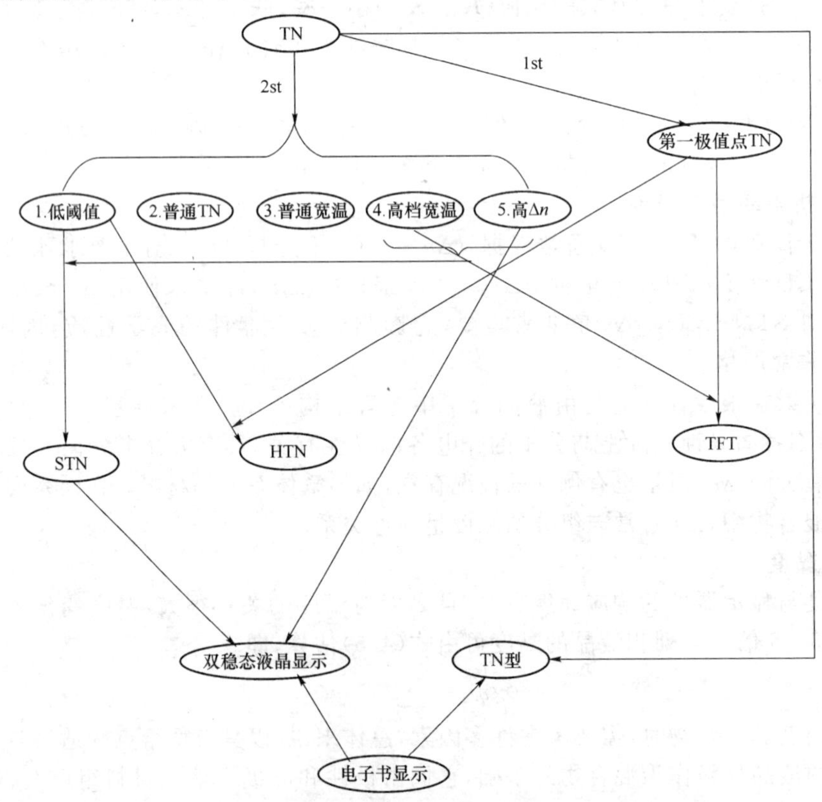

图 4.11　混合液晶的分类及所用单体液晶组分的相互关系

图 4.11 表明，STN-LCD 用液晶材料和 TFT-LCD 用液晶材料都是从初期的 TN-LCD用液晶材料的基础上发展起来的。它们所用的单体液晶材料既有区别，又相互交叉，即不能认为某种单体液晶材料只能用于某种显示方式，部分单体液晶在各种显示方式的混合液晶中均有应用价值，如联苯类可应用于 TN-LCD 和 STN-LCD 用液晶材料，含氟液晶在 3 类显示用液晶材料均具有广泛的应用。

4.4.4　混合液晶的分类介绍

1. TN-LCD 用液晶材料

(1) 分类

TN-LCD 用液晶材料主要分为：普通 TN、低阈值 TN、宽温 TN、第一极值点 TN 和 HTN 液晶材料等。各类混合液晶的性能要求和实例见表 4.41。

表 4.41　各类 TN-LCD 用混合液晶的性能要求和实例

TN 类别		混合液晶参数	混合液晶牌号	应用实例
普通 TN		S→N　≤－20 ℃ C.P　≥60 ℃ Δn　0.12～0.16 V_{10}　1.2～4.0 V η　<100 mm²/s	TEB30A-40A MLC6405	计算器等
低阈值 TN		S→N　≤－20 ℃ C.P　≥60 ℃ Δn　0.12～0.16 V_{10}　0.7～1.2V η　<100 mm²/s	TEB300-330 TEB1220 SLC76 系列	电话机等
宽温	TN	S→N　≤－40 ℃ C.P　≥90 ℃ Δn　0.12～0.16 V_{10}　1.2～4.0 V η　<40 mm²/s	TEB7210/7220 SLC78 系列	加油机等
	第一极值点 TN	S→N　≤－40 ℃ C.P　≥90 ℃ Δn　0.07～0.10 V_{10}　1.2～4.0 V η　<25 mm²/s	TEB8110	车载系统
HTN		S→N　≤－20 ℃ C.P　≥60 ℃ Δn　0.09～0.10 V_{10}　0.75～2.0 V η　<100 mm²/s	TEB4200	家用电器

(2) TN 混合液晶的参数要求

TN 混合液晶的参数要求见表 4.42。

表 4.42 TN 混合液晶的参数要求

LCD	LC
快速响应	黏度低
适当的工作温度范围	向列相温度范围适当:很低的 S-N 相变温度
低工作电压	高$\Delta\varepsilon$
多路驱动	提高电光曲线陡度,K_{33}/K_{11}小,$\Delta\varepsilon/\varepsilon_{\perp}$大
高稳定性	高光、热、化学和抗紫外稳定性

(3) TN-LCD 用混合液晶

TN-LCD 用混合液晶品种较多,各个品种的性能参数差别很大,根据不同的驱动电压、液晶盒厚、响应速度、工作温度和占空比等要求,需要不同性能的混合液晶相适应,主要包括介电各向异性($\Delta\varepsilon$)、折射率各向异性(Δn)、黏度、清亮点和电光曲线的陡度等。

调制性能各异的混合液晶需要各种类别的单体液晶有机地混合在一起,而单体液晶的类别极多,所以调制混合液晶配方的工作是一类烦琐而复杂的工作,而且没有严格的公式进行计算,在调制混合液晶的工作中,只能通过上文的性能加和用公式进行粗略的估算。实际上混合液晶的配方调制经验往往起到较大的作用。

一般而言,详细了解单体液晶的结构和性质的关系可以指导混合液晶配方的研究。如通过加入高极性的液晶材料,可以降低混合液晶的阈值电压;通过加入含三键的炔类液晶等高折射率各向异性(Δn)的液晶,可以提高混合液晶的折射率各向异性;通过加入二环低黏度溶剂类液晶,可以改善响应速度;通过加入高清亮点的液晶,可以提高混合液晶的工作温度范围。这些只是一些指导性的原则,在配方研究中,还有一些性能要求需要反复试验,才能得到理想的符合要求的性能良好的混合液晶。如需要考虑各种单体液晶的互溶性,以改善混合液晶的低温稳定性;需要考虑单体液晶化学和光化学稳定性,甚至需要考虑单体液晶的合成难度和成本。

表 4.43 列举了混合液晶 MLC6404-000 的性能参数和组成。

表 4.43 混合液晶 MLC6404-000 的性能参数和组成

MLC6404-000				
	C. P/℃	U_{10}/V	Δn	Viscosity(20℃)/($mm^2 \cdot s^{-1}$)
	60	1.1	0.148 7	37

	结构	单体液晶性质			
		相变温度/℃	$\Delta\varepsilon$	Δn	η
1	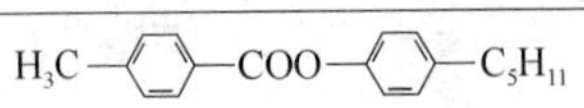 H_3C—(苯环)—COO—(苯环)—C_5H_{11}	C34N(14)I	0～−2	0.09～0.12	15～20
2	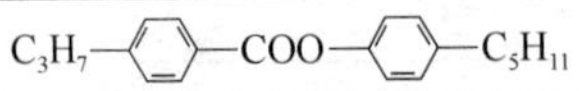 C_3H_7—(苯环)—COO—(苯环)—C_5H_{11}	C18N22I			
3	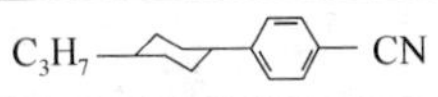 C_3H_7—(环己烷)—(苯环)—CN	C43N45I	9.9	0.124	-

续 表

MLC6404-000						
	C. P/℃	U_{10}/V	Δn	Viscosity(20℃)/($mm^2 \cdot s^{-1}$)		
	60	1.1	0.148 7	37		
	结构	单体液晶性质				
		相变温度/℃	Δε	Δn	η	
4	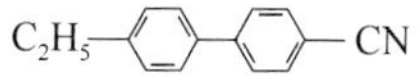 C_2H_5—⟨苯环⟩—⟨苯环⟩—CN	C75N(22)I	10～12	0.184	25～35	
5	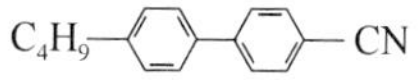 C_4H_9—⟨苯环⟩—⟨苯环⟩—CN	C38N(16.5)I				
6	 C_2H_5—⟨苯环⟩—COO—⟨苯环⟩—CN	C75N(46)I	25～35	～0.18	～54	
7	 C_3H_7—⟨苯环⟩—COO—⟨苯环⟩—CN	C102N(40)I				
8	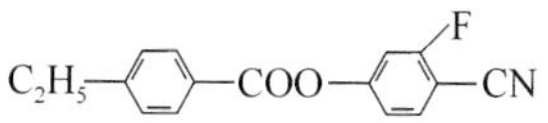 C_2H_5—⟨苯环⟩—COO—⟨苯环(F)⟩—CN	C78I	45～50	0.14～0.15	-	
9	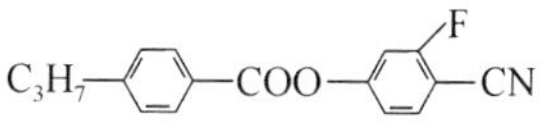 C_3H_7—⟨苯环⟩—COO—⟨苯环(F)⟩—CN	C80N(17)I				
10	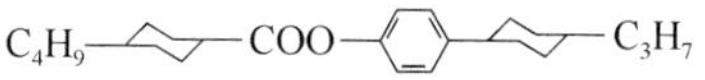 C_4H_9—⟨环己烷⟩—COO—⟨苯环⟩—⟨环己烷⟩—C_3H_7	C61N188I	−1.4	0.11	40	
11	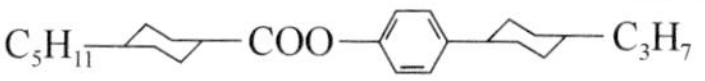 C_5H_{11}—⟨环己烷⟩—COO—⟨苯环⟩—⟨环己烷⟩—C_3H_7	C43N193I	−1	0.11	40	
12	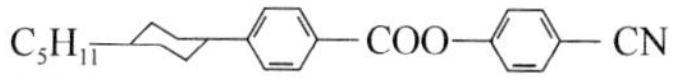 C_5H_{11}—⟨环己烷⟩—⟨苯环⟩—COO—⟨苯环⟩—CN	C87N225I	28	0.16	220	

由表 4.43 可见,混合液晶 MLC6404-000 适合于普通的 TN-LCD,清亮点为60 ℃,阈值电压为 1.1 V,黏度稍大,折射率各向异性为 0.148 7,适用于 7 μTN 液晶盒厚。

混合液晶由 12 种二环或三环单体液晶组成,每种单体液晶具有各种不同的性能特点,因此它们的主要作用不尽相同。

单体液晶 1 和 2 具有清亮点低、极性(Δε)小,Δn 小、同时黏度小的特点,主要作为溶剂类液晶使用,用于降低混合液晶的熔点和黏度,有利于提高响应速度,同时提高低温稳定性,但它们对混合液晶的贡献有不利的方面,如降低混合液晶的极性、清亮点折射率各向异性,因此混合液晶的这些性质必须通过其他特性的单体液晶予以改善。

单体液晶 4 和 5 为联苯氰类液晶,具有较高的 Δn、极性(Δε)大,但黏度稍大,且清亮点低,主要用于提高混合液晶的极性,降低阈值电压,提高混合液晶的 Δn,不利的方面是降低混合液晶的清亮点。

单体液晶 6、7、8 和 9 为(氟)氰酯类液晶,具有高的 Δn、高极性(Δε),但黏度较大,且清亮点稍低,主要用于提高混合液晶的极性,降低阈值电压,同时提高混合液晶的 Δn,不利的方面是降低混合液晶的清亮点,特别是增加混合液晶的黏度。

单体液晶 10 和 11 为三环体系液晶,它们具有高的清亮点,较低的 Δn 和极性(Δε),但黏度适中,主要用于提高混合液晶的清亮点,增加混合液晶的工作温度范围,但不利于降低混合液晶的阈值电压。

单体液晶 12 为氰基苯酚酯类三环体系液晶,具有很高的清亮点、高的 Δn、高极性($\Delta\varepsilon$),但黏度极大,主要用于提高混合液晶的清亮点,增加混合液晶的工作温度范围,提高混合液晶的阈值电压,但将提高混合液晶的黏度,不利于快速响应,因此在混合液晶中含量不宜太高。

2. STN-LCD 用液晶材料

(1) 分类

STN-LCD 用液晶材料主要分为低占空比 STN、高占空比 STN 和 CSTN,各类混合液晶的性能要求和实例见表 4.44。

表 4.44　STN-LCD 用液晶材料性能要求和实例

STN 类别	混合液晶参数	混合液晶牌号	应用实例
低占空比	S→N　≤− 40 ℃ C. P　≥80 ℃ Δn　0.12～0.16 V_{10}　0.9～2.5 V η　<50 mm²/s γ　<1.15	MLC15700/15800	家用电器、仪器仪表等
高占空比	S→N　≤− 40 ℃ C. P　≥90 ℃ Δn　0.12～0.17 V_{10}　1.0～2.5 V η　<40 mm²/s γ　<1.07	MLC14000/14100	手机、PDA
CSTN	S→N　≤− 40 ℃ C. P　≥90 ℃ Δn　0.12～0.17 V_{10}　1.0～2.5V η　<40 mm²/s γ　<1.05		手机、PDA

区别于 TN-LCD 用液晶材料,STN-LCD 用液晶材料必须具有下列特点。

① 单体液晶和混合液晶具有良好的光、热、化学稳定性,较高的电阻率,其混合液晶的电阻率$\geq 1\times 10^{11}$ Ωcm。

② 为了保证显示品质的稳定性,要求 STN-LCD 用混合液晶,特别是 CSTN 用混合液晶的 $\Delta\varepsilon$ 和 Δn 等具有极低的随温度变化率,所以 STN-LCD 用混合液晶必须有较宽的温度范围。

(2) STN-LCD 用混合液晶的参数要求

STN-LCD 用混合液晶的参数要求见表 4.45。

表 4.45　STN-LCD 用混合液晶的参数要求

LCD	LC
快速响应	极低的黏度
宽的工作温度范围	向列相温度范围宽:很低的 S-N 相变温度
低工作电压	大 $\Delta\varepsilon$
多路驱动	提高电光曲线陡度,K_{33}/K_{11} 大,$\Delta\varepsilon/\varepsilon_{\perp}$ 大
高稳定性	高光、热、化学和抗紫外稳定性

(3) STN-LCD 用液晶材料的发展

① 响应时间改善

降低混合液晶的黏度,特别是改善低温条件件的旋转黏度,可以改善响应速度,现采用在混合液晶中加入具有较低旋转黏度的单体液晶,如 Δn 较小的环己烷烯烃、Δn 较大的炔类等单体液晶。

② 工作电压及改进温度依赖性

通过在混合液晶中加入氟氰苯酚酯类、氟氰苯类等单体液晶,降低混合液晶的阈值电压,即降低器件的工作电压;增加混合液晶的弹性常数(K_{33}/K_{11}),提高电光曲线的陡度,增加驱动路数;改善混合液晶阈值电压和器件的工作电压的温度依赖性。

③ 电光曲线陡度的改善

通过在混合液晶中加入链烯基单体液晶,增加混合液晶的清亮点,提高工作温度范围;提高提高电光曲线的陡度,增加驱动路数。

(4) STN 液晶材料

STN-LCD 用混合液晶所用的单体液晶除上述 TN-LCD 用单体液晶外,还包含其他典型的单体液晶类别,如烯烃类液晶和炔类液晶等。下面通过一个例子说明 STN-LCD 用液晶的组成和单体液晶在混合液晶中的作用。

混合液晶 MLC15700-000 的性能参数和组成见表 4.46。

表 4.46　混合液晶 MLC15700-000 性能参数和组成

<table>
<tr><td colspan="6">MLC15700-000</td></tr>
<tr><td></td><td>C. P/℃</td><td>V_{10}/V</td><td>Δn</td><td colspan="2">Viscosity(20℃)/($mm^2 \cdot s^{-1}$)</td></tr>
<tr><td></td><td>95</td><td>1.17</td><td>0.1204</td><td colspan="2">41</td></tr>
<tr><td rowspan="2"></td><td rowspan="2">结构</td><td colspan="4">单体液晶性质</td></tr>
<tr><td>相变温度/℃</td><td>$\Delta\varepsilon$</td><td>Δn</td><td>η</td></tr>
<tr><td>1</td><td>C_3H_7— —OCH_3</td><td>C10N17I</td><td rowspan="2">−0.3</td><td rowspan="2">0.03</td><td rowspan="2">14/7</td></tr>
<tr><td>2</td><td>C_3H_7— —OC_3H_7</td><td>-</td></tr>
<tr><td>3</td><td>C_5H_{11}—</td><td>C-9N63I</td><td rowspan="2">0.3</td><td rowspan="2">0.054</td><td rowspan="2">7</td></tr>
<tr><td>4</td><td>C_2H_5— —COO— (F) —CN</td><td>C78I</td></tr>
</table>

续 表

MLC15700-000				
	C. P/℃	V_{10}/V	Δn	Viscosity(20℃)/($mm^2 \cdot s^{-1}$)
	95	1.17	0.1204	41

	结构	单体液晶性质			
		相变温度/℃	$\Delta\varepsilon$	Δn	η
5	C_3H_7—⌬—COO—⌬(F)—CN	C80N(17)I	45～50	0.14～0.15	-
6	C_4H_9—⌬—COO—⌬(F)—CN	C11N(4)I			
7	C_5H_{11}—⌬—COO—⌬(F)—CN	C32(26)I			
8	C_3H_7—⬡—⌬—COO—⌬(F)—CN	C100N198I			
9	C_4H_9—⬡—⌬—COO—⌬(F)—CN	C81N194I			
10	C_5H_{11}—⬡—⌬—COO—⌬(F)—CN	C71N193I			
11	C_3H_7—⬡—⌬(F)—⌬—⬡—C_3H_7	C126N302I			
12	C_3H_7—⬡—⬡—COO—⌬—⬡—C_3H_7	C60S107S208N327I			
13	C_3H_7—⬡—⬡—COO—⌬—⬡—C_4H_9	C60S81S225N323I			
14	C_3H_7—⬡—⬡—COO—⌬—⬡—C_5H_{11}	C44S83S235N319			

由表 4.46 可见，混合液晶 MLC15700-000 适合于普通的 STN-LCD，清亮点为 95 ℃，阈值电压为 1.17 V，折射率各向异性为 0.120 4，适用于占空比为 1/32～1/64 STN-LCD。它是 MLC15700-000、100 和 MLC15800-000、100 混合液晶四瓶体系中的低阈值、低折射率各向异性的一瓶。

混合液晶由 14 种二环、三环和四环单体液晶组成，每种单体液晶具有各种不同的性能特点，因此它们主要作用不尽相同。

单体液晶 1、2 和 3 具有清亮点低、$\Delta\varepsilon$ 小、Δn 小及 η 小的特点，主要作为溶剂类液晶使用，用于降低混合液晶的熔点和黏度，有利于提高响应速度，同时提高低温稳定性，但它们对混合液晶的贡献具有不利的方面，如降低混合液晶的极性、清亮点和折射率各向异性，因此混合液晶的这些性质必须通过其他特性的单体液晶予以改善。特别是单体液晶 3 为链烯基类液晶，其在混合液晶中的含量特别高，它具有旋转黏度低的特点，有利于降低混合液晶的旋转黏度，以实现快速响应；另外链烯基类液晶具有较高

的 K_{33}/K_{11} 值，有利于提高 STN-LCD 电光曲线的陡度，以实现多路驱动。

单体液晶 4、5、6 和 7 为氟氰酯类液晶，具有高的 Δn、高极性（$\Delta\varepsilon$），但黏度较大，且清亮点稍低，主要用于提高混合液晶的极性，降低阈值电压，但它们将提高混合液晶的 Δn，同时不利的方面是降低混合液晶的清亮点，特别是增加混合液晶的黏度。

单体液晶 8、9 和 10 为三环体系液晶，它们具有高的清亮点，较高的 Δn 和极性（$\Delta\varepsilon$），但黏度较大，主要用于提高混合液晶的清亮点，增加混合液晶的工作温度范围，有利于降低混合液晶的阈值电压，但它们将增加混合液晶的黏度，并提高混合液晶的折射率呈各向异性。

单体液晶 11、12、13 和 14 为四环体系液晶，具有很高的清亮点、低极性（$\Delta\varepsilon$），但黏度较大，主要用于提高混合液晶的清亮点，增加混合液晶的工作温度范围，但将提高混合液晶的黏度，不利于快速响应，同时提高混合液晶的阈值电压，因此在混合液晶中含量不宜太高。

3. AM-LCD 用液晶材料

根据显示方式的不同，AM-LCD 主要分为 3 种类型。

- 扭曲向列相型（TN TFT-LCD）：扭曲向列相型（TN TFT-LCD）主要应用于台式 PC 监视器、便携 PC、掌上 PC、移动通信、车载设备、摄像机和数码相机监视器、PDA 等，扭曲向列相型为 AM-LCD 的主要产品。
- 共面转换技术型（IPS 和 FFS-LCD）：共面转换技术型（IPS 和 FFS-LCD）视角好，达到 170°以上，驱动电压低，可应用于桌面电脑和电视机等各种终端显示器。
- 垂直排列型（MVA -LCD）：垂直排列型（MVA -LCD）视角极好，达到 170°以上，但液晶材料单价很高。主要应用桌面电脑和电视机等各种终端显示器。

（1）AM-LCD 用液晶材料的性能要求

AM-LCD 用液晶材料的性能要求很高，且不同的显示模式对液晶的性能参数要求有较大差别，其组成和性能主要为下列 3 个方面。

① AM-LCD 用液晶材料由 10～20 种单体液晶材料组成，且主要为稳定性良好的含氟液晶材料和环己烷类液晶材料。

② AM-LCD 用液晶材料具有良好的光、热和化学稳定性，高的电荷保持率和高的电阻率，混合液晶的电荷保持率≥98.5%；电阻率高，TN TFT 和 MVA-LCD 用混合液晶的电阻率≥$1\times10^{13}\,\Omega$cm；IPS-LCD 用混合液晶的电阻率≥$5\times10^{12}\,\Omega$cm。

③ AM-LCD 用液晶材料具有低黏度、适当的光学各向异性和介电各向异性。

AM-LCD 用混合液晶的主要技术指标如下。

- 正性混合液晶（$\Delta\varepsilon>0$），应用于 TN TFT-LCD 和 IPS 及 FFS-LCD：

S→N　≤－40 ℃

C. P　≥80 ℃

Δn　0.06～0.12

V_{10}　1.0～5.0 V

η $<25\ mm^2/s$

γ 60～150

• 负性混合液晶(Δε<0),应用于 MVA-LCD:

S→N ≤－40 ℃

C. P ≥70 ℃

Δn 0.07～0.12

V_{10} 2.0～5.0 V

η $<30\ mm^2/s$

γ 60～150

(2) AM-LCD 用液晶材料

由于氟原子的原子半径小,吸电子能力强,使得含氟单体液晶具有良好的稳定性、极性、溶解性、低黏度和适宜的相变温度范围,非常适合 AM-LCD 对液晶材料的性能要求。所以,AM-LCD 液晶材料主要以含氟液晶为主体。

表 4.47 列举了一种 TFT-LCD 用混合液晶的性能参数和组成。

表 4.47 TFT-LCD 用混合液晶的性能参数和组成

TFT-LCD 用混合液晶			
C. P/℃	V_{10}/V	Δn	Viscosity (20℃)/($mm^2 \cdot s^{-1}$)
82	1.87	0.082	18

	结构	单体液晶性质			
		相变温度/℃	Δε	Δn	γ
1	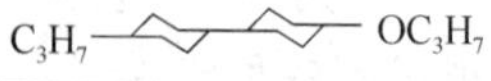 C_3H_7—⟨⟩—⟨⟩—OC_3H_7	-	−0.3	0.03	14cp *
2	 C_5H_{11}—⟨⟩—⟨⟩—CL	C32I	4.2	0.108	62
3	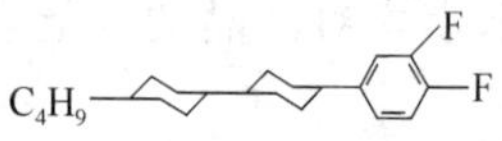 C_4H_9—⟨⟩—⟨⟩—⟨⟩(F)—F	C42N120I	3.0	0.079	156
4	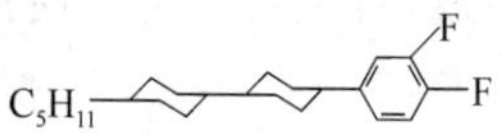 C_5H_{11}—⟨⟩—⟨⟩—⟨⟩(F)—F	C87N100I			
5	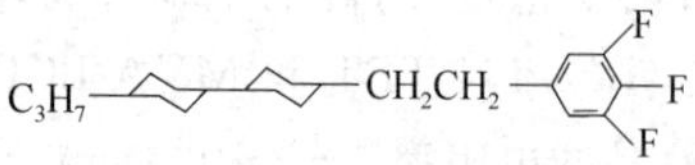 C_3H_7—⟨⟩—⟨⟩—CH_2CH_2—⟨⟩(F)(F)—F	C41.8N98.3I	7.3	0.074	32cp *
6	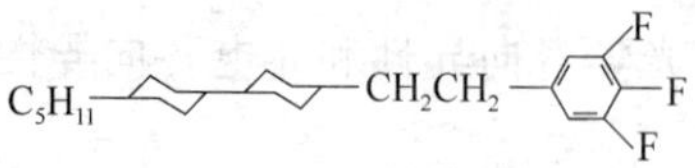 C_5H_{11}—⟨⟩—⟨⟩—CH_2CH_2—⟨⟩(F)(F)—F	C45I	6.3	0.074	40cp *
7	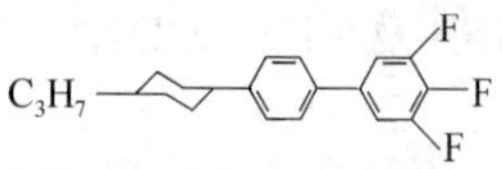 C_3H_7—⟨⟩—⟨⟩—⟨⟩(F)(F)—F	C41N(33.2)I	12.8	0.137	151
8	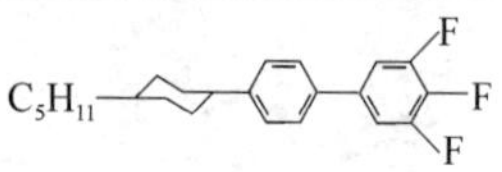 C_5H_{11}—⟨⟩—⟨⟩—⟨⟩(F)(F)—F	C30N58I	11.3	0.134	32cp *

续 表

TFT-LCD 用混合液晶				
	C. P/℃	V_{10}/V	Δn	Viscosity (20℃)/($mm^2 \cdot s^{-1}$)
	82	1.87	0.082	18

	结构	单体液晶性质			
		相变温度/℃	$\Delta\varepsilon$	Δn	γ
9	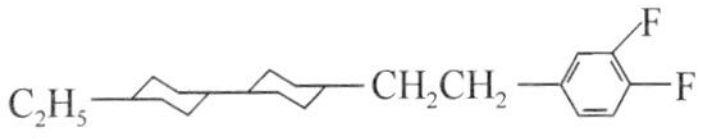 C_2H_5—⬡—⬡—CH_2CH_2—(F)(F)苯环				
10	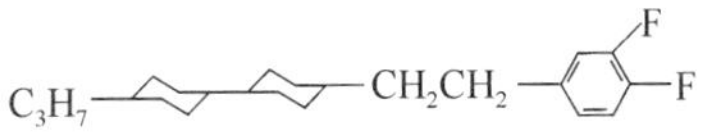 C_3H_7—⬡—⬡—CH_2CH_2—(F)(F)苯环	C46N124.3I	～6.4	～0.079	～160
11	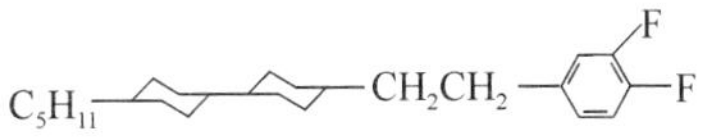 C_5H_{11}—⬡—⬡—CH_2CH_2—(F)(F)苯环	C51S74N121I			
12	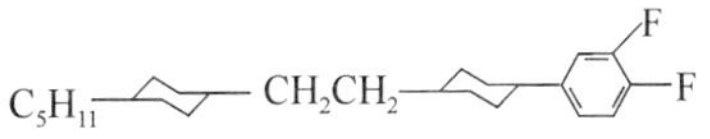 C_5H_{11}—⬡—CH_2CH_2—⬡—(F)(F)苯环	C29S38N110I	～5.1	～0.082	～229

注：* 表示体积黏度，其他为旋转黏度。

表 4.47 为目前使用的典型的 TN TFT-LCD 用混合液晶配方，其清亮点为 82 ℃，阈值电压为 1.87 V，折射率各向异性为 0.082，适用于 5 μTN TFT-LCD 液晶盒厚。主要用于手机和笔记本式计算机显示屏。

混合液晶由 12 种单体液晶组成，由于含氟液晶的稳定性好，黏度低，极性适中，满足 TFT-LCD 显示的要求。

单体液晶 1 和 2 具有清亮点低、$\Delta\varepsilon$ 小、Δn 小及 η 小的特点，主要作为溶剂类液晶使用，用于降低混合液晶的熔点和黏度，有利于提高响应速度，提高低温稳定性；同时降低混合液晶的折射率各向异性，正好满足 TFT-LCD 混合液晶要求折射率各向异性低的要求。但它们对混合液晶的贡献具有不利的方面，如降低混合液晶的极性和清亮点，因此混合液晶的这些性质必须通过其他特性的单体液晶予以改善。

其他类别的单体液晶均为二氟苯类或三氟苯类单体液晶，它们均具有一定的极性，可以降低混合液晶的阈值电压，即通过二氟苯或三氟苯类液晶的比例可将混合液晶的极性调节到适当的程度。

单体液晶 7 和 8 具有相对高的极性，可用于降低阈值电压，但它们的清亮点低，折射率各向异性大，不利于增加液晶的工作温度范围和降低混合液晶的折射率。

总体而言，三环体系含氟液晶的旋转黏度相对较大，采用上述体系作为电视用液晶材料将比较困难，主要是因为旋转黏度大，不能实现快速响应。因此需要其他类别的含氟单体液晶，特别是旋转黏度低的单体液晶作为主体予以实现显示器件现代高速响应的需要，如现代电视用液晶材料使用链烯基类、二氟甲氧基类等具有极低旋转黏度的单体液晶，可以实现混合晶的旋转黏度低，响应时间达到 3～5 ms。

表 4.48 列举一类低黏度液晶混合物的组成，它具有极低的旋转黏度和高介电各向异性，可实现快速响应，应用于 IPS 和 FFS 显示。

表 4.48 低黏度液晶混合物

IPS 用混合液晶					
	C. P/℃	Δε	Δn	Viscosity(20℃)/($mm^2 \cdot s^{-1}$)	
	78	5.3	0.1237	65	
	结构	单体液晶性质			
		相变温度/℃	Δε	Δn	γ
1	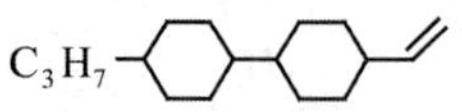 C_3H_7	C23S35N 49.5I	−0.7	0.05	18
2	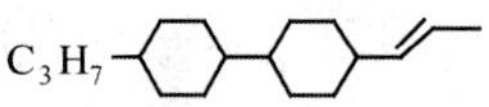 C_3H_7	-	-	-	-
3	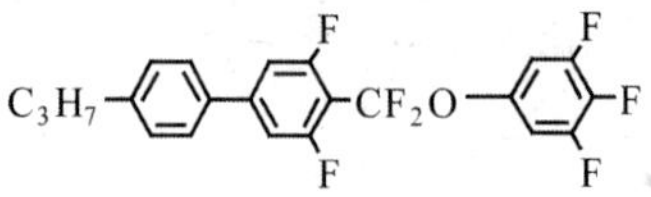 C_3H_7 F F CF_2O F F F	C48I	25.2	0.157	96
4	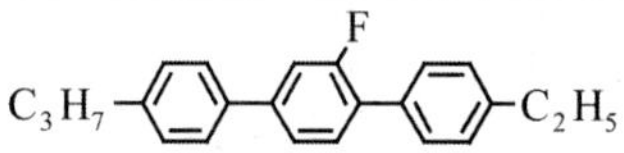 C_3H_7 F C_2H_5	C79N132I	−1.2	0.25	80
5	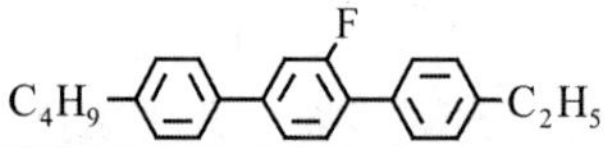 C_4H_9 F C_2H_5	-	-	-	-
6	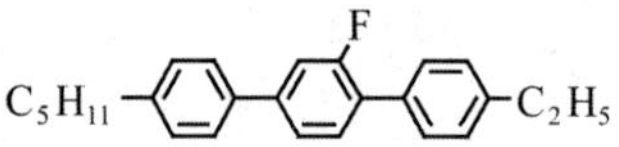 C_5H_{11} F C_2H_5	C44S89.2 N129I	-	-	-
7	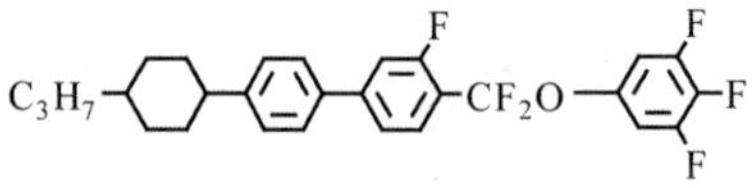 C_3H_7 F CF_2O F F F	-	-	-	-
8	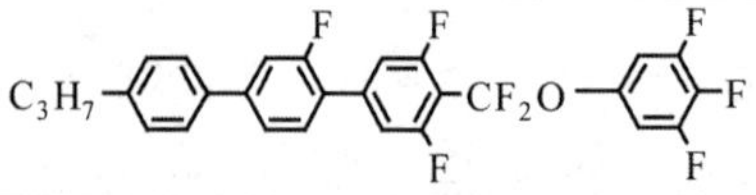 C_3H_7 F F F CF_2O F F F	C84.5N128I	-	-	-

单体液晶 1 和 2 具有清亮点低、极性(Δε)小、Δn 小、旋转黏度(r)极小的特点,作为溶剂类液晶使用,二者在混合液晶中含量极高,大大降低混合液晶的旋转黏度,有利于实现快速响应速度,提高低温稳定性,同时它们降低混合液晶的折射率各向异性;但它们对混合液晶的贡献具有不利的方面,如降低混合液晶的极性和清亮点,因此混合液晶的这些性质必须通过其他特性的单体液晶予以改善。

单体液晶 3、7 和 8 具有极低的旋转黏度和极高的介电各向异性,用于提高混合液晶的极性,进而降低驱动电压。

单体液晶 4、5 和 6 均为侧向含氟三联苯类,其清亮点高、折射率各向异性较大和旋转黏度低的特点,用于提高混合液晶的清亮点和调节混合液晶折射率各向异性。

上述混合液晶通过低旋转黏度单体液晶的调制后,具有较低的旋转黏度,能够满足快速响应液晶显示的需求。

MVA 是另一类重要的广视角液晶显示技术,占据液晶显示的半壁江山,在电视显示技术中具有重要的地位。MVA 液晶材料主要以双环已烷类液晶单体为溶剂，并混配大量的侧向二氟苯类液晶单体，形成具有负介电各向异性的液晶混合物，满足 MVA 对液晶材料的性能要求。

应用于 MVA 显示用的液晶混合物的负性液晶单体主要是侧向二氟苯类化合物，该类液晶单体的种类有限。如图 4.12 所示为目前广泛应用的负性液晶单体的结构。

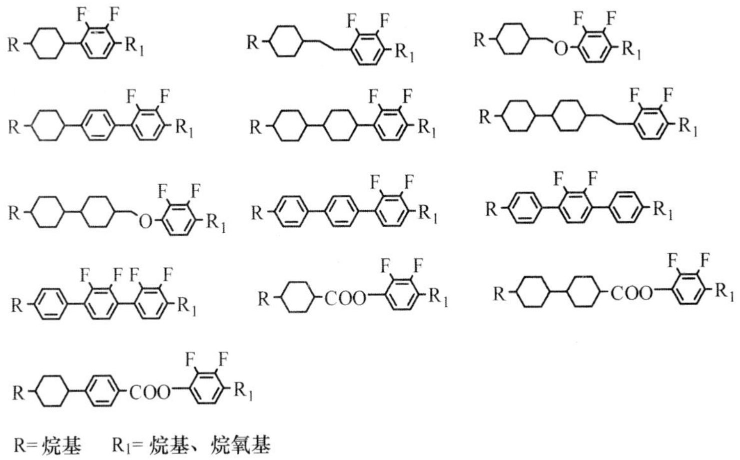

R= 烷基　R_1= 烷基、烷氧基

图 4.12　目前广泛应用的负性液晶单位的结构

传统的 MVA 技术最大的缺陷是暗态漏光，其主要最大的来源为凸起物。为了改善传统 MVA 技术的缺陷，2014 年出现的新一代 PSA(Polymer-Stabilized Alignment)技术应运而生。PSA 技术是将传统 MVA 技术中彩色滤光片的凸起物移除，可大幅改善暗态漏光。和传统 MVA 技术比较，PSA 的穿透率有显著提升，并且在背光光学薄膜、偏光板及彩色滤光片等方面持续改善，所以 AMVA 技术可达到超高对比度(16 000∶1)，在画面表现上可以有更立体、更锐利的呈现。

PSA 技术的核心在于液晶面板上所形成的配向膜，采用简单的制作方式，即首先在液晶分子中加入少许的聚合物介晶单体，在液晶注入完成后，便在液晶盒半成品上施加电压，使得靠近聚酰亚胺区域的液晶分子产生预倾角，再适当地照射 UV 光使聚合物单体发生聚合，并将液晶分子的预倾角固定，这样完成聚合物稳定的液晶配向。

采用 PSA 技术的显示器件的特征在于缩短了响应时间，特别是有利地提高对比度和视角依赖性，而对其他参数没有明显的不利影响。同时省去彩色滤光片的凸起物的制作，简化了生产工艺，从而降低生产成本。

AMVA 是 AUO 推出的下一代 MVA 技术。在 AMVA 中采用了 PSA 技术，改善了暗态画面下的漏光现象。AMVA 除了能提供 178°/178°可视范围，同时还运用最新光学膜的设计以及彩色光阻设计，提高了对比度，让画面显示色彩更丰富。在漏光方面进行了调整，漏光值为 0.6 nit，液晶反应速度 MPRT 小于 5 ms，并相比普通液晶面板多了 30%的透过率。

PSA 技术采用的液晶混合物主要由通用的 MVA 负性液晶材料和具有介晶基团

的可聚合单体组成,即将二者均匀混合组成 PSA 液晶混合物。可聚合单体的含量一般为 0.1%~0.5%。

具有介晶基团的可聚合单体主要是含有介晶基团的丙烯酸酯和甲基丙烯酸酯,其化学结构式如图 4.13 所示。

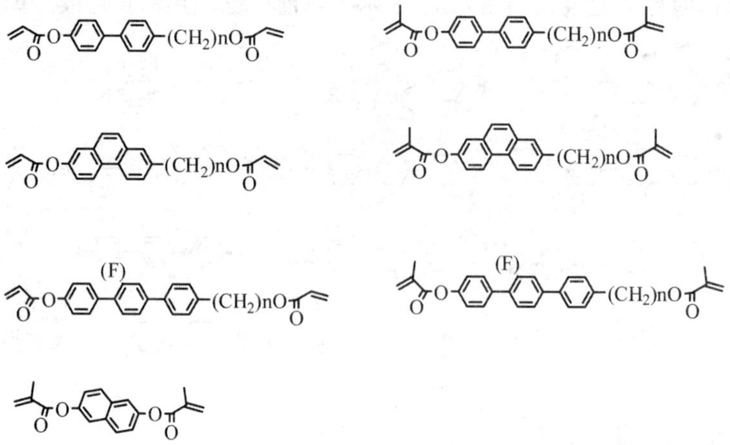

图 4.13 应用于 PSA 混合液晶的部分可聚合单体

本章参考文献

[1] BAHADUR B. Liquid Crystals. Vol 1. Singapore: Scientific Publishing Co. Pte. Ltd., 1991.

[2] BAHADUR B. Liquid Crystals. Vol 2. Singapore: Scientific Publishing Co. Pte. Ltd., 1991.

[3] 王淑珍. 台湾迈向液晶王国之秘. 台北:中国生产力中心,2003.

[4] 金子英二. 液晶电视显示技术. 南京:江苏科学技术出版社,1990.

[5] 王良御. 液晶化学. 北京:科学出版社,1988.

[6] 徐寿颐. 液晶和液晶显示. 北京:清华大学讲义(内部资料),1996.

[7] REIFFENRATH V, KRAUSE J, PLACH H J, et al. New liquid-crystalline compounds with negative dielectric anisotropy. Liquid Crystals, 1989, 5(1):159-170.

[8] MARTIN P. New liquid crystals: the synthesis and mesomorphic of nematic alkenylsubstituted cyanophenylcyclohexanes. Molecular Crystals and Liquid Crystals, 1985, 131:109-123.

[9] MCDONNELL D G, RAYNES E P, SMITH R A. Dipole moments and dielectric properties of fluorine substituted nematic liquid crystals. Liquid Crystals, 1989, 6(5):515-523.

[10] CARR N, GRAY G W, MCDONNELL D G. The 1-(trans-4′-n-alkylcyclohexyl)-2-(4″-cyanophenyl)ethanes-A new series of stable nematogens of positive dielectric anisotropy. Molecular Crystals and Liquid Crystals, 1983,97:13-28.

[11] GOULDING M J, GREENFIELD S, COATES D, et al. Lateral fluoro substituted 4-alkyl-4″-chloro-1,1′:4′,1″-terphenyls and useful high birefringence,high stability liquid crystals. Liquid Crystals, 1993,14(5):1397-1408.

[12] MARTIN S, RICHARD B, ALOIS V. Synergisms, structure-material relations and display performance of novel fluorinated alkenyl liquid crystals. Liquid Crystal, 1990, 7(4): 519-536.

[13] GRAY G W. Some developments in the synthesis of liquid crystal materials. Molecular Crystals and Liquid Crystals,1991, 204:91-110.

[14] EID ENSCHINK R. New developments in liquid crystal materials. Molecular Crystals and Liquid Crystals, 1985, 123:57-75.

[15] BALKWILL P, BISHOP D, PEARSON A, et al. Fluorination in nematic systems. Molecular Crystals and Liquid Crystals, 1985, 123:1-13.

第 5 章　液晶物理学

液晶是一种介于固体和液体间的物质的一种独特的中间相。虽然它的发现已有一个多世纪,但是只是在近 30 年来,它在基本理论和应用研究方面得到迅速的发展,液晶显示器件已在显示市场上占据了相当的地位。当今,液晶的研究已发展成为包括多门学科的综合性研究领域,它不但需要化学、物理学的概念和技术,在某些情况下,它还要求数学、生物学和一定的工程技术知识。当然,本章只是对液晶的基本物理性质进行简单的介绍。

5.1 概　　述

5.1.1 什么是液晶

液晶是在自然界中出现的一种十分新奇的中间态,并由此引发了一个全新的研究领域。自然界是由各种各样不同的物质组成。以前,人们熟知的是物质存在有 3 态:固态、液态和气态,而固态又可以分为晶态和非晶态。在晶态固体中分子具有取向有序性和位置有序性,即所谓的长程有序。当然这些分子在平衡位置会发生少许振动,但平均说来,它们一直保持这种高度有序的排列状态。这样使得单个分子间的作用力叠加在一起,需要很大的外力才能破坏固体的这种有序结构,所以固体是坚硬的,具有一定的形状,很难形变。当一晶态固体被加热时,一般说来,在熔点处它将转变成各向同性的液体。这各向同性的液体不具有分子排列的长程有序。也就是说,分子不占据确定的位置,也不以特殊方式取向。液体没有固定形状,通常取容器的形状,具有流动性。但是分子间的相互作用力还相当强,使得分子彼此间保持有一个特定的距离,所以液体具有恒定的密度,难于压缩。在更高的温度下,物质通常呈现气态。这时分子排列的有序性更小于液态。分子间作用更小,分子取杂乱无章的运动,使它们最终扩散到整个容器。所以气体没有一定形状,没有恒定密度,易于压缩。

但是,情况并不总是这样。自然界中存在着某些物质,在温度增加的过程中,它并不直接地从晶态固体转变为各向同性的液体,而是在这两种状态之间取一种中间态。也就是说,在这个过程中,晶态固体中的分子位置有序和取向有序是通过一系列的相变过程而逐渐地失去的。当物质失去取向有序而保留位置有序时,此物质称为塑性晶体。而当物质的位置有序性失去而取向有序性保留时，此物质称为液晶。一个具体的例子是在细胞膜中发现的十四酸胆甾醇酯，在室温(20 ℃)时是固体。随着温度的升高，在 71 ℃时变成一种“浑浊”液体。在温度达到 85 ℃时变成澄清液体。在温度为 71～85 ℃的范围内此物质即呈现液晶态。当然必须明确的是：在液晶中，分子以和液体中大致相同的方式自由地来回运动，它们的取向有序性也不像固体中那么严格和完美，而只是在自由运动中每个分子沿着取向方向的时间比其他一些方向多一些。或者说，对大量分子而言，存在一个平均的取向有序。图 5.1 以长棒状分子为例，示出其在固态、液态和液晶态的不同分子排列状态。所以液晶是一种中间态。它像液体一样具有一定的流动性，但又像晶态固体那样具有强的各向异性物理性质。这样，这种物质状态又可称为中介相。

图 5.1　长棒状分子在固态、液态和液晶态的不同分子排列状态

除了上面所述可以用改变温度来获得液晶相外，液晶还可以通过溶解某些固态物质(如高脂肪酸的纳盐、钾盐等)到一定剂量的溶剂(如水)中而获得。随着溶质浓度的增加，溶液将从各向同性液体，通过液晶相到达固体。这种类型的液晶称为溶致液晶。上述那些通过温度变化而得到液晶相的则称为热致液晶。通常从固态晶体到各向同性液体之间不仅仅只存在一种中介相。

并非自然界中所有化合物都存在液晶相。现在已知有好几千种有机化合物可以形成液晶态。如果无倾向性地合成化合物，那么大约 200 个化合物中会有一个出现液晶相。只有具备一定分子结构特点的物质并在一定的外界条件下，才能出现液晶相。其中对物质的最基本要求是其分子在几何形状上必须是高度各向异性的。例如长棒状分子，其长宽比约为 4～8。分子的中心区域具有一定的刚性而分子的两端则具有一定的柔软性。圆盘状分子或扁板块分子也有可能形成液晶态。这些物质还必须在一定的温度范围(热致液晶)或一定的浓度范围(溶致液晶)才可形成液晶态。

5.1.2　液晶研究的发展历史

现在液晶已被人们公认为与气态、液态和固态一样是物质的一种重要状态。这个认识主要是由于近 40 年来液晶研究的发展结果。所以回顾一下这个历史过程是非常有意思也是非常有益的。

早在 19 世纪中叶某些欧洲的研究者在显微镜下观察神经纤维的覆盖层时注意到

它们易于形变,具有流动性;但使他们感到惊讶的是这些物质对偏振光所表现出来的非寻常的各向异性光学效应。他们不能解释为什么这种具有典型液体流动性质的物质会同时具有固体的光学性质。几乎同时,其他一些科学工作者在观察各种物质的结晶过程中,注意到某些物质会首先形成非晶态形式,然后才进入结晶态。由于物质中的杂质会导致在一定温度范围内固态和液态的共存。所以他们不能确定所观察到的现象是属于杂质的影响还是什么未知的东西。此外,还有一些人观察到某些天然物质的非正常的熔融现象:熔融固体首先形成一种不透明的流体,然后在更高的温度下这种流体才变的透明。

以上都是物质液晶态的早期发现。但那时人们并没有意识到这是一种新的物质态。液晶的发现归功于奥地利植物学家埃尼采儿(F. Reinitzer)。1888 年当他用胆甾醇苯酸酯做实验时发现它有 2 个熔点:在温度 145.5 ℃,它从固体熔融成为浑浊的液体,而在 178.5 ℃这种浑浊的液体突然变成清亮的液体。他还注意到这种物质在冷却过程中的不寻常的颜色变化。当清亮液体变浑浊时,液体呈现浅蓝色。而后,当浑浊液体结晶时则出现明亮的蓝紫色。经过多次反复实验,他排除了这种现象是由于物质中杂质的影响。他把样品送给德国物理学家雷曼(O. Lehmann)并告之所观察到的现象。当时雷曼有一台带有控温平台的偏光显微镜,可以精确地控制样品的温度。雷曼用他的显微镜观察了埃尼采儿的样品。发现它和他的某些样品非常相似。确信这是一种新的物质态。这种浑浊的流体同时具有液体和晶体二者的性质,是物质的一种均匀的相。他把这种物质称为液晶,并由此打开了对这种新的物态的研究领域。1922 年,法国科学家弗朗德尔(G. Freidel)提出了液晶的分类法。由此产生了液晶的三种相(向列相、胆甾相及近晶相)的划分。

在 20 世纪三四十年代,有关液晶的某些研究工作仍在进行,主要集中在液晶的弹性性质,对液晶结构的 X 光射线研究以及电场磁场对液晶取向结构的影响。同时序参数 S 也第一次被引进液晶的研究中。第二次世界大战后液晶的研究工作明显地停顿了。这可能是由于当时教科书中没有这方面的内容以及还没有人能看到液晶的应用前景,这样液晶成了科学家实验室里的珍品。

20 世纪 50 年代末期,液晶材料在物体热图像方面的应用使人们看到液晶的应用前景。此外,人们开始从科学的观点上认识到液晶相是一种特殊的物质相。这些使得人们对液晶的兴趣又激发了起来。在美国、英国和前苏联,液晶的研究工作得以复苏。美国化学家布朗(G. Brown)发表了有关液晶的长篇综述文章,并在肯特州立大学创立了液晶研究所。英国化学家格瑞(G. Gray)也发表了一本极为详细的有关液晶的专著。基斯提亚柯夫(I. G. Chystyakov)在莫斯科组建了一个液晶研究小组。在德国和法国的研究工作也同时开始了。进展是迅速和成功的。在这期间,液晶理论的发展给了研究工作一个重要的坚实的基础。液晶显示器件的第一次演示给了整个企业界一个充满诱惑的展望。与此同时,第一个相当稳定的室温液晶也被合成出来了。

到了 20 世纪七八十年代,液晶的研究工作在世界范围内更为蓬勃地开展。学术上,对于研究各种相关的物理现象,液晶是一种理想的中介相。液晶合成也形成了一个在研究结构和性质相互关系方面的特殊领域。技术上,液晶已成为了人们日常生活的重要部分,从最初的液晶手表、袖珍计算机到现在的各种显示器,包括手提计算机和电视机。液晶显示的优点是消耗的功率极小，一般只在 10～100 μW/cm^2 的数量级，不需要庞大的电源。另外，它还比较容易达到显示面积大而占有体积小的要求。现在液晶显示器在吸引性、可视性、低成本和耐久性等方面正和其他显示技术进行激烈的竞争。

总之，从液晶的发现和发展过程，人们认识到任何新的发现都是源于精确的实验，对实验现象的详细观察以及对实验结果的深入思考，液晶学科的发展过程也是多学科多国家之间密切合作的结果。它需要物理学、化学、生物学、工程技术以及器件工艺等各学科的通力合作。国际间的合作和交流更是这个学科发展不可缺少的动力。

5.1.3 液晶的类型

根据形成液晶相的外部物理条件的不同，液晶通常有热致液晶和溶致液晶之分。当液晶相的转变是基于温度的变化，这类液晶称为热致液晶。而当其液晶相的转变是由在溶剂中组成分子的浓度的变化引起，这类液晶称为溶致液晶。

根据组成分子或分子集团的结构的不同，热致液晶又可以分成长棒状分子液晶和盘形分子液晶。长棒状分子液晶是最普遍最大量存在的液晶材料。它的组成分子的一个分子轴大大地长于其他两轴（长宽比约为 4～8）。根据分子排列结构的不同，它们又被分成 3 种类型：向列相、胆甾相和近晶相。

向列相液晶是最简单的液晶相。它的分子具有长程的取向有序性而没有任何的长程位置有序性。也就是说，其分子倾向平行于某一从优方向排列，当然不是每个分子都严格地沿这个方向排列，见图 5.2(a)。一般定义沿这个从优方向的单位矢量 $\boldsymbol{n}$ 为此处液晶的指向矢，用以描述液晶中分子的排列状态。由于向列相液晶具有镜像对称性，所以指向矢 $\boldsymbol{n}$ 和($-\boldsymbol{n}$)是不可区分的，即指向矢没有头尾之分。均匀排列的向列相液晶样品具有光学单轴性和强的双折射性。近来，某些具有双轴性的向列相液晶已被发现，它是由长方形板块状分子组成。这里不作详细叙述。

如果组成液晶的分子是手征性的，即这种分子不具有反转对称性，或者说这种分子和它的镜像是不相同的，那么所形成的液晶相是胆甾相液晶。它的最突出的结构特点是指向矢在空间是围绕着一个垂直于指向矢的轴（螺旋轴）自发地旋转，见图 5.2(b)。此外，胆甾相液晶同样没有长程位置有序性以及具有 $\boldsymbol{n}$ 和 $-\boldsymbol{n}$ 的等同性。指向矢的旋转可以是右旋的也可以是左旋，取决于分子的结构。对应于指向矢在空间旋转 2π 角度在螺旋轴上移动的距离叫做螺距 P。螺距的大小又可随温度的改变而变化。胆甾相液晶也可以在一般的向列相液晶中加入一些手征性分子而形成。由于指向矢的螺旋状排列，胆甾相液晶具有一系列奇特的光学性质。例如，它具有对圆偏振光的选择反射；它还具有比一般光活性物质强上千倍的旋光性。这些性质使得胆甾相液晶有很强的应用价值。例如，利用它在不同温度下螺距的变化引起的颜色变化，可制成温度计。

近晶相液晶中分子的质量中心是排列成层状结构。在垂直于层的法线方向，分子具有位置有序性，而在每一层中分子具有取向有序性，所以它比向列相更有序。对于一种给定的材料，近晶相往往出现在比向列相更低的温度区间。在近晶相液晶中层间的吸引力比分子横向相互作用力要弱，所以层互相间可以相当容易地相对滑动。根据在每一层中分子的排列结构，存在多种不同类型的近晶相液晶。人们最熟悉的是近晶 A 相，表示

成 S_A。它的分子在每一层中是倾向于垂直层的平面排列，而分子的位置在层中不具有长程位置有序性，见图 5.2(c)。它们仍保留着指向矢的 $\boldsymbol{n}$ 和 $-\boldsymbol{n}$ 的等同性及光学单轴性，光轴垂直于层的平面。

当温度从近晶 A 相降低时，一般可能出现另一种近晶相——近晶 C 相，表示成 S_C。这时在每一层中和 S_A 相相同，分子不具有长程位置有序性。但是它们的分子排列不再垂直于层平面，而是和层的法线构成一定的角度 θ，见图 5.2(d)。在这种情况下，由于分子短轴具有不同扰动模式的两个特殊方向，一个垂直于由层法线和指向矢组成的平面，另一个在这个平面内，所以近晶 C 相具有光学双轴性。

当液晶是由手征性分子组成时，则对应于 S_C 相的将是螺旋结构的铁电 C 相，表示成 S_C^*。S_C^* 中由于组成分子的镜像对称性的破缺，分子不仅仅只是和它的层的法线形成一个倾角，而且沿着层的法线方向并围绕它作圆锥旋转，见图 5.2(e)。指向矢在圆锥上转一圈沿着层法线方向所通过的距离定义为螺距 P。螺距可以小至300 nm，也可以大到任何实验室的样品尺寸。这时由于在 S_C^* 相中存在的相对于由层法线和指向矢所组成平面的镜像对称性的破缺，在 S_C^* 相中存在有垂直于上述平面的自发极化，所以 S_C^* 相是铁电相。

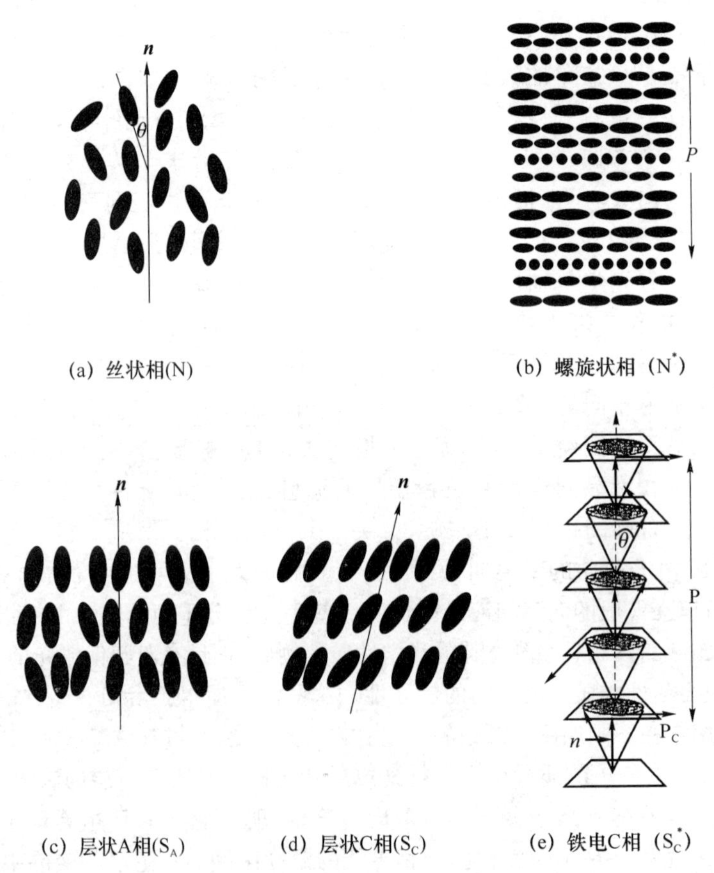

(a) 丝状相(N)　(b) 螺旋状相 (N^*)

(c) 层状A相(S_A)　(d) 层状C相(S_C)　(e) 铁电C相 (S_C^*)

图 5.2　长棒状分子液晶的类型和结构

此外，人们还发现了多种其他类型的近晶相液晶。其中在层的平面中存在有短程位置有序性或键的取向有序性。根据发现它们的年代先后顺序，分别有近晶 B、E、F、G、H、I、J 和 K 相。鉴于篇幅所限，这里不讨论这些相的结构。有兴趣的读者可以参阅有关文献。

除了上述长棒状分子液晶，人们发现，分子的一个轴远小于其他两个轴的圆盘形分子也可以形成液晶态。通常称之为盘形分子液晶。这种液晶是印度科学家在 1977 年发现的。根据分子排列结构的不同，有两种不同类型的盘形分子液晶：向列相盘形分子液晶和柱状相盘形分子液晶，如图 5.3 所示。

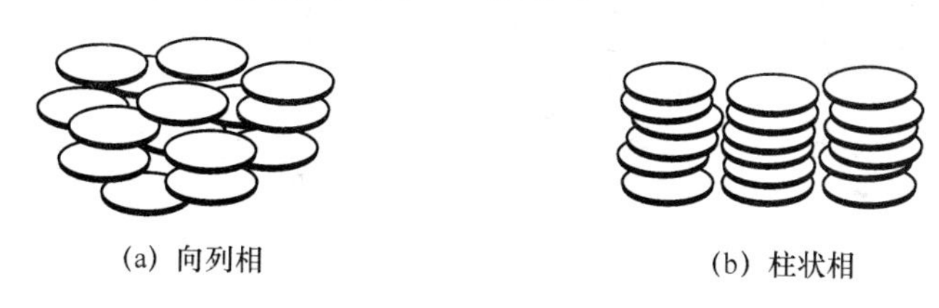

(a) 向列相　　(b) 柱状相

图 5.3　盘形分子液晶的结构

向列相盘形分子液晶类似于长棒状分子的向列相。只是在这时分子的短轴倾向于从优取向方向排列，所以指向矢是沿分子短轴的平均取向方向。这里分子排列没有任何的位置有序性。需要注意的是，由于这种液晶的指向矢是垂直于分子平面，所以它通常是光学负性的，即 $n_e < n_o$，与长棒状分子液晶不同。

柱状相盘形分子液晶中盘形分子一个个重叠形成很长的柱。柱状相还存在许多不同类型的结构：它们的柱轴可以与分子平面相垂直或呈一个倾角；长柱可以堆积成六角形或长方形二维点阵；每个柱中分子的排列可以无序的或是一维有序。手征性分子的引进也同样形成螺旋状的盘形向列相液晶。

溶致液晶是大量存在于自然界特别是生命系统中的物质态。日常生活中的肥皂水就是一种典型的溶致液晶。此外在研究表面活化剂、乳胶和某些生物结构方面，溶致液晶也是非常重要的。溶致液晶是由两种或多种化合物组成。其中一种化合物是由双亲分子组成，它包含有一个亲水的极性头部和疏水的非极性的芳香族链尾部。另一种化合物是极性或非极性的溶剂，通常是水。双亲分子的极性头部倾向于靠近水分子，而疏水的非极性尾部则努力避开水。所以当双亲分子物质与水形成溶液时，双亲分子会形成分子组缨。有多种形式的分子组缨，最常见的两种如图 5.4(a)所示。在溶致液晶中浓度是形成液晶态的重要参数。伴随着不同液晶态出现的是双亲分子浓度的变化。在低浓度的水溶液中，这些分子组缨是一个个孤立存在的形成各向同性的液体。而在高浓度的水溶液中，这些分子组缨将作为基本单元排列起来形成有序的物质态即液晶态。3 种不同结构的溶致液晶已被发现。它们分别是近晶相、六角形相和立方相，如图 5.4(b)所示。

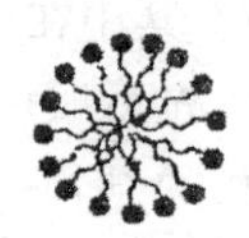
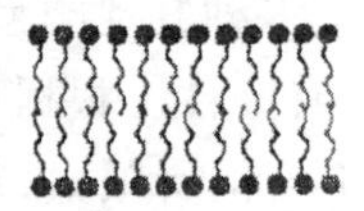

(a) 分子组缨

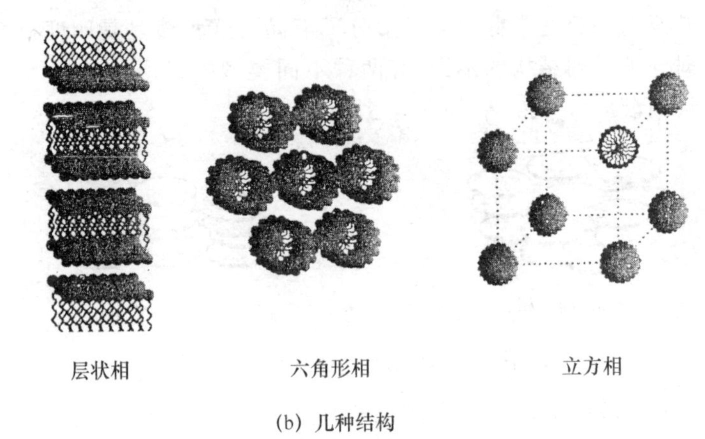

层状相　　六角形相　　立方相

(b) 几种结构

图 5.4　溶致液晶

与以上所讨论的液晶材料完全不同的还有另一类液晶——聚合物液晶。它是大分子化合物,通常由小分子量的单体互相连接组成。根据单体和主链的位置的相互关系,有线性主链型和梳状侧链型。前者是刚性的单体通过柔软的链互相连接成长的聚合物,而后者则是小分子量的单体作为侧链直接连接上聚合物的长链。其示意图如图 5.5 所示。单体可以是长棒状或盘状;可以是双亲分子型或非双亲分子型。这样聚合物液晶可以有热致聚合物液晶和溶致聚合物液晶。在小分子热致液晶中的各种相在聚合物液晶中都可以找到相对应的相。聚合物液晶具有非常不同的物理特性。利用它可以制作超高强度的新的聚合物纤维。聚合物溶致液晶存在在许多生物聚合物材料中,对它的研究有助于增进人们对生命现象的了解。

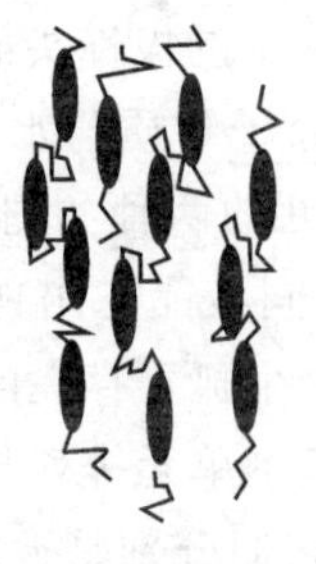

(a) 线性主链型

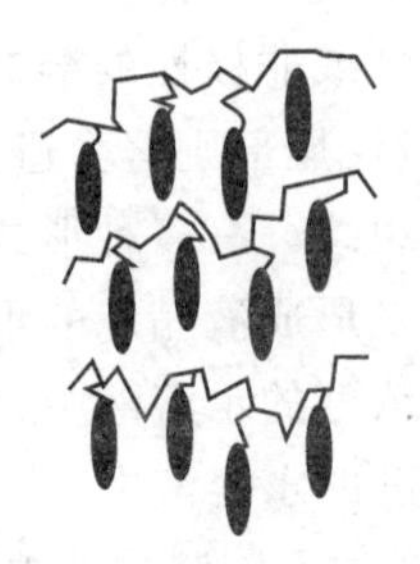

(b) 梳状侧链型

图 5.5　聚合物液晶

本章重点是热致液晶中的长棒状分子液晶,而对其他类型的液晶不作更详细的讲解,而且鉴于篇幅所限,本章也仅详细讨论向列相液晶。

5.2 液晶的静态理论

为了解释液晶相的发生和它的性质,已有多种理论被提出。其中有从微观角度出发的,也有从宏观角度出发的。这里简单介绍几种主要的模型。

5.2.1 序参数的引进

因为液晶的最重要的特性是它的分子排列的取向有序性,所以引进一个参数来描述这个分子取向有序性的程度就是非常必要和必需的。设想在某一瞬间摄下空间某处一分子团的图像,如图 5.1 中液晶态处。因为液晶中某处的指向矢 **n** 即是此处分子的从优取向。当然其中每个分子并非都取 **n** 的取向方向。设每个分子与指向矢 **n** 的夹角 θ,如果平均此分子团中所有分子相对于指向矢的角度,则此平均值越接近于零,此处分子的取向有序性越大。对于完全没有取向有序性的材料,此平均值为 57°(由于与指向矢是 90°的分子大大多于小角度的分子),而对于完全整齐的排列,其值应为 0°。按理说,这个平均值可以用于量度液晶中分子排列的取向有序程度。但是实际上,人们更习惯于用兹维·特考夫(V. Tsvetkov)引进的取向序参数的定义。对于圆柱对称的长棒状分子,其取向序参数 S 为

$$S=\frac{1}{2}\langle 3\cos^2\theta-1\rangle \tag{5.1}$$

其中,θ 为分子长轴与指向矢 **n** 的夹角。尖括号表示统计平均。根据这个定义,对于完全有序的分子排列系统 $S=1$;对于完全无序的各向同性系统 $S=0$;而对于液晶相则为 $0<S<1$。所以 S 可以很方便地用来衡量液晶分子排列取向的有序程度。对于给定的材料,序参数 S 还是温度的函数。温度越高,序参数的值越小。一般液晶的典型序号数值为 0.3～0.9。

另一方面,某些可以由实验确定的宏观物理量也常被用来作为取向序参数。最常被使用的是材料的磁化率各向异性。这些宏观序参数和微观序参数 S 有一定的相互关系。

液晶研究的许多理论工作就是讨论序参数随温度的变化过程以及材料的物理性质与序参数的关系。在温度变化过程中可以用序参数来描述物质的相变。比如,从高温的各向同性相到低温的向列相的变化过程中取向序参数 S 从 0 变到一个有限值。从一种相到另一种相的转变过程中序参数的变化可以是不连续的,如从各向同性相到向列相;也可以是连续的,如从向列相到层状 A 相。通常称前者为一级相变,而后者为二级相变。

5.2.2 梅尔-绍珀平均场理论

这是液晶的微观统计理论。它可以用于解释液晶向列相的出现和它的相关性质。

首先,这个理论假设每个分子是位于一个平均的内场中,而不考虑这个分子和它

相邻分子的相互作用。对于长棒状、无极性且具有圆柱对称性的分子,梅尔-绍珀给出了一个与取向序参数 S 有关的分子准势能表达式。进而从这个表达式又可以得到物质的自由能 F。这样系统的平衡条件为

$$\left(\frac{\partial F}{\partial S}\right)_{V,T}=0 \tag{5.2}$$

如图 5.6 所示为在不同温度下自由能 F 和序参数 S 的关系。这里自由能的极小值对应于系统的稳定态。T_C 为各向同性相和向列相之间相变温度。

当温度 $T<T_C$ 时系统只有一个极小点,对应于稳定的有序态——向列相。当 $T=T_C$ 时,曲线有两个极小点,分别为$S=0$和 $S=S_C$,并且两个极小点有相同的自由能。这意味着在这个温度下向列相和各向同性相共存,系统将发生不连续的相转变,即各向同性相和向列相间的相变是一级相变。这和有关的实验结果相符合。由此,还可得出向列相的序参数 S_C 约为 0.429 2,适用于所有向列相材料。当温度再增加一点时,两个极小点依然存在,但是在 $S=0$ 处的自由能小于$S\neq0$处的,所以这时的稳定态是各向同性相。在更高的温度即 $T\gg T_C$ 时自由能只有一个极小点,处在 $S=0$ 处,即仍是各向同性相。

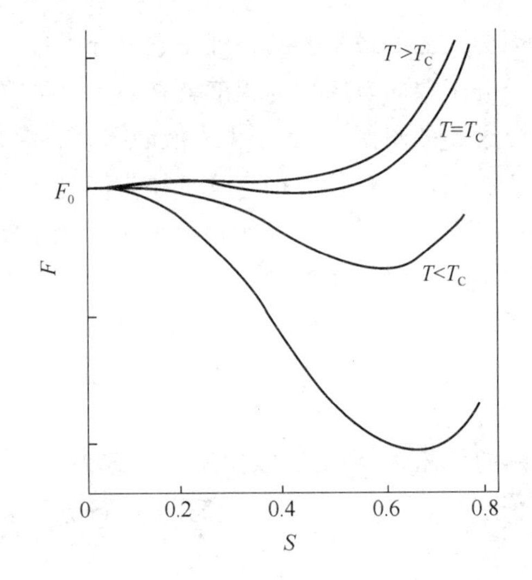

图 5.6 不同温度下自由能 F 和序参数 S 的关系

由此可见,梅尔-绍珀理论从一定的假设出发,给出了和实验结果相吻合的结论。此外,这个理论还预期了一个在相变温度处对所有向列相都有普适的序参数值 S_C。这个值相当好地与大量化合物的实验值相一致,虽然还存在一个系统的偏差。

5.2.3 朗道-德然纳模型

某些物质在略高于向列相—各向同性相相变温度的各向同性相中会出现类向列相的短程取向有序性的异常现象,如具有 100 倍于正常液体的非常高的磁双折射。为了解释这种现象的出现,德然纳基于朗道的相变理论,第一次提出了一个唯象的模型,很好地解决了这个问题。这个模型通常就称为朗道-德然纳模型。

德然纳认为在液晶材料的各向同性—向列相的相变点附近存在有一个很小的序参数 S。他用这个序参数 S 的幂次展开式来表示此液晶材料的自由能 F,即

$$F=F_0+\frac{1}{2}AS^2+\frac{1}{3}BS^3+\frac{1}{4}CS^4+\cdots \tag{5.3}$$

其中,F_0 为各向同性相的自由能。系数 $B<0$,$C>0$,而

$$A=a(T-T_C') \tag{5.4}$$

T_C'是二阶相变温度。让自由能取最小值,即

$$\frac{\partial F}{\partial S}=0 \tag{5.5}$$

这样,就可以得到平衡态方程,即

$$AS+BS^2+CS^3=0 \tag{5.6}$$

从式(5.6)可以得出序参数 S 的两个解

$$S_1=0,\text{对应于各向同性相}$$

$$S_2=-\frac{B}{2C}\left(1+\sqrt{1-\frac{4AC}{B^2}}\right),\text{对应于向列相}$$

自由能和序参数的关系类似于图 5.6。对于一个给定的温度比较相应于 S_1 和 S_2 的自由能值,则可以确定具有较低能量的稳定态。在相变点温度 T_C 处,相应于 S_1 和 S_2 的自由能值是相等的。这意味着在这个温度下各向同性相和向列相可以共存,相变是一级的。如果温度从 T_C 增至某一温度 T_C''以使得 $B^2\leqslant 4AC$,则这时 S_2 不能存在,所以 T_C''是存在向列相亚稳定的最高温度。相反,当温度从相变温度 T_C 下降到 T_C'时,由于这时 $A=0$,所以$S_1=0$的各向同性相变得不稳定了。所以 T_C'是保持各向同性相亚稳态的最低温度。通过不太复杂的计算,可以得到

$$T_C=T_C'+\frac{2B^2}{9AC} \tag{5.7}$$

$$S_2(T_C)=-\frac{2B}{3C} \tag{5.8}$$

所以这个理论确实发现在高于相变点 T_C 的一个温度范围($T_C''>T>T_C$)内向列相亚稳态的存在,解释了在略高于相变点处异常物理现象出现的原因。另外,由这个理论可见一级相转变的出现主要是由于在自由能表达式中 S^3 项的存在。如果 $B=0$,则有 $T_C=T_C'$和 $S_1=S_2(T_C)=0$。这意味着在相变点处序参数的变化是连续的,所以在这种情况下,相转变是二级的。

最后,应该指出,朗道-德然纳模型是适用于小的序参数情况,所以用于各向同性相的预转变现象的模拟是比较合适的。而在向列相情况,因为 S 相当大(大于 0.4),所以为了得到有价值的结果,在自由能展开式中必须引进更多的项才行。

5.2.4　液晶的连续体理论

连续体理论是一种宏观理论。它不考虑在分子尺度范围内的结构细节而把液晶看成是一种连续介质。此理论是由弗兰克(F. C. Frank)总结发展了前人的研究而提出的,并把它表示成曲率弹性理论。

因为液晶中描述分子取向的指向矢在外场作用下可以改变它的取向。而在外场移走后,通过分子间的相互作用,它又会弹性地恢复到它的原先取向。这种指向矢形变的形式有点类似于固体的弹性形变,所以也称为弹性形变,并引进相应的弹性常数。

在向列相液晶中指向矢有 3 种类型的基本形变:展曲形变、扭曲形变和弯曲形变,如图 5.7所示。如果我们选择一个右手笛卡儿坐标系(X_1、X_2、X_3),并让空间某点 P($\boldsymbol{r}$)处的指向矢 $\boldsymbol{n}$ 沿着 X_3 轴方向。设指向矢的形变随 $\boldsymbol{r}$ 的变化是缓慢和连续的,则可以利用指向矢的微分来描述它的形变。根据 3 种形变的特点可以看到,展曲形变对应

于 $\nabla \cdot \boldsymbol{n} \neq 0$；扭曲形变对应于 $\nabla \times \boldsymbol{n} /\!/ \boldsymbol{n}$；而弯曲形变则对应于 $(\nabla \times \boldsymbol{n}) \perp \boldsymbol{n}$。当然对于复杂的形变是这 3 种基本形变的叠加。

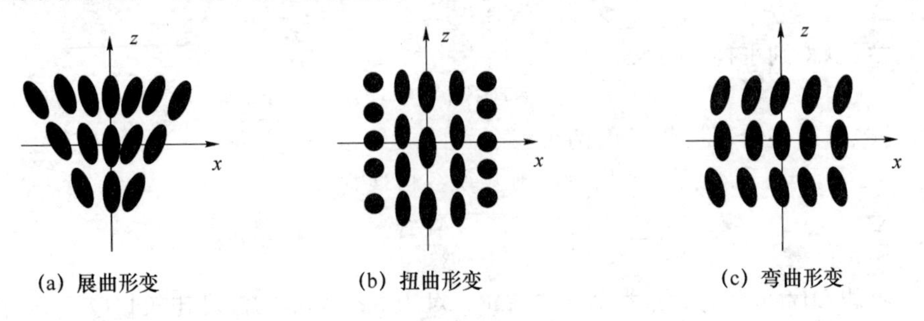

图 5.7　液晶中的 3 种基本形变

连续体弹性理论讨论的是在外场作用下，液晶平衡态的变化，即液晶中指向矢的变化情况。为此，需要引进一个与形变有关的自由能，通过求解自由能的最小值来发现在外场作用下相应的新的平衡态。

在小形变的条件下，液晶中单位体积的自由能即自由能密度 F 可以用指向矢变化量的一阶或(和)二阶项的函数来表示而忽略高阶项。从唯象的观点出发并考虑到液晶中存在的各种对称性，可以得出向列相液晶的自由能密度 F 为

$$F=\frac{1}{2}[K_{11}(\nabla \cdot \boldsymbol{n})^2+K_{22}(\boldsymbol{n} \cdot \nabla \times \boldsymbol{n})^2+K_{33}(\boldsymbol{n} \times \nabla \times \boldsymbol{n})^2] \tag{5.9}$$

其中，K_{11}、K_{22} 及 K_{33} 分别为展曲、扭曲和弯曲弹性常数。自由能密度表示式中的 3 项则分别是展曲、扭曲和弯曲形变的能量。对于胆甾相液晶，自由能密度 F 中必须增加一项与天然螺距有关的项，即为

$$F=K_2(\boldsymbol{n} \cdot \nabla \times \boldsymbol{n})^2+\frac{1}{2}[K_{11}(\nabla \cdot \boldsymbol{n})^2+K_{22}(\boldsymbol{n} \cdot \nabla \times \boldsymbol{n})^2+K_{33}(\boldsymbol{n} \times \nabla \times \boldsymbol{n})^2] \tag{5.10}$$

其中，K_2 是描述分子自发扭曲的弹性常数。K_2 的正负号反映了胆甾相液晶不同的螺旋转动方向。$K_2>0$ 是右旋螺旋；而 $K_2<0$ 是左旋螺旋。其螺距 P 可表示为

$$P=2\pi \frac{K_{22}}{K_2} \tag{5.11}$$

对于层状 A 相，层状结构限制了它的形变类型。如果假设近晶相的层是不可压缩的，则有 $\nabla \times \boldsymbol{n}=0$。这意味着层状 A 相液晶只能产生展曲形变，而不能产生扭曲和弯曲形变。指向矢的展曲形变仅仅引起层的弯曲和皱褶，而不改变层的间距。当然，比较完全的处理是必须考虑层的压缩形变的。德然纳已经发展了有关的理论。此外，层状 C 相的连续体理论近年来也有很大进展，提出了包括 9 个弹性常数的相关理论。

5.3　液晶连续体弹性理论的应用

利用连续体弹性理论来研究在外场中液晶的行为对研究液晶的性质和发展液晶的器件应用是非常重要的。

5.3.1 在外场中液晶的能量

为了求出在外场中液晶在新的稳态中的指向矢取向分布，首先要求出在外场作用下液晶的能量变化和指向矢形变的关系。

在液晶中加一电场 $\boldsymbol{E}$，会引起液晶的极化，极化强度 $\boldsymbol{P}$ 和电场 $\boldsymbol{E}$ 的关系为

$$\boldsymbol{P}=\varepsilon_0\boldsymbol{\chi}_e\boldsymbol{E} \tag{5.12}$$

其中，$\boldsymbol{\chi}_e$ 是液晶材料的极化率张量。由于液晶是各向异性的材料，所以电场强度和极化强度并不一定同向。设沿指向矢方向的极化率为 $\chi_{e/\!/}$，垂直于指向矢方向的极化率为 $\chi_{e\perp}$，则极化强度可表示成

$$\boldsymbol{P}=\varepsilon_0[\chi_{e\perp}\boldsymbol{E}+\Delta\chi_e(\boldsymbol{n}\cdot\boldsymbol{E})\boldsymbol{n}] \tag{5.13}$$

其中，$\Delta\chi_e$ 称为极化率各向异性，$\Delta\chi_e=\chi_{e/\!/}-\chi_{e\perp}$。　(5.14)

这时液晶中的电场能密度为

$$U_e=\frac{1}{2}\boldsymbol{D}\cdot\boldsymbol{E} \tag{5.15}$$

其中，$\boldsymbol{D}$ 为电位移矢量

$$\boldsymbol{D}=\varepsilon_0\boldsymbol{E}+\boldsymbol{P}=\boldsymbol{\varepsilon}\boldsymbol{E} \tag{5.16}$$

$\boldsymbol{\varepsilon}$ 为材料的介电常数张量。对于各向异性的液晶，它同样可以有沿指向矢方向的分量 $\varepsilon_{/\!/}$ 和垂直于指向矢方向的分量 $\varepsilon_{\perp}$。在电场中液晶指向矢发生形变，引起能量的变化。如果假设与指向矢形变无关的电场能为零，则从上面的关系可以得到，与指向矢形变有关的电场能密度为

$$U_e=-\frac{1}{2}\varepsilon_0\Delta\chi_e(\boldsymbol{n}\cdot\boldsymbol{E})^2=-\frac{1}{2}\varepsilon_a(\boldsymbol{n}\cdot\boldsymbol{E})^2 \tag{5.17}$$

其中，$\varepsilon_a=\varepsilon_{/\!/}-\varepsilon_{\perp}$ 为介电常数各向异性。ε_a 的量值随材料的不同可正可负，取决于液晶分子的化学结构。如果液晶分子具有一个与长轴相平行或近于平行的永久偶极矩，则在外电场作用下分子趋向于与电场平行排列。这种液晶的 $\varepsilon_{/\!/}$ 大于 $\varepsilon_{\perp}$，即 $\varepsilon_a>0$，称为正性液晶。另一方面，如果分子的永久偶极矩基本上与分子长轴相垂直，则在电场作用下分子趋向于与电场垂直排列。这种液晶的 $\varepsilon_{/\!/}$ 小于 $\varepsilon_{\perp}$，即 $\varepsilon_a<0$，被称为负性液晶。

与在电场中的情况类似。当液晶处于磁场中时，它将受到磁化，液晶的指向矢发生形变，引起磁场能量的变化。通过和电场类似的推导过程，如果设与指向矢变化无关的磁场能为 0，则可以得到与指向矢变化有关的液晶的磁场能量密度为

$$U_m=-\frac{1}{2}\mu_0\Delta\chi_m(\boldsymbol{n}\cdot\boldsymbol{H})^2 \tag{5.18}$$

其中，$\boldsymbol{H}$ 为磁场强度；μ_0 为真空中的磁导率；$\Delta\chi_m$ 为磁化率各向异性，$\Delta\chi_m=\chi_{m/\!/}-\chi_{m\perp}$。$\chi_{m/\!/}$ 和 $\chi_{m\perp}$ 分别为平行和垂直于指向矢的磁化率，而且都是温度的函数。一般有机分子大多都是抗磁性的，所以 $\chi_{m/\!/}$ 和 $\chi_{m\perp}$ 都是负值。不过常用的向列相液晶的磁化率各向异性 $\Delta\chi_m$ 是正值，所以在磁场中分子长轴将趋向于平行磁场方向排列。

5.3.2 弗里德里克斯转变

在大部分液晶的研究和应用中，液晶是装在两片经过表面处理的玻璃片之间，组

成所谓的液晶盒。液晶盒的内表面通常经过特殊的处理,使与之相接触的液晶的指向矢有确定的排列取向。这样,在讨论液晶对外场的响应时就必须考虑到液晶和表面取向层的相互作用。在许多情况下,取向层的影响是反抗电场对液晶的作用,其结果是有一个阈值场现象出现。只有当场强大于这个阈值场后,液晶的指向矢才跟随外场发生形变。这种存在阈值场现象的形变被称为弗里德里克斯转变。图 5.8 描述了 3 种不同形式的弗里德里克斯转变。下面将作简单的介绍。

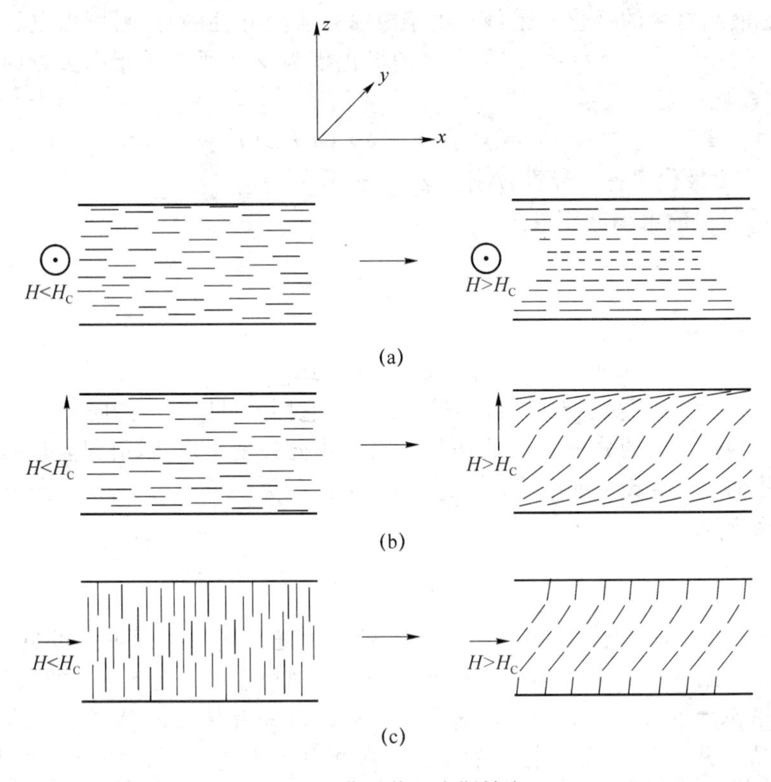

图 5.8 弗里德里克斯转变

假设液晶装在一个间距为 d 的液晶盒中,盒的两个内玻璃表面处理得使盒内指向矢平行玻璃表面排列,且上下基片上指向矢的取向互相平行。这就是所谓的沿面校列液晶盒。取一坐标系统,让它的原点在下玻璃表面,z 轴垂直于玻璃表面,x 轴沿指向矢的初始取向。设加在液晶盒上的电场沿 y 轴方向,见图 5.8(a),如果液晶是正的介电各向异性,则在电场作用下指向矢趋向于平行电场的方向排列,即指向矢将偏离 x 轴,转向 y 轴,即发生扭曲形变。设指向与 x 轴的夹角为θ。如果玻璃平面的尺度大大地大于液晶盒的厚度,则 θ 在 x-y 平面内是均匀的,所以只是 z 的函数。这样指向矢取向可写成

$$n_x=\cos\theta(z),n_y=\sin\theta(z),n_z=0 \tag{5.19}$$

再假设取向表面层对紧靠着它的液晶的锚泊作用无限大,则在 $z=0$ 和 $z=d$ 时,$\theta=0$;而在$z=\dfrac{1}{2}d$时 θ 达到最大值 θ_m。这样指向矢的形变为

$$\nabla \cdot \boldsymbol{n}=0$$

$$\boldsymbol{n} \cdot (\nabla \times \boldsymbol{n})=-\frac{\mathrm{d}\theta}{\mathrm{d}z} \tag{5.20}$$

$$\boldsymbol{n} \times (\nabla \times \boldsymbol{n})=0$$

由此可见，在这种情况下，指向矢的形变是纯粹的扭曲形变。

这时液晶盒中的自由能密度，包括指向矢的弹性形变能和外加电场产生的电场能，可表示为

$$U=\frac{1}{2}K_{22}(\frac{\mathrm{d}\theta}{\mathrm{d}z})^2-\frac{1}{2}\varepsilon_a E^2 \sin^2\theta \tag{5.21}$$

把这个自由能密度对液晶层厚度进行积分即可求出单位面积液晶层的总能量 F。使这个总能量取最小值的函数 $\theta(z)$ 即是在电场作用下盒中液晶稳定态的指向矢分布。通过变分法可以推导出使总能量 F 取最小值的条件为

$$\frac{\partial U}{\partial \theta}-\frac{\mathrm{d}}{\mathrm{d}z}\left[\frac{\partial U}{\partial(\frac{\mathrm{d}\theta}{\mathrm{d}z})}\right]=0 \tag{5.22}$$

式(5.22)称为欧拉-拉格朗日方程。把自由能密度 U 的表示式代入欧拉-拉格朗日方程，可得平衡态方程

$$K_{22}\frac{\mathrm{d}^2\theta}{\mathrm{d}z^2}+\varepsilon_a E^2 \sin\theta\cos\theta=0 \tag{5.23}$$

此方程没有解释解，但可以有数字解，如图 5.9 所示。图中 θ_m 是盒中部指向矢偏转角，也是盒中最大偏转角。

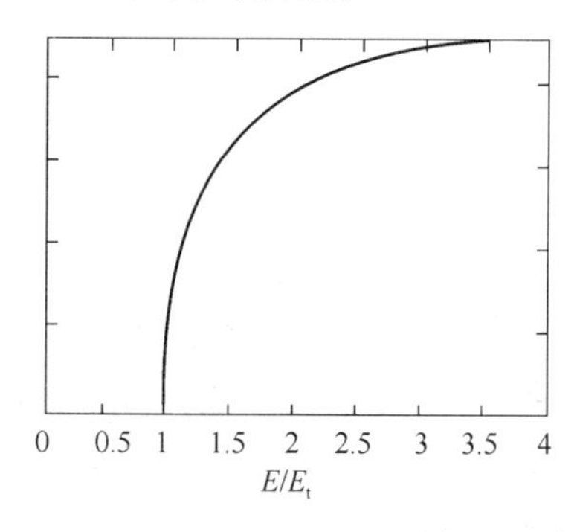

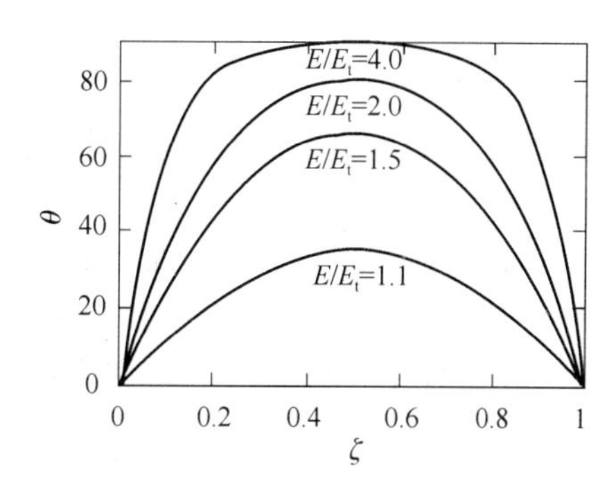

图 5.9　扭曲形变的数字解

这里存在着一个电场阈值 E_t。当外加电场小于 E_t 时，液晶的指向矢根本不发生形变。只有当电场超过 E_t 后，指向矢才开始发生形变，即发生弗里德里克斯转变。通过对平衡态方程的深入分析，可以求得阈值电场 E_t 的值。它可表示成

$$E_t=\frac{\pi}{d}\sqrt{\frac{K_{22}}{\varepsilon_a}} \tag{5.24}$$

由此可见，如果已知材料的介电各向异性 ε_a，则可以由实验测得的阈值电场值来确定材料的弹性常数 K_{22}。也就是说，测定弗里德里克斯转变中扭曲形变的阈值可以用做测定材料弹性常数 K_{22} 的一种方法。

如果在上述的沿面校列液晶盒中加上沿 z 轴的电场，则发生另一种形式的形变，

见图 5.8(b)。如果液晶仍是正性的向列相液晶，则指向矢趋向于平行电场的方向排列，即偏离 x 轴，转向 z 轴，发生展曲形变和弯曲形变。设 θ 为指向矢和 x 轴夹角，则

$$n_x=\cos\theta(z)\qquad n_y=0\qquad n_z=\sin\theta(z)\tag{5.25}$$

取和上述扭曲形变相同的边界条件，则指向矢形变为

$$\begin{aligned}\nabla\cdot\boldsymbol{n}&=\frac{\partial n_z}{\partial z}=\cos\theta\left(\frac{\mathrm{d}\theta}{\mathrm{d}z}\right)\\ \boldsymbol{n}\cdot(\nabla\times\boldsymbol{n})&=0\\ |\boldsymbol{n}\times(\nabla\times\boldsymbol{n})|&=\left|\frac{\partial n_x}{\partial z}\right|=\left|\sin\theta\left(\frac{\mathrm{d}\theta}{\mathrm{d}z}\right)\right|\end{aligned}\tag{5.26}$$

其自由能 U 为

$$U=\frac{1}{2}(K_{11}\cos^2\theta+K_{33}\sin^2\theta)\left(\frac{\mathrm{d}\theta}{\mathrm{d}z}\right)^2-\frac{1}{2}\varepsilon_a E^2\sin^2\theta\tag{5.27}$$

代入欧拉-拉格朗日方程后，可以得到平衡态条件为

$$(K_{11}\cos^2\theta+K_{33}\sin^2\theta)\frac{\mathrm{d}^2\theta}{\mathrm{d}z^2}+\left[(K_{33}-K_{11})\left(\frac{\mathrm{d}\theta}{\mathrm{d}z}\right)^2+\varepsilon_a E^2\right]\sin\theta\cos\theta=0\tag{5.28}$$

比上述的扭曲形变复杂得多。但是如果仅仅考虑在略大于阈值场作用下的小形变的话，θ 和 $\frac{\mathrm{d}\theta}{\mathrm{d}z}$ 都是很小的量，式(5.28)可以简化成

$$K_{11}\frac{\mathrm{d}^2\theta}{\mathrm{d}z^2}+\varepsilon_a E^2\sin\theta\cos\theta=0\tag{5.29}$$

式(5.29)非常类似于扭曲形变的平衡条件，即方程(5.23)。采用和上述类似的分析，可以得出，对这种形变也存在一个阈值电场，即

$$E_t=\frac{\pi}{d}\sqrt{\frac{K_{11}}{\varepsilon_a}}\tag{5.30}$$

实际上，在小形变的近似下，仅考虑其展曲形变而忽略弯曲形变。这样由测定阈值场强可以确定展曲弹性常数。

此外，如果初始的指向矢取向是垂直于液晶盒，即沿 z 轴方向——称为垂直校列液晶盒，而外加电场是沿 x 轴方向，则会发生第三种形式的弗里德里克斯转变。在电场作用下指向矢偏离 z 轴，在 x-z 平面内向 x 轴偏转。设 θ 为指向矢和 z 轴的夹角，则有

$$n_x=\sin\theta(z),n_y=0,n_z=\cos\theta(z)\tag{5.31}$$

而指向矢的形变为

$$\begin{aligned}\nabla\cdot\boldsymbol{n}&=\frac{\partial n_z}{\partial z}=-\sin\theta\frac{\mathrm{d}\theta}{\mathrm{d}z}\\ \boldsymbol{n}\cdot(\nabla\times\boldsymbol{n})&=0\\ |\boldsymbol{n}\times(\nabla\times\boldsymbol{n})|&=\left|\frac{\partial n_x}{\partial z}\right|=\left|\cos\theta\frac{\mathrm{d}\theta}{\mathrm{d}z}\right|\end{aligned}\tag{5.32}$$

所以此时形变包括展曲形变和弯曲形变。同样可以求得自由能密度 U 为

$$U=\frac{1}{2}(K_{11}\sin^2\theta+K_{33}\cos^2\theta)\left(\frac{\mathrm{d}\theta}{\mathrm{d}z}\right)^2-\frac{1}{2}\varepsilon_a E^2\sin^2\theta\tag{5.33}$$

将式(5.33)与展曲形变中的式(5.27)比较,发现只是 K_{11} 与 K_{33} 的位置互换。这样可以类比地得出,在小形变近似下,可以只考虑弯曲形变而忽略展曲形变。并可以得出相应的阈值电场为

$$E_t = \frac{\pi}{d}\sqrt{\frac{K_{33}}{\varepsilon_a}} \tag{5.34}$$

这样由阈值场的测定可以确定弯曲弹性常数 K_{33}。所以把这种排列方式称为弯曲形变方式,而前两者则分别为扭曲形变方式和展曲形变方式。

利用弗里德里克斯转变,从理论上讲,可以分别确定 3 个弹性常数。当然,在实验过程中还有许多具体因素要被考虑。

利用磁场同样可以产生弗里德里克斯转变。同样也存在使指向矢开始形变的阈值磁场,即

$$H_t = \frac{\pi}{d}\sqrt{\frac{K_{ii}}{\mu_0 \Delta\chi_m}} \tag{5.35}$$

其中,$ii=11,22,33$,分别代表展曲、扭曲和弯曲弹性形变。

5.3.3 挠曲电效应

液晶与电场之间的相互作用,除了由于介电常数各向异性引起的效应外还有另一种效应。这就是在液晶中展曲或弯曲形变有可能引起液晶的极化;反过来电场也可能使液晶发生形变。这种效应称为挠曲电效应。图5.10(a)显示了这种效应的两种形式。

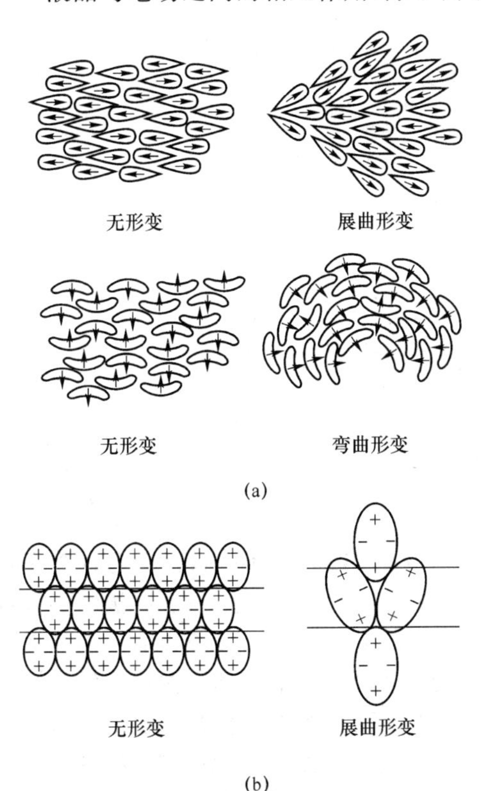

图 5.10　挠曲电效应的现象及解释

产生挠曲电效应的原因可以有以下两种解释。最早的一种是由梅叶(R. B. Meyer)提出的。他认为具有永久偶极矩的分子,如果在几何形状上也具有极性,那么当发生展曲或弯曲形变时,就是引起材料的极化,见图 5.10(a)。过来电场的作用也会引起指向矢的形变。

随后又有学者指出,分子的四极矩也可能引起挠曲电效应。图 5.10(b)描述了当发生展曲形变时,由于电四极矩引起的挠曲电效应。因为所有分子都具有非零的四极矩,所以挠曲电效应应该是向列相液晶的普遍性质。事实上在一个由对称的无极性分子组成的向列相液晶中,人们已经观察到挠曲电效应,说明了电四极矩对它

的贡献。而且由这种分子的挠曲电效应所产生的极化强度与极性分子组成的液晶所引起的具有相同的数量级。

可以写出由挠曲电效应所产生的极化强度。在一级近似理论中,$\boldsymbol{P}$ 与指向矢的形变呈正比,即

$$\boldsymbol{P}=e_1(\boldsymbol{n}\nabla\cdot\boldsymbol{n})+e_3(\boldsymbol{n}\cdot\nabla\boldsymbol{n}) \tag{5.36}$$

其中,e_1 和 e_3 是对应于展曲形变和弯曲形变的挠曲电系数,可以用实验的方法加以测定。在外场中,由挠曲电效应引起的自由能密度为

$$U=-\boldsymbol{P}\cdot\boldsymbol{E} \tag{5.37}$$

5.4 液晶中的缺陷

在液晶中指向矢并非都是位置的连续函数。在两个具有不同指向矢取向的区域的交界处,会发生指向矢取向突变的现象,即在此处指向矢不可能有确定的方向,这就产生了液晶中的缺陷。在偏光显微镜下观察向列相液晶时所发现的丝状条纹,即是液晶中的缺陷产生的。通常把这指向矢排列方向上的不连续变化叫做液晶中的向错。在向错处指向矢没有确定的指向。

5.4.1 缺陷的类型

在液晶中只是在一点处或一条曲线上可以出现指向矢取向的不连续性,所以通常只有点向错或线向错。下面对此进行简单的介绍。

液晶中的点向错不像线向错那么常见。最常见的例子是球状微滴。在里面当分子被迫垂直于微滴表面时,则在微滴中心会出现一个点向错,见图 5.11(a)。而如若在微滴表面处分子平行于微滴表面,在会出现两个点缺陷,见图 5.11(b),分别在微滴的相对的两端。

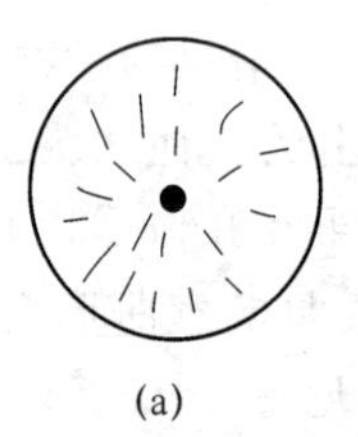

(a)

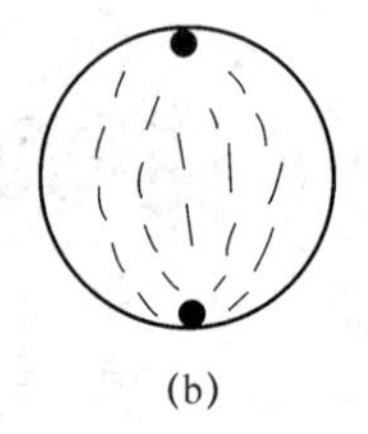

(b)

图 5.11 液晶中点向错的例子

线向错是液晶中较常见的缺陷。根据形成缺陷的过程的不同,存在有许多不同形式的线向错。利用伏尔特拉过程可以看到这些向错的形成。在一未被扰动的液晶中取一平行于指向矢的平面。此切面的边界线为 L,然后把切口处一边的平面相对于另一边的平面,绕一垂直于指向矢的轴做一相对角度为 $2\pi s$ 的转动。在这个转动过程中,一些区域的液晶会被排走而出现真空,而一些区域的液晶会被叠加起来。对前者填入新的液晶;而对后者取走多余的液晶。最后让这个系统自由弛豫到平衡状态。这样线 L 则形成一线向错;当旋转轴平行于向错线 L 时,此向错称为轴向向错,如图 5.12所示。而旋转轴垂直于向错线所形成的向错称为垂向向错。

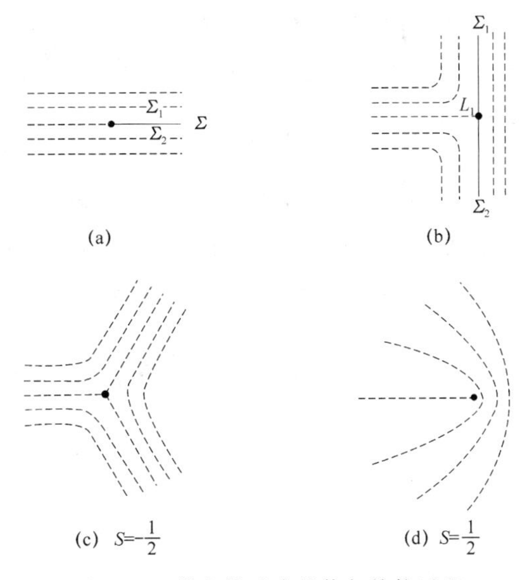

图5.12　线向错形成的伏尔特拉过程

通常定义 S 为向错的强度，S 可以为 $\pm\frac{1}{2},\pm 1,\pm\frac{3}{2},\pm 2,\cdots$。转动时需取走多余液晶形成的向错为正的，而需填入新液晶的向错的强度为负。在向列相液晶中用正交偏光显微镜观察向错，且让线向错垂直于观察平面时会发现一系列的黑刷子围绕着向错处。据此可以区分不同强度的向错。一般向错的强度 S 为 $\frac{1}{4}$ 乘以黑刷子的数目。图5.13描述了某些不同强度向错周围的指向矢分布情况。

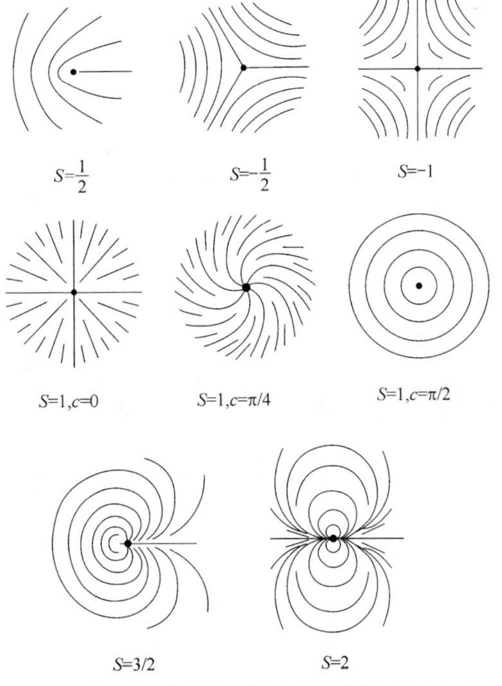

图5.13　向列相液晶中不同向错周围的指向矢分布

此外,还可以根据不同的向错图案来辨别液晶的类型。如向列相呈现纹影织构;近晶相易形成焦锥二次曲线型向错;指纹形的向错图案是胆甾相液晶的特征等。

5.4.2　向列相液晶中的纹影织构——轴向向错

当用显微镜观察厚层的向列相液晶时,可以看到一些丝状的黑条纹,还有一些奇异点。在奇异点之间有刷子式的黑色条纹相联结。这种结构称为纹影织构。而那些奇异点是玻璃表面处的点向错或垂直于玻璃表面的线向错。下面简要分析一下它们的结构特点。

取一液晶盒,其指向矢平行于盒表面,即在 x-y 平面内(图 5.14)。z 轴垂直于盒面。设指向矢与 x 轴夹角为 φ,则指向矢的分量为

$$n_x=\cos\varphi, n_y=\sin\varphi, n_z=0 \tag{5.38}$$

假设 3 个弹性常数相同,即 $K_{11}=K_{22}=K_{33}=k$,则可求得自由能密度为

$$U=\frac{1}{2}k(\nabla\varphi)^2 \tag{5.39}$$

据此可得平衡态方程为

$$\nabla^2\varphi=0 \tag{5.40}$$

现在设原点 O 处为一垂直于盒表面的向错。从平衡方程可以发现一个与径向长度无关而有意义的解

$$\varphi=S\alpha+C \qquad S=\pm\frac{1}{2},\pm 1,\pm\frac{3}{2},\cdots \tag{5.41}$$

其中,$\alpha=\arctan(y/x)$;C 为常数。此方程描述了在向错周围的指向矢的结构。由此可见,围绕着向错线转一圈,指向矢的取向变化为 $2\pi S$。如果指向矢的转动方向和极角的转动方向相同,S 为正;而如果指向矢的转动方向和极角的转动方向相反,则 S 为负。

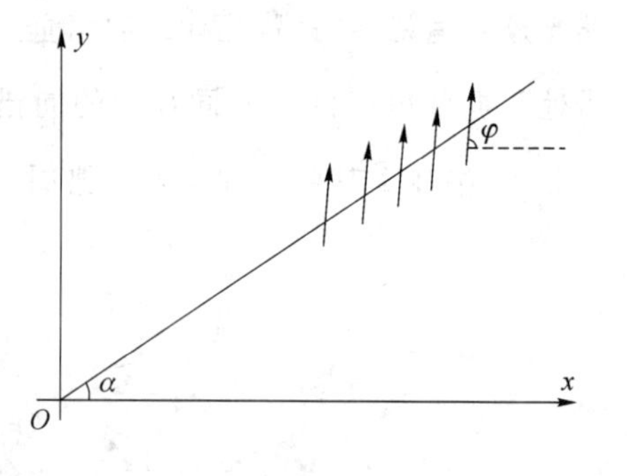

图 5.14　纹影织构分析

如果让偏振光垂直入射液晶盒,且其偏振方向与 x 轴的交角为 φ,则在极角为 α 的线上的指向矢平行偏振方向。在正交偏光显微镜下观察时此处出现黑条纹,也称黑刷子。而当指向矢取向为 $\varphi+\frac{\pi}{2}$ 时,则出现又一条黑刷子。所以两个相邻黑刷子之间的极角变化应该是 $\Delta\alpha=\frac{\Delta\varphi}{S}=\frac{\pi}{2S}$。这样可以得出当极角转一圈每个向错周围的黑刷子的数目为

$$\frac{2\pi}{|\Delta\alpha|}=4|S| \tag{5.42}$$

即为向错强度的 4 倍。

5.4.3　胆甾相液晶中的一种向错——格兰德然-喀诺劈

这是胆甾相液晶在一个劈形液晶盒中出现的一种缺陷。在这种液晶盒中，上下内玻璃表面的处理使液晶的指向矢在上下表面取互相平行的沿面校列取向。如图 5.15 所示为垂直于纸面方向。在偏光显微镜下可以观察到有规则的条纹，称为喀诺条纹。这种液晶盒称为格兰德然-喀诺劈。

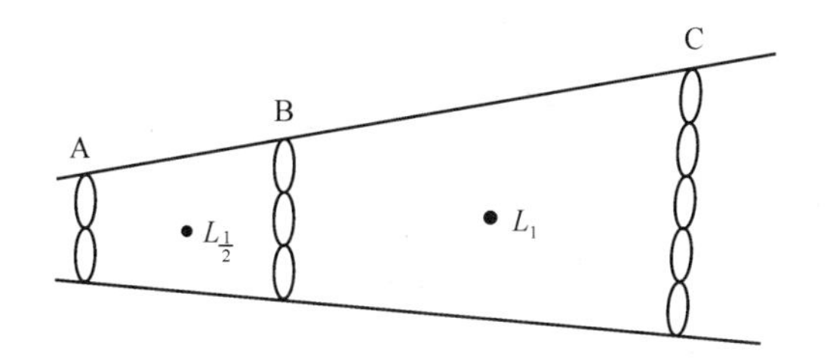

图 5.15　格兰德然-喀诺劈

这些条纹形成原因可以解释如下：因盒内装的是螺旋状液晶，上下表面指向取向又是固定在互相平行于盒表面的状态，因此两片玻璃片之间的液晶的半螺距数必然是整数。在盒的厚度正好等于正常半螺距的整数倍的位置，液晶处在正常平衡态。但是在其他位置，螺距则不得不有所改变以适应边界的要求。在沿劈的长度方向、螺距数发生变化之处，即会产生向错，如在图 5.15 的 A 和 B 之间，半螺距数从 2 变到 3，则其中必有一向错发生，即在此处产生指向矢的不连续变化。

设劈的劈角为 θ，且极小，那么向错线之间的间距为 $d'=\dfrac{P_0}{2\theta}$。所以只要能从试验中测得 d' 的大小，就可以确定此螺旋状液晶的螺距 P_0。

5.5　液晶的流体动力学理论及其应用

前面所讨论的都是液晶弹性理论的静力学部分。这一部分要讲液晶的流体动力学，即液晶连续体弹性理论的动力学部分。

液晶本身是流体，具有流动性。但是它的分子具有取向有序性又使得它与一般流体有所不同。所以液晶的运动除了要符合一般各向同性流体的运动规律外，还必须考虑由于指向矢的运动造成的一般流体不具备的运动形式。

5.5.1　埃瑞克森-莱斯里理论

液晶的流体动力学理论最早是由安泽利亚斯(Angelius)和欧西(C. W. Oseen)于 20 世纪 30 年代提出的。但是描述丝状液晶的力学行为的守恒定律及本构方程都是由埃瑞克森(J. L. Erickson)和莱斯里(F. M. Leslie)推导出来的。此外，还有一些其他的连续体理论被提出过。但目前在讨论丝状液晶中被广泛使用的是埃瑞克森-莱斯里理论。

对于传统的流体来说,流体动力学方程所描述的就是对各种守恒量的扰动的传播方式。在液晶中同样也存在这样的守恒方程。只是在守恒量的影响因素中,必须加入由于指向矢的运动造成的影响,从而使方程变得复杂。下面列出这些方程。

假设使用右手笛卡儿坐标系(x_1、x_2、x_3),并使用求和约定,即在任何一项中如果有两个相同符号下标时都是指对 1、2、3 的连加。方程中的逗号代表对空间坐标的偏微分,而顶上加点则是对时间的偏微分。这样可得以下方程:

质量守恒方程

$$\dot{\rho}=0, \qquad \rho \text{ 为密度} \tag{5.43}$$

动量守恒方程

$$\rho\dot{\boldsymbol{V}}_i=f_i+\boldsymbol{t}_{ji,j} \tag{5.44}$$

能量守恒方程

$$U=\boldsymbol{t}_{ji}d_{ij}+\pi_{ji}N_{ij}-g_iN_i \tag{5.45}$$

以及指向矢运动方程

$$\rho_1\ddot{\boldsymbol{n}}_i=G_i+g_i+\pi_{ji,j} \tag{5.46}$$

其中,f_i 为单位体积的液晶所受到的体力;t_{ji} 为协强张量,表示与 x_j 轴相垂直的单位面积上流体所受到 x_i 方向的力;ρ_1 是材料参数;U 是单位体积的内能;G_i 是外部指向矢的体力;g_i 是固有的指向矢体力;π_{ji} 为指向矢表面协强张量。

另外,由液晶的指向矢运动特征还可以推出

$$\boldsymbol{t}_{ji}-\pi_{kj}n_{i,k}+g_jn_i=\boldsymbol{t}_{ij}-\pi_{k,i}n_{j,k}+g_in_j \tag{5.47}$$

而

$$N_i=\boldsymbol{n}_i-w_{ik}n_k \tag{5.48}$$

$$N_{ij}=\dot{\boldsymbol{n}}_{i,j}-\boldsymbol{W}_{ik}n_{k,j} \tag{5.49}$$

$$2d_{ij}=v_{i,j}+v_{j,i} \tag{5.50}$$

$$2w_{ij}=v_{i,j}-v_{j,i} \tag{5.51}$$

当 $n_i=0$,则式(5.43)~式(5.47)缩减为通常的流体动力学方程。

此外,与平衡方程一起,还得考虑熵不等式

$$\frac{\mathrm{d}}{\mathrm{d}t}\int_v S\,\mathrm{d}v\geqslant 0 \tag{5.52}$$

其中,S 为单位体积的熵,即熵的增加量永远是正值。还要定义单位体积的亥姆霍兹自由能为

$$F=U-TS \tag{5.53}$$

为了要真正应用以上方程,还必须对具体的物质附加一些条件。也就是说在唯象理论中必须附加一些条件来规定一个理想的物质。这些用来规定理想物质的额外条件即称为物质的本构方程。本构方程或可以是从实验中总结出来的规律,或可以是从假设出发又通过实验验证了它的正确性而得出的。

由液晶是具有 D_∞ 对称性,即指向矢 $\boldsymbol{n}$ 和($-\boldsymbol{n}$)是不可区别的特征,莱斯里假设量

F、t_{ji}，π_{ji}和g_i都是n_i、n_{ij}、d_{ij}的单值函数。由此可以得出自由能F的表达式为

$$F=F(n_i,n_{i,j}) \tag{5.54}$$

也就是说，自由能只是指向矢分量和其微分的函数。在静态理论中已经认识到了这一点。如果把量t_{ji}和g_i分成静态和动态两部分，则由静态部分可以得出绝热静态形变方程

$$(\frac{\partial F}{\partial n_{i,j}})_{i,j}-\frac{\partial F}{\partial n_i}+G_i+\gamma n_i=0 \tag{5.55}$$

而考虑其动态分量t'_{ji}和g'_i时通过一系列数学运算以及熵不等式方程可以得到

$$\boldsymbol{t}'_{ji}=\alpha_1 n_k n_m d_{km} n_i n_j+\alpha_2 n_j N_i+\alpha_3 n_i N_j+\alpha_4 d_{ji}+\alpha_5 n_j n_k d_{ki}+\alpha_6 n_i n_k d_{kj} \tag{5.56}$$

$$g'_i=\lambda_1 N_i+\lambda_2 n_j d_{ji} \tag{5.57}$$

其中

$$\lambda_1=\alpha_2-\alpha_3,\lambda_2=\alpha_5-\alpha_6 \tag{5.58}$$

这样，对于不可压缩的向列相液晶，可以得到6个黏滞系数$\alpha_1,\alpha_2,\alpha_3,\cdots,\alpha_6$，单位为dyn · s/cm^2。

进而应用翁萨克(L. Onsager)倒易关系，可以推出黏滞系数的又一关系，即

$$\alpha_2+\alpha_3=\alpha_6-\alpha_5 \tag{5.59}$$

式(5.59)被称为帕柔第关系式。这样，独立的黏滞系数个数则由6个降为5个。也就是说在向列相液晶中存在有5个独立的黏滞系数。

5.5.2 梅索维克兹实验

在下面几个小节中将利用以上的液晶的流体动力学理论来分析向列相液晶所表现出的重要的流体动力学现象，如它的非寻常流动性质以及对电磁场作用的响应等。

梅索维克兹实验首次精确地测定了向列相液晶的各向异性黏滞系数。梅索维克兹应用一个很强的磁场来取向样品中液晶的指向矢。在3种不同的结构模型中用振荡平板黏度计测量液晶盒中液晶的黏滞系数。这3种结构分别为：

(1) 盒中指向矢$\boldsymbol{n}$平行于液晶流动方向，即$\boldsymbol{n}/\!/\boldsymbol{v}$；

(2) 盒中指向矢$\boldsymbol{n}$平行于液晶的流动速度梯度方向；

(3) 盒中指向矢$\boldsymbol{n}$同时垂直于流动方向以及速度梯度方向。

在存在强场的情况下，磁场的相干长度是非常小的，所以可以忽略边界效应以及盒中的指向矢梯度而不会造成明显的误差。这样测量到的数据可以用以上的动力学方程加以解释。对于任何的结构模型，黏度计所测得的表观黏滞系数可以定义为

$$\eta=\frac{\text{切向协向协强}}{\text{速度梯度}}=\frac{\boldsymbol{t}_{ji}}{\boldsymbol{v}_{i,j}} \tag{5.60}$$

现在假设液晶盒中液晶的流动是沿x轴方向，而速度梯度沿着y轴方向，即

$$v=v_x,\qquad v_{i,j}=v_{x,y}$$

则可得

$$w_{xy}=\frac{1}{2}v_{x,y},\qquad w_{yx}=-\frac{1}{2}v_{x,y}$$

而 $$d_{xy}=d_{yx}=\frac{1}{2}v_{x,y}$$

因为指向矢的梯度被忽略,所以协强张量的弹性部分,即静态部分 $\boldsymbol{t}_{ji}=0$。在这种情况下切向协强张量为 t_{yx},它是在与 y 轴相垂直的平面上沿 x 轴方向的。这样在3种不同结构中的表观黏滞系数分别如下:

(1) 指向矢平行于流动方向时,即 $\boldsymbol{n}=(1,0,0)$时,有

$$t_{yx}=\alpha_3 n_y N_y+\alpha_4 d_{yx}+\alpha_6 n_x^2 d_{xy}$$
$$=\frac{1}{2}(\alpha_3+\alpha_4+\alpha_6)v_{x,y}$$

所以表观黏滞系数

$$\eta_1=\frac{1}{2}(\alpha_3+\alpha_4+\alpha_6) \tag{5.61}$$

(2) 指向矢平行于速度梯度,即 $\boldsymbol{n}=(0,1,0)$时,有

$$\boldsymbol{t}_{yx}=\alpha_3 n_y N_x+\alpha_4 d_{yx}+\alpha_5 n_y^2 d_{yx}$$
$$=\frac{1}{2}(-\alpha_2+\alpha_4+\alpha_5)v_{x,y}$$

所以表观黏滞系数

$$\eta_2=(-\alpha_2+\alpha_4+\alpha_5) \tag{5.62}$$

(3) 指向矢同时垂直于流动方向以及速度梯度方向,即 $\boldsymbol{n}=(0,0,1)$时,有

$$t_{yx}=\frac{1}{2}\alpha_4 d_{yx}$$

所以其表观黏滞系数为

$$\eta_3=\frac{1}{2}\alpha_4 \tag{5.63}$$

当然实验中测试的这3个表观黏滞系数 η_1,η_2,η_3 都是正值。在实际应用中,人们往往喜欢使用这些宏观的黏滞系数 η_1,η_2,η_3,再加上 $\gamma=\alpha_3-\alpha_2$ 以及 $\eta_{12}=\alpha_1$,组成5个独立的黏滞系数。这些黏滞系数往往还都是温度的函数。

5.5.3　动态弗里德里克斯效应

现在把上述理论应用到弗里德里克斯效应来研究在磁场的开关过程中液晶的动态行为。

图5.8(a)所示的弗里德里克斯效应是最简单的动态过程,因为此时加在指向矢上的力矩没有引起液晶分子质心的平移运动,没有流体的流动。只有指向矢在 x-y 平面上的扭曲形变。若设 θ 为 $\boldsymbol{n}$ 和 x 轴的夹角。在忽略指向矢惯性情况下,当外加磁场从0到 $\boldsymbol{H}>\boldsymbol{H}_t$ 的过程中可以得到如下运动方程

$$k_{22}\frac{\partial^2\theta}{\partial z^2}+\mu_0\Delta\chi_m\sin\theta\cos\theta+\lambda_1\frac{\partial\theta}{\partial t}=0 \tag{5.64}$$

其中,λ_1 称为扭曲黏滞系数,$\lambda_1=\alpha_2-\alpha_3$。

如果 θ 很小，式(5.64)可简化为

$$\xi^2 \frac{\partial^2\theta}{\partial z^2}+\theta+\lambda \frac{\partial\theta}{\partial t}=0 \tag{5.65}$$

其中，$\xi=\frac{k_{22}}{\mu_0 \Delta\chi_m H^2}$，　$\lambda=\frac{\lambda_1}{\mu_0 \Delta\chi_m H^2}$。　(5.66)

边界条件如下：

$$z=\pm\frac{1}{2}d,\theta=0$$

时的普遍解形式为

$$\theta=\sum_n C_n(t)\cos\left\lfloor\frac{(2n+1)\pi z}{d}\right\rfloor \tag{5.67}$$

忽略其高阶谐波项，并让 $z=0$ 时 θ 有极大值 θ_m，则

$$\theta=\theta_m(t)\cos(\pi z/d)$$

代入式(5.65)后可得到磁场 $\boldsymbol{H}$ 从 0 到 $\boldsymbol{H}$ 开通过程中 θ_m 的变化过程为

$$\theta_m^2(t)=\theta_m^2(\infty)\left[1+\left(\frac{\theta^2(\infty)}{\theta^2(0)}-1\right)\exp\left(-\frac{t}{\tau}\right)\right]^{-1} \tag{5.68}$$

其中时间常数为

$$\tau^{-1}(H)=\frac{\mu_0\Delta\chi_m}{\lambda_1}(H_t^2-H^2) \tag{5.69}$$

而当磁场从平衡态去除后，即磁场从 $\boldsymbol{H}$ 到 0 时，运动方程为

$$k_{22}\frac{\partial^2\theta}{\partial z^2}+\lambda_1\frac{\partial\theta}{\partial t}=0 \tag{5.70}$$

通过类似的运算可以得到这个过程中的时间常数为

$$\tau^{-1}(0)=-\frac{k_{22}\pi^2}{\lambda_1 d} \tag{5.71}$$

这样通过测量在开关过程中的时间常数 τ，可以确定扭曲黏滞系数 λ_1。一般来说 $\tau(H)$ 小于 $\tau(0)$，即开通时间短于关闭时间。对于一个 25 mm 的液晶盒，典型的 $\tau(0)$ 值是 0.1 s。这给出大多数向列相液晶器件的弛豫时间的数量级。

相比较之下，图 5.8(b)、图 5.8(c)所示的其他两种弗里德里克斯转变要比上述单纯的扭曲形变更有意思。因为它们会引起一种新的现象，即由于指向矢取向的形变造成的流体动力学流动。现在首先考虑图 5.8(c)的情况，即指向矢从垂面排列到平面排列的转变。这时磁场沿 x 轴方向。指向矢 $\boldsymbol{n}$ 在 xz 平面上从 z 轴转向 x 轴，设 θ 为 $\boldsymbol{n}$ 与 z 轴的夹角。则当磁场从 0 到 $\boldsymbol{H}>\boldsymbol{H}_t$ 的开管过程中，指向矢和流体的速度可分别表示为

$$\boldsymbol{n}=(\sin\theta(z,t),0,\cos\theta(z,t))$$

$$\boldsymbol{v}=(v_x(z,t),0,0) \tag{5.72}$$

其中，速度只有 x 向分量。设弹性常数 $k_{11}=k_{33}=k$，且 θ 的值很小，则指向矢运动方程为

$$\xi^2 \frac{\partial^2 \theta}{\partial z^2}+\theta+\lambda \frac{\partial \theta}{\partial t}+\lambda\lambda' \frac{\partial v_x}{\partial z}=0 \tag{5.73}$$

其中，$\xi^2=\dfrac{k}{\mu_0 \Delta\chi_m H^2}$，$\lambda=\dfrac{\lambda_1}{\mu_0 \Delta\chi_m H^2}$，$\lambda'=\dfrac{\lambda_2-\lambda_1}{2\lambda_1}$。

忽略惯性项，则动量守恒方程为

$$t_{zx,z}=0 \tag{5.74}$$

因为

$$t_{zx}=\frac{1}{2}(\alpha_4+\alpha_5-\alpha_2)\frac{\partial v_x}{\partial z}+\alpha_2 \frac{\partial \theta}{\partial t}$$

将其代入式(5.74)，并忽略 θ 的平分项即高阶项，可得

$$\frac{\partial}{\partial z}\left(a \frac{\partial v_x}{\partial z}+b \frac{\partial \theta}{\partial t}\right)=0 \tag{5.75}$$

其中，$a=\dfrac{1}{2}(\alpha_4+\alpha_5-\alpha_2)$，$b=\alpha_2$。当取边界条件为 $z=\pm\dfrac{d}{2}$时，$\theta=0$，$v_x=0$，即边界处强锚泊。

则解将取如下形式

$$\theta=\theta_0\left[\cos qz-\cos (qd/2)\right]\exp\left(\frac{t}{\tau}\right) \tag{5.76}$$

$$v_x=v_0\left[\sin qz-(2z/d)\sin(qd/2)\right]\exp\left(\frac{t}{\tau}\right) \tag{5.77}$$

代入式(5.73)和式(5.75)可得

$$\frac{\lambda}{\tau}(1-A)+1-\frac{4\psi^2}{\pi^2 (H/H_t)^2}=0 \tag{5.78}$$

和

$$\left(\frac{H}{H_t}\right)^2=\frac{4\psi^2}{\pi^2}\frac{(\psi/A)-\mathrm{tg}\psi}{\psi-\mathrm{tg}\psi} \tag{5.79}$$

其中，$A=\dfrac{\lambda' b}{a}$，$\psi=\dfrac{qd}{2}$。通过适当的数字计算，可以把时间常数 τ 表示成

$$\tau^{-1}(H)=(\Delta\chi_m \mu_0/\lambda_1^*)(H^2-H_t^2) \tag{5.80}$$

其中，表现黏滞系数 λ_1^* 是 H 的函数。

以下分析在这个动态过程中盒中流体的速度变化过程。由速度表达式(5.77)可知，速度 v_x 具有两部分分量：一是随 z 作线性变化；而另一部分是振荡变化的，其波长 $\dfrac{2\pi}{q}$随着场的增加而减小。在液晶盒中刚开始的瞬态速度分布情况如图 5.16 所示。这种由于指向矢形变使流体发生流动的现象叫做引流效应(Backflow)。由图 5.16 所示，可见这种速度造成的引流效应是起松弛表面束缚的作用，其结果是减小表现黏滞度。当液晶盒中的分子以角速度 Ω 转动时，由指向矢作用在流体单位体积上的力矩为

$$\Gamma_a=\frac{1}{2}(\lambda_1-\lambda_2)\Omega \tag{5.81}$$

对于图 5.8(b)的情况，当磁场开通时，引流效应通常是不明显的。因为在这个构型中，由指向矢转动而作用在流体上的力矩为

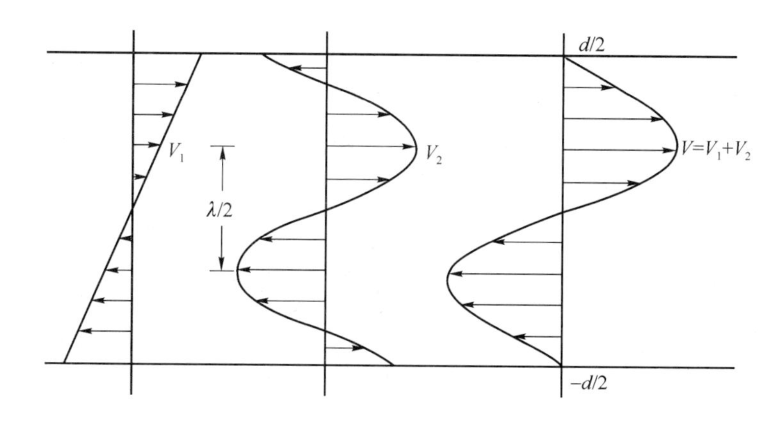

图5.16 从垂直校列到平面校列时的速度分布

$$\Gamma_b=\frac{1}{2}(\lambda_1+\lambda_2)\Omega \tag{5.82}$$

其中，λ_1 和 λ_2 通常是符号相反，量值相近的量，所以有

$$\Gamma_b \ll \Gamma_a \tag{5.83}$$

这样，此开通过程类似于扭曲形变，基本上没有引流效应。

但是这个构型在场关闭的情况下，即场从 $H \gg H_t$ 到 $H=0$ 的动态过程，则具有很显著的引流效应。克拉克(N. Clark)和莱斯里对此做了理论分析，并进行了有效的计算机数字计算，得出了在关闭过程中的不同时刻的速度和指向矢取向在液晶盒中的分布情况，如图5.17(a)、(b)所示。由图可见，在盒的边界处($z=\pm\frac{d}{2}$)和中部($z=0$ 处)速度等于0。速度的分布是相对于盒中央处反对称的。在盒的1/4处($z\approx\pm\frac{1}{4}d$)流体一开始朝一个方向运动；过一段时间后，向相反方向流动，最后弛豫到0。而指向矢的取向，在盒的中部，其倾角一开始会超过$\frac{\pi}{2}$，然后才逐渐地弛豫到0。这种现象通常叫做引流效应。是一种很独特的指向矢形变过程。下面对它进行定性的物理解析。

在如图5.8(b)所示的场关闭过程中，在它初始态指向矢取向在盒中的分布如图5.17(c)的左边所示。在 $z\approx\pm\frac{1}{4}d$ 附近，因指向矢的形变最大，所以弹性力矩也最大。这个弹性力矩被磁场力矩所平衡。当场被关闭后，无法平衡的弹性力矩引起这个区间的指向矢顺时针旋转。由于指向矢的转动和流体动力学运动之间的耦合作用，引起流体的流动，如图5.17(c)右边的长箭头所示。这样，流体的运动在盒的中央引起了对指向矢的反时针的力矩。因在盒中部的弹性力矩很弱，所以这个力矩即引起了盒中部指向矢的反时针转动，从而使得指向矢的倾角超过$\frac{\pi}{2}$。当指向矢的倾角开始往回弛豫时，它产生了在相反方向的流体运动。经过相当长时间后，系统进入了无形变的平衡态。

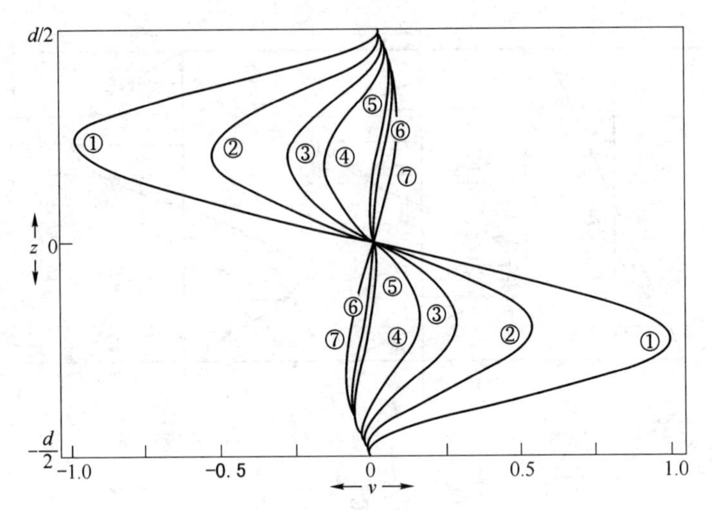

(a) 磁场关断后①1.09 S;②1.744 S;③2.397 S;④2.943 S;
⑤4.469 S;⑥4.905 S;⑦8.61 S的速度分布

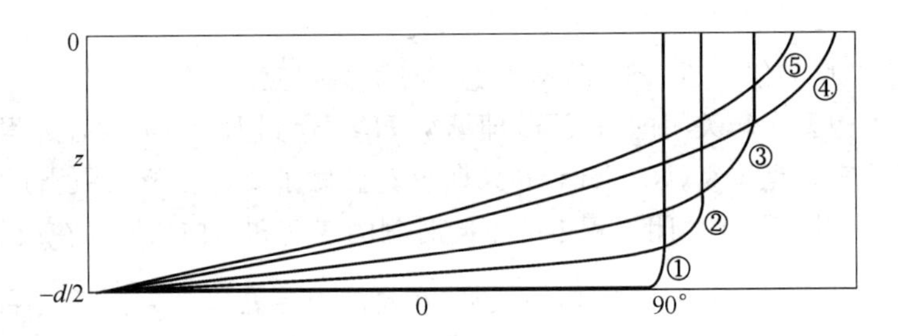

(b) 磁场关断后①0 S;②0.109 S;③0.654 S;④3.161 S;
⑤ 6.648 S的指向矢取向分布

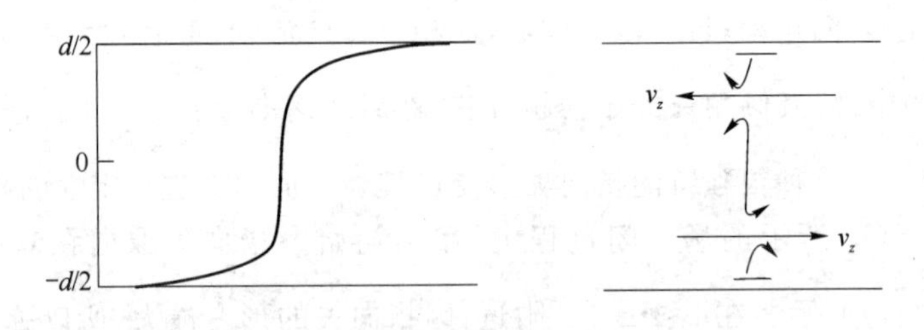

(c) 引流效应的分布采样

图 5.17　在图 5.8(b)的弗里德里克斯转变的磁场关闭时的动态行为

这种瞬态效应在扭曲的 TN 盒中也有表现。它一般发生在外场关断的过程中。在测试 TN 盒的透射光随时间变化时通常出现的“光反弹效应”就是这种引流效应的体现。理论计算已表明透射光的反弹点即是盒中央部分指向矢趋于垂直排列的状态。这正是由于流体的流动造成的。

5.6　电流体动力学不稳定性

由于液晶具有非零的电导率，所以在电场中，特别是强电场作用下除了引起液晶中指向矢取向的形变外，如果液晶中存在有离子，则还会引起液晶中的离子的运动，而离子的流动又会造成液晶材料的流动。由于引出了液晶电流体动力学性质的研究，这种性质的分析是非常复杂的，这里仅举最简单的例子来讨论它的基本机制。

从介电性质的研究可知向列相液晶 PAA 是负的介电各向异性材料，即 $\varepsilon_a=\varepsilon_{/\!/}-\varepsilon_{\perp}<0$。但是在一沿面校列的 PAA 液晶盒中外加垂直于盒平面的 DC 电场时，大量的早期研究发现，平行于液晶盒平面的指向矢，在电场作用下发生转动，而不是由它的介电性质所预期的那样垂直于电场排列。后来通过系统的研究发现这种异常的行为是由于液晶的电导各向异性造成的，同时研究还指出存在有一个临界的电场频率。只有低于这个频率 PAA 的排列才是异常的，并且这个临界频率随材料的电导率的增加而增加。

由电场引起的流体的宏观运动的最著名的实验是由威廉斯(R. Williams)做的。他在导电玻璃平板组成的液晶盒中，装入具有负介电各向异性的向列相液晶。加以足够高的直流或低频电压后，观察到规则条纹的出现。在更高的电压下，此规则条纹变成湍流并伴随有强的光散射。那些规则条纹称为威廉斯畴，而那些散射则称为动态散射，在早期的液晶显示器件中曾被应用。以下详细分析威廉斯畴的形成及它的物理解析。

设一负性液晶装入一个内表面做了平行锚泊处理的盒中，即指向矢平行于基片，设其沿 x 轴。在垂直于液晶盒的 y 轴上施加一直流或低频电场。整个结构如图 5.18(a)所示。当电场很小时，指向矢不发生形变。而当电场达到某一阈值电压 V_{th}后，在偏光显微镜下观察液晶，且让光的偏振方向平行于指向矢时，可以观察到一系列垂直于指向矢的条纹出现，其间距约等于液晶层的厚度，这即是威廉斯畴。调整显微镜的聚焦，可以发现条纹分别出现在液晶层的上下表面且相互间有半个间隔的位移。如果盒中存在小尘粒，还可以看到小尘粒在条纹中前后运动，表明了威廉斯畴是由于流体动力学运动造成的。若光的偏振方向垂直于指向矢方向，则看不到这些条纹。

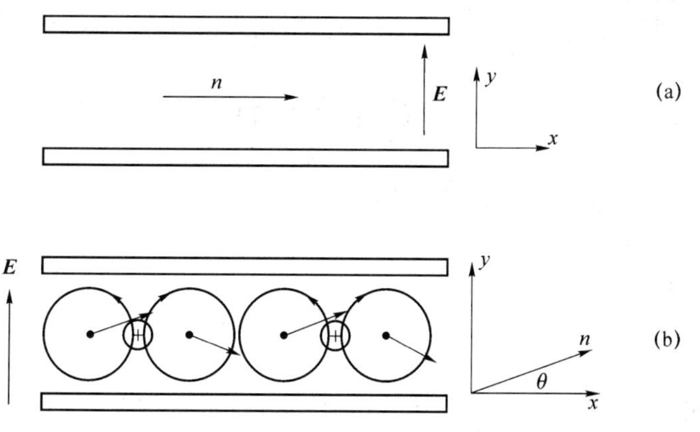

图 5.18　威廉斯畴的形成和物理解析

产生威廉斯畴的阈值电压通常是几伏，且与样品的厚度无关。但是这阈值电压却与频率有极强的关系。存在有一个截止频率 ω_c，高于这个频率的电场不会产生威廉斯畴。低于 ω_c 的电场作用称为导电区域;而高于 ω_c 的电场作用,是属于介电区域。在导电区域,当电场增大到阈值电压的二倍附近则形成动态散射模式。而在介电区域,到一定的阈值场会形成另一种形式的畴结构。

下面分析产生威廉斯畴的原因。当液晶盒中的指向矢不被扰动时,在外加电场中,它的电流密度 $\boldsymbol{J}$ 为

$$\boldsymbol{J}=\boldsymbol{\sigma E}=\begin{pmatrix}\sigma_{/\!/} & 0\\ 0 & \sigma_{\perp}\end{pmatrix}\begin{pmatrix}0\\ E\end{pmatrix}=\begin{pmatrix}0\\ \sigma_{\perp}E\end{pmatrix} \tag{5.84}$$

这里 $\boldsymbol{\sigma}$ 是导电率张量,$\sigma_{/\!/}$ 和 $\sigma_{\perp}$ 分别为平行和垂直于指向矢的电导率。所以在这种情况下,电流垂直于基板平面,与电场平行。这时假设在液晶盒中指向矢有一自发的、周期性的小扰动发生,使得指向矢与 x 轴有一小夹角 θ,如图 5.18(b)所示。则导电率张量变成

$$\begin{aligned}\boldsymbol{\sigma}&=\begin{pmatrix}\cos\theta & -\sin\theta\\ \sin\theta & \cos\theta\end{pmatrix}\begin{pmatrix}\sigma_{/\!/} & 0\\ 0 & \sigma_{\perp}\end{pmatrix}\begin{pmatrix}\cos\theta & \sin\theta\\ -\sin\theta & \cos\theta\end{pmatrix}\\ &=\begin{pmatrix}\sigma_{/\!/}\cos^2\theta+\sigma_{\perp}\sin^2\theta & \Delta\sigma\cos\theta\sin\theta\\ \Delta\sigma\sin\theta\cos\theta & \sigma_{/\!/}\sin^2\theta+\sigma_{\perp}\cos^2\theta\end{pmatrix}\end{aligned} \tag{5.85}$$

其中,$\Delta\sigma=\sigma_{/\!/}-\sigma_{\perp}$。这样就有

$$\boldsymbol{J}=\boldsymbol{\sigma E}=\begin{pmatrix}\Delta\sigma E\sin\theta\cos\theta\\ (\sigma_{/\!/}\sin^2\theta+\sigma_{\perp}\cos^2\theta)E\end{pmatrix} \tag{5.86}$$

所以在 x 方向出现电流。当导电率各向异性 $\Delta\sigma>0$ 时在 $\theta>0$ 处有一沿正 x 方向的电流;而在 $\theta<0$ 处有一沿负 x 方向的电流。其结果形成正电荷集聚在这样两种指向矢取向之间的位置。而这样的电荷集聚又在 x 方向产生一个附加电场。对于介电负性的液晶,这个附加电场使指向矢进一步偏离 x 轴方向,使原先的小扰动被放大,并引起液晶的环流。这就是导电不稳定性的原因。正是这种指向矢的周期变化,使得平行于 x 轴的入射偏振光交替地被会聚和发散,从而在液晶层的上下底面上出现明亮条纹。同时这种电荷的集聚还造成液晶分子的环流,如图 5.18(b)所示。如果电场不是太强,这种模式可以相当稳定。只有在更强的电场作用下,它才转变成动态散射模式。

本章参考文献

[1] 谢毓章. 液晶物理学. 2 版. 北京:科学出版社,1998.

[2] CHANDRASEKHAR S. Liquid Crystals. Camb-ridge University Press, 1977.

[3] P G DE GENNES. The Physics of Liquid Crystals. Oxford University Press, 1977.

[4] COLLINGS P J, HIRD M. In Troduction to Liquid Crystals. Taylor ϑ Francis Ltd. ,1997.

[5] 柯林斯 P J. 液晶-自然界中的奇妙物相. 阮丽真,译. 上海:上海科技教育出版社,2002.

第6章 液晶光学

作为一种有机介质并在一定条件下具有种种物理各向异性的液晶有着很多的应用，但是目前液晶最重要和最主要的应用仍然在光学方面，例如液晶平面显示器(Liquid Crystal Panel Display)和液晶空间光调制器(Liquid Crystal Space Light Modulator) 等。所以液晶光学是液晶的研究和应用中的一个最重要的学科领域之一。

本章的主要目的是通过对液晶光学性质的介绍，尤其是对偏振光在液晶介质中的传播和液晶的指向矢的排列和变化对其的影响，来分析液晶对外来光辐射的响应，从而达到对各种液晶光学现象，各种液晶光学器件和液晶参数光学测试的工作原理的初步理解。

本章首先介绍了几种在液晶中常见的光学现象。然后对常见的几种液晶参数光学测试方法，尤其是近年发展起来的利用在液晶中所激发的光导波来研究液晶光学效应的实验技术作了相应的介绍，以使读者对于液晶中的光学效应有一个较为清晰的概念。对于本章的阅读要求，即具有光的偏振和偏振光在各向异性介质中的传播的基础知识，需要的读者可参阅有关专著。

当然，液晶盒的光电效应也应该属于液晶光学的一个重要的部分，但是它在本书第 7 章中已加以阐述，所以本章就不再包括这部分内容了。

6.1 液晶中常见的光学现象

6.1.1 向列相液晶中的双折射

正如在液晶物理中所述，向列相液晶的各向异性使得在其中平行于指向矢偏振的光以一个折射率传播，而垂直于指向矢偏振的光则以另外一个折射率传播，所以向列相液晶在光学上是(单轴)双折射的。在这里，$n_{/\!/}$ 相当于单轴晶体的 n_e 而 $n_\perp$ 则相当于其 n_o。

如图 6.1 所示为一种典型的向列相液晶的折射率，它描述了对于一种典型的向列相液晶，这两个折射率(对于同一个频率的光)是如何随温度和时间变化的。

这两个折射率的差 $\Delta n = n_{/\!/} - n_\perp$(称之为光学各向异性或双折射)清楚地指出了序参数随着温度的上升而下降的这一事实。事实上，Δn 是跟随着序参数的变化的，如图 6.2 所示。

在向列相液晶中，这两个折射率等于相应的介电常数的平方根。因此最直接相关于序参数的光学各向异性或双折射，而是这两个折射率的平方之差。由于这个原因，这个量常常被用于估算序参数。

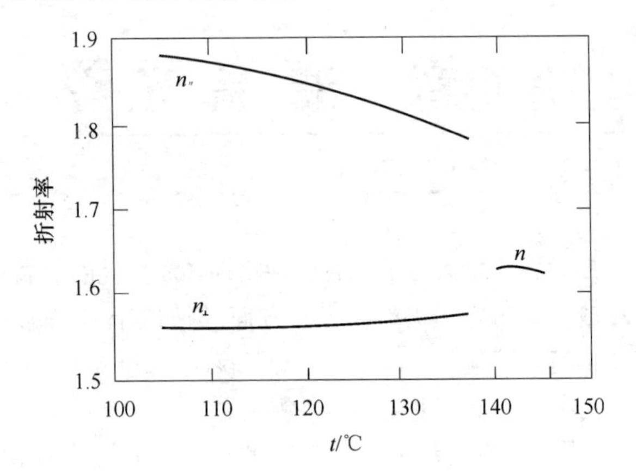

图 6.1 一种典型的向列相液晶的折射率

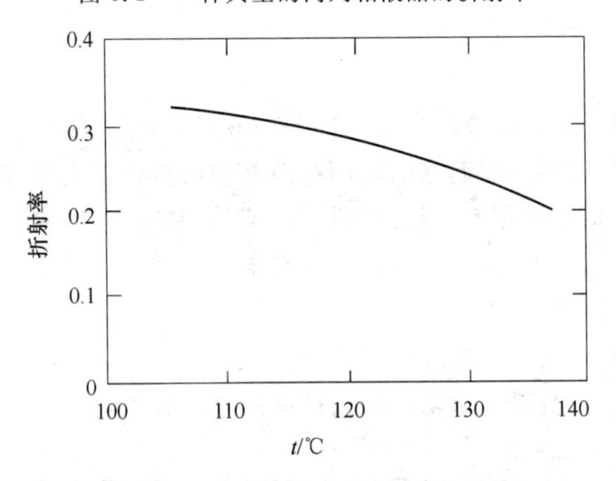

图 6.2 一种典型的向列相液晶的序参数

因为液晶具有双折射，所以在液晶中沿着不同方向偏振的光会以不同的速度间传播。因此，进入液晶光的两个垂直分量随着通过液晶间传播在位相上会渐渐偏离开来。这个熟知的光学位相延迟现象在液晶中是非常重要的。

设想一束光其偏振方向与指向矢成 45°进入厚度为 d 的液晶样品，其真空波长为 λ_0。液晶的两个折射率是 $n_{/\!/}$ 和 $n_{\perp}$。正如图 6.3 所示，这线偏振的光具有两个同相的分量，一个沿 x 轴偏振，一个沿 y 轴偏振。

如图 6.3 所示，与 x 轴和 y 轴成 45°的线偏振的光入射，而指向矢沿 y 轴，则在进入液晶的起始点($z=0$)处的电场分量是

$$E_x(z,t)=E_0\cos\omega t$$
$$E_y(z,t)=E_0\cos\omega t \tag{6.1}$$

在液晶中这两个分量具有相同的频率，但是每一个都具有不同的波长和以不同的

速度在液晶中传播。所以在液晶中，$z=d$ 处的光的偏振状态就可以写为

$$
\begin{aligned}
E_x(z,t) &= E_0\cos(n_{\perp}k_0 d-\omega t)\\
E_y(z,t) &= E_0\cos(n_{/\!/}k_0 d-\omega t)
\end{aligned}
\tag{6.2}
$$

或者

$$
\begin{aligned}
E_x(z,t) &= E_0\cos(n_{\perp}k_0 d-\omega t)\\
E_y(z,t) &= E_0\cos(n_{\perp}k_0 d-\omega t+\Delta n k_0 d)
\end{aligned}
\tag{6.3}
$$

因此，这两个分量以一个位相差 $\Delta n k_0 d$ 而出射。一般说来，出射光将是椭圆偏振的，其半长轴和半短轴各与 x 轴倾斜 45°而且在两个分量之间所具有的位相延迟是

$$
\delta_{\mathrm{R}}=-k_0(n_{/\!/}-n_{\perp})d=\frac{2\pi}{\lambda_0}(n_{\perp}-n_{/\!/})d \tag{6.4}
$$

要注意到，这位相延迟是随着波长的减小而上升的，所以测量一个已知厚度的液晶样品的光学延迟是一个测量其双折射的方便的方法。

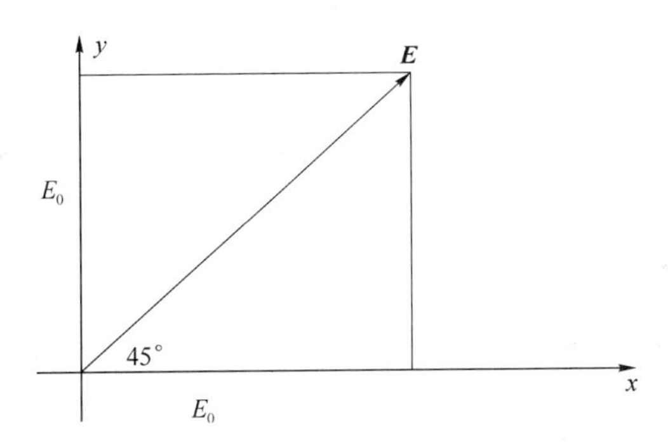

图 6.3　入射光电场和液晶分子的指向矢

显然，液晶样品的厚度是特别重要的，如果有 d 使得 $\delta_{\mathrm{R}}=\frac{\pi}{2}$，就会得到如前所述的 1/4 光波。对于上述的入射线偏振光，将会得到一个输出的左旋圆偏振光。如果液晶样品的厚度使得 $\delta_{\mathrm{R}}=-\pi$，就会得到一个 1/2 光波。这样出射光的两个分量的位相差是 180°，所以仍然会得到一个线偏振光，但是其偏振方向将垂直于原来的入射光的偏振方向。

当液晶被置于正交偏振器之间时，就可以很清楚地看出向列相液晶的双折射现象。通常不会有光从正交偏振器出射，因为从第一个偏振器出射的光完全被第二个偏振器所吸收。当然，在两个正交的偏振器之间插入各向同性物质并不会改变这种情况，因为通过一个各向同性物质传播的光并不改变它的偏振性。但是，如果在两个正交偏振器之间与液晶的指向矢成一个不等于 0°或 90°的角。在通过液晶之后，沿着指向矢偏振和垂直于指向矢偏振的两束偏振光分量有了相位差，一般说来是呈椭圆偏振光出射。因为椭圆偏振光的电场在每一个周期里都恒定地旋转一周，所以在每个周期里它都两次平行于第二个偏振器的偏振轴。

因此，有些光将会从第二个偏振器出射，在正交偏振器之间插入向列相液晶一般说来将会使视场变亮。而在偏振器之间无液晶时，视场是暗的。

但是存在有两种情况,即使是有液晶插入两个正交偏振器之间,但它们仍然呈暗态。如果入射在向列相液晶上的偏振光具有平行于或垂直于指向矢的偏振方向,则所有的光在液晶中都沿着这一个方向偏振,所以就不需要去考虑与此方向成90°的光。因为只有这一个偏振存在,它以一种速度通过液晶而传播,并沿着同样方向偏振而出射,因此它就被第二个偏振器所消光。

显微镜下的液晶照片通常就是把样品置于正交偏振器之间而得到。在样品中的不同处指向矢通常指向不同的方向。在指向矢取向与偏振器的轴成平行或垂直的区域是暗的,而指向矢与偏振器的轴成一个非0°或90°的区域则是亮的。

审视这些在偏振光显微镜下所得到照片,还揭示了另外一个事实:有很多地方亮度会发生突然的变化,表明指向矢的方向在此处也必须是突然改变的。这些线称为向错(disclination),表示这些地方的指向矢实际上是不确定的,因为在一个极小区域里它指向很多不同的地方。因此,这些向错就是缺陷。

6.1.2 手征向列相液晶中的圆双折射

手征向列相液晶也就是胆甾相液晶,它的指向矢在空间上是围绕一个称为螺旋轴的直线而旋转的,如图6.4所示。

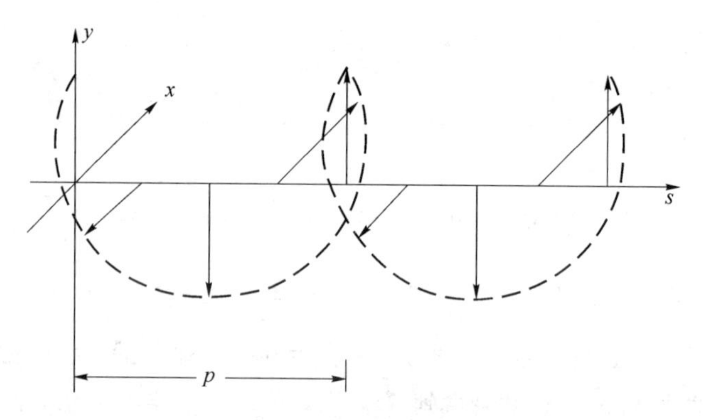

图6.4 手征向列相液晶中的指向矢构型

现在考虑一个沿手征向列相液晶的螺旋轴(z轴)传播并沿x轴偏振的光的情况。这束光必定跟液晶中的各部分都有相互作用。而这些部分的指向矢相对于光的偏振方向可以取所有任意的角度。若入射光是沿y轴偏振时会发生什么。它也必定跟液晶中的各部分都有相互作用,而后者的指向矢相对于光的偏振轴也取这些不同的所有的角度。事实上,在xy平面内沿任何方向的线偏振光必定会跟液晶中的所有这些部分相互作用,其指向矢可以跟偏振轴取所有不同的角度。这就意味着,不论它们的偏振轴的取向如何,沿z轴传播的线偏振光都具有相同的速度。因此,光的x分量所受到的位相延迟和其y分量所受到的位相延迟一样。因此,手征向列相液晶并不对沿其螺旋轴传播的光产生线性双折射。

但是对于圆偏振光来说,情况就完全不一样了。这里有两种可能性:要么光的偏振和液晶的螺旋具有相同的手征方向(右旋或左旋),要么它们具有相反的手征方向。

如果液晶螺旋轴是右旋的,那么右旋圆偏振光则穿过一种物质其指向矢在空间以跟光电场相同的方式旋转。而左旋圆偏振光则通过一种物质其指向矢在空间以跟其光电场相反的方式旋转。其结果则造成了这两种不同旋向的圆偏振光以不同的速度通过液晶而传播。这就叫做圆双折射。而对于圆偏振光的各向异性是以 n_R 和 n_L 的差值来表征的,它们分别是液晶对右旋的左旋圆偏振光的折射率。

6.1.3 旋光性

下面研究由手征向列相液晶的圆双折射所直接引起的一个现象。图 6.5 所示为一个右旋的和一个左旋的圆偏振光在空间某一点的时间演化。对每一个偏振光而言,其电场矢量是按相反方向转动的。图 6.5 也显示了具有相等速度的右旋和左旋圆偏振光的结合产生了线偏振光。

两个偏振光的电场矢量都是从沿 x 轴的方向开始转开,但是在一种情况中电场矢量是顺时针转动的(右旋圆偏振光)在另一个情况中它按反时针转动(左旋圆偏振光)。在所有的时间,这两个电场矢量的 y 分量是相互抵消的,而其 x 分量则叠加而产生了一个沿 x 轴偏振的线偏振光。然而,在通过手征向列相液晶传播之后,这两个圆偏振光变得位相互相分离开来。图 6.6 所示为这两个偏振光从液晶中出射处的时间演化情况。可以看到,左旋圆偏振光相对于右旋圆偏振光经受了一个位相延迟(因为 $n_L > n_R$),所以这两个分量的叠加已经不再是沿着 x 轴的线偏振光了。

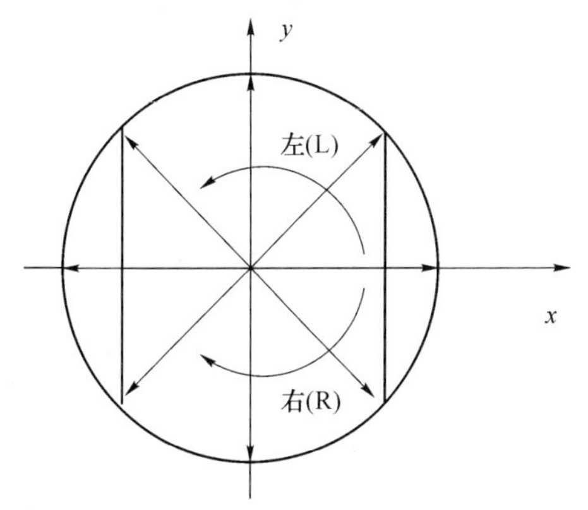

图 6.5　左旋和右旋圆偏振光叠加成一个沿 x 轴偏振的线偏振光

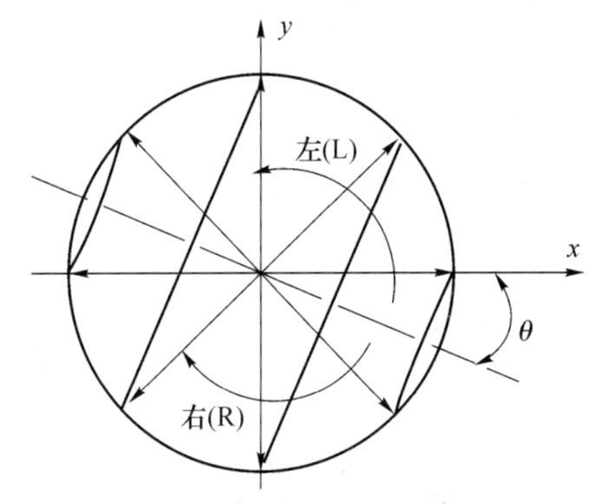

图 6.6　左旋和右旋圆偏振光叠加成一个与 x 轴成 θ 角偏振的线偏振光

正如图 6.6 所示,这两个分量的和仍旧是一个线偏振光,但是偏振的方向已经按顺时针的方向转开了一个角度。这个现象可以这样解释。沿 x 轴方向偏振的一个线偏振光(等同于一个右旋圆偏振光和一个等幅的左旋圆偏振光的叠加)进入液晶之后,其电场继续旋转,但是因为它们以不同的速度传播一个领先于另一个。因为 $n_L > n_R$,所以左旋圆偏振光传播得比右旋光慢,那么在通过厚度的 d 的一个手征状相液晶层后,右旋圆偏振光将先于左旋圆偏振光。因此,任何时刻出射的光是右旋圆偏振光与先行于它入射液晶的左旋圆偏振光的组合。因此，右旋圆偏振光比左圆偏振光有更多的时间旋转，所以处于一个较超前的角度。如图 6.6 所示，如果左旋圆偏振光沿 x 轴出射，而右旋圆偏振光则领先于 x 轴一个角度 2θ。当光连续通过这一点时，两个偏振的电场继续旋转，但此刻是以完全相反的方式旋转。正如图中可以看出那样，现在两个电场在每时刻都分别落在一个相对于 x 轴有一倾角(θ)的轴的相反两侧。因此，光定是沿着这个方向线偏振的。这个现象称为旋光性(optical activity)，它的量值是转过的角度被样品的厚度来除。典型的手征向列相液晶有相当高的旋光度，相当标准的数值是 300°/mm。如果光相对于一个沿着光束朝向光源向后看观察者顺时针转动的话，旋光度称之为正的。如果偏振的转动是反时针的话，旋光度则是负的。

现在来看一下旋光度取决于哪些参数。输入光可以表示成由两个电磁波 $\boldsymbol{E}_{\mathrm{R}}(z,t)$和 $\boldsymbol{E}_{\mathrm{L}}(z,t)$，所组成的，而且每一个都有着它们的 x 和 y 分量。

$$E_{\mathrm{R}x}(z,t)=E_0\cos(n_{\mathrm{R}}k_0z-\omega t)$$

$$E_{\mathrm{R}y}(z,t)=E_0\cos\left(n_{\mathrm{R}}k_0z-\omega t-\frac{\pi}{2}\right)=E_0\sin(n_{\mathrm{R}}k_0z-\omega t)$$

$$E_{\mathrm{L}x}(z,t)=E_0\cos(n_{\mathrm{L}}k_0z-\omega t)$$

$$E_{\mathrm{L}y}(z,t)=E_0\cos\left(n_{\mathrm{L}}k_0z-\omega t+\frac{\pi}{2}\right)=-E_0\sin(n_{\mathrm{L}}k_0z-\omega t)$$

要注意到，在 $z=0$ 处电场的 y 分量互相抵消，则剩下的光只沿 x 轴偏振。这就是光进入液晶之处。在传播了距离 d 之后，所产生的 x 分量是两个余弦函数之和，而产生的 y 分量则是两个正弦函数的差。如果用下列的三角函数关系式，即

$$\begin{aligned}\cos A+\cos B&=2\cos\left(\frac{A+B}{2}\right)\cos\left(\frac{A-B}{2}\right)\\\sin A-\sin B&=2\cos\left(\frac{A+B}{2}\right)\sin\left(\frac{A-B}{2}\right)\end{aligned}\tag{6.5}$$

则可以得到

$$\begin{aligned}E_x(z,t)&=2E_0\cos\left[\frac{(n_{\mathrm{R}}+n_{\mathrm{L}})k_0d}{2}-\omega t\right]\cos\left[\frac{(n_{\mathrm{R}}-n_{\mathrm{L}})k_0d}{2}\right]\\E_y(z,t)&=2E_0\cos\left[\frac{(n_{\mathrm{R}}+n_{\mathrm{L}})k_0d}{2}-\omega t\right]\sin\left[\frac{(n_{\mathrm{R}}-n_{\mathrm{L}})k_0d}{2}\right]\end{aligned}\tag{6.6}$$

在每一个分量中的第一个余弦函数含有相同的时间关系，而第二项则与时间无关。因此，沿 x 和 y 方向电场振荡的幅度是

$$\begin{aligned}E_{0x}&=2E_0\cos\left[\frac{(n_{\mathrm{R}}-n_{\mathrm{L}})k_0d}{2}\right]\\E_{0y}&=2E_0\sin\left[\frac{(n_{\mathrm{R}}-n_{\mathrm{L}})k_0d}{2}\right]\end{aligned}\tag{6.7}$$

但是，这些结果正是当电场矢量与 x 轴成一个 θ 角时所期望的，即

$$\theta=\left[\frac{(n_{\mathrm{R}}-n_{\mathrm{L}})k_0d}{2}\right]\tag{6.8}$$

因此，θ 给出了偏振在反时针方向所被转过的角度，因为按惯例，反时针的转动是

一个负的旋光度,所以旋光度的表述是

$$\beta=-\frac{\theta}{d}=\frac{(n_{\mathrm{L}}-n_{\mathrm{R}})k_0}{2}=\frac{\pi(n_{\mathrm{L}}-n_{\mathrm{R}})}{\lambda_0} \tag{6.9}$$

因为光学延迟,旋光度是随着波长的减小而增加,而正比于左旋和右旋偏振光折射率之差。

6.1.4　相长干涉和选择反射

正如所知,当电磁波通过物质时,因为物质的所有的部分都发射次波,所以除了与原始的波长相同方向传播的波以外,其他的波往往都相互抵消。但是如果物质的电磁性质本身是逐点而异,那么情况就并非如此。此时,从样品的不同部分所发射的波并不都是一样的,特别有意思的是这样一种情况,即每通过一段等于光的半个波长的距离时物质的电磁性质就彼此重复,这将导致来自物质等价区域所发射的波在向后方向上叠加在一起,如图 6.7 所示。

等价区域为半个波长的距离所间隔,这使得每一个向后传播的波的电场在从样品出射时是同相的,因此这些波是相互叠加而不是相互抵消。这种现象称作相长干涉,其结果是不仅有可观的透射电磁波,而且也有可观的反射波。

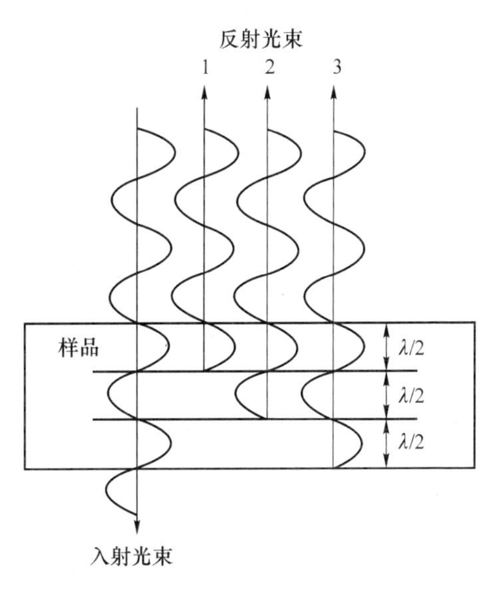

图 6.7　相长干涉的图示

当螺旋结构中的螺距等于液晶中光的波长时,相长干涉也会发生在手征向列相液晶中,这是因为螺旋结构在一段等于螺距一半的距离上自我重复。如果具有各种不同波长的光(例如白光)入射到手征向列相液晶上,其中大部分光将以某种旋光性而透射出去——除了那些在液晶中波长等于螺距的光。这个现象叫做选择反射,因为只有一个波长被反射。如果这个波长落在可见光范围,光就将具有一种特定的颜色。由此原因,手征向列相液晶在反射中常常显出明亮的色彩,具有完全由液晶的螺矩所确定的颜色。

若有等量的右旋和左旋圆偏振光入射到手征向列相液晶上,检查一下被反射的有颜色的光就会发现,它或是右旋的或是左旋的圆偏振光,取决于手征向列相的螺旋是右旋还是左旋的。重复结构本身就是右旋或是左旋的,这产生了一个附加的效应,使得相长干涉只对一种圆偏振光起作用,而对另一种则不然。图 6.8 给出了一个类似于上面所设想的实验中的某些结果。可以注意到,仅一个非常窄范围的波长被反射,而且仅仅对于一种偏振光。

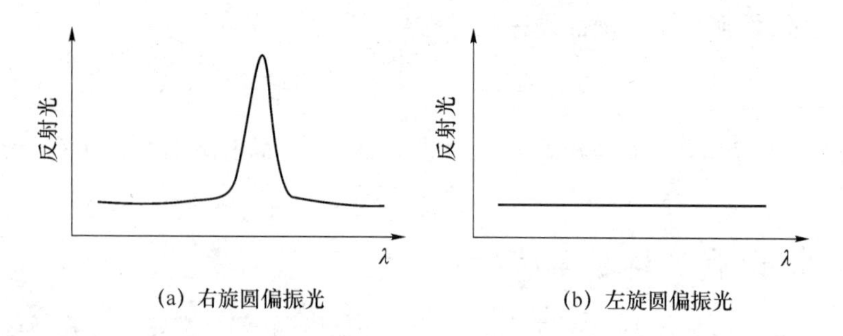

(a) 右旋圆偏振光 (b) 左旋圆偏振光

图 6.8 测量从手征向列相液晶所反射的光

在自然界中,选择反射的一个有趣的例子是某些甲虫的颜色。在这些甲虫的表皮发育的某个阶段,一种液晶类物质被分泌出来。接着该物质变硬,其分子固定在手征向列相取向有序的位置上。螺旋的螺距决定了什么颜色的光被选择反射,而且正如所预期的,从这些甲虫的外壳所反射的光是圆偏振的。

当然,相长干涉也可以在更一般的情况下加以讨论。来自手征向列相结构重复部分的反射如图 6.9 所示,此时光是以跟螺旋轴成一个 θ 角,而不是沿着此螺旋轴,入射到手征向列相液晶上,并以跟螺旋轴成一个 φ 角而被反射。

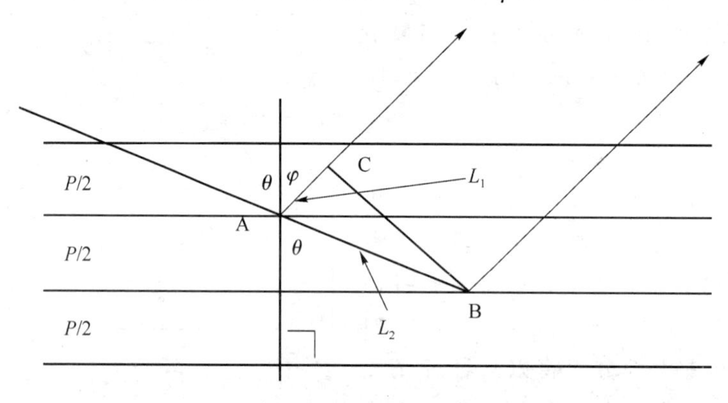

图 6.9 来自手征向列相结构重复部分的反射

如果手征向列相液晶的螺距是 P,那么每隔一个 $P/2$ 的距离结构就重复它自己一次。如果路径的长度差等于 λ 的整数值,此处 λ 是光在液晶中的波长,那么从液晶中每相隔 $P/2$ 的部分所发出的反射波就是同相的。

从图 6.9 中可以看出,此路径长度差 L_2-L_1 可以由认识到有 2 个三角形以 L_2 作为斜边而得到。一个三角形有一个角等于 θ 而另外一个则具有一个角等于 $\pi-(\theta+\varphi)$。因而,这两个路径之间的长度差就是

$$L_2-L_1=L_2-[-L_2\cos(\theta+\varphi)]=\frac{P}{2\cos\theta}[1+\cos(\theta+\varphi)] \tag{6.10}$$

对于相长干涉的条件是

$$m\lambda=\frac{P}{2\cos\theta}[1+\cos(\varphi+\theta)] \tag{6.11}$$

此处，m 一个大于零的整数。如果 $\theta=\varphi$（入射角等于反射角），则式(6.11)可简化为

$$m\lambda=\frac{P(2\cos^2\theta)}{2\cos\theta}=P\cos\theta \tag{6.12}$$

如果考虑白光和一个具有其螺距接近于光在其中的波长的液晶的话，这个结果的影响是很明显的。在任何一个特定的反射角，只有在光谱可见部分的一个波长被反射，使得液晶看起来是相当鲜艳的。这反射光的颜色随着观察角的变化而改变。此外，如果手征向列相液晶的螺距发生瞬间变化的话（或许是由于温度的变化），那么，在所有观察角的反射光的颜色也随之改变。使用其螺距对于温度十分敏感的手征向列相液晶作的温度计已经开始商业应用。

选择反射的完全的诠释实际上是有点相当复杂的。光沿着这螺旋传播的情况是取令人感兴趣的。完全的理论解释需要求解麦克斯韦方程组去得到在任何波长能沿着螺旋传播的光的特征。

圆偏振光的选择反射对旋光性也具有惊人的影响。当然，对于足够厚的样品和适当的光波长，只有一种圆偏振光从液晶中出射，因为另一种圆偏振光被完全反射掉了。在这种情况下，旋光性是不可能被测量的。然而，在波长接近这个值时，被反射的偏振光的折射率却从一个比相反偏振的折射率小得多的值急剧地变到比它大得多的值。因为旋光度的符号取决于哪个折射率更大，这就意味着在这个波长处旋光度的突然地从一个符号变到另一个符号。此外，因为旋光度的大小取决于两个折射率之差，所以这个符号上的变化实际上是从一种符号的非常大的旋光度值到另一种符号的非常大的旋光度值。在手征向列相液晶中的反常旋光性如图 6.10 所示，它很清楚地表明了对于特定波长光的极为引人注目的效应，当液晶中光的波长等于螺距时，旋光性变化非常剧烈。这种反常行为使得可以用非常薄的液晶样品产生极大的线偏振轴的旋转。例如，10 000°/mm 的旋转是相当普遍的。

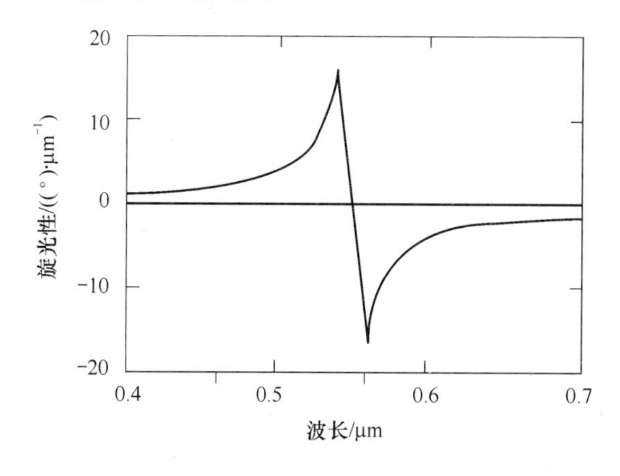

图 6.10 在手征向列相液晶中的反常旋光性

6.1.5 喀诺劈

从前面对选择反射和反常旋光性的讨论中，很清楚手征向列相液晶的螺距可以由

观察选择反射或反常旋光性发生时的波长加以测量，但有一个问题是，在液晶中的波长是不同于相同的光在空气中的波长的。其原因显然是由于液晶的折射率。当光在液晶中的波长等于手征向列相的螺距时，会发生选择反射和反常旋光性。同样一束光在空气中则有较长的波长(有一个等于折射率的因子)，而这比较长的波长是在实验中测量的。因此，为了测量螺距，必须知道液晶的折射率，这当然又需要另外一个实验。

可以使用喀诺劈(Cano wedge)这种技术来测量手征状相液晶的螺距，而不需要预先知道液晶的折射率。可以用两块平板玻璃表面来组成一个劈，或仅仅把一个大半径(长焦距)的透镜放在一块平板玻璃板上，如图 6.11 所示。如果使用锚泊剂使得两个表面间的手征向列相液晶排列得使其螺距轴或多或少地垂直于这两个玻璃表面，那么在劈中将会有一些位置，其两个表面之间的距离正好吻合半个螺圈的整数值，在这些区域处，手征向列相液晶的螺距等于它的正常值，所以液晶是无畸变的；在这些区域两侧，为了使两玻璃表面的距离吻合半个螺圈的整数值，螺距必须或多或少有些变化，所以液晶被畸变了。

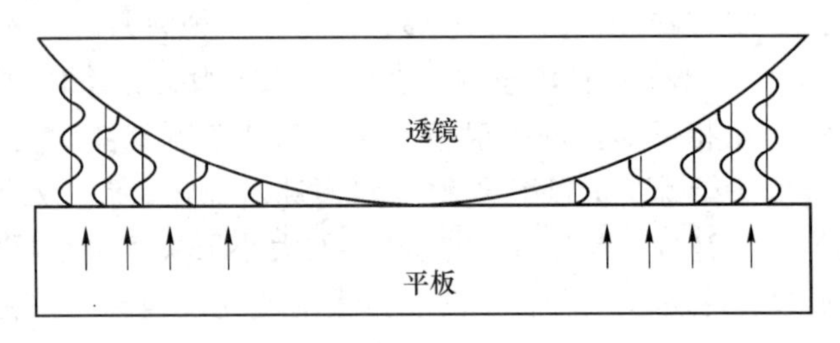

图 6.11　喀诺劈

然而，更重要的是，大致在这些区域的中部，半个螺圈的数目必须变化一个。这就是在哪儿产生了缺陷，它在偏光显微镜下作为一条锐线都能够被看到。因此，在斜劈的情况中，就可以看到一些不等间距的圆环。如果测量了这些圆环之间的距离，那么知道了劈的角度或者透镜曲面的半径后，就能够计算出在每一个缺陷处两个表面之间的距离差。这一定等于半个螺距。选择反射所产生的颜色也会在线之间发生变化，这是因为螺距是随着两个表面之间距离的增加和减小而慢慢变化的。

6.1.6　正交偏振器之间的手征向列相

一般说来，在正交偏振器之间的向列相液晶呈现亮态，这是由于线性双折射把线偏振光变成了椭圆偏振光，而其中某些部分被第二个偏振器透射出去。因为线性双折射的大小对波长是有某些依赖性的，光谱的某一端相对于另一端可以有较多的光被透射出去。因此，在通过两个正交偏振器观察时，线状相液晶稍微带上颜色是可能的。

对于手征向列相液晶来说，情况就非常不同了。第一个偏振器确保了线偏振光进入样品。然后，手征向列相的旋光性转动了偏振轴，所以某些光能够通过第二个偏振器。偏振轴被转动得越多，样品就显得越明亮。但是正如上面所述，在样品中光的波长接近等于螺距时转动得最厉害。这时光将比其他波长的光更多地通过第二个偏振器透射，产生了一种为观察者所看到的特定颜色。

然而，对于光沿着手征向列相液晶的螺旋轴传播还有另外一个特殊的情况，它对于显示的应用是非常主要的。这个特殊的情况就是当手征向列相的螺距比光的波长要大得多时，$P \gg \lambda_0$。当这种情况发生时，在几个波长的距离上指向矢取向的变化是非常小的。因此可以这样想象，光是通过一片一片的向列相液晶（其指向矢在每一片中是不变的）传播的，但是它的取向是从一片到另一片慢慢地变化的。这些薄片是垂直于手征向列相液晶的螺旋轴的，但是其厚度则要大大地小于螺距。对于一个左旋手征向列要液晶的这些薄片示于图 6.12 中，其中从 y 轴开始，然后以一个小的角度 $\Delta\theta$ 顺时针地从一片到一片地转出去。

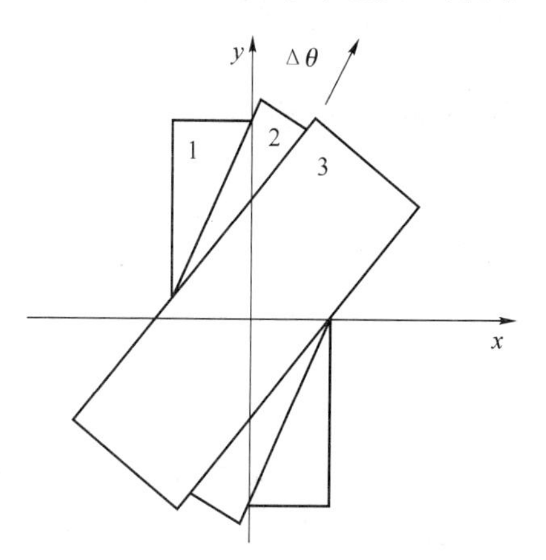

图 6.12　左旋手征向列相液晶的“向列相”薄片

如果入射光是沿着 y 轴偏振的，那么它通过第一个薄片传播而不会改变它的偏振方向，因为它的电场 E_0 是取向平行于这个薄片的指向矢的，第二个薄片的指向矢是以 $\Delta\theta$ 角度偏离 y 轴的，所以考虑电场是具有两个分量的，一个垂直于指向矢，$E_0\sin(\Delta\theta)$，而另一个平行于指向矢，$E_0\cos(\Delta\theta)$ 这两个分量的每一个将以不同的速度传播，所以它们从这薄片出射时是不同相的，一般地，这将产生椭圆偏振光，所以目的是去确定这椭圆的取向。

从这第二个薄片出射的光的分量是

$$
\begin{aligned}
E_x(z,t) &= E_0\sin(\Delta\theta)\cos(n_\perp k_0 d - \omega t) \\
E_y(z,t) &= E_0\cos(\Delta\theta)\cos(n_{/\!/} k_0 d - \omega t) \\
&= E_0\cos(\Delta\theta)\cos(n_\perp k_0 d - \omega t + \Delta n k_0 d)
\end{aligned}
\tag{6.13}
$$

此处，$n_{/\!/}$ 和 $n_\perp$ 分别是对于偏振平行和垂直于指向矢的光折射率，$\Delta n = n_{/\!/} - n_\perp$，而 d 是薄片的厚度。这就是 x 和 y 分量具有不同的幅度，E_{0x} 和 E_{0y}，并在它们之间有位相移动的椭圆偏振光的情况。显然，此处，$E_{0x} = E_0\sin(\Delta\theta)$，$E_{0y} = E_0\cos(\Delta\theta)$，$\delta = \Delta n k_0 d$ 而所表示的椭圆的方程是

$$
\left[\frac{E_x(z,t)}{E_{0x}}\right]^2 + \left[\frac{E_y(z,t)}{E_{0y}}\right]^2 - \left[\frac{E_x(z,t)}{E_{0x}}\right]\left[\frac{E_y(z,t)}{E_{0y}}\right]\cos\delta = \sin^2\delta \tag{6.14}
$$

一般来说，这是一个其椭圆取向以某个角度 ψ 偏离 x 轴的椭圆方程。要证实这一点，所必须作的是去旋转这 E_x 和 E_y 轴以一个角度 ψ，然后去确定 ψ 的什么值使得新的表达表示这样一个椭圆其半长轴和半短轴沿着新的一套轴取向（即方程中没有交叉项），所以，可以施加一个适当的旋转操作到电场上去，以得到一个对于电场的分量，$E_x(z,t)$ 和 $E_y(z,t)$ 以电场的新的分量，$E_x(z,t)$ 和 $E_y(z,t)$ 来表示的表达式

$$
\begin{aligned}
\boldsymbol{E}(x,t) &= R_z^t(\psi)R_z(\psi)\boldsymbol{E}(z,t) = R_z^t(\psi)\boldsymbol{E}'(z,t) \\
&= \begin{pmatrix} \cos\psi & -\sin\varphi \\ \sin\psi & \cos\varphi \end{pmatrix}\begin{pmatrix} E_x'(z,t) \\ E_y'(z,t) \end{pmatrix}
\end{aligned}
\tag{6.15}
$$

把 $E_x(z,t)$ 和 $E_y(z,t)$ 的表达式代入式(6.15),其结果是一个复杂的方程,但是重要的一点是不能够含有 $E_x(z,t)$ 乘以 $E_y(z,t)$ 的项。因此,这个交叉项的系数必须是零,即对 ψ 求解,可以给出下面的椭圆取向的表达式,即从这第二个薄片所出射的光是一个具有下述取向的椭圆偏振光,即

$$\begin{aligned}\psi&=\frac{1}{2}\arctan\left[\frac{2E_{0x}E_{0y}\cos\delta}{E_{0x}^2-E_{0y}^2}\right]\\&=\frac{1}{2}\arctan\left\{\frac{2E_0^2\sin(\Delta\theta)\cos(\Delta\theta)\cos(\Delta nk_0d)}{E_0^2[\sin^2(\Delta\theta)-\cos^2(\Delta\theta)]}\right\}\end{aligned}\tag{6.16}$$

如果除了 $P\gg\lambda_0$,$\Delta nk_0d\ll1$ 也成立的话,那么 ψ 可以被近似表示为

$$\psi=\frac{1}{2}\arctan\left[\frac{\sin(2\Delta\theta)\cos(\Delta nk_0d)}{-\cos(2\Delta\theta)}\right]\approx\frac{1}{2}\arctan[-\tan(2\Delta\theta)]=\begin{cases}-\Delta\theta\\\frac{\pi}{2}-\Delta\theta\end{cases}\tag{6.17}$$

在 Δnk_0d 上的上述的第二个条件直接地意味着 $d\ll\lambda_0$,因为在手征向列相液晶中指向矢是连续变化的,所以最后必须考虑这些薄片是无限薄的,这样这个条件是被满足的。

为了决定这两个 ψ 值中哪一个对计算是合适的,必须利用这个条件,即 ψ 是作为椭圆的半长轴与 x 轴的反时针旋转的夹角来定义的。因此,若 $\psi=-\Delta\theta$ 那么再加上 $\Delta\theta$ 是小量的这个事实意味着光是以它的半长轴几乎平行于 x 轴而入射到这个薄片上的。因为光是沿着 y 轴偏振射入液晶薄片的,上述情况没有什么意义。然而,如果 $\psi=(\pi/2)-\Delta\theta$ 和 $\Delta\theta$ 是小量,则入射光的半长轴是几乎平行于 y 轴的。这恰恰正是所期望的。

以上结果的意义现在是很清楚了。椭圆偏振的光以它的半长轴沿着第二个薄片的指向矢的方向而入射。因为位相差是非常小的,实际上这光仍然是线偏振的。因此,这第二个薄片的作用就是以从一个薄片到另一个薄片的指向矢转动的角度去转动了入射光的偏振方向。跟随着这入射光通过愈来愈多的薄片,就会很清楚,(光的)偏振方向直接地跟随着指向矢的方向。如果考虑这此薄片的厚度要比光的波长小得多,而光的波长又大大地小于螺距,那么就可以看到在这些条件下通过一个手征向列相液晶传播的光仍然保持是线偏振的,而且偏振方向直接地跟随着在结构中的指向矢的转动。这就是熟知的 Mauguin 定律,也称之为沿着螺旋轴传播的波导区域,它被广泛地应用在显示器件中,在这些 TN 或 STN 器件中指向矢被转动 90°或 270°引导出射光的偏振方向垂直于其入射时的偏振方向。

6.2 光学方法在液晶物理研究和测试中的应用

如前所述,偏振光在各向异性的,各种不同排列的液晶介质中的传播产生了许多新颖的光学现象,并导致了液晶的许多光学应用。反过来,利用各种不同的适宜的光学方法或技术也可以研究液晶盒中的各种物理过程及相应的液晶参数的测试。本节将介绍几个这方面的例子。

6.2.1 液晶盒中的光导波及其在液晶物理研究中的应用

1. 光导波和液晶盒

在20世纪70年代初期发展起来的光导波理论和技术是研究和应用光电磁波在多层介质薄膜中的定向传播的问题。在具有特定的光学参数构成的多层介质薄膜结构中，光波会把主要能量集中于某一薄膜而传播，这就是所谓的光导波。一般说来，光导波的传播动量具有分离的特征，而且取决于导波光的偏振状态，多层薄膜的光学参数，尤其是导波层的折射率和厚度。

无独有偶，同样在20世纪70年代初期，在积累了大量的材料研究和实验探索的基础上，液晶平面显示技术和器件开始崭露头脚。液晶显示器件的核心单元是液晶盒，它正好就是一个光学多层介质膜系统，即是一个理想的光波导系统。而且由于液晶一般说来是光学各向异性的单(双)轴晶体和其分子指向矢极易在外电(磁)场的作用下重新排列和取向，因此液晶盒可以看做是一个可以被电(磁)控改变其折射率(指向矢)分布的各向异性介质光波导。所以从20世纪80年代以来，在液晶盒中激励起光导波，研究其传输特性及在液晶物理研究中的应用已成为导波光学和液晶物理这两个领域的交叉研究热点。

2. 液晶盒中的光波导及其特征

从严格的理论层面来讲，光波导可以分为完全波导，半漏波导和全漏波导三大类。这主要是按导波光电场在薄层中的分布来划分的。在完全波导中导波光电场主要集中于中间的导波层，而在两边的覆盖层和衬底层中则是以迅衰场形式而衰减。在半漏波导和全漏波导中，则除了大部分光能量继续保持在中间的导波层外，还有部分能量从一边或两边以行波的方式泄漏出去。当然，这又是取决于诸薄膜层的光学参数构成的。这3种光波导如图6.13所示。

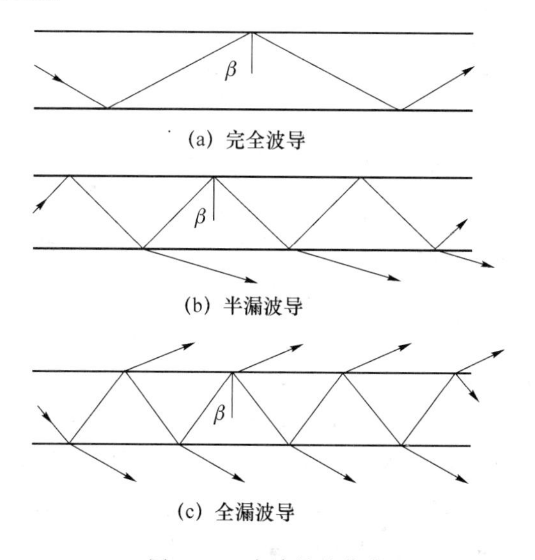

图6.13 光波导的分类

尽管这3种光波导在光电场分布及结构参数构成上有所不同,但光导模的生成却都是由于光波在多层薄膜之间多次折反射的相长干涉的结果。所以,尽管导模的形式及动量宽度(损耗)等有所不同,却都与多层薄膜的光学参数,尤其是中间波导层折射率分布及厚度息息相关,所以都可以反过来用以探测导波层的光学结构。

作为一种各向异性的介质光波导,除了一般光波导所具有的模式分布性质外,液晶光波导还有着它特有的模式结构特点,这就是模式的偏振转换(Polarization Conversion)或模式的偏振混合(Polarization Mixing)。下面简单地描述这个特点,考虑一个均匀锚泊的单轴液晶层由折射率分别为 n_C 和 n_S 的各向同性的半无限大覆盖介质和基板介质所环绕,如图6.14所示。

液晶的平行于和垂直于其指向矢(光轴)的折射率分别是 n_e 和 n_o,假定 $n_e>n_o$,即液晶具有正的各向异性。对于一般的情况,液晶的指向矢是从 x 轴倾斜一个角度 θ 和从 xOy 平面旋转一个角度 φ,见图6.14。线 AO 是对于在液晶中一个本征模的波矢。由垂直于 AO 的平面和液晶的折射率椭球所截得的椭圆的两个半长轴(OF 和 OB)中的一个给出了在液晶中传播的这个本征模的折射率。首先,选择一个光轴沿着 z 轴的非常特殊的情况,那么由图6.14可以简单地看出TE导模只取决于 n_o,而TM导模则取决于 n_e 和 n_o 二者,而其最低阶的模(高 β 角)几乎只取决于 n_o。因此,对于这个简单的情况,TM本征模的有效折射率随着模序而变化。如果现在让光轴倾斜,但仍然在 xOz 平面内,那么没有什么基本问题的变化。TE本征模仍然取决于 n_o,而TM本征模也仍然取决 n_e 和 n_o 的不同的组合。第二,如果光轴沿 x 轴,那么最低阶的TM导模将取决于 n_e,而其最高阶模将变得较敏感于 n_o 了。当然,所有的TE阶导模将仍然是敏感于 n_o 的。第三,如果光轴沿着 y 轴的话,则TE模对应于 n_e 而TM模则对应于 n_o,这是一个非常简单的情况。对于上述这3种特殊情况在各向异性波导结构中传播的本征模是纯TE模或纯TM模,尽管它们的传播常数可能改变。

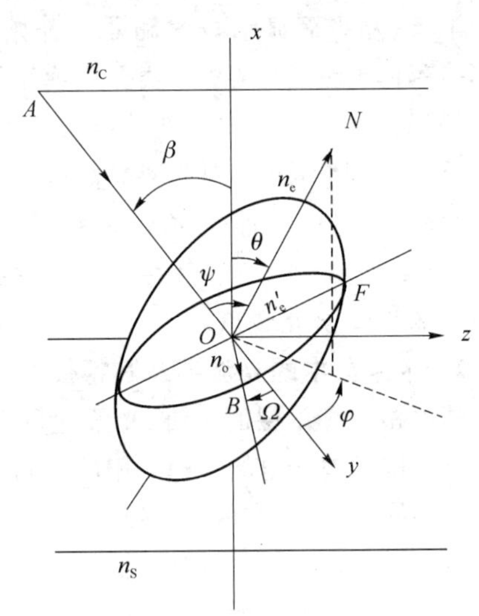

图6.14 一个各向同性一单轴各向异性各向同性系统的结构

但是一旦光轴在 xOy 平面内绕 y 轴转一个任意角度或在 yOz 平面内转某个任意角度,即光轴是在图6.14中所示的坐标系的一个一般位置处,则本征模就不再是纯TE或TM的了,则使用给定的线偏振,或TE或TM,辐射对那样一个系统的实验研究将会导致偏振转换,输出辐射将会具有某些正交偏振的分量存在。这些偏振转换的信号对于研究液晶波导的指向矢结构是非常有用的,因为它们是如此清晰地敏感于光轴(指向矢)在空间相对于激励辐射的入射面的取向,倾斜或扭曲。

下面给出一点解析的说明。由图6.14的结构,有

$$\cos\psi=\cos\theta\cos\beta-\sin\theta\sin\beta\sin\varphi$$

此处,ψ是在光轴(指向矢)和单轴层的本征模的波矢之间的夹角。非寻常光的折射率$n_e'(\beta_e)$是由椭园的半长轴OF定义的,此椭圆是由垂直于波矢AO的平面与单轴层的折射率椭球所截得的,从图6.14给出

$$n_e'=\frac{n_o n_e}{\sqrt{n_e^2\sin^2\psi+n_e^2\cos\psi}} \tag{6.18}$$

当然,此非寻常本征模折射率是在$n_e\geqslant n_e'\geqslant n_o$范围之内的,而且对于上述的3个特殊情况将对应于纯TE或纯TM本征模。在图6.14中,S偏振的辐射具有它的E场沿着y轴,而P偏振的辐射具有它的E场在xOz平面之内。对于任何一个形式的入射辐射,在单轴层中有两个本征模被激励,一个具有其E场沿着椭圆BOF的短半轴OB,而垂直于平面AON,而第二个则具有其E场沿着椭圆BOF的长半轴OF,并垂直于OB,所以在Oy和OB之间的夹角就给出了S-P或P-S转换信号的量度,当或者是纯S或者是纯P的偏振辐射进单轴层时。由图6.14可得

$$\cos\Omega=\frac{\sin\beta\cos\theta+\sin\theta\cos\beta\sin\varphi}{\sqrt{1-(\cos\theta\cos\beta-\sin\theta\sin\beta\sin\varphi)^2}} \tag{6.19}$$

显然,只有当Ω等于0或$\pi/2$时,才不会有偏振转换,这相应于下面3个特殊情况中的一个:①$\varphi=\pi/2$即光轴是在入射面xOz中;②$\theta=0$,即光轴是沿着x轴的方向;③$\varphi=0,\theta=\pi/2$,即光轴是沿着y轴的。这正是前面所提到的那些情况。当然,传播在单轴波导层中的不同阶导模的幅度和位相是比上面所描述得要复杂得多,因为有在两个界面之间的反射所引起的干涉的存在。然而,不管怎么样,有无偏振转换的判据仍然是正确地由式(6.19)所描述的。

3. 导波的输入输出耦合和实验装置

很清楚对于真正的导波来讲是不能够由光直接地从覆盖区域或基板区域来激励的,除非光或者是从波导的端部引入(端面耦合)或由某种第二个机制像在导波层的荧光。然而,端面耦合或在导波层内部激励的荧光,对很多液晶波导来讲都是不实际的,因此某些对导波没有显著干扰的光-耦合制必须被引入以允许在实验中对导波加以研究。

一般说来,在实验室中用于把外辐射耦合到波导层的两个较为方便的方法是棱镜耦合和光栅耦合。首先,棱镜耦合中,入射辐射的动量是由棱镜的折射率来增强的。而在光栅耦合时,入射的动量则是由光栅动量的成倍数增加而增强的。在这里只介绍最常用的也是最实用的棱镜耦合技术。

在棱镜耦合的情况下,一般由一个高折射率的棱镜提供在入射辐射的迅衰场和导波之间的位相匹配来激励导波。这种类型的耦合器的结构如图6.15所示,入射辐射沿着界面的动量是跟导波的动量匹配的,即$K_z=n_p k_0\sin\beta=\gamma'$。

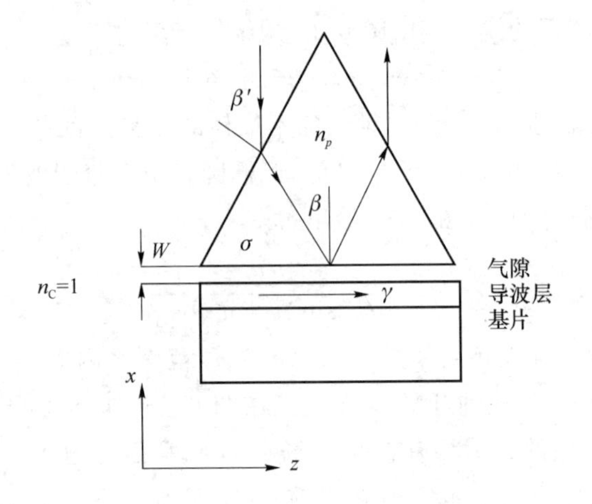

图 6.15　棱镜-耦合波导系统的结构，有一个厚度为 W 的低值折射率的耦合层

在很多实验中，入射角 β 是在变化着的，而对波导的耦合是以某种方式来监看的(如输出光下降一衰减全反射，ATR 方法)，所以所观察到的相应于共振模耦合的特征也就提供了模结构的信息。正如图 6.15 所示，相对于棱镜入射角的外入射角 β' 是跟内入射角 β 由棱镜的角度 σ 和折射率由式(6.20)联系起来的，即

$$\beta' = \arcsin\left[\frac{n_p}{n_0}\sin\left(90-\beta-\frac{\sigma}{2}\right)\right] \tag{6.20}$$

此处 σ 是对称棱镜的底角。按此方程，如果入射辐射是垂直于棱镜的入射面，那么对于一个给定的 β，相应于在棱镜和导波层之间的临界角，σ 满足式(6.21)，即

$$\cos\left(\frac{\sigma}{2}\right) = \frac{n_g}{n_p} \tag{6.21}$$

因此，对于折射率约为 1.55 附近的典型的波导层和折射率为 1.8 的对称棱镜，大约 60°左右的底角就能够用于耦合辐射进入波导。这是很容易制备的。按照同样的迅衰机制，即棱镜能够耦合辐射进入波导，它也能够用于把辐射从波导中耦合出来。可以使用两个独立的棱镜，但是在大多数的标准的实验中为了方便起见，一个对称的棱镜常常被用于把辐射耦合进和耦合出波导这两种作用。

当然，对于一个实际的液晶波导来讲，空气耦合间隙是不实际的。因此，另外一个基板是需要的以给出低折射率的耦合层，这即可能是一种介质层如二氧化硅层，或薄金属膜。在每种情况下，都是把它们首先蒸发淀积在棱镜的底面上。为了更方便，一个类似的薄膜可以首先直接蒸镀在一个高折射玻璃的基板上，而这高折射率的玻璃可以通过匹配液与棱镜的折射率相匹配。用这种方式，可以首先制备一个平板的液晶波导，然后再用匹配液使其基板与耦合棱镜产生折射率匹配，这对于实验液晶盒的制作是很方便的。

液晶光波导的实验装置如图 6.16 所示。

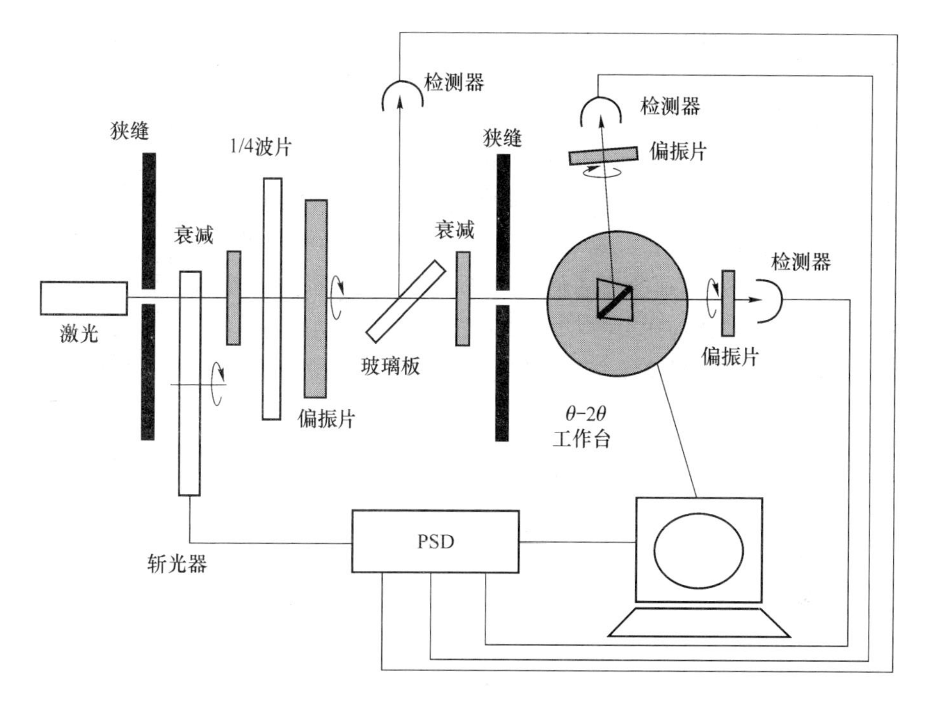

图 6.16 液晶光波导实验装置

通过上述的实验装置，在棱镜耦合的液晶盒中所激励起的光导波模式结构以各种不同偏振组合的反射光和/或透射光信号的随入射角(水平动量)变化的形式被记录下来，并作为数据文件存储于计算机以备日后拟合处理。

4. 光导波技术在液晶物理研究中的应用

从前述的光导波理论导模谱对于波导层的参数包括光折射率(张量)在薄膜中的分布和层的厚度都非常敏感。特别是不同阶次的光导模通过在导波层中的不同的光电场分布而敏感于波导层的不同部分。所以跟其他的光学方法相比较导模技术是唯一的能够产生所需要的通过整个导波层厚度的空间灵敏度的方法。过去这些年来，随着实验的发展和应用的要求共有 4 种不同的液晶波导结构被发展起来，用棱镜耦合方法去揭示液晶薄膜中分子指向矢分布及在外部环境变化时的响应。这就是完全波导，全漏波导，半漏波导和改进的全漏波导。

对于所有这 4 种结构来讲，基本的实验步骤就是去监测一个平面平行单色线偏振光束通过一个耦合棱镜入射到玻璃/液晶界面上所产生的反射率和/或透射率与入射角的相关性。按照前面所述的光导波模型，在某一个入射角时入射辐射的沿着表面的动量将跟多层平面结构波导结构中的一个导模的动量相匹配。这样，如果结构适当，在这些角度处的偏振保持的反射率将会下降。当然，在这些角度处的偏振保持的透过率也会有某些变化，只要有另外一个输出耦合棱镜位于波导结构的底面。因此，由直接地监测反射率和/或透射率作为入射角的函数，将发现所有模的动量谱。这些动量谱一般说来用于研究由各向同性，无损耗介质所组成的导波层的光学性质已是足够的了。但是，对于涉及到液晶的波导结构来说，情况是比较复杂的。如果液晶的分子指向矢旋离入射面和/或倾斜于盒的表面,这样模就不再是纯 TE 或 TM 的了,反射和透射辐射将一般会具有偏振转换分量。这不仅将产生偏振保持的反射和透射信号,而且也将导致更复杂的偏振转换反射和透射谱。更一般地说,这就是需要用一个探测器在一个较宽的角度范围内精确地测量角度相关的反射和/或透射率,然后用这个结构的多层光学模型的计算去拟合这些实验所得到的数据。特别是使用角度相关的偏振转换的反射率和/或透射率,它们是特别敏感于指向矢在空间的指向的,由拟合这种类型的数据,可以得到特别详细的指向矢穿过整个液晶盒的分布状态。下面举几个例子来说明这个技术在液晶物理研究中的优异之处。

如图 6.17 所示为半漏波导的样品结构,已经作了大量的工作于液晶物理的研究中。

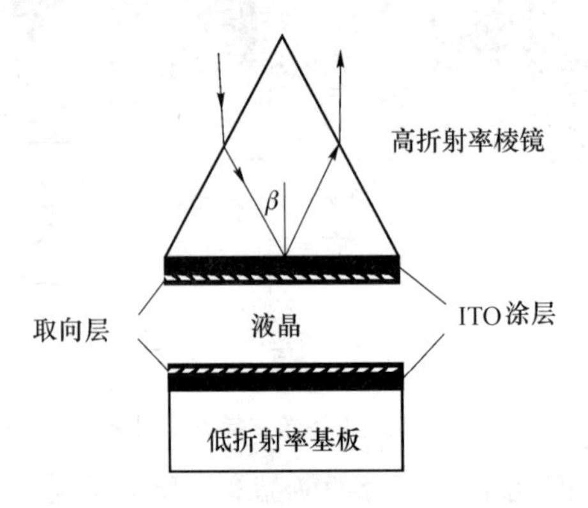

图 6.17　具有高折射棱镜和低折射率基板的半漏导模(HLGM)方法的结构

这种半漏波导样品结构的特点如下。

(1) 高折射率棱镜→ITO→摩擦 PI→LC 层→摩擦 PI→ITO→低折射率玻璃基板。

(2) 高折射率玻璃棱镜应该有一个折射率 n_c,大于在液晶层中的可能有的最高的折射率,而低折射率玻璃基板应该有一个折射率 n_s,低于在液晶中可能有的最低的折射率。如果假设液晶是正单轴各向异性的 $n_e>n_o$,上述条件是 $n_c>n_e$ 和 $n_s<n_o$。

(3) 正是这种上下玻璃的折射率的不对称性,提供了这种结构的基本的新功能。

(4) 在$\lfloor \arcsin(n_s/n_c) \rfloor$和$\lfloor \arcsin/(n'/n_c) \rfloor$($n'$是被辐射所探测的液晶的最大的有效折射率)之间的入射角的一个狭窄的窗口之内,导模是半漏的,光在液晶/低折射率基板界面上被全反射,而一些尖的半漏导模的反射谱会被实验上记录到。

这种结构的优点如下。

(1) 因为在一个有限的入射角范围内,低折射率的基板是作为一个反射镜(介质/介质全反射)的,所以在液晶层内的强烈的来回反射的干涉作用,产生了比较尖的半漏导波峰,所以对指向矢分布的敏感性要大于全漏导波结构。

(2) 由于没有任何金属镀层,所以液晶盒可以按商品盒的制作程序由 ITO 和摩擦 PI 来锚泊液晶。

(3) 偏振转换光谱现在将变得相当强,不再为金属层对 TE 光的反射所限制。这对于详细地确定指向矢在整个盒中的分布是非常重要的。

这种半漏导模(HLGM)技术的优点已经被详细地分析过,从数值模拟可以发现,这种技术对于指向矢倾斜和扭曲的所有变化,即使小于 1°,也具有非常好的灵敏度。它可以用来监察小至 0.002 的光学双轴性,也能够用来详细地给出在相当接近盒边界处的指向矢构型。

当然,从实验技术的观点来看,使用高折射率棱镜匹配液-高折射率玻璃上基板是比较方便的。因为,它可以用常规制盒技术来制作液晶盒。更主要的是,它给出了液晶盒绕着垂直于盒表面轴转动的自由度,使得可以选择某些合适的角度来得到更强的 P-S 转换谱,从而高分辨地解析指向矢在液晶盒中的具体分布状态。

自从这种半漏导模(HLGM)技术在 1993 年被提出后,已经使用这个强有力的工具作了大量的工作。使用这个技术的第一个工作就是去揭示一个水平锚泊的表面压制铁电液晶盒(SSFLC,Merck-BDH SCE3)的详细的光学张量构型。60°斜蒸氧化硅被用来作为锚泊层来水平锚泊处于向列相的铁电液晶(FLC),实验所记录的数据在上面所讨论的入射角窗口内显示了高达 60%的 P 偏振对 S 偏振的转换反射信号。用多层膜光学理论去拟合实验数据所得到的结果指出这个 SSFLC 的指向矢构型是一个横穿过盒的稍稍弯曲的“chevron”结构,而且具有小的 1.5°预倾角和 0.3 μm 厚的近表面区。这个铁电液晶的小达 0.003 5 的介电系数的双轴性从拟合中也可以发现。此外,由使用二种波长,632.8nm (氦-氖激光,He-Ne)和 514.5 nm(氩离子激光,Ar-ion)的激光来作实验也得到了小的光学张量轴色散的信息。

对于这个 SSFFLC 盒在两个波长下的实验数据和理论模拟如图 6.18(a)和图 6.19(a)所示,而相应的指向矢倾斜角和扭曲角分布分别如图 6.18(b)和图 6.19(b)所示。图 6.20(a)是图 6.19(a)的某一部分的放大,从中可以看出一个特定的 P-S 转换峰(图中箭头所指向)对于倾斜分布的敏感性。

图 6.18(a)是使用 HLGM 技术和 632.8 nm 的光所得到的 FLC-SCE3 的 P 对 S 的偏振转换反射率。实线指出了理论对实验数据(交叉点)的拟合;图 6.18(b)是从实验数据的拟合中所确定的液晶盒中指向矢倾斜角和扭曲角分布。

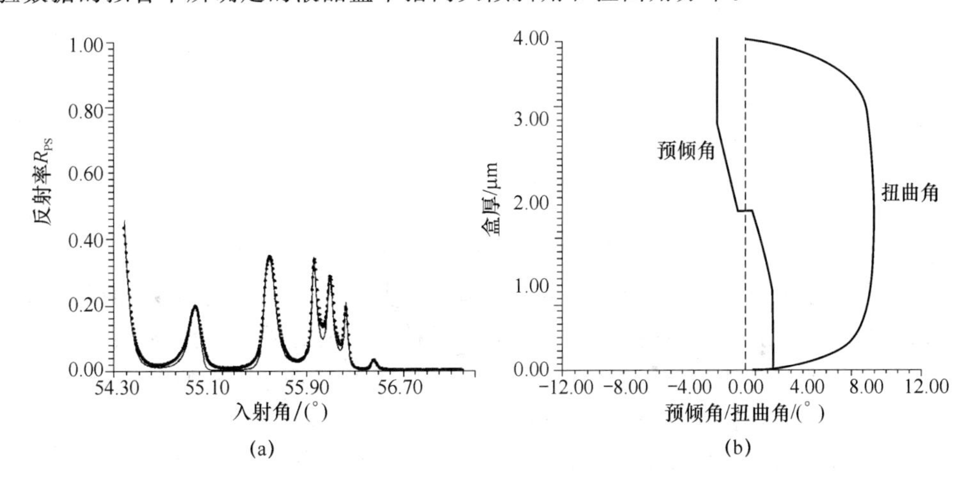

图 6.18　SSFLC 盒在 632.8 nm 下的实验数据、理论模拟曲线和相应的指向矢倾斜角、扭曲角分布

图 6.19(a)是使用与图 6.33 中同样的盒和 514.5 nm 波长的光所得到的 P 对 S 偏振转换反射率谱及相应的理论模拟;图 6.19(b)是由理论拟合实验数据所确定的扭曲角和倾斜角分布。

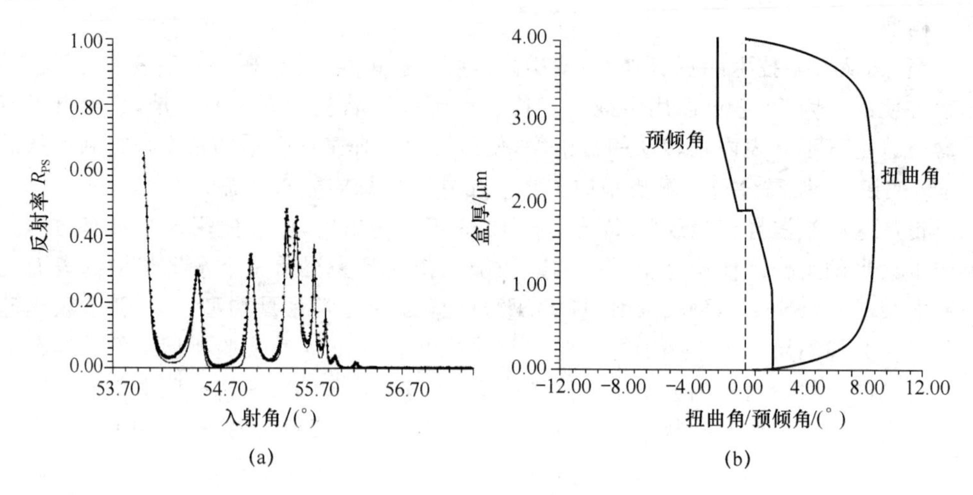

图 6.19　SSFLC 盒在 514.5 nm 下的实验数据、理论模拟曲线和相应的指向矢倾斜角、扭曲角分布

图 6.20(a)对于 514.5 nm 波长由使用在图 6.19(b)中的扭曲角分布和不同的倾斜角分布产生的 R_{PS} 理论曲线反射率和相应的分布是用不同的点线指出的。

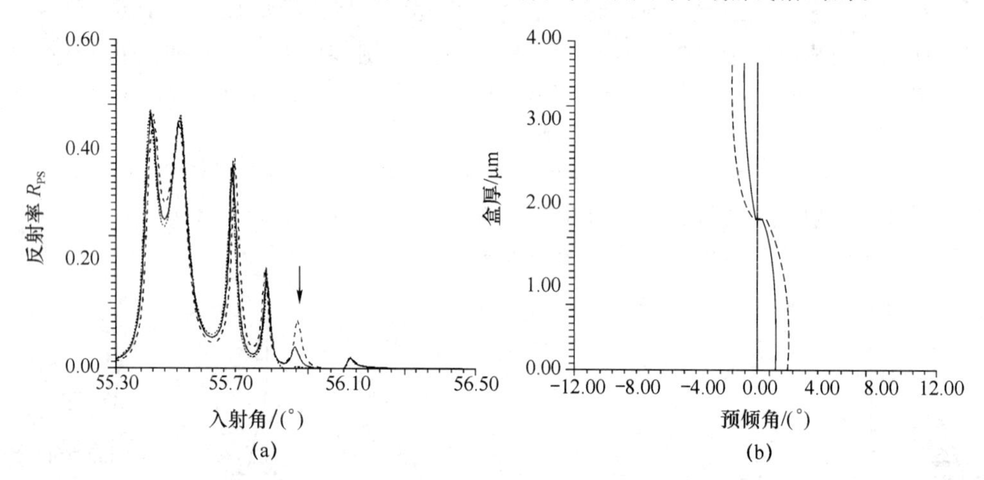

图 6.20　不同倾斜角分布对应的 R_{PS} 曲线和相应的倾斜角分布

不仅是对于较复杂的 S_C^*(铁电)相,甚至对于某些简单的相,像向列相或近晶 A 相,如果由于外界的逼迫使得指向矢的结构变得相当复杂的话,半漏导波技术也会提供一个至关重要的方法去确定这个指向矢的分布。下面举两个较近的例子。

第一个是在一个扭曲的液晶盒中去观察向列相和近晶 A 相的共存。

当一个 TN 盒的温度降到向列相-近晶相转变温度以下时,会发生什么事情?因为近晶相的层是不能够忍受扭曲的,所以盒中会是一个充满缺陷的结构,还是会有其他的无缺陷的结构呢?所以一个能够较详细地确定指向矢在整个盒中的织构的强有力的工具是需要的。上述的半漏导波(HLGM)技术则正好提供了所需要的工具。

样品盒是充以液晶 8CB 的,上下表面摩擦 PI 成 87°角的薄液晶盒。在以高温约 110 ℃的各向同性相充进液晶后,逐步降温至 N 相,然后在进一步地逐步降温的过程中测量与角度有关的 R_{SS}、R_{PP}和 R_{SP}谱。最后通过理论拟合来得到指向矢在各个温度下的在盒中的分布。从拟合结果中可以得到如下几点:首先,N 相是均匀的扭曲的指向矢分布于盒中;第二,在缓慢的冷却过程中很容易发现 N 到 S_A 相的相变点是在 67.0～67.8℃之间,此时一个特别的导波峰出现在 HLGM 的反射谱中;第三,当温度低于从 N 到 S_A 相的相转变点时,此时仍然有好的单畴于液晶盒中,因为导模的特征很好,而且只有非常低的本底噪声在 R_{SP} 数据中。最后,在 S_A 相的温度范围,指向矢分布具有非常不同于线性扭曲的向列相的形式,如图 6.21 所示。

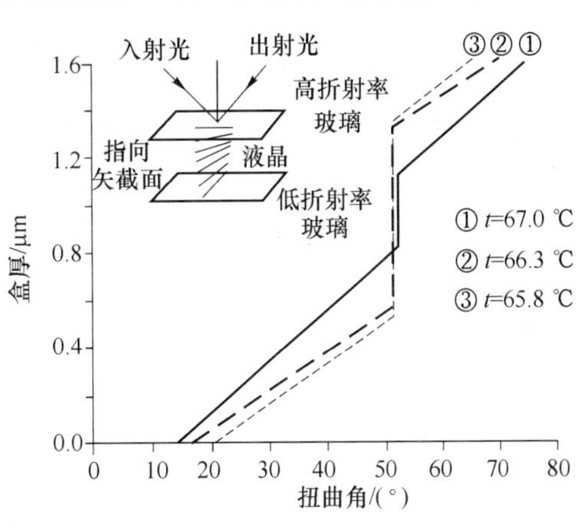

图 6.21　指向矢分布

图 6.21 中对于 3 个不同的温度使用半漏导模方法所得到的通过 1.6 mm 的扭曲液晶盒的指向矢扭曲角分布 $\varphi(z)$。可以注意盒心的非扭曲区域是被确认为 S_A 材料的区域且随温度降低而增长。

随着盒厚的增长,分离开来的 S_A 相的区域开始增加,如图 6.22 所示。通过这些实验液晶盒的指向矢分布的诊断只能由 HLGM 技术来实现,使用垂直入射的正交偏光显微镜法是无法鉴别出来的,所以在这个工作中所发现的指向矢分布给出了在扭曲液晶盒中向列相和近晶 A 相共存的图像。

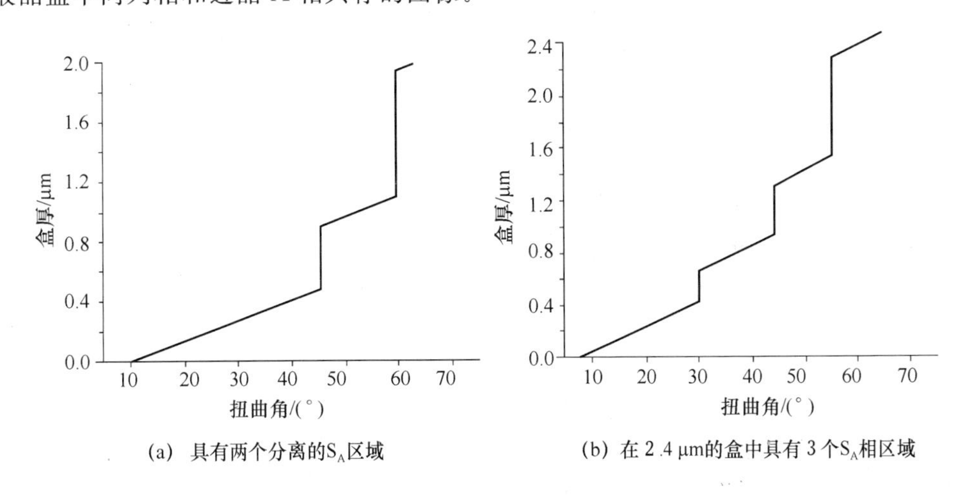

(a) 具有两个分离的S_A区域　　(b) 在 2.4 μm的盒中具有 3 个S_A相区域

图 6.22　在 2.0 μm 厚的扭曲盒中的指向矢扭曲角分布

第二个例子涉及到用半漏导模技术去确定在一个扭曲向列相液晶盒壁上的“容

易”轴(easy axis)的方向。

这对于使用一个薄的 TN 盒去测定表面水平锚泊能结构技术来讲是非常重要的。然而当一个薄的 TN 盒被装制成后，在两个边界区域的指向矢的扭曲角总是从“容易”轴处偏离开来，因此精确地测定这“容易”轴的方向，从而得到在弹性力矩和锚泊力矩平衡状态下，表面处指向矢的扭曲程度，是成功地测量表面水平锚泊能的关键。

在施加高电压(4 V)使盒中大部分的指向矢直立起来后，使在两个表面边界处的指向矢失去了靠扭曲弹性力矩而互相耦合，从而回到了各自的“容易”轴方向。再利用 HLGM 技术对指向矢偏离入射面的非常敏感的 P-S 偏振转换反射率的特点，由在保持液晶盒施加高电压的情况下，使液晶盒围绕垂直于盒壁的轴慢慢旋转，从而找出 R_{PS} 信号为零的方向，此即为在此上表面处的指向矢的“容易”轴的方向。对于一个薄的 E7-BDH TN 盒，偏振转换反射率对“容易”轴扭曲出入射面的角度的实验结果如图 6.23所示。使用这个步骤在向列相液晶(E7-BDH)和摩擦 PI 层之间的表面水平锚泊系数被加以确定。

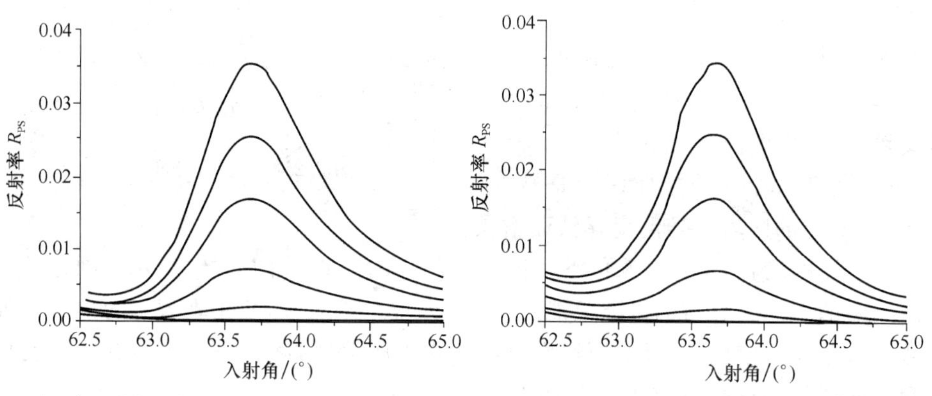

(a) 6条 R_{PS} 曲线从底到顶相应于指向矢在入射面内和分别偏离入射面为1.0°, 2.0°, 4.0°, 5.0°和6.0°

(b) 6条 R_{PS} 曲线分别相应于指向矢在入射面和以相同于(a)中的角度以相反方向扭曲离开入射面

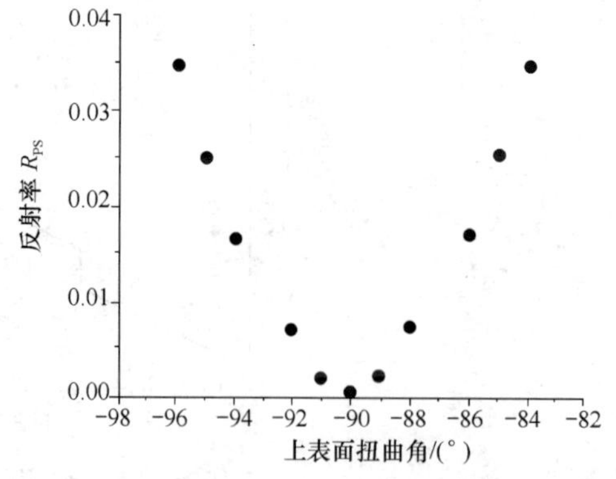

(c) 一个所选择的P对S偏振转换模的强度对指向矢从辐射的入射面扭曲出去的角度

图 6.23 对于一个在 4.0 V 电压下的 TN 盒的入射角从 62.5°～65.0°的实验所记录的反射率数据

从以上的分析和实验结果中可以看出，在液晶盒中激励和探测光导波的实验方法确实是一个对于液晶物理研究的强有力的工具。另外，如果用聚焦光束来同步激励具有宽广动量谱的导波群峰和用电荷耦合器件(CCD)来作瞬时广动量谱的探测的话，那么就可以用光导波的方法来研究液晶盒中在外场作用下的动态过程。在这方面已作了很多工作，限于篇幅这里就不再多述了。

6.2.2　液晶双折射率的测定

如前所述，在一定的条件下液晶是一种各向异性的物质，光学上类似于晶体，尤其是向列相液晶类似于单轴晶体，所以光在液晶中传播会发生双折射现象。因此，液晶材料的双折射率是液晶材料的主要参数。不仅如此，而且还因为双折射率的测量是研究液晶有序性的重要方法，所以，在不同变化的外界条件下，测量双折射率，或把它与另一些物理量联系起来，通过液晶折射率的测量还可以研究不少物理问题。

1. 阿贝折射计

在一般的液晶光学实验室和工厂企业的检测实验室中，液晶的双折射率多是用折射法由阿贝折射计来进行的。

阿贝折射计是根据折射极限法设计的定型仪器。这里先简单的介绍一下它的实验原理和讨论一下它的优缺点。

阿贝折射计既可以测定透明，半透明液体，又可以测定固体物质的折射率。按照常规测试方法，它只能测到液晶的寻常折射率 n_o，但是如果对棱镜表面进行取向的工艺处理，使被测液晶光轴垂直于面，则用阿贝折射计可同时测量 n_o，n_e。当然，所测量液晶的折射率不能够大于棱镜玻璃的折射率 n_g。此法测量精度主要取决于液晶分子垂直于取向排列的好坏，其测量精度可达到±0.002。

阿贝折射计的基本原理即为折射定律：

$$n_1 \sin \alpha_1 = n_2 \sin \alpha_2$$

其中，n_1，n_2 为交界面两侧的两种介质的折射率；α_1 为入射角；α_2 为折射角。折射原理如图 6.24所示。

若光线从光密介质进入光疏介质，此时入射角小于折射角，改变入射角可以使折射角达到 90°。此时入射角称为临界角，阿贝折射计测定双折射率就是基于测定临界角的原理。图 6.25 中，ABCD 为一折射棱镜，其折射率为 n_2，AB 面以上是被测样品。

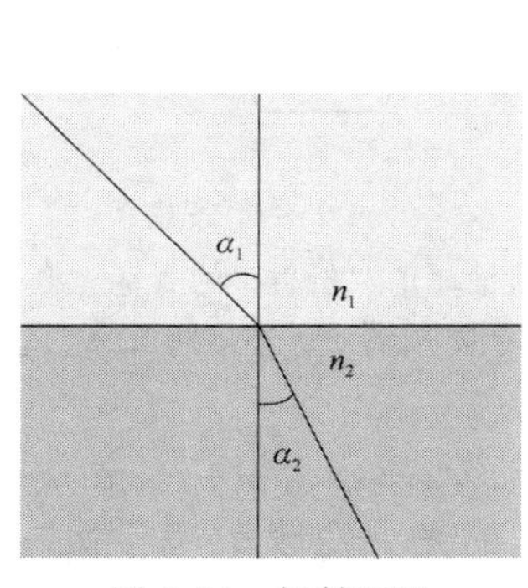

图 6.24　折射原理

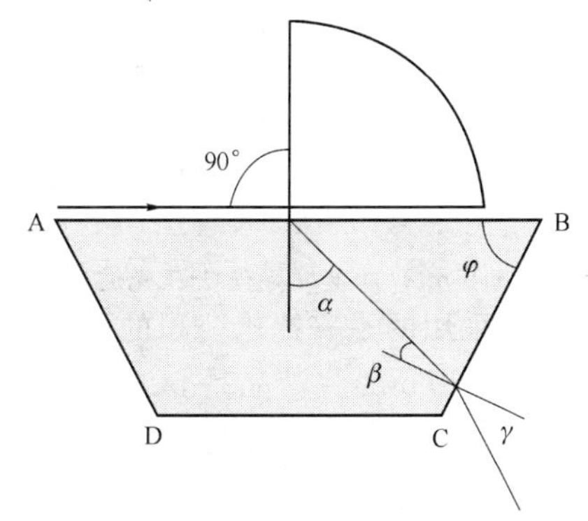

图 6.25　折射棱镜

当不同角度光线射入 AB 面时,其折射角都大于 γ,如果用一望远镜对出射光线观察,可以看到望远镜的视场分为明暗两部分,二者之间有明显的分界线,如图 6.26 所示,明暗分界处即为临界角的位置。

透明固体或液体的折射为 n_1,由折射定律得

$$n_1 \sin 90° = n_2 \sin \alpha_2, \qquad n_2 \sin \beta = \sin \gamma \tag{6.22}$$

由 $\varphi = \alpha + \beta$,得 $\varphi = \alpha - \beta$,代入式(6.22)可得

$$n_1 = n_2 \sin(\varphi - \beta) = n_2 (\sin \varphi \cos \beta - \cos \varphi \sin \beta) \tag{6.23}$$

再由式(6.22)可得

$$\begin{aligned} & n_2^2 \sin^2 \beta = \sin^2 \gamma, n_2^2 (1 - \cos^2 \beta) = \sin^2 \gamma \\ & \cos \beta = [(n_2^2 - \sin^2 \gamma)/n_2^2]^{\frac{1}{2}} \end{aligned} \tag{6.24}$$

最后有

$$n_1 = \sin \varphi (n_2^2 - \sin^2 \gamma)^{\frac{1}{2}} - \cos \varphi \sin \gamma \tag{6.25}$$

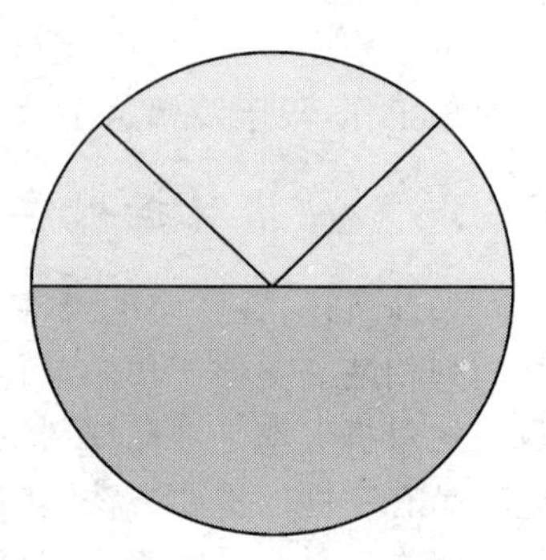

图 6.26 明暗分界处

棱镜之折射角 φ 和 n_2 均为已知,当测得临界角 γ,即可换算得被测物质之折射率 n_1。

用阿贝折光计测液晶之双折射率的优点是方法操作简单方便,已仪器化,读数较准确和试样用量少;其缺点是一般只能用来作可见光范围的双折射率测量,除非专门改装仪器,再则只能用来测量向列相液晶的双折射率。

2. 光通信近红外波段液晶双折射率的测定

近年来,液晶在光通信中的应用越来越广泛,如何选择合适的材料已经成为一个重要而又紧迫的问题。双折射率则是其中一个主要的选择参数。

下面是一种全漏导模法在光通信近红外波段液晶的双折射率的测量中最近所作的工作。此时液晶是处于两个高折射率棱镜之间的。

实验装置和样品盒结构如图 6.27 所示。

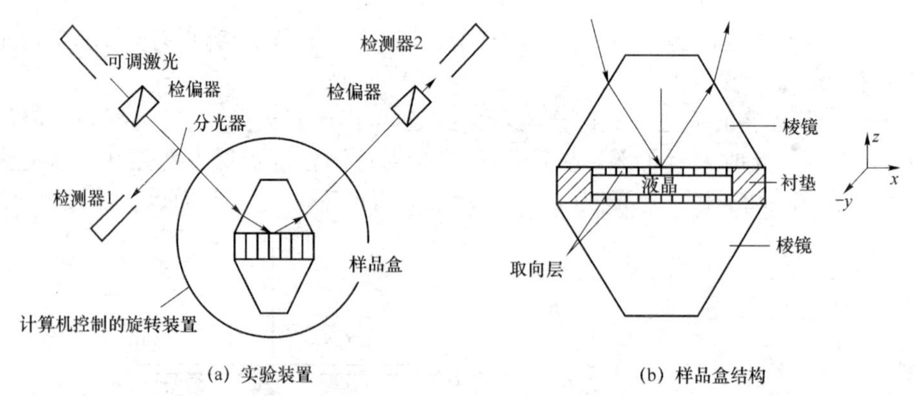

图 6.27 全漏导模法在光通信近红外波段液晶的双折射率的测量

实验中所采用的是安捷伦公司的可调近红外线激光器(型号 81640A,调谐波长范围为 1 400～1 670 nm)。液晶是 5CB。

一个典型的实验数据和理论拟合结果如图 6.28 所示。拟合参数是:棱镜 ε = 2.906 7,液晶倾斜角 = 0.1°,扭曲角 = 90.0°,激光的光束发散 0.03°,液晶层厚度为 15.7 μm,ε = 2.287 − 20.000 5。

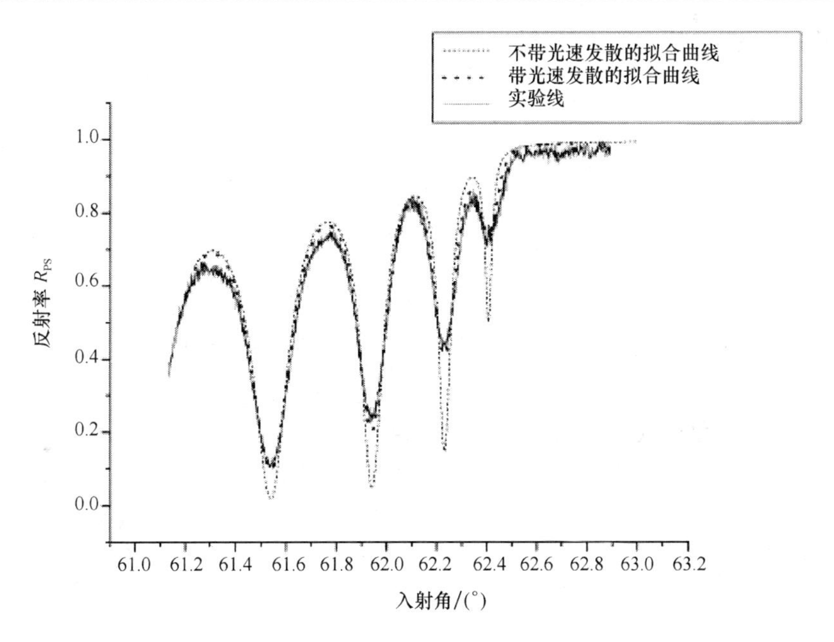

图 6.28　实验曲线及带有和不带有光束发散度的拟合曲线

另外，结合前人对 5CB 在可见光波为已做的双折射率测量的结果，最近所做的在近红外波的双折射率测量结果用下列形式的 Sellmeler 公式表示，即

$$n_e(n_o)=1+\frac{B_1\lambda^2}{\pi^2-C_1}+\frac{B_2\lambda^2}{\lambda^2-C_2}+\frac{B_3\lambda^2}{\lambda^2-C_3} \tag{6.26}$$

比较结果如图 6.29 所示。

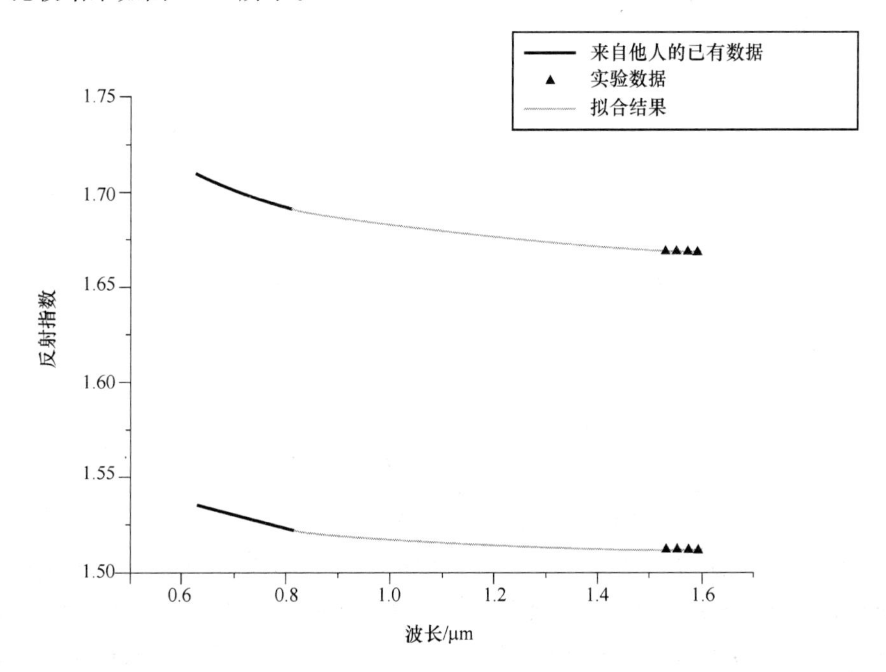

图 6.29　在可见光波为已有的 5CB 双折射率数据和所做的用于比较的近红外结果

Sellmeler 公式的有关系数见表 6.1。

表 6.1 Sellmeler 公式的有关系数

-	β_1	β_2	β_3	β_4	β_5	β_6
n_o	1.299 57	−0.009 4	0.551 03	0.014 12	−0.184 9	117.114 4
n_e	1.571 17	0.219 30	1.178 412	0.012 121	0.114 591	116.503 112

可见,用全漏导模法,加上高折射率的耦合棱镜,可以用于较精确方便地确定向列相液晶在光通信近红外波段的双折射率。这可以看做是在可见光波工作的一般的阿贝折光计方法的一种开拓和补充。

3. 在微波波段的液晶的双折射率的测量

随着微波技术的发展,液晶材料在微波领域中的应用,像选频,调制等应用基础和应用研究都在迅速的发展。正像在光通信波段的应用一样,如何选择合适的液晶材料也是一个重要的紧迫的问题。同样的,液晶材料在微波波段的双折射率也是一个主要的选择参数。

虽然有许多方法可以测量有关材料在微波波段的折射率,但是对于液晶材料的双折射率测量来说最近所发展起来的一个方法却是比较适宜的。这个方法所使用的实验装置和样品盒结构如图 6.30 所示。

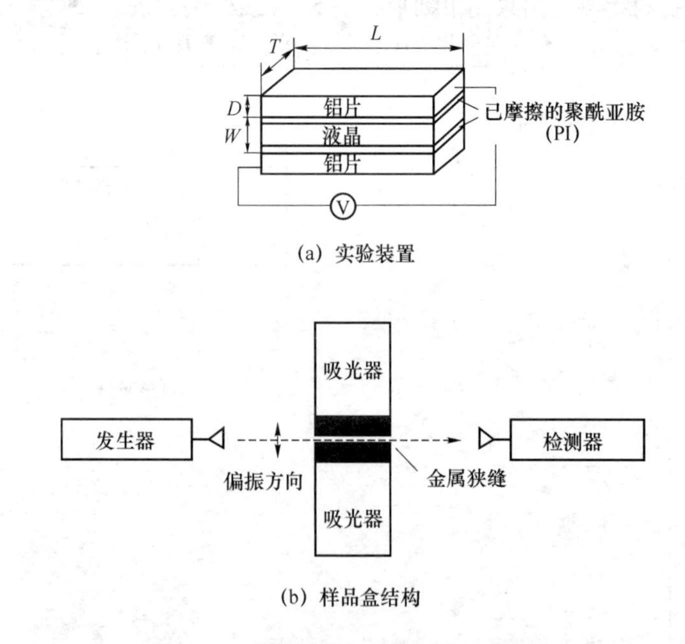

(a) 实验装置

(b) 样品盒结构

图 6.30 微波波段的液晶双折射率测量

这个方法的基本原理是,在单条窄金属缝的液晶盒结构中,不同频率的微波在金属/液晶界面处所激励起的两个等离子体表面波叠加成一个 TM 偏振的平面波,而金属腔则作为一个准法布里—珀罗共振腔,按方程 $\lambda_{FP}=2nT/N$(λ_{FP} 为共振微波波长,n 为腔中介质折射率,T 为腔的宽度,N 为正整数,为干涉级次)进行选频而给出一个个不同波长的共振峰来。由共振峰的 λ_{FP} 结构和干涉级次 N，可以得出腔中介质的折射率 n 来。由于液晶盒中的液晶(E7)是水平锚泊的，所以外加电压为 0 V 时，对 TM 波的折射率应为 n_o，当外加高电压时(如 30 V)则绝大数液晶分子矗立起来，则对 TM 波的折射率应为 n_e，所以液晶双折射率(n_e-n_o)可测。图 6.31 所示为 E7 液晶盒的实验数据。

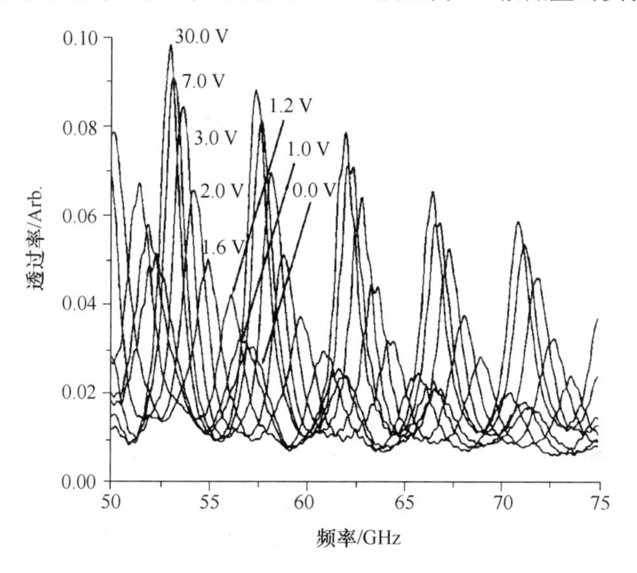

图 6.31　E7 液晶盒作为频率和所加电压的函数的实验数据

而根据连续体弹性理论和 E7 的有关的弹性常数，可以由理论计算得出不同电压下的液晶分子的指向矢在腔中的分布，然后可以用有效折射率的公式计算腔中不同位置处的有效折射率，即

$$n_{\mathrm{eff}}=n_o n_e/(n_e^2\cos^2\theta+n_o^2\sin^2\theta)^{1/2} \tag{6.27}$$

其中，θ 为指向矢的倾斜角。再加以积分平均可以得出不同电压下的腔中的有效折射率示于图 6.32 中。

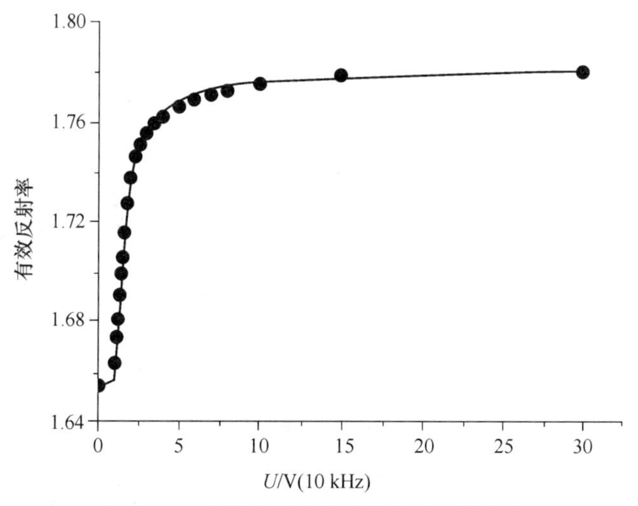

图 6.32　有效折射率随所施加电压的变化

从实验结果中可以得出，对于 E7 液晶来说，在 50.0～75.0 GHz 的微波范围之内，其n_e=1.782(ε_e=3.18)，n_o=1.654(ε_o=2.74)。

6.2.3 液晶分子预倾角的测试

在液晶显示器件中，为防止施加电压时发生倾斜畴间错，提高液晶盒成品率和显示的均匀性及器件的电光特性，液晶分子的排列需要有一定的预倾角。通常采用在锚泊层上摩擦的方法使液晶分子定向排列，同时使液晶分子长轴方向与锚泊层之间产生一夹角，这一夹角就称为液晶分子的预倾角。精确测定液晶分子的预倾角是很重要的，尽管已开发出几种测定预倾角的方法，但是其中晶体旋转法由于测试精度高，测试时间短，且已仪器化，所以在实验室里得到了广泛的使用。

晶体旋转法测定液晶分子预倾角的原理是根据液晶的双折射效应，当一液晶盒置于两偏振片之间，如图 6.33 所示，一束单色光通过这一系统时，由于液晶的双折射效应，其出射光将是在同一平面内振动的，有一定位相差关系的两束光。由于液晶层很薄，因此，这两束光重合在一起，它们是相干的。当改变这一系统的某些条件，如单色光的波长，入射光的角度(旋转晶体)或液晶盒的厚度等，这两束光的位相差将发生变化，从而产生干涉极大值和极小值，当两偏振光的偏振方向平行或正交，液晶盒取向层的摩擦方向与偏振片的偏振方向成 45°角时，干涉现象最为明显。

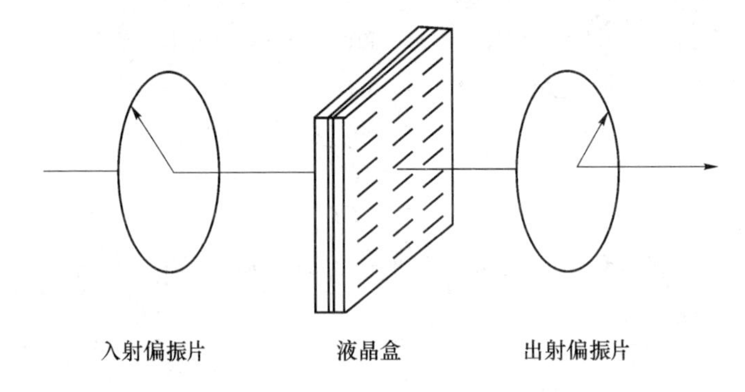

图 6.33　偏振光干涉系统

在这里不进行任何数学的推导和分析，仅从对称性出发对这个方法的基本情况和优缺点及补偿的办法作一点分析。由于在旋转晶体法中，入射偏振器和出射偏振器的偏振方向互相垂直，液晶盒的摩擦方向与偏振器的偏振方向各呈 45°，液晶盒可以绕与摩擦方向垂直而且通过液晶层中心的轴旋转。所以从对称性的角度来看，如果液晶盒中的液晶没有任何预倾角的话，那么对于液晶盒的正转和反转来讲结果应该是一样的，即输出的光强应该是对称分布的，如图 6.34(a)中的实线所示。但是如果液晶盒从上到下具有一个均匀的预倾角，例如 3°，那么对一个绕着垂直于摩擦方向且通过液晶层中心的轴的旋转的液晶盒来讲，正转和反转的情况将会是不一样的，所以输出光强将会是对旋转角 0°(液晶盒表面垂直于入射光方向时)不对称的，如图 6.34(a)中的长虚线所示。当然，如果这个预倾角是反向的，例如是－3°,那么输出光强也会是与旋转角0°为不对称的,但是却应该与3°预倾角的情况对称分布于这个0°的两边,如图6.34(a)中的点线所示。所以由分析这透射强度谱的特殊的角度可以由理论计算得出这整个液晶盒的预倾角来。但是如果预倾角在整个液晶盒中不是均匀分布的,如从顶部的3°线性地变化到底部－3°,那么这个方法将会失效。如图6.34(b)中的实线所示,所有计算参数与图6.34(a)中的实线相同,除了预倾角一个是0°而另一个是从3°均匀线性地变化到－3°。从图中可以看出,透射强度谱是完全一致的,这说明旋转晶体法将无法分辨这两种预倾角的分布,它只能适用于在液晶盒中单一均匀的倾角分布的情况。

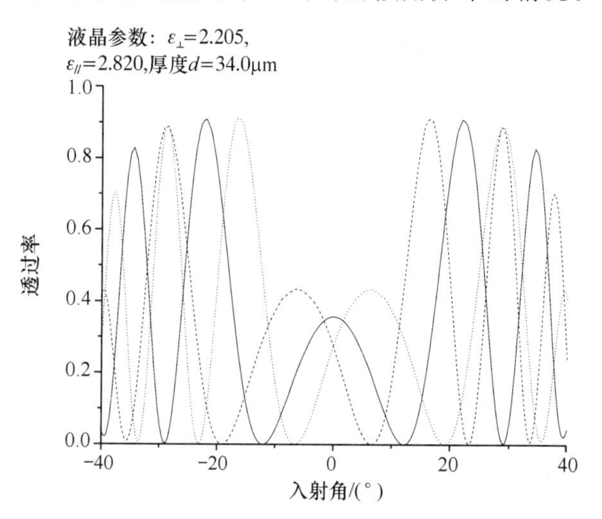

(a) 实线——预倾角0°,长虚线——预倾角3°,点线——预倾角-3°

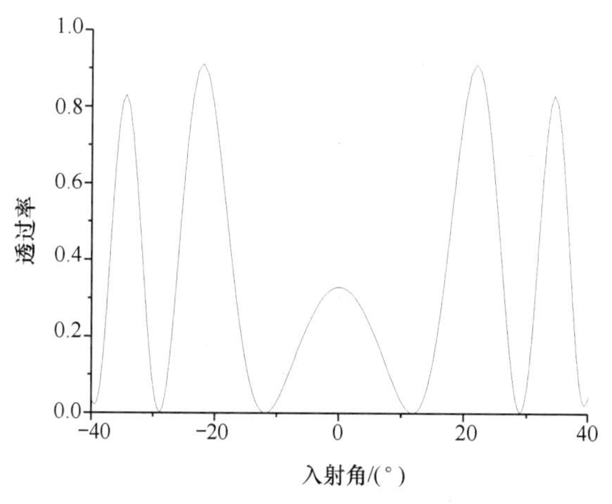

(b) 倾角从3°均匀变化到-3°

图6.34 旋转晶体法线透射谱的结果

但是,如果采用光导波技术来探测液晶盒中两个界面上的预倾角的话,情况则会大为改善。因为光导波的P对S(或S对P)偏振转换反(透)射谱对于指向矢在液晶盒中的倾斜/扭曲角分布非常敏感,所以不同的倾斜分布对于光导波技术来讲应该是不难于加以鉴别区分的。

如采用与图 6.34 计算中同样的配置和参数用全漏波导技术来作 R_{PS} 谱示于图 6.35中(为了与图 6.34 中计算的配置一样,整个盒的扭曲角为 45°,而入射和出射偏振器分别为 P 和 S 偏振的)。

其中图 6.35(a)中,实线为预倾角 0°,虚线为预倾角从上基板的 3°线性地变化到底部的−3°。当然,这两种情况也被很清晰地分辨开来。而且对比图 6.35(a)和(b)可以发现 4 种情况都是被清晰地分辨的,所以说导波技术对于测定液晶盒中预倾角不对称或不均匀等情况是一个更为有用的实用技术。

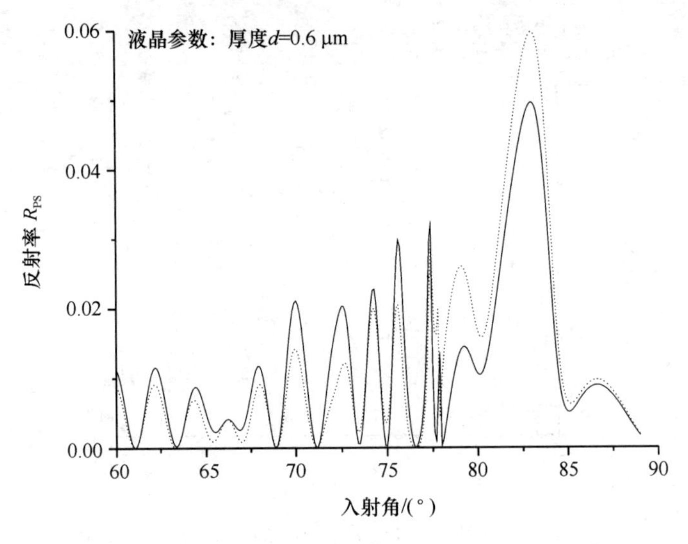

(a) 实线——预倾角0°, 虚线——预倾角3°~−3°

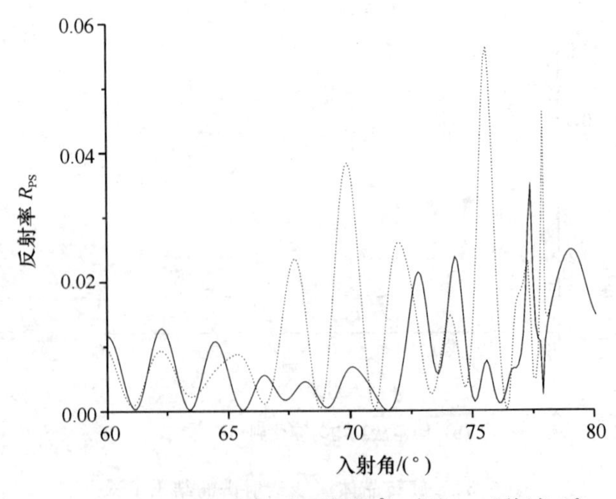

(b) 虚线——预倾角3°, 虚线——预倾角-3°

图 6.35 全漏导波法的 R_{PS} 结果

本章参考文献

[1] M.玻恩,E.沃尔夫.光学原理.杨葭荪,等,译.北京:科学出版社,1978.

[2] 石顺祥,张海兴,刘劲松.物理光学与应用光学. 西安:西安电子科技大学出版社, 2006.

[3] R.M.A.阿扎, N.M.巴夏拉.椭圆偏振测量术和偏振光.梁民基,等,译.北京:科学出版社,1986.

[4] COLLINGS P J,HIRD M. Introduction to liquid crystals. London:Taylor & Francis,1997.

[5] 彼得·J. 柯林斯.液晶——自然界中的奇妙物相.阮丽真,译.上海:上海科技教育出版社,2002.

[6] 方俊鑫,曹庄琪,杨傅子.光导波技术物理基础.上海:上海交通大学出版社,1988.

[7] YANG F,et al. The Optics of Thermotropic Liquid crystals Alignment Studies//Guided Modes and Related Optical Techniques in Liquid Crystal Alignment Studies. Taloy & Francis Ltd. ,1998.

[8] YANG F,et al. Physical Properties of Liquid crystals:Nematics//Measurements of physical properties of nematic liquid crystals by guided wave techniques. The Institution of Electrical Engineers, 2001.

[9] YANG F, et al. Nanotechnology and Nano-Interface Controlled Electronic Devices // Guided mode studies of liquid crystal layers. Elsevier Science, 2003.

[10] 范志新. 液晶器件工艺基础. 北京:北京邮电大学出版社,2000.

第7章　常用液晶显示器的显示模式

一百多年前，一种具有特殊性质的材料——液晶被发现，八十年后，液晶显示器件诞生，最早问世的液晶显示器件是宾主液晶显示(GH-LCD)和动态散射型液晶显示(DS-LCD)，之后有了扭曲向列相液晶显示(TN-LCD)、超扭曲向列相液晶显示(STN-LCD)和薄膜晶体管液晶显示(TFT-LCD)等，有意思的是，以上这些在行业内约定俗成的名称，如果从显示模式的角度来看存在不严谨的地方，举个典型的例子，通常讲到TN-LCD时，一般都说的是无源TN-LCD(即PM TN-LCD)，但实际上，在TFT-LCD中份额很大的一个类别其显示模式就是TN-LCD，与PM TN-LCD不同的，只是增加了薄膜晶体管(TFT)作为一个开关元件，称之为TFT TN-LCD应更为准确。

本章将从显示模式的角度切入，重点介绍扭曲向列相液晶显示(TN-LCD)、超扭曲向列相液晶显示(STN-LCD)、宾主液晶显示(GH-LCD)和TFT-LCD宽视角显示等几种主要的显示模式，有关TFT-LCD中TFT的结构和工艺等将在第8章中介绍。

7.1　扭曲向列型液晶显示模式 TN-LCD

7.1.1　TN-LCD 盒结构

如图7.1所示为一个典型的无源TN-LCD盒结构，最外侧是偏振片，上下偏振片偏光轴之间夹角为90°，紧邻偏振片的是带有定向层和ITO膜的玻璃基板，在上下玻璃基板组成的间隙为几微米的盒内充满正性向列相液晶。液晶盒不加电压时呈亮态，加电压后呈暗态。

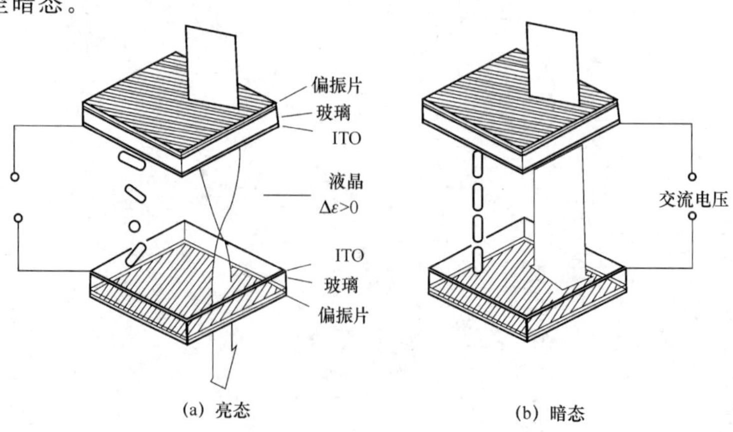

图7.1　TN-LCD盒结构

7.1.2　TN-LCD 盒实现显示的条件及光学性质

在液晶盒的关态，盒下表面出射光为线偏振光，光在盒内扭曲旋光需满足的条件为

$$\Delta \bar{n} d \gg (\varphi\lambda)/\pi$$
$$\Delta \bar{n} = \Delta n\cos\bar{\theta} \tag{7.1}$$

其中，Δn 为液晶材料折射率各向异性值；$\bar{\theta}$为液晶分子倾角平均值；d 为液晶层厚度；φ 为扭曲角。

TN 盒对应 $\varphi=90°$，$\bar{\theta}$在 1°～ 2°之间。式(7.1)可变为

$$\Delta nd \gg \lambda/2 \tag{7.2}$$

式(7.2)被称为莫根条件(Mouguin)，在莫根条件及扭曲的螺距 P 与液晶折射率各向异性 Δn 乘积远远大于可见光波长 λ($P\Delta n\gg\lambda$)的条件得到满足时，关态 TN 液晶盒内液晶分子形成的是一种扭曲结构，垂直入射的线偏振光的偏振面将顺着液晶分子扭曲方向旋转，液晶分子长轴 90°扭曲导致了 90°的旋光；当对两块玻璃基板上的电极施加一定大小的电压后，在液晶盒内形成垂直基板方向的电场，由于 $\Delta\varepsilon>0$，液晶分子将随电场方向排列，扭曲结构消失，导致旋光作用消失；当电压信号撤除后，液晶分子受定向层表面锚定作用恢复到原来的扭曲排列。当在具有这种性质的液晶盒两端放置正交偏振片时，即会出现液晶盒不加电时呈现亮态(透过)，加电压时呈现暗态，即所谓白底黑字的现象，这就是典型常白型 TN-LCD 器件；而当在液晶盒两端放置两块平行偏振片时，则会出现不加电压为黑，加电压为白，即所谓负性黑底白字的常黑型 TN-LCD 器件。除了“暗”、“亮”两种状态外，若用合适的液晶和合适的电压，也可显示中间色调，即在全“亮”与全“暗”之间产生连续变化的灰度等级。

1. TN 盒关态特性

分析扭曲向列型液晶盒的光学传输特性，一般用两种方法：广义几何光学近似法和琼斯矩阵法，二者都是将液晶盒按照由偏振片和波片组成的双折射光学系统处理。

由广义几何光学近似法得出的 TN 模式透过率方程为

$$T_{\text{dark}} = \frac{\sin^2\left(\frac{\pi}{2}\sqrt{1+u^2}\right)}{1+u^2} \tag{7.3}$$

$$T_{\text{bright}} = 1-\frac{\sin^2\left(\frac{\pi}{2}\sqrt{1+u^2}\right)}{1+u^2} \tag{7.4}$$

其中，$u=\frac{2d}{\lambda}\Delta n$。

琼斯矩阵法是将一个偏振片或一个波片对电矢量的作用用一个 2×2 矩阵来表征，将组成系统的所有波片和偏振片的琼斯矩阵相乘得到整个系统的琼斯矩阵，用这个方法得到的透过率 T 与用广义几何光学近似法结果一致，即

$$T_{\text{dark}} = \frac{\sin^2\left(\frac{\pi}{2}\sqrt{1+u^2}\right)}{1+u^2} \tag{7.5}$$

$$T_{\text{bright}}=1-\frac{\sin^2\left(\frac{\pi}{2}\sqrt{1+u^2}\right)}{1+u^2} \tag{7.6}$$

2. 常黑型 TN-LCD 关态透过率曲线

如图 7.2 所示为常黑型 TN-LCD 关态透过率曲线,从中可以看出,随着 u 的增大,器件的透过率逐步变小,但其中有一个正弦函数的起伏,当 u 取某些点时,可对应 $T=0$,关态透过率最小,即

$$T=\frac{\sin^2\left(\frac{\pi}{2}\sqrt{1+u^2}\right)}{1+u^2} \tag{7.7}$$

其中,$u=\sqrt{3}$, $\sqrt{15}$, $\sqrt{35}$,…;$T=0$。

对应自然光 $\lambda=555$ nm 时,$T=0$ 时对应 $\Delta nd=0.48$, 1.05, 1.64,…。

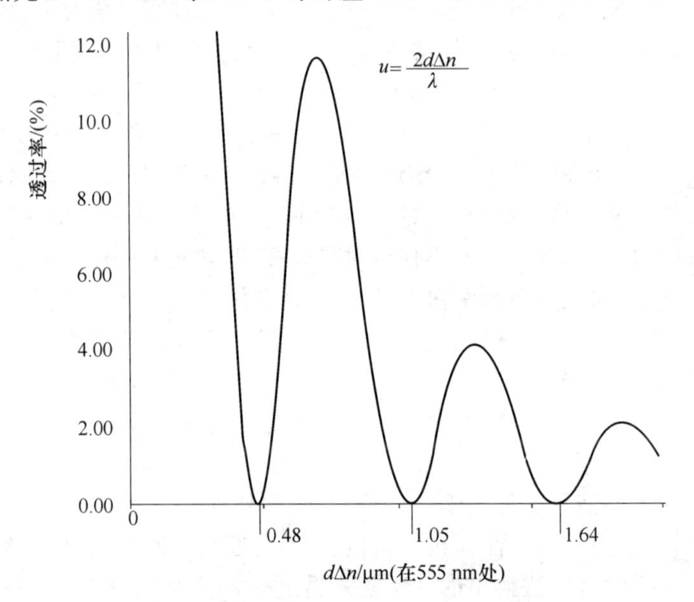

图 7.2　常黑型 TN-LCD 关态透过率曲线

$\Delta nd=0.48$, 1.05, 1.64 时被称为 TN-LCD 的前 3 个极值点,通常无源 TN-LCD 做设计时常采用第二极值点,但需要视角较大时,也会采用第一极值点。

3. TN 盒开态特性

当对液晶盒施加足够电压时,液晶分子在电场作用下发生转动,$\Delta\varepsilon>0$ 时顺电场方向排列,T. Scheffer 等人证明液晶分子只对外加电压的均方根值响应,即有效作用电压为

$$U=\frac{1}{\sqrt{T}}\left\{\int_0^T[u(t)]^2\mathrm{d}t\right\}^{\frac{1}{2}} \tag{7.8}$$

在对液晶盒施加电压超过一定值后,液晶盒内的扭曲角和倾角从初始状态开始发生变化。其光学传输特性也将发生变化,用琼斯方法或广义几何光学法分析这种特性,一般分两步:①不同电压下液晶分子扭曲角和倾角沿盒厚方向的分布情况;②把液

晶分成 N 层，每层内扭曲角和倾角被认为近似相等，按此计算每层透光率 T_i。

总的透过率 $T=T_1T_2T_3\cdots T_n$。

第一步以考虑自由能密度最小情况下，按积分原理或通过计算机直接数值求解结果，求得的 $\theta(z)\varphi(z)$ 的空间分布如图 7.3 所示。

第二步结果按琼斯方法计算，可得出 TN 模式的电光特性，如图 7.4 所示。

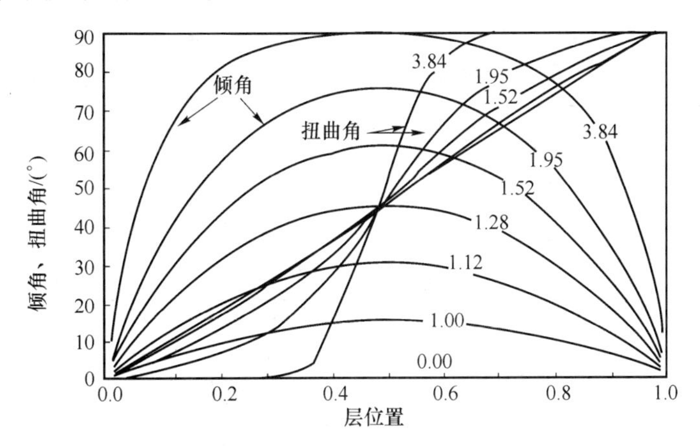

图 7.3　分子指向矢盒内分布情况

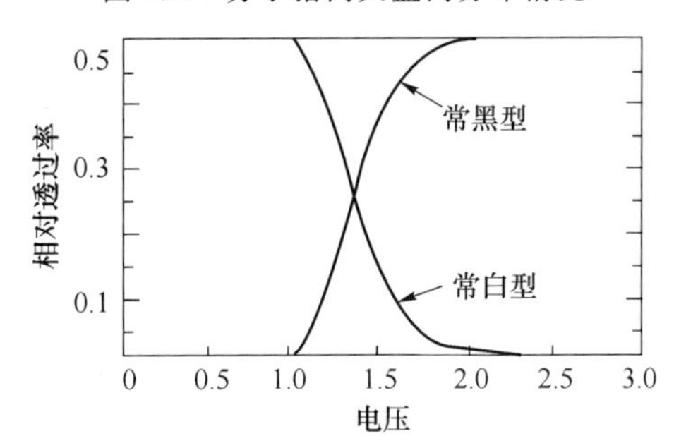

图 7.4　TN-LCD 盒电光特性

7.1.3　TN-LCD 常用的几种模式

根据上下偏振片之间以及与盒内上下基极分子之间的相对位置，TN-LCD 通常分为 4 种模式：常白型寻常光模式；常白型非寻常光模式；常黑型寻常光模式；常黑型非寻常光模式。

如图 7.5 所示为这 4 种模式的结构图。

如图 7.6 所示为不同模式的对比度测试曲线，从中可以看出，常黑型和常白型在视角特性上差别很大，这可以从两种模式对应的状态来理解，TN-LCD 常白型和常黑型分别对应于关态亮和黑与开态黑和亮。对于常黑型器件一方面液晶盒条件很难控制到极值点，同时极值点对应的也只是一个波长，对可见光范围内其他波长，它只是一个近似值。另一方面，计算时考虑的是垂直入射光，但实际情况下，从液晶盒下表面出射光仍有椭圆偏振光存在，这导致了暗态的漏光，漏光使常黑型的器件难以达到高的对比度,而常白型的暗态可以通过增大电压使分子排列最大程度地接近垂直于基片而用下偏振片的消光来实现,达到一个漏光较小的黑态,在常白型中,椭圆偏振光的影响出现在亮态,故其对比度可以达到较好的水平。

对于常白型,寻常光模式(即偏振片的光轴方向与相邻基片表面的分子排列方向垂直)的视角大于非寻常光模式,但该模式也有一个缺点就是关态存在颜色依赖性。

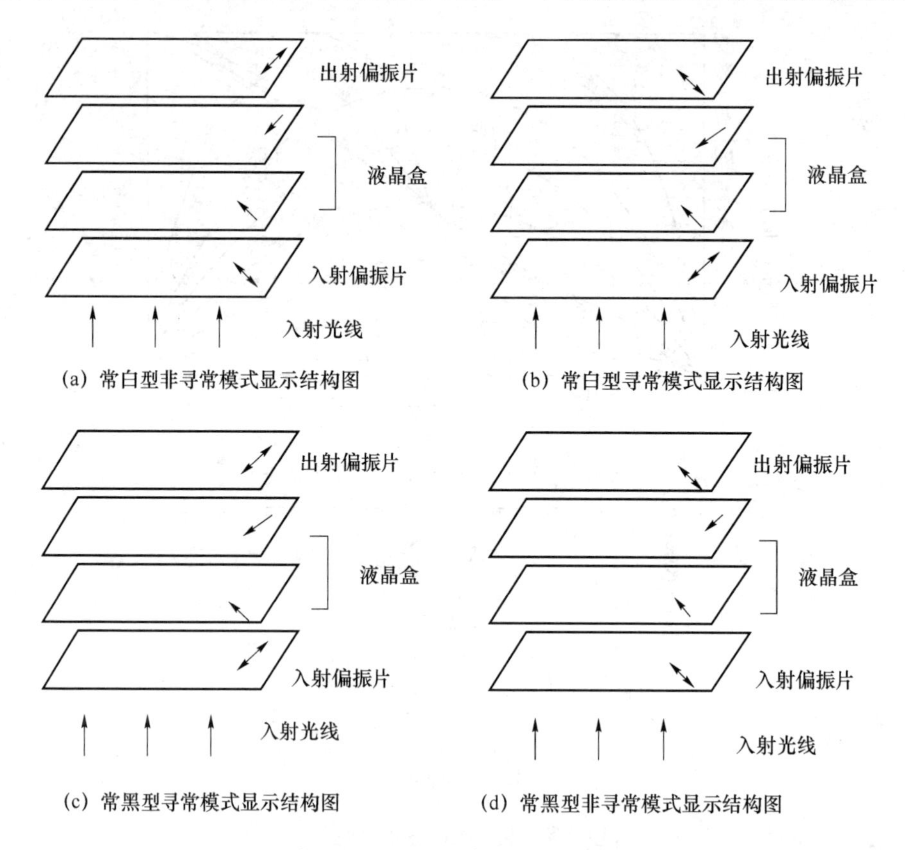

图 7.5 TN-LCD 常用的几种模式

7.1.4 TN-LCD 的视角特性

液晶材料具有折射率各向异性,可用如图 7.7 所示的折射率椭球来表示。

液晶材料的折射率各向异性和视角依赖性导致了从不同角度观察液晶显示器件,其对比度存在差异,即对比度视角依赖性,如图 7.8 所示为 TN-LCD 的视角特性。

平行于光轴(分子长轴)入射的线偏振光,偏振方向垂直于光轴,没有双折射,但偏离光轴面斜向入射的光将产生双折射,并随角度增大而增大,由于双折射的存在,出射光将变成椭圆偏振光,在通过下偏振片时出现漏光现象,导致显示对比度降低。

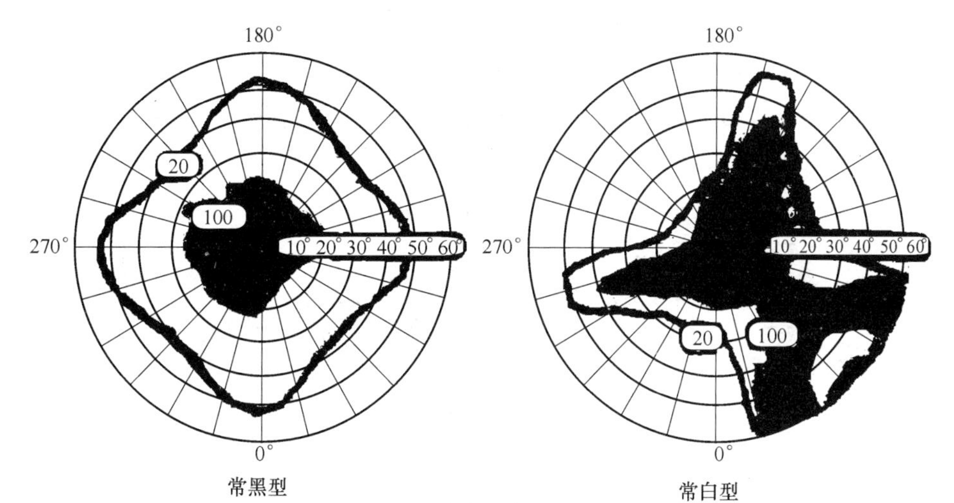

(a) Δnd=0.48 μmTN显示的常黑型(左)与常白型(右)等对比度-视角图
(在常白型中，偏振片的偏光轴垂直于紧邻基片分子排列方向)

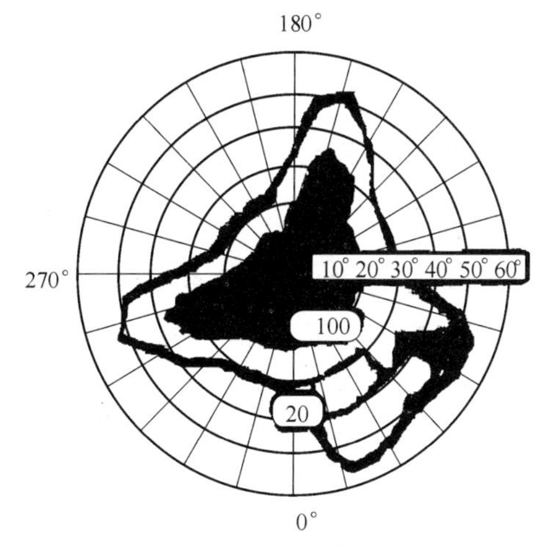

(b) Δnd=0.48 μmTN显示的常白型等对比度-视角图
(偏振片的偏光轴平行于其紧邻基片分子排列方向)

图 7.6　不同模式的对比度测试曲线

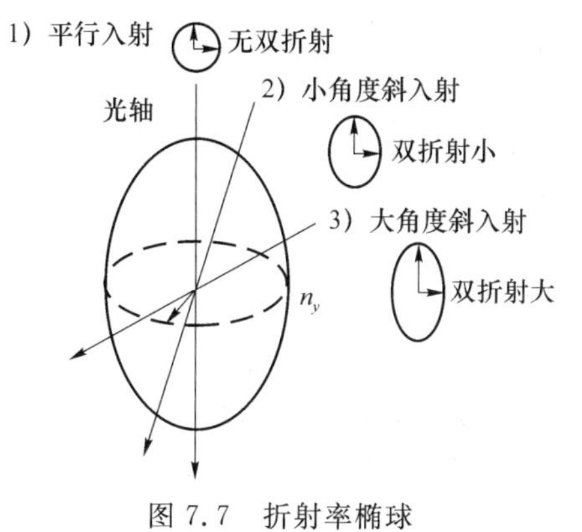

图 7.7　折射率椭球

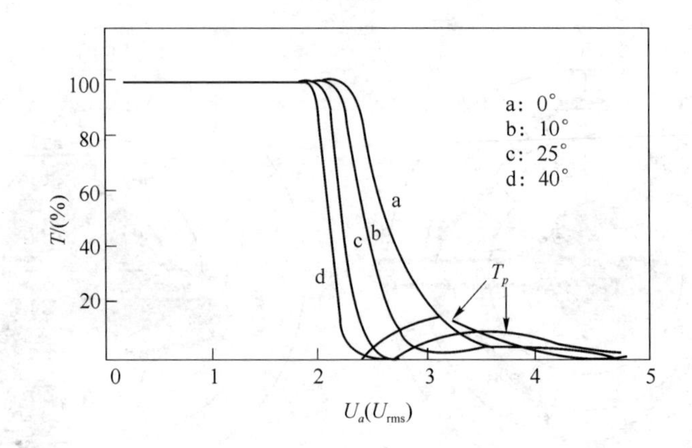

图 7.8 TN-LCD 的视角特性

7.1.5 材料和器件参数对 TN-LCD 特性的影响

陡度因子 γ 对器件的影响很大，定义 U_{10}、U_{50}、U_{90} 分别对应于 TN-LCD 透过率变化量为 10%、50%、90%时的电压。

按自由能密度的方法计算得到平衡状态下的 U_{50}、U_{90}，其对应的

$$\gamma_{50-90}=\frac{(U_{90}-U_{50})}{U_{90}}=0.133+0.0266[(K_{33}/K_{11})-1]+0.0433[\ln(\Delta nd/2\lambda)]^2$$

当 $\Delta nd/2\lambda=1$ 时，γ 最小值，对应的电光曲线最陡。该条件与漏光最小条件 $2\Delta nd/\lambda=\sqrt{15}$ 大体吻合，所以该条件可得到对比度较好的效果(漏光最小，陡度最好)。

γ 与液晶材料的 K_{33}/K_{11} 也有关，TN 盒的 K_{33}/K_{11} 值愈小，其 γ 值也愈小。

Δn 是液晶材料的重要参数，Δn 大的联苯系液晶，对波长依赖性大，Δn 小的环己烷系液晶对波长依赖性相对小一些。

Δnd 也是影响器件的主要参数，前面提到，当 Δnd 约在 0.48 μm 和 1.05 μm 附近时，居于透过率的极值点，有好的特性，尤其在 1.05 μm 附近时，更有好的电光曲线陡度，但显示器件不仅要考虑亮度对比度，也需考虑光谱特性，旋光色散要小，因此在器件设计时需要综合考虑各种参数的配合。

通过对偏振片光轴一个小的调整，可以得到一个更好的阈值特性，这一点由童田博等人提出，如图 7.9 所示为一个反射型 TN 盒偏光轴与摩擦方向的关系，p 与 r 分别代表偏光轴和摩擦方向。

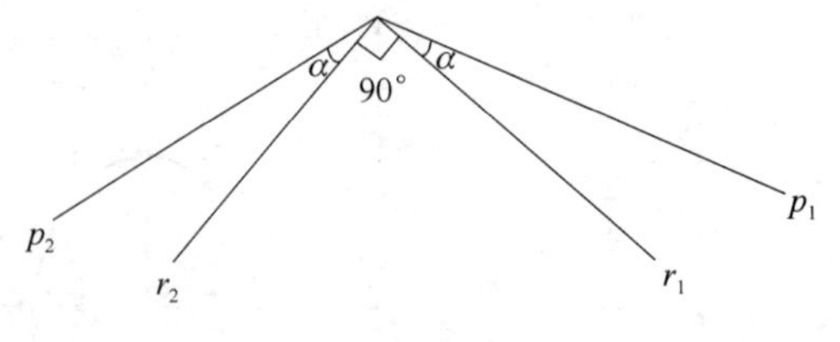

图 7.9 偏振片与分子方位角示意图

α 为 p 与 r 的夹角，偏光轴之间夹角大于摩擦方向之间夹角时，α 为正，反之为负。变化 α 值，可得出不同的陡度因子值，即 α 值愈小，γ 也愈小，但 α 若负值过大，则会造成旋光色散较大，使色差变大，因此通常取 $\alpha=-5°$，$\Delta nd=0.55$，可得到色差小、对比度高的 TN-LCD 显示器件。

7.2　超扭曲液晶显示模式 STN-LCD

7.2.1　STN-LCD 盒结构

STN-LCD 盒结构如图 7.10 所示。

与 TN-LCD 盒相比，STN-LCD 盒在结构上有以下几个主要区别。

(1) 大扭曲角(180°～270°)：用以实现大容量显示所要求的陡锐电光特性。

(2) 高预倾角：由于扭曲角增大引起条纹畸变，预倾角的增大可消除这种畸变。

(3) 偏振片光轴与分子长轴之间夹角特殊设置。

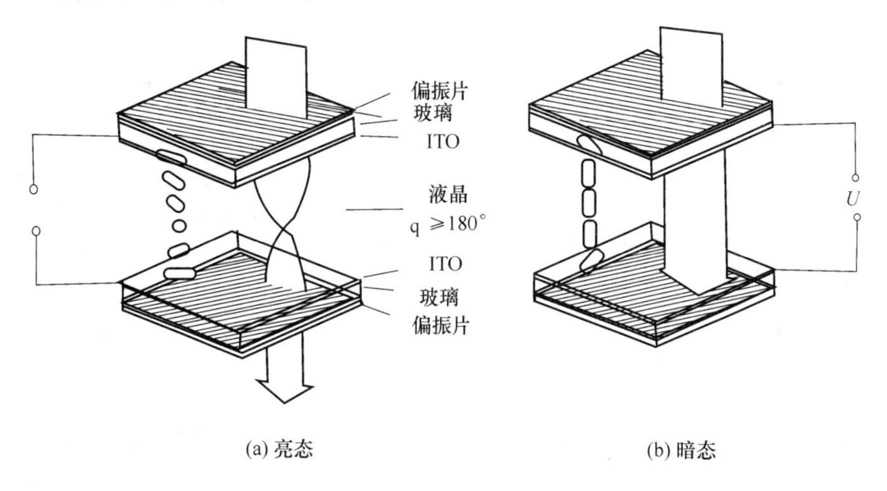

图 7.10　STN-LCD 盒结构

如图 7.11 所示为扭曲角与电光曲线的关系，从中可以看出，扭曲角愈大电光曲线愈陡。

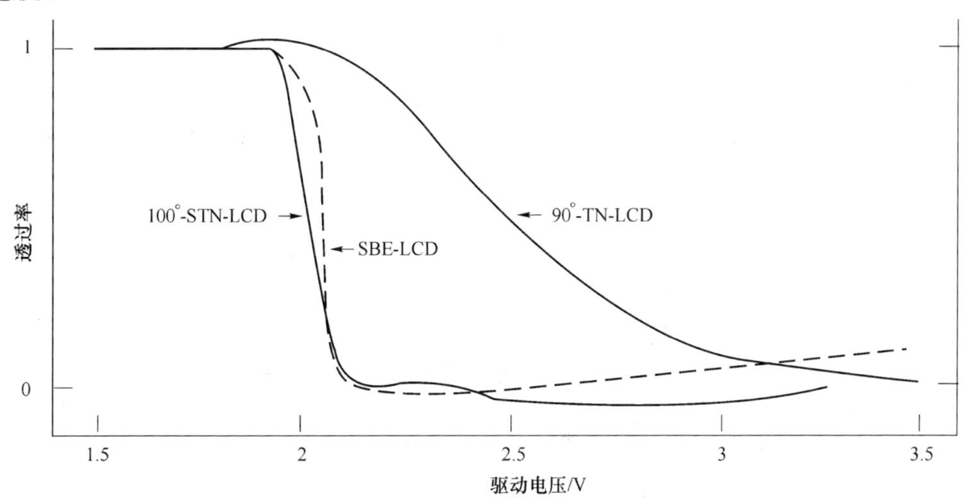

图 7.11　扭曲角与电光曲线的关系

7.2.2 STN-LCD 实现显示的条件

1. STN 模式的莫根条件

STN 模式的莫根条件为

$$\frac{\Delta nd\cos^2\bar{\theta}}{\lambda} \gg \left|\frac{\varphi_1}{\pi}\right|$$

其中，$\bar{\theta}$ 为扭曲层中的平均倾角；φ_1 为扭曲角。

如图 7.12 所示为偏振片光轴及摩擦轴相对位置示意，通过偏振片入射到液晶盒的线偏振光被分解为平行和垂直于分子长轴的寻常光和非寻常光。在满足莫根条件下，两者将以波导方式传播，但传播速度不同，在通过检偏振片时相互发生干涉，干涉强度取决于延迟量 Δnd 、偏振光方位角(p_f 和 p_r)和扭曲角 φ_T 的组合。在三者最佳组合时，分子取向的微小变化将导致射出光特性的较大变化而呈现陡峭的阈值特性，得以实现大容量显示。

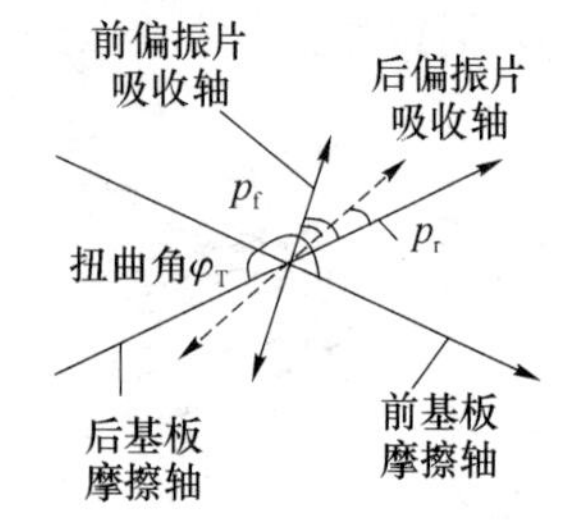

图 7.12 偏振片光轴及摩擦轴相对位置示意

利用电压作用引起分子取向变化和光学双折射效应的结合导致陡锐的阈值特性，是 STN 器件的一大特点。

2. 双折射是 STN-LCD 实现显示的基础

STN-LCD 是利用双折射现象来进行光调制实现显示的，出射光会出现干涉色，在何种颜色获得好的视角特性和对比度特性，是 STN 器件重要的一个选择，基于相关计算和实验结果(通过变更偏振片的方位角和盒其他参数对应的结果)，可选择到对应显示特性好的 STN 模式，如图 7.13 所示。

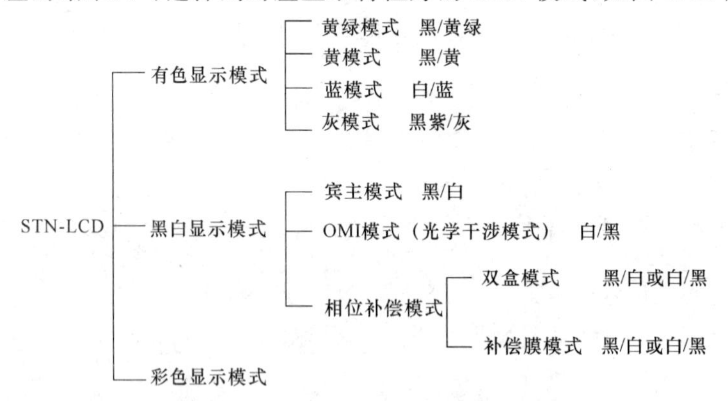

图 7.13 STN-LCD 的几种显示模式

STN 模式的光学分析与 TN 模式相似，都采用广义几何光学近似和琼斯方法。

7.2.3 STN-LCD 的光学性质

1. STN-LCD 关态的光学性质

与 TN 模式相比，STN 盒的偏振片光轴与分子长轴方向有一个夹角，光学特性不

仅与延迟量 Δnd 相关，也与偏光轴方位角和扭曲角相关。

STN-LCD 关态光学性质对器件特性影响较大，其中 Δnd 和偏振片的方位角（p_f、p_r）是重要因素。

给 Δnd 取定值，将 p_f 取不同值，得到 p_r 从 0°～180°变化的色相变化图；调整 Δnd，可以得出多组色相变化图这些色相变化图呈现椭圆形状，如图 7.14 所示。

这些色相图的结果表明：①它们都是环绕 W 区（无色区）的椭圆形轨迹，但所有椭圆长轴都指向色度图的黄、绿区和紫蓝区，椭圆长轴两个端点远离 W 区，与 W 区形成很大反差。因而当 W 区呈黑色时，将与黄色相对应，当 W 区呈白色时，将与蓝色相对应，因此，对于 STN 模式，当选择背景颜色为蓝或黄时，可以得到好的显示特性。②在给定 Δnd 时，所有椭圆轨迹在绿色区都重合，说明即使不同的方位角在绿色区的色相变化是一样的。表明绿区对方位角的宽容度较大。

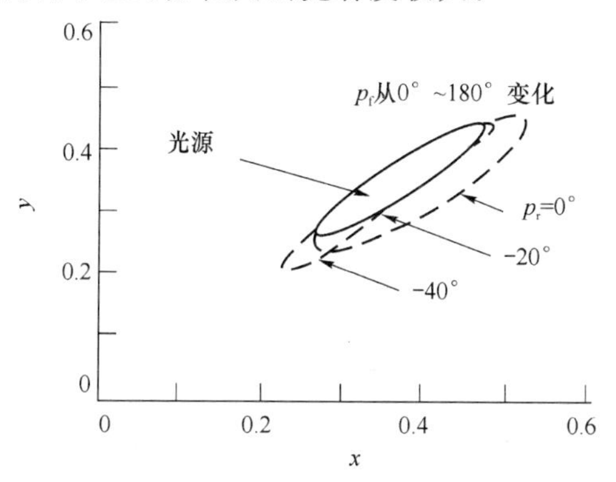

图 7.14　色相变化图

相关计算结果表明，对于对比度最大值，蓝模 p_f、p_r 为（30°，30°）或（60°，60°），黄模 p_f、p_r 为（30°，−60°）或（−60°，60°）。

2. STN-LCD 开态光学性质

STN-LCD 开态扭曲角和分子倾角随电压变化的分布如图 7.15 所示。与 TN-LCD 开态相比，有两个不同点：①扭曲角随厚度分布变化受电压影响不大，即使在较高电压下，也接近线性分布；②在电压小于阈值时，分子倾角几乎是一个恒定值，沿盒厚方向变化较小。

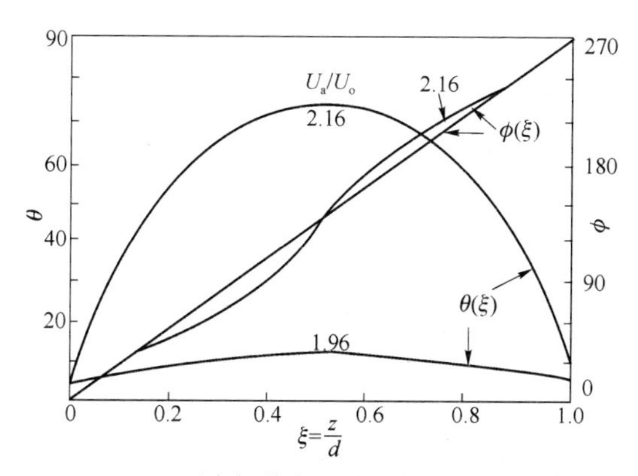

图 7.15　STN-LCD 开态扭曲角和分子倾角随电压变化影响分布

3. STN-LCD 盒的视角特性

与 TN-LCD 盒相比,STN-LCD 盒的视角范围要大很多,主要的原因是由于扭曲角的增大,液晶分子的向量矢沿方位角分布范围变宽,分子有效表观长度随视角变化小,第二方面的原因是倾角大,等效双折射率变小。

7.2.4 材料和器件参数对光学特性的影响

扭曲弹性常数与展曲弹性常数之比对电光曲线的影响如图 7.16 所示,电光曲线陡度因子 γ 随扭曲弹性常数与展曲弹性常数之比 K_{22}/K_{11} 变小而变小,即 K_{22}/K_{11} 愈小,电光特性曲线愈陡,K_{22}/K_{11} 一般为 0.5~0.6。

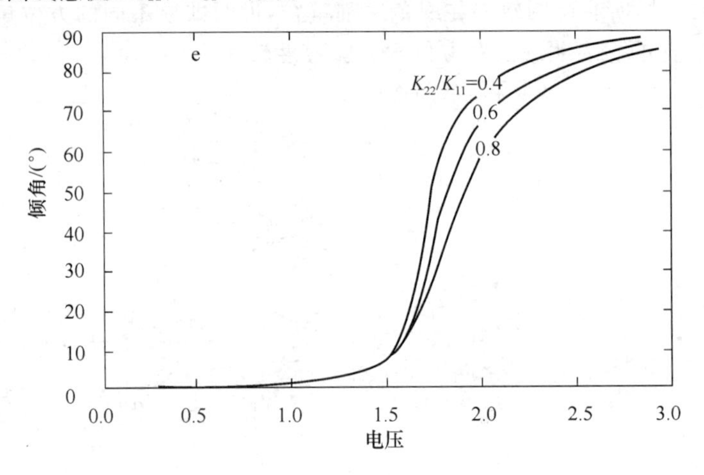

图 7.16 扭曲弹性常数与展曲弹性常数之比对电光曲线的影响

弯曲弹性常数与展曲弹性常数之比 K_{33}/K_{11} 对电光曲线的影响如图 7.17 所示。与 K_{33}/K_{11} 对 TN 盒的影响正好相反,当增加 K_{33}/K_{11} 时,STN 盒的陡度因子变小,但阈值电压也随之增大;另一方面,过大的 K_{33}/K_{11} 也容易导致电光曲线出现 S 形状,响应时间也变大,一般来讲 K_{33}/K_{11} 取值在 1.2~1.8 之间。

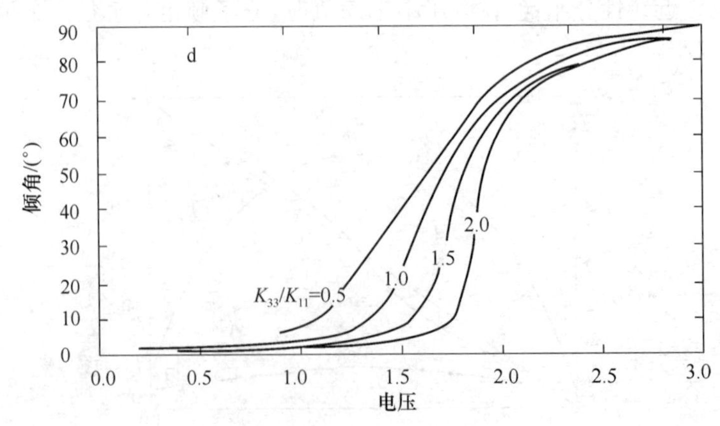

图 7.17 弯曲弹性常数与展曲弹性常数之比对电光曲线的影响

d/p 比值对电光曲线的影响如图 7.18 所示，减小 d/p 比值，电光曲线将更陡峭，并向电压变小方向移动，虽然理论上的计算 d/p 取值范围可以在 $\varphi/(2\pi)\pm0.25$ 这样一个较宽的范围内，但实际上这个比值的范围远没有这么大，一方面这个取值影响电光曲线陡度，另一方面当这个值过小过大也会造成 STN 盒欠扭曲和过扭曲。当液晶材料自身螺距为 P_c 与液晶盒基板表面扭曲所要求的螺距 P_s 一致时，STN 盒没有畸变，反之则产生扭曲变形，这种变形程度可用 $(P_c-P_s)/P_s$ 表示：

$(P_c-P_s)/P_s=0$ 时，扭曲没有畸变；

$(P_c-P_s)/P_s>0$ 时，出现欠扭曲畸变；

$(P_c-P_s)/P_s<0$ 时，出现过扭曲畸变。

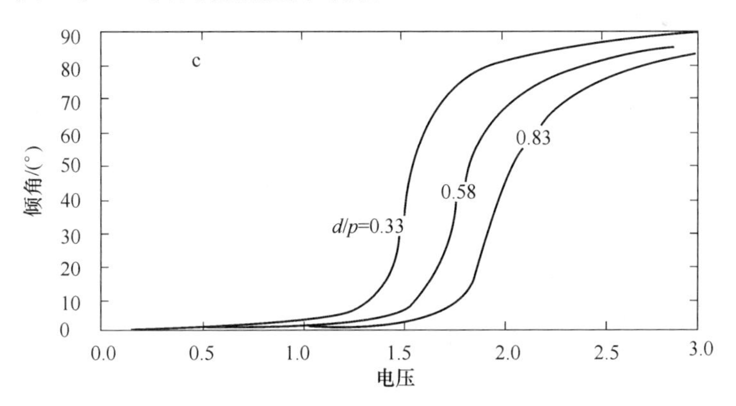

图 7.18　d/p 比值对电光曲线的影响

扭曲角变化对电光曲线的影响如图 7.19 所示，增加扭曲角会使电光曲线变陡，但超过 270°后电光曲线会出现 S 形状。

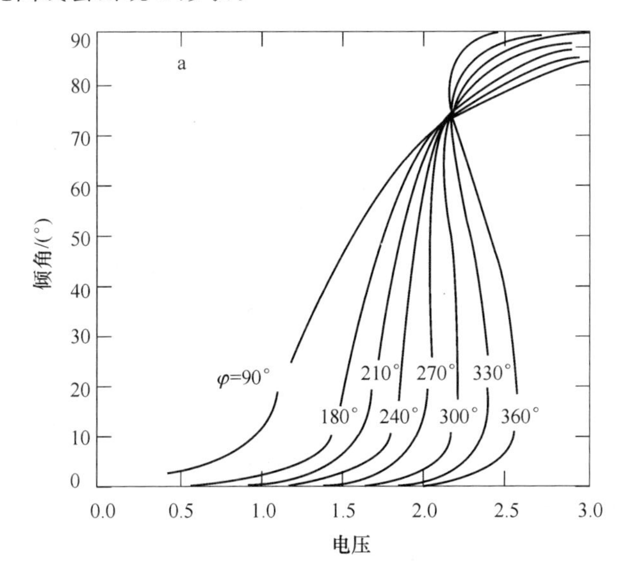

图 7.19　扭曲角变化对电光曲线的影响

预倾角变化对电光曲线的影响如图 7.20 所示,增加预倾角会使电光曲线向低电压方向移动,但陡度因子变大。

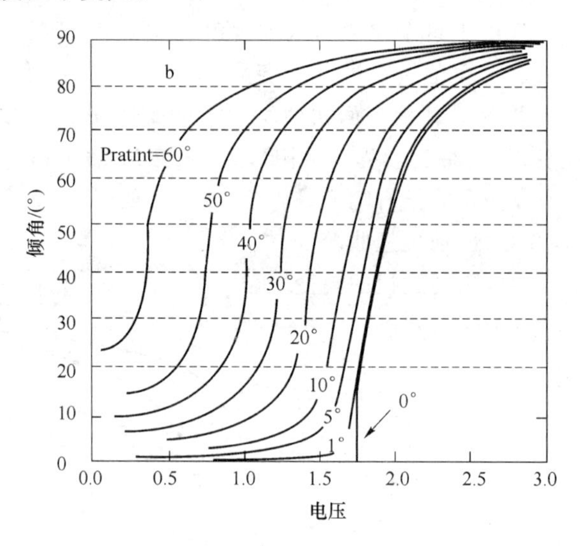

图 7.20　预倾角变化对电光曲线的影响

7.2.5　STN-LCD 的有色模式

STN-LCD 分背景有色的有色模式、黑白模式及彩色模式三大类,其中有色模式是最基础的模式,如下:

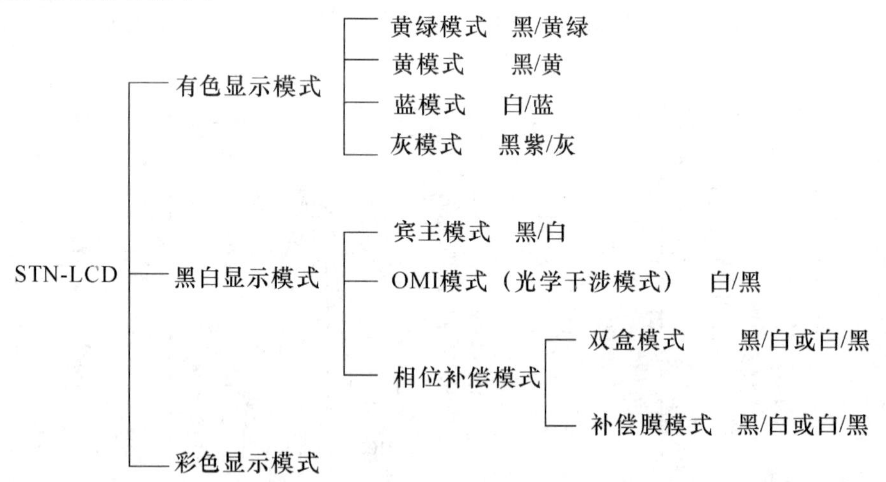

常用的 STN-LCD 有色模式对应为黄绿模式、黄模式、蓝模式和灰模式,黄绿模式出现在 STN-LCD 发展初期,由于盒厚控制技术的进步,该模式后来被黄模式所取代。

在这几种模式中,黄模式和灰模式属于正性模式,后者是将对应黄模式的前偏振片由中性灰色偏振片变更为紫色偏振片;而蓝模式是一种负性模式,除偏振片光轴的位置有所不同外,在盒的设计参数上也会有所不同,如预倾角。

图 7.21 是扭曲角为 240°的 STN-LCD 盒对应几种模式的情况。

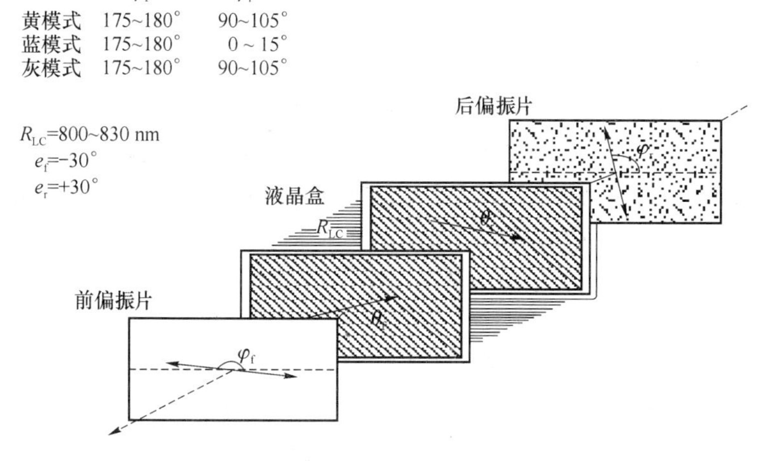

R_{LC} 液晶盒延迟量；φ_r 前偏振片光轴角度；θ_f 前玻璃表面摩擦方向角度；
θ_r 后玻璃表面摩擦方向角度；φ_f 后偏振片光轴角度

图 7.21 240°扭曲角的 STN-LCD 盒

7.2.6 STN-LCD 的黑白化和彩色化

STN-LCD 是采用双折射现象来实现显示的，如果不进行补偿，背景将带有颜色，而这不是一种理想的显示状态，随着技术的进步，STN-LCD 实现黑白和彩色显示已成为可能。黑白 STN-LCD 和彩色 STN-LCD 在 STN-LCD 产品中已经占到很大比重。

STN-LCD 实现黑白显示的 3 种方式分别为宾主方式、OMI 方式以及相位补偿方式(膜补偿型的 FSTN-LCD 和双盒补偿型的 DSTN-LCD)。各种方式的比较见表 7.1。

表 7.1 黑白显示用各种方式的比较

	宾主方式	OMI 方式	相位补偿板方式
LCD 结构	1 层	1 层	1 层＋相位板
液晶材料	添加二色染料	$\Delta nd=0.5\ \mu m$	也可用液晶作相位板
对比度(1/200 占空比)	19∶1	8∶1	＞20∶1
视角	○	□	△
透过率	10	15	20
成本	○	○	△

注：□—优；○—良；△—差。

(1) 宾主方式

宾主方式是在蓝模式架构下，在液晶中添加黑色二向色染料或黄色二向色染料，这样原本为蓝色的背景则变为黑色背景从而实现黑白显示。由于液晶中添加了染料，其透过率必然要降低，因此其控制要点在于提高透过率，需要对液晶、盒厚、偏振片角度进行优化,在宾主方式中,为得到良好的中性显示,染料光谱与主液晶的光谱特性需要匹配,为得到开态有一个理想的白色,Δnd 应控制在 0.5 左右。

(2) OMI 方式

OMI 方式是在黄模式架构下演变而来,Δnd 约在 0.5 左右,黄模式的关态透过光谱在 500～550 nm 处有一个较宽的干涉峰,通过将延迟量 Δnd 降低至 0.5 μm 左右时能使其向较短的波长平移,这一干涉峰可以呈现黑白显示,但透过率亮度损失较大。

图 7.14 色相变化图中的椭圆轨迹在绿色区重合,当 Δnd 由大到小变化时,重合轨迹逐步移向 W 区,黄色背景将被消除。

(3) 相位补偿方式

光线通过 STN-LCD 盒时,其延迟量 $\Delta\varphi=(\pi/r)\Delta nd$,入射线偏振光变为椭圆偏振光,再通过检偏片发生干涉而呈现干涉色,如果将椭圆偏振光再转换成线偏振光,此干涉色即可消除。相位补偿方式就是通过外加补偿元件(液晶盒或膜)来补偿具有正单轴性液晶盒的相位差,使原来输出的椭圆偏振光变成不依赖于波长的线偏振光而实现背景色的消除,实现黑白显示。

相位补偿方式中有两种结构,一种是用相位差膜做补偿的 FSTN-LCD,另一种是用盒补偿的 DSTN-LCD。

① FSTN-LCD

FSTN-LCD 实现黑白化是通过在 STN-LCD 盒上附加有延迟量的聚合物薄膜来实现补偿的,常用的 3 种方式如下:

- 在上偏振片下使用一层补偿膜;
- 在上偏振片下使用二层补偿膜;
- 在上下偏振片下各使用一层补偿膜。

使用二层补偿膜的 FSTN-LCD 更容易获得比一层补偿膜好的特性参数,而二层补偿膜结构中,二层补偿膜集中在一个偏振片下的视角特性好一些,而分别在上下偏振片下的结构对比度特性好一些。

② DSTN-LCD

DSTN-LCD 结构如图 7.22 所示。

DSTN-LCD 是一个主盒+补偿盒的双盒结构,主盒与补偿盒的参数须满足下列条件:

a. $T_W=-T_W$,扭曲角相等、方向相反;

b. $(\Delta nd)'=(\Delta nd)$相位差因子相等(但补偿盒的值应考虑为非选择态的 Δnd,而不是完全的关态 Δnd,其值一般要小一些,大约在 5%～10%之间);

c. $\varphi'=\varphi_t+\varphi\pm\frac{\pi}{2}$即两个盒相邻侧的液晶分子长轴正交设置。

关态时,条件 a 的反扭曲补偿了旋光性,条件 c 使得从主盒出射的 e 光和 o 光进入补偿盒后正好倒转,由于条件 b 的存在,迭加后相位差值为 0;开态时,主盒的液晶分子沿电场方向排列,相对关态时 Δnd 的值大幅度减小,由这个值决定的椭圆偏振光

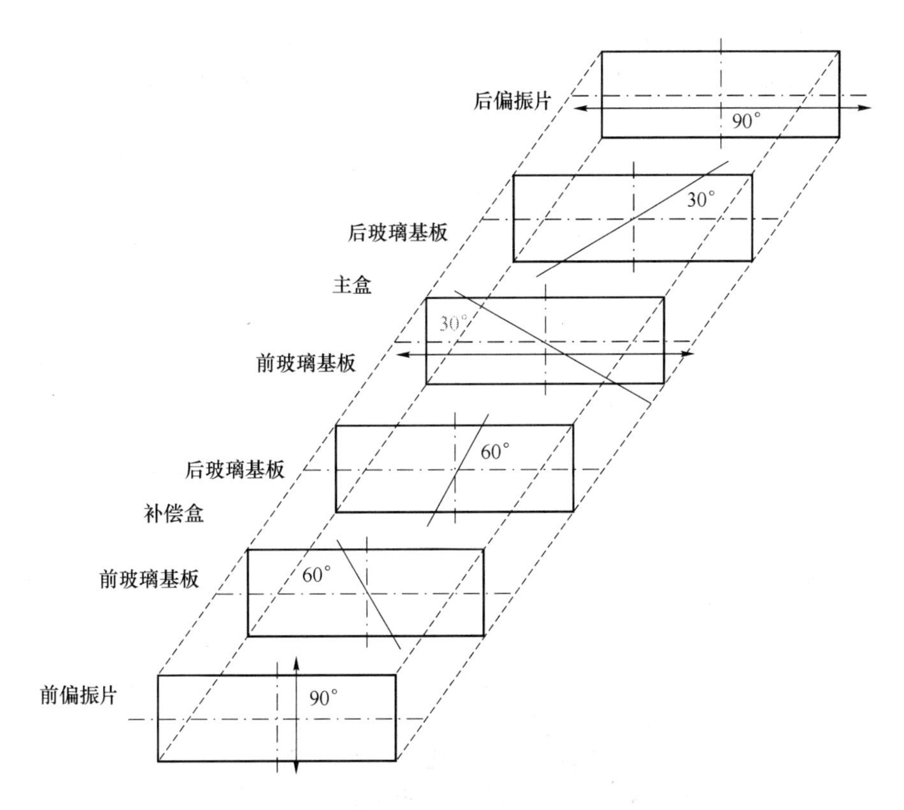

图 7.22　DSTN-LCD 结构(扭曲角 240°)

入射到补偿盒时,变成由 $\Delta n'd'-\Delta nd$ 决定的椭圆偏振光。如果综合的 $\Delta n'd'-\Delta nd$ 减小到 OMI 方式所要求的值,则输出光在 W 区,从而可实现高对比度的黑白显示。

DSTN-LCD 由于采用盒进行补偿,而盒内 LCD 各项参数可以根据情况进行优化,因此有可能得到一个较好的显示效果,由于两个盒内的液晶可以具有同样的色散性质,双折射率对温度的依赖关系也相同,因此补偿效果受波长和温度的影响较小;另一方面,DSTN-LCD 关态透过率低,有较高的对比度,彩色实现性较好(绿、蓝、红三色透过率较匹配),都是其非常突出的优势,但双盒结构在实际制作中参数控制到完全一样难度较高,较难实现理想的计算结果,而且制作工艺也比较难,视角窄(视角依赖受两个盒影响)。但总体来讲,DSTN-LCD 在性能方面尤其是高低温工作方面与 FSTN-LCD 比具有更好的优势。

7.2.7　STN-LCD 的畴

如果液晶材料螺距为 P_c,液晶盒基板表面扭曲要求的螺距为 P_s,当 P_c 与 P_s 不一致时则产生扭曲变形,这种变形程度可用 $(P_c-P_s)/P_s$ 表示:

$(P_c-P_s)/P_s=0$ 时,扭曲没有畸变,无畴;

$(P_c-P_s)/P_s>0$ 时,出现欠扭曲畸变,呈现欠扭曲畴;

$(P_c-P_s)/P_s<0$ 时,出现过扭曲畸变,呈现过扭曲畴。

欠扭曲畴和过扭曲畴都不是器件所需要的。欠扭曲畴在排列检查时很容易被发现,所以容易引起人们的重视,但过扭曲畴由于表征不是十分明显,易被人们忽略,以下主要讨论 STN-LCD 的过扭曲畸(条纹畴)。

有畴和无畴时透过率与电压的关系如图 7.23 所示,有畴导致了电光曲线的变缓。低预倾角、大 d/p 值和高扭曲角是导致产生这类畴的主要因素。条纹畴的条纹方向近似平行,如图 7.24 所示。

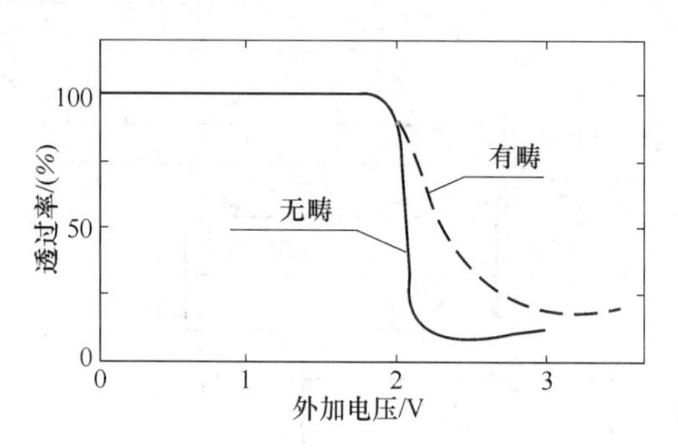

图 7.23　有畴和无畴时透过率与电压的关系

图 7.24　条纹畴的条纹图

1. d/p 值对畴的影响

有畴区和无畴区边界的理论值与实验值对比如图 7.25 所示。

2. 预倾角对畴的影响

预倾角、d/p 值与无畴区之间的关系如图 7.26 所示,高预倾角可以扩大无畴区的 d/p 取值范围,但高预倾角使陡度因子 γ 变大,STN-LCD 盒的多路能力变小,一种办法是通过选取大的 K_{33}/K_{11} 和 K_{33}/K_{22} 来弥补这种影响。

3. 扭曲角对畴的影响

如图 7.27 所示为扭曲角对畴的影响,扭曲角愈高,无畴的 d/p 范围愈窄,预倾角为 0°,扭曲角为 270°时,STN-LCD 盒不再有无畴区。

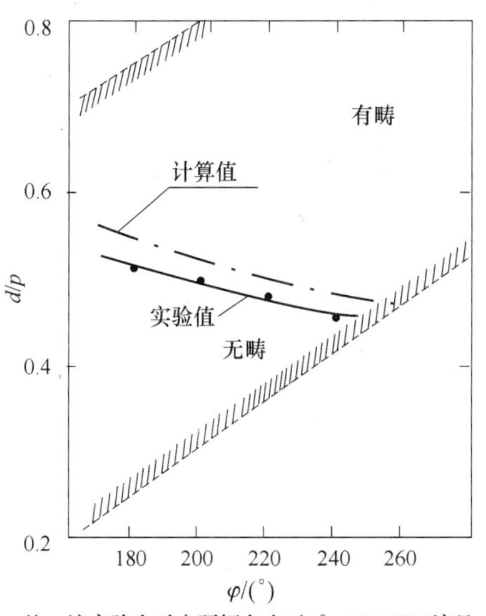

注：该实验盒对应预倾角小于1°，ZLI-2293液晶。

图 7.25　有畴区和无畴区边界的理论值和实验值对比

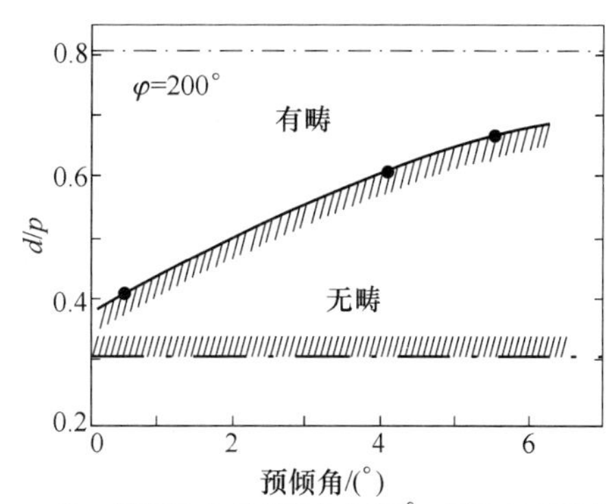

注：该实验盒对应扭曲角200°，ZLI-2293液晶。

图 7.26　预倾角 d/p 值及无畴区的对应关系

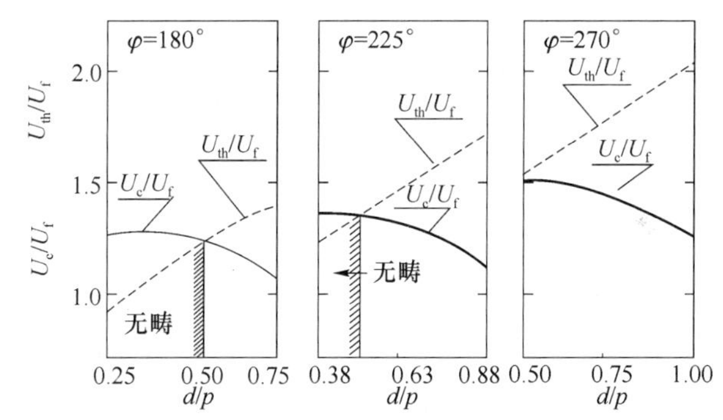

注：扭曲角为180°，225°，270°的盒d/p与U_c和U_{th}的关系。U_c为畴形成临界电压，U_{th}为胆甾-向列相变电压，U_f为0°预倾角无扭曲层Freede-ricksz转变电压。

图 7.27　扭曲角对畴的影响

7.3　TFT-LCD 的宽视角技术

如果从液晶显示的显示模式来看，有源液晶显示 AM-LCD 不属于其中的一个类别，它的显示模式是扭曲向列型（TN）或共面开关（IPS）、VA 以及宾主（GH）模式等，如在目前已经占到显示 80%以上份额的 TFT-LCD 中，TN 型 TFT-LCD 仍占有相当比例。

与无源液晶显示器相比，有源液晶显示器每个像素上串联了一个非线性开关元件，而正是由于这个非线性开关元件的存在，使得被扫描的行电极上能保持住在扫描期间的电压，从而形成一种准静态驱动的方式，得以实现高路数高对比度的显示。

根据非线性元件种类,有源矩阵方式分为二端子 AM 方式(二极管)、三端子型 AM 方式(晶体管)及 PA 方式,如图 7.28 所示。

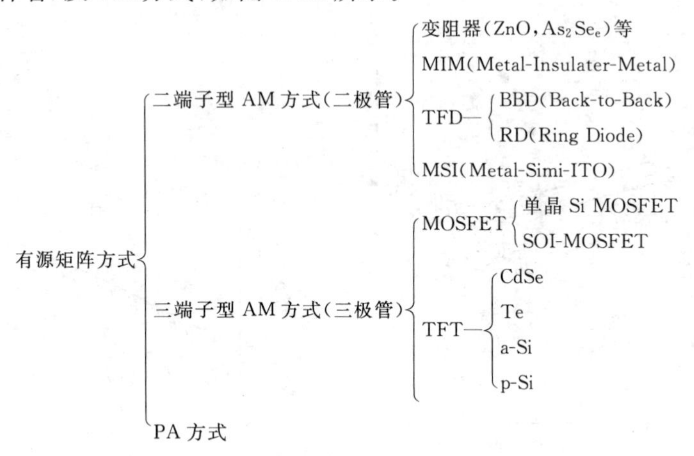

图 7.28 有源矩阵方式

目前商业化程度最高,技术最为成熟的 AM-LCD 为三端子的 A-SI TFT-LCD, LTPS TFT-LCD 已经在中小尺寸产品中应用,而 Oxide TFT-LCD 正在进入大批量生产的阶段。

TN 型 TFT-LCD 从液晶模式上讲并没有特别的地方,它遵守 TN 显示模式的特性(可参见前面章节内容),有关 TFT-LCD 工艺及器件结构可参见本书其他章节,本节只重点介绍 AM-LCD 由于增加的非线性开关元件所带来的差异及 TFT-LCD 常用到的几种宽视角技术。

7.3.1 TFT-LCD 盒结构

有源矩阵的液晶显示器结构如图 7.29 所示,一块带有三端子元件阵列和像素电极阵列的基板与另一块带有彩色滤色膜和公共电极的基板保持一定间隙叠合在一起并在其中充满液晶,盒的上下基板都进行了分子排列所需要的表面处理,透射型 TFT-LCD 盒的二端分别有偏振片,下端有背光源。

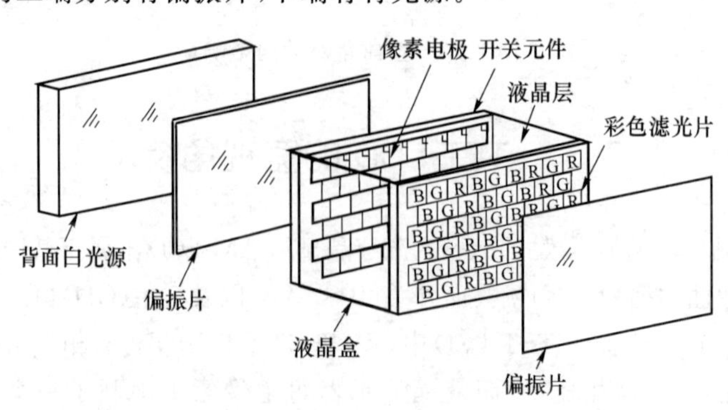

图 7.29 有源矩阵显示方式的液晶显示器结构

7.3.2　TFT-LCD 有源方式的构成与驱动原理

在三端子 TFT-LCD 方式中，扫描线和信号线都设置在同一个端子元件基板上，扫描线与该行 TFT 栅极相连，而信号电极与该列 TFT 的源极相连。

如图 7.30 所示为一个像素单位的等效电路。

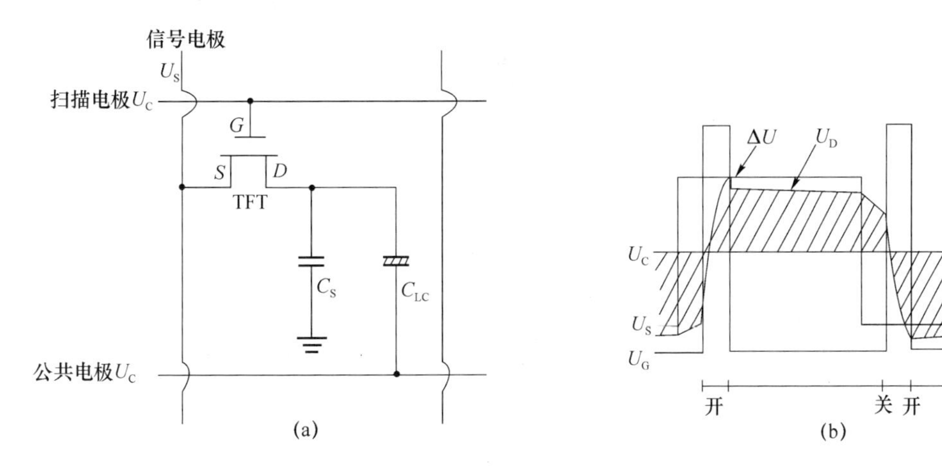

图 7.30　一个像素单位的等效电路

在以行顺序（扫描）驱动方式选通某行时，则该行上所有开关元件同时被行脉冲闭合，变成低阻（R_{on}）导通状态，与行扫描同步的列信号（信号电极）通过已导通的 TFT 对储存电容和液晶盒充电，信号电压被记录在像素电容（液晶盒电容）和储存电容上。当行选结束后，开关元件被断开（处于高阻 R_{off} 状态），被记录的信号电压将被保持并持续驱动像素液晶，直到下一个行扫描到来。因此，在 TFT-LCD 的驱动中，扫描电压只做 TFT 元件开关电压之用，而驱动液晶的电压信号是导通的三端子元件对像素电容充电后在像素电极和公共电极之间的电压差 U_{LC}，U_{LC}大小决定于信号电压 U_S 和公用电极电压 U_C，这种驱动方式类同于静态驱动。

由于增加了一个 TFT 开关元件，使得每个像素在自身选择时间以外，处于电信号切断的孤立状态，不受其他行选择信号的影响，解决了行间串扰问题，得以实现高清晰度显示，同时由于被记录在像素电容和储存电容上的电荷不能逃逸，因而具有电压保持的准静态驱动功能，可以实现高亮度显示，这种电压保持性也提高了液晶驱动电压的有效值及液晶的响应速度，由于每个像素驱动的独立性，各像素可以独立设定信号电压，因此可以较容易采用电压调节方式来实现灰度显示。

7.3.3　TFT-LCD 宽视角技术

液晶显示器件由于双折射率的视角依赖性，天生的缺点就是视角比较窄，使得其早期在大尺寸的应用上受到很大限制，但近几年，各种宽视角新技术的诞生，使 LCD 应用到 TV 等大尺寸领域已经成为现实。LCD 宽视角技术分类如图 7.31 所示。

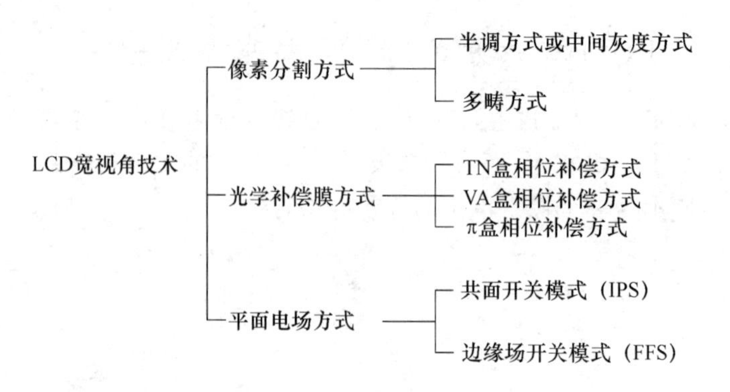

图 7.31　LCD 宽视角技术分类

1. 像素分割方式

(1) 半调方式

半调方式也称中间灰度方式(Half Tone Gray Scale),它把像素分割成两部分,子像素 2 与电容串联后再与子像素 1 并联,其等效电路如图 7.32 所示。

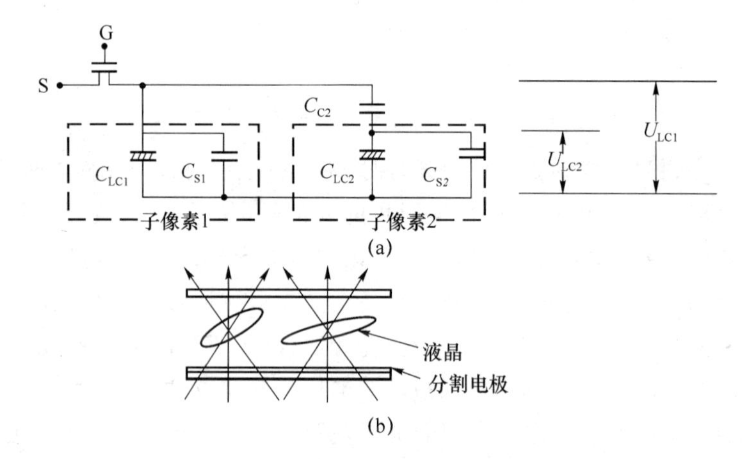

图 7.32　半调方式的等效电路

这种方式使得在同一外加电压下,两个子像素上的驱动电压不同而导致两部分液晶分子排列的倾角不同,使得某个角度观察时有不同的分子表观长度,二者平均使视角变化时的变化量减少,从而实现视角的增大。

(2) 多畴方式

多畴方式也是将一个像素分成多区域,而这种区域的排列处理不同使液晶分子具有对称取向,在光学上得到互补,从而实现视角的增大。

多畴方式的实现是通过对一个像素分割成不同区域取向来实现的,通常有如下几种方法:①二层膜法,在低倾角无机取向膜上涂以高预倾角的有机取向膜,之后用光刻方法去掉部分区域上的有机膜,再经过一次摩擦,即得到了两个区域的不同排列;②一层膜二次摩擦法,用光刻法先将经摩擦后的取向膜掩蔽一部分后再摩擦一次,之后去除光致抗蚀剂,由此得到不同的排列区域。多畴方法的另两种制备方法是用无定形

TN 技术和光取向技术，二者都不再采用摩擦，前者将液晶升温到各向同性之后注入盒内，再降到室温，液晶被分割成数 μm 大小的微小区域，呈现对称性很好的视角特性，光取向技术是将感光单体注入空盒中，给像素周边照射 UV 光，单体聚合硬化，使 LC 按同心圆状取向，得到宽的视角。如图 7.33 所示为无定形 TN 技术与光取向技术的宽视角原理图。

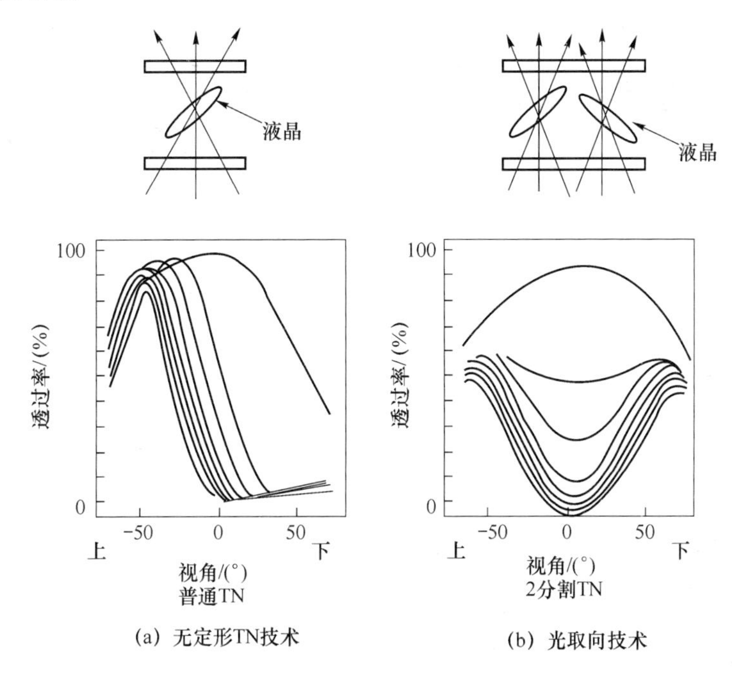

图 7.33　无定形 TN 技术与光取向技术的宽视角原理图

2. 光学补偿方式

(1) TN 盒相位补偿方式

TN 盒相位补偿方式采用负轴性的补偿膜来消除正轴性液晶的双折射，当在不同视角上的 $\Delta n'd'+\Delta nd=0$ 时，视角将被大幅提高，一般是在盒的上下两侧各使用一块补偿膜。如图 7.34 所示为 TN 盒相位补偿方式结构原理。

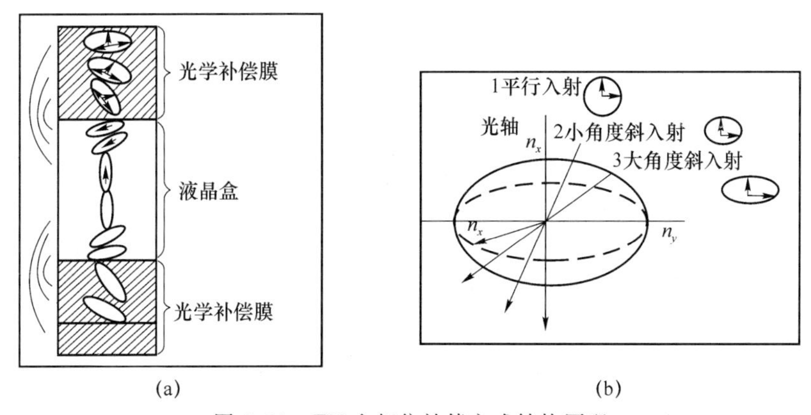

图 7.34　TN 盒相位补偿方式结构原理

(2) π 盒光学补偿方式

π 盒(180°盒)光学补偿方式也称作 OCB 方式(Optically Compensated Bend)。OCB 盒的结构如图 7.35 所示。

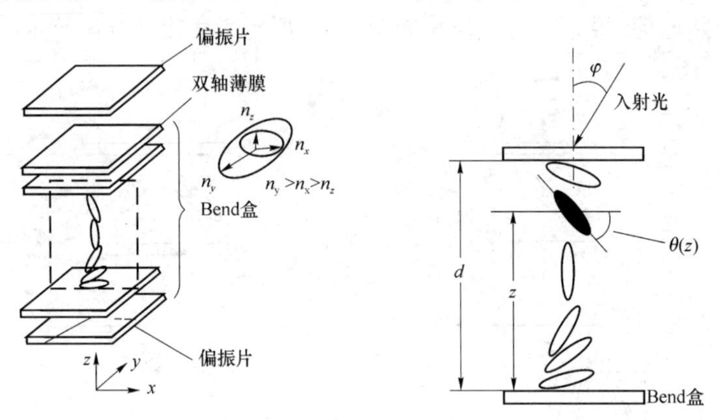

图 7.35　OCB 方式的结构原理

在 π 盒的上端有一个双轴补偿膜,可以在 $U>U_{th}$ 和 $U<U_{th}$ 两种情况下都能消除相位延迟,而不像 TN 盒相位补偿方式那样只在选择态有一个好的补偿,这样的结构可以得到更好的补偿特性,其原理是在 $U<U_{th}$ 时用 y 轴,在 $U>U_{th}$ 时用 z 轴来补偿由视角引起的双折射。

(3) VA 盒相位补偿方式

VA 方式是电控双折射方式(ECB)中的一种,采用 N_n 型液晶和略有倾斜的垂直排列,其电光曲线陡峭,垂直入射的对比度高,但视角窄,存在干涉色。

图 7.36 是 VA 盒相位补偿方式结构原理图,在这种盒上采用两片双轴性补偿膜正交贴于盒的两侧进行光学补偿,一方面可以消除干涉色,同时也获得宽的视角特性。

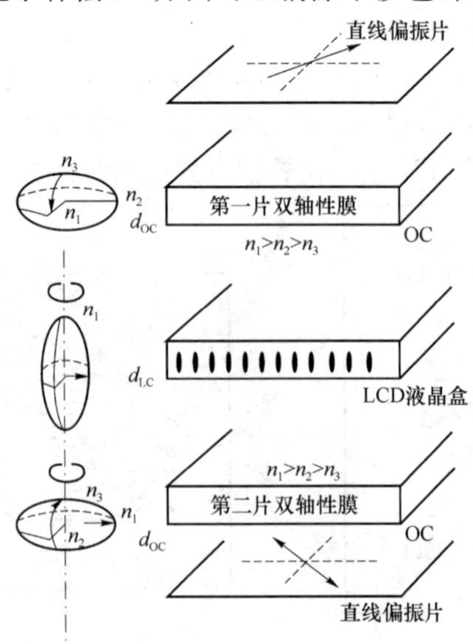

图 7.36　VA 盒相位补偿方式结构原理

3. 平面电场方式

(1) 共面开关模式

共面开关(In Plane Switching,IPS)模式结构图及实现宽视角的原理如图 7.37 所示。IPS 模式使用 N_n 型液晶($\Delta\varepsilon>0$,也有采用 N_p 型 LC 的),盒基板表面做沿面排列处理,梳状数字电极和公共电极产生横向电场,改变液晶分子的光轴在平行于基板平面内的方位角,控制透光率,在 IPS 结构中,上下偏振片正交放置。

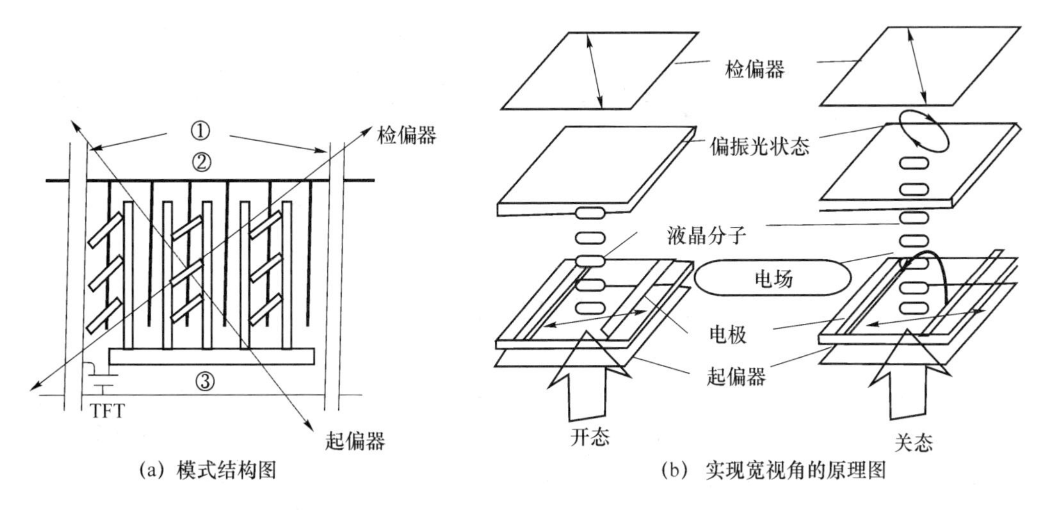

图 7.37　共面开关模式结构及实现宽视角的原理

IPS 模式的关态,由于入射端偏振片的偏光轴平行于液晶分子指向矢,入射线偏振光不会发生旋转,所以可以得到很好的黑态和宽的视角,而在开态,由于梳形内数字电极和公共电极之间的横向电场作用及液晶的 $\Delta\varepsilon>0$,液晶分子转向电场垂直方向,其扭转角是分子指向矢与入射偏振光轴的夹角,构成双折射条件,出现相延迟,射出椭圆偏振光,一部分光从检偏片光轴漏出,变成明态,其透过率随扭转角增大而增大,$\varphi=45°$时为最大。

在开态,液晶分子在盒厚方向没有倾角,所以液晶分子的表观长度的视角相依性较小,从而实现宽视角,IPS 模式是目前 TFT-LCD 实现宽视角效果较好的模式之一。

(2) 边缘场开关模式和高级超维场转换技术

边缘场开关(Fringe Field Switching,FFS)技术和高级超维场转换技术(Advanced Super Dimension Switch,ADSDS)与 IPS 技术一样采用液晶分子平行旋转、单侧电极的结构,基本原理与 IPS 相同。不过 FFS 和 ADSDS 均是将 IPS 的金属电极改为透明的 ITO 电极,并缩小了电极自身宽度,这些改进措施明显地提高了开口率,其面板透光率比 IPS 技术高出 2 倍以上。第三代 FFS 技术(AFFS)通过对液晶优化,在正型液晶上获得负型液晶 90%左右的光效率,兼顾了响应时间和透光率两个特性;而 ADSDS 则对楔形电极进行修改,使之具备自动抑制光泄漏的能力,进一步提高了透光率。相比 IPS 技术,FFS 和 ADSDS 技术在透光率、亮度/对比度指标上有了更大的优势,响应时间也降低到较理想的水准。结构原理如图 7.38 所示。

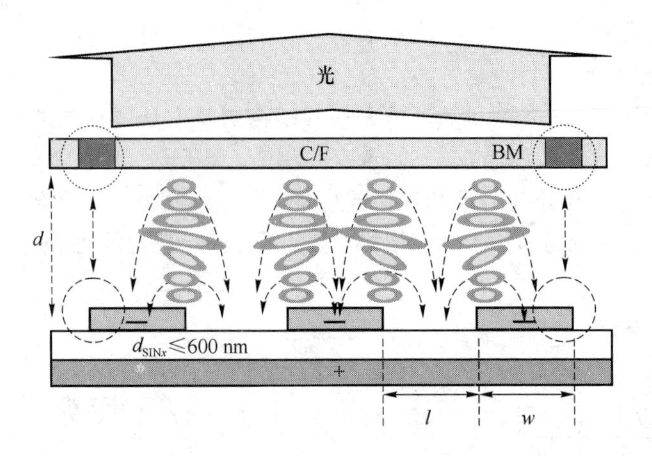

图 7.38 边缘场开关模式和高级超维场转换技术结构原理

7.4 宾主型液晶显示模式

当在液晶中溶入双色染料(dichrodic dye)后，新的混合材料就形成一种宾主关系，液晶为主(Host)，双色染料为宾(Guest)，依据双色染料对光的吸收以及透过特性与液晶分子排列随电场变化的特点所制作的显示器件被称作宾主型液晶显示器(GH-LCD)。

7.4.1 双色染料特性及显示特性

双色染料具有吸光度各向异性的性质，根据染料分子的吸收轴同分子轴的方位关系可把双色染料分为正型(P 型)双色染料和负性(N 型)双色染料。

P 型和 N 型染料的吸收特性如图 7.39 所示。

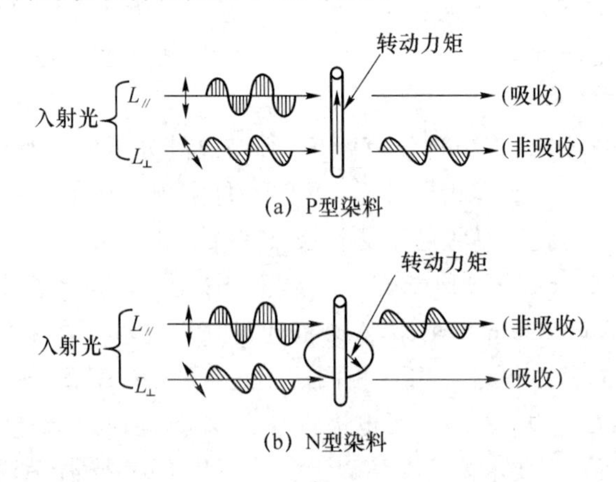

图 7.39 P 型和 N 型染料的吸收特性

吸收轴平行于分子轴的双色染料为 P 型染料，它吸收与分子轴平行的偏振光分量 $L_{/\!/}$，而几乎不吸收与之垂直的偏振光分量 $L_{\perp}$；N 型双色染料的吸收轴垂直于分子轴，它吸收与分子轴垂直的偏振光分量 $L_{\perp}$，而不吸收与之平行的偏振光分量 $L_{/\!/}$。如果溶入液晶中的双色染料分子为棒状，它将具有和液晶分子一样的取向性质，染料分子随分子取向的程度可以用有序参数 s 来表示，如图 7.40 所示为液晶分子指向矢、染料分子长轴、染料分子跃迁矩及偏振光振动方向关系。

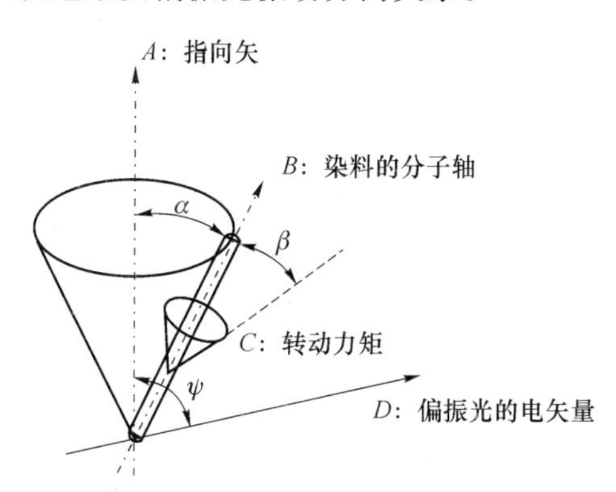

图 7.40　液晶分子指向矢、染料分子、跃迁矩及偏振光振动方向关系

序参数

$$s=\frac{1}{2}\langle 3\cos^2\alpha-1\rangle$$

染料分子吸收率

$$A=kd\left[\frac{s}{2\sin^2\beta}+\frac{1-s}{3}+\frac{s(2-3\sin^2\beta)\cos^2\varphi}{2}\right]$$

其中，k 为常数；d 为液晶层厚度。

P 型染料 $\beta=0$，该种染料对平行和垂直偏振光的吸收率分别为

$$A_{/\!/}=kd(1+2s)/3,\ A_{\perp}=kd(1-s)/3$$

N 型染料 $\beta=\pi/2$，该种染料对平行和垂直偏振光的吸收率分别为

$$A_{/\!/}=kd(1-s)/3,A_{\perp}=kd(2+s)/6$$

当给染料和液晶的混合物施加电压时，液晶分子的取向将发生改变，继而带动染料分子的取向发生变化，出现对光吸收或通过的状态，实现显示。

由于 GH-LCD 充分利用了染料分子的吸收或通过光的特性，其二向色比 $D=(A_{吸}/A_{非吸收})$ 对显示特性将有很大的影响。

对应 P 型染料和 N 型染料的二色性比 D_p 和 D_N 计算公式如下：

$$D_p=\frac{1+2s}{1-s},D_N=\frac{2+s}{2-2s}$$

$$D_N=\frac{D_p+1}{2} \tag{7.9}$$

N 型染料的二色性比只是 P 型染料二色性比的一半左右，即 N 型染料的对比度差于 P 型染料，这也是目前 GH-LCD 很少使用 N 型染料的原因之一。

GH-LCD 显示中的二向色性染料，需要具备以下条件：

(1) 在主体液晶中有较高的有序参数；

(2) 有较高的电阻率($\rho>10^{10}$ Ω·cm)；

(3) 对热、光(UV)有高的稳定性；

(4) 有高的消光系数；

(5) 在主体液晶中有较大的溶解度,可以加入较大浓度且无析出。

7.4.2　常用 GH-LCD 器件及特性

根据排列方式和液晶类型的不同,GH-LCD 分类如图 7.41 所示。

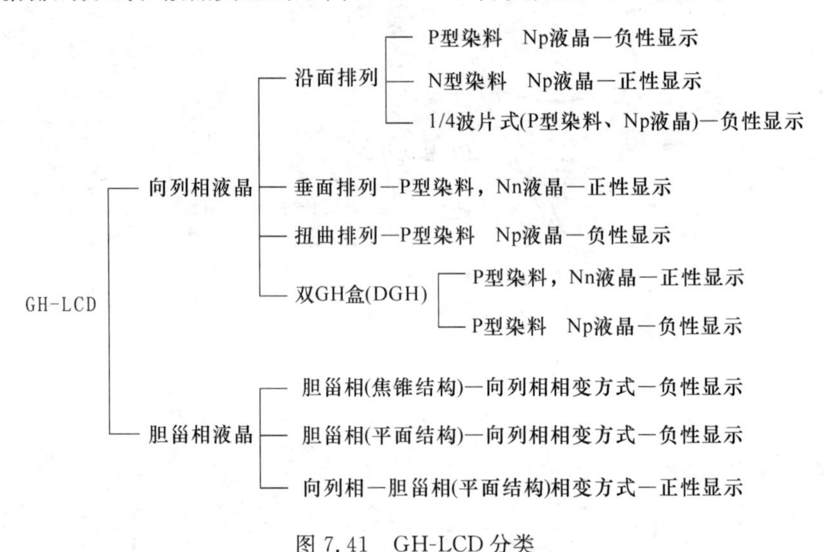

图 7.41　GH-LCD 分类

正性显示是在无色背景下显示有色图案;负性显示是在有色背景下显示无色图案。

GH-LCD 中,色彩由加入液晶中二色染料的显示颜色决定,红色染料背景着红色,蓝色染料背景着蓝色,红、黄、蓝三种染料按一定比例混合得到的黑色染料背景着黑色。

1. 沿面排列 GH-LCD

(1)P 型染料,N_p 型液晶

P 型染料,N_p 型液晶沿面排列 GH-LCD 的结构及显示原理如图 7.42 所示。

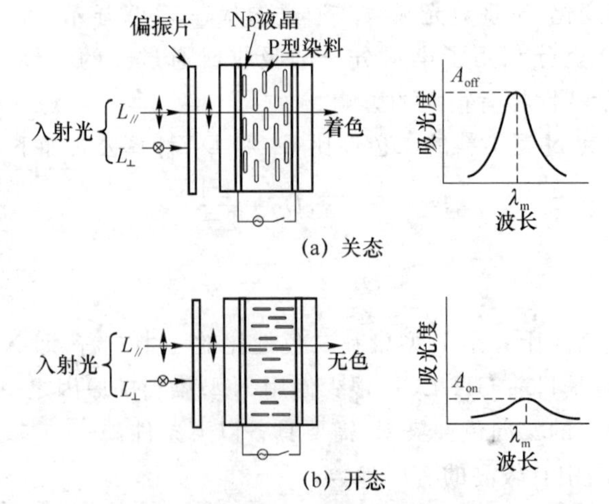

图 7.42　P 型染料、N_p 型液晶沿面排列 GH-LCD 结构及显示原理

由于 $L_{\perp}$ 偏振光分量无论是关态还是开态都不被染料吸收，当在盒一侧放置一块偏振片时可以消除 $L_{\perp}$ 偏振光分量，使器件的对比度得到提高，但亮度损失较大。

关态时由于偏振光方向与染料分子长轴方向平行，处于吸收状态，呈现染料色，当加上电压后，$\Delta\varepsilon>0$，液晶分子随电场方向排列，染料分子也随之而动，此时偏振光方向与染料分子长轴方向垂直，光不被吸收，呈现无色，从而实现关态带有色背景，开态无色的负性显示。

关态吸光度 A_{off} 与开态吸光度 A_{on} 比值表征了器件显示特性，沿面排列 GH-LCD（P 型染料、N_p 型液晶）的 $A_{\text{off}}=K_{/\!/}\text{cd}$，其中，$K_{/\!/}$ 为平行状态下吸收系数，c 为染料浓度，d 为液晶层厚度。$A_{\text{on}}=K_{\perp}cd$，其中，$K_{\perp}$ 为垂直状态下吸收系数：

$$C_r=A_{\text{off}}/A_{\text{on}}=K_{/\!/}/K_{\perp}=D_P$$

二色性比 D_P 与有序参数 s 密切相关，但在实际应用中与主液晶取向有序度以及染料的分子结构也有密切的关系，从公式中看 $A_{\text{on}}/A_{\text{off}}$ 值与 c、d 无关，但实际上由于序参数 $s\neq1$，同时关态透过率也是器件很重要的一个参数，所以 c 和 d 在 GH-LCD 中也是非常重要的参数。

(2) N 型染料，N_p 型液晶

对于沿面排列中 N 型染料，N_p 型液晶的结构并不多用，但显示原理是相同的，为一种正性显示，对比度 $C_r=A_{\text{on}}/A_{\text{off}}=D_N=(D_P+1)/2$，很显然，其对比度小于 P 型染料 N_p 液晶的结构。N 型染料、N_p 型液晶沿面排列 GH-LCD 结构及显示原理如图 7.43 所示。

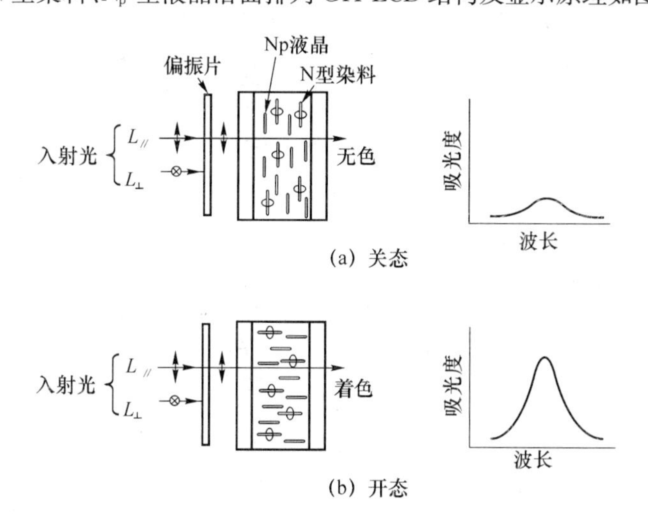

图 7.43　N 型染料、N_p 型液晶沿面排列 GH-LCD 结构及显示原理

(3) 1/4 波片沿面排列

在前面两种沿面排列盒中，为增加对比度，在盒的前端一般都附了一张偏振片，但偏振片对透过率损失很大，因此这类 GH-LCD 亮度较低，为改变这种情况，将偏振片置换为 1/4 波片，1/4 波片沿面排列 GH-LCD 由此诞生。

沿面排列 1/4 波片式 GH-LCD 结构是在沿面排列盒的一侧放置一个反射板，在反射板前面放置一个 1/4 波长片。

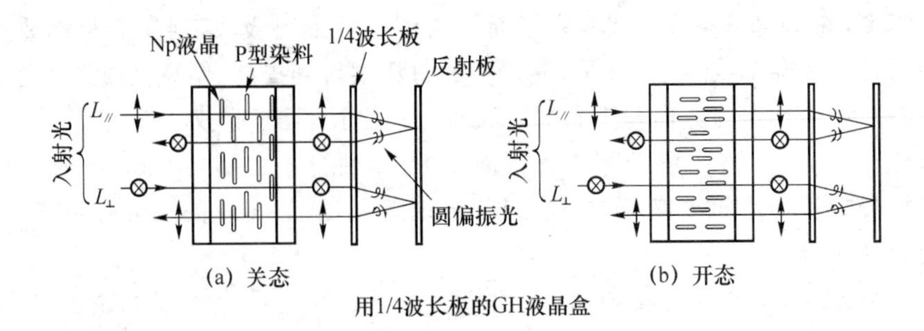

图 7.44 P 型染料、N_p 型液晶沿面排列 1/4 波片式 GH-LCD 结构及显示原理

P 型染料、N_p 型液晶沿面排列 1/4 波片式 GH-LCD 结构及显示原理如图 7.44 所示,这种结构的 GH-LCD 盒,在关态时两个偏振光分量在入射光路或在反射光路上被吸收,呈背景色;在开态时由于 1/4 波片和反射板的作用,它们在两条光路上各转 90°,并交换偏振光分量后得以通过,呈无色。

$$C_r = A_{off}/A_{on} = (K_{\perp} + K_{/\!/})/2K_{\perp} = (D_P + 1)/2$$

$$A_{off} = (K_{\perp} + K_{/\!/})cdA_{on} = 2K_{\perp}cd$$

这种盒结构具有比较高的亮度,但存在的问题是视角问题(波片板与视角有依赖性)。

2. 垂面排列

垂面排列 GH-LCD 实际应用相对较少,其结构多采用 P 型染料和 Nn 型液晶($\Delta\varepsilon > 0$),关态时液晶分子与染料分子长轴均垂直于玻璃表面,由于是 P 型染料,入射偏振光垂直于分子长轴,不被吸收而呈现为无色,在开态时分子排列受电场作用变为沿面,与基板平行,偏振光振动方向平行于分子长轴,被吸收而呈着色态,表现出一种正性显示状态。

垂面排列 GH-LCD 结构及显示原理如图 7.45 所示。

$$C_r = \frac{A_{on}}{A_{off}} = \frac{k_{/\!/}}{k_{\perp} + (k_{/\!/} - k_{\perp})\sin^2\theta}$$

其中,θ 为预倾角(指向矢偏离法线的角度),一般在 3°~5°。由于 θ 很小,因此第二项可以忽略不计,即

$$C_r = \frac{A_{on}}{A_{off}} = \frac{k_{/\!/}}{k_{\perp}}$$

3. 扭曲排列

沿面排列宾主液晶显示电光曲线陡度因子较大,尤其是透过率变化超过 50%后,电光曲线更加平缓,响应时间也较慢,但如果将 LC 盒的分子排列从沿面排列变成 90°扭曲,电光特性将得到改善,当液晶盒的条件满足扭曲向列型液晶显示的条件,即 Mauguin 条件 $p\Delta n \gg \lambda$,$\Delta nd \gg \lambda/2$ 时,入射光的偏振面将随分子长轴旋转方向旋转,使得入射光的偏振始终平行于染料分子吸收轴(P 型染料),这种情况下,入射光在与螺旋结构同步旋转中不断被吸收,也可以得到一个较为理想的消光状态。

扭曲排列 GH-LCD 结构及显示原理如图 7.46 所示。

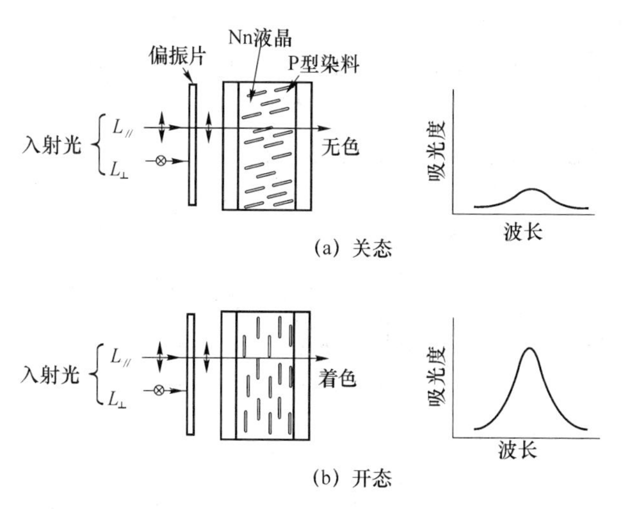

图 7.45　垂面排列 GH-LCD 结构及显示原理

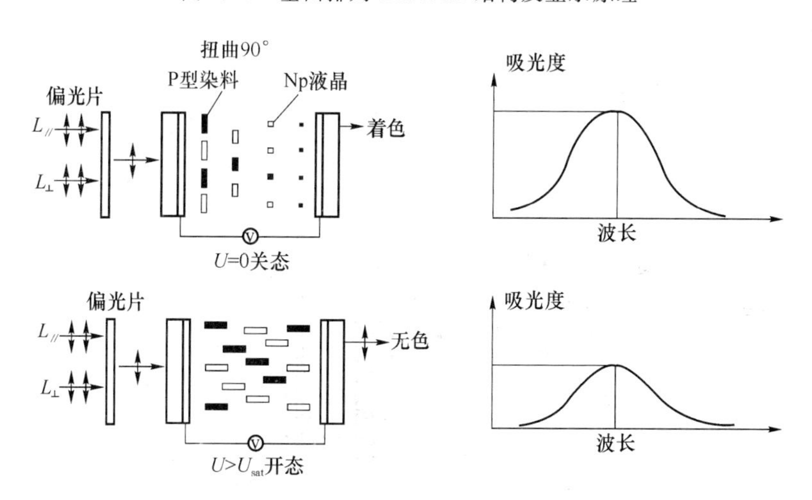

图 7.46　扭曲排列 GH-LCD(P 型染料、N_p 液晶)结构及显示原理

扭曲排列 GH-LCD 与沿面排列 GH-LCD 电光曲线比较如图 7.47 所示。

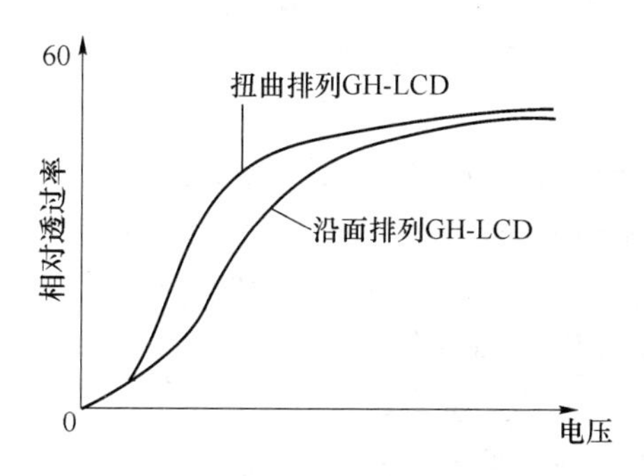

图 7.47　扭曲排列 GH-LCD 与沿面排列 GH-LCD 电光曲线比较

4. 双盒 GH-LCD

双盒 GH-LCD(DGH-LCD)可分为负性显示和正性显示两种。

(1) 负性 DGH-LCD

负性 DGH-LCD 结构及剖面如图 7.48 和图 7.49 所示。

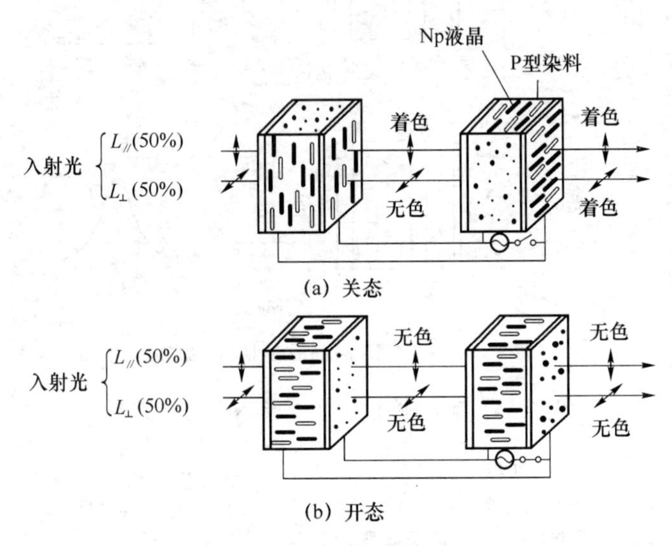

图 7.48　DGH-LCD 液晶盒结构图

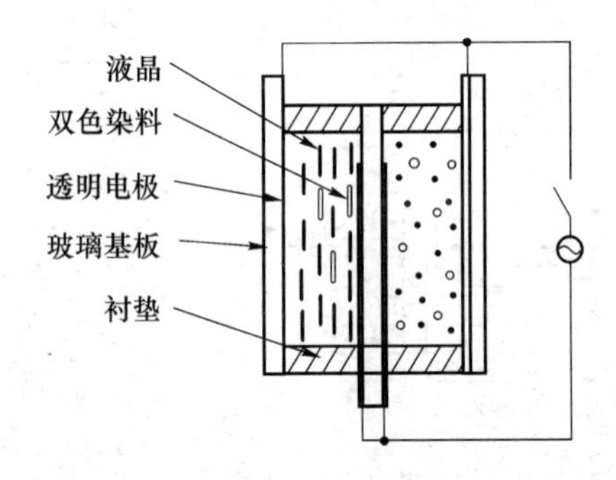

图 7.49　DGH-LCD 液晶盒的剖面图

负性双盒 GH-LCD 中两个液晶盒内均为 N_p 型液晶和 P 型染料并做沿面处理。但两个盒各自的分子取向是互相正交的,因此,入射的两个方向振动的偏振光分量在关态时被第一层盒或第二层盒吸收而呈背景色,而在开态时由于偏振光的两个分量其振动方向均垂直于染料分子吸收轴,不吸收而呈无色,这个结构的盒由于不用偏振片,故亮度较高,同时对光的吸收也由于双盒而比较充分,可得到好的对比度。

$$C_r = A_{off}/A_{on} = (K_{\perp} + K_{/\!/})cd/2K_{\perp}cd = (D_P + 1)/2$$

但双盒 GH-LCD 必须满足如下条件:

- 两个盒相邻分子长轴相互垂直;
- 两个盒内的液晶与染料性质相同、浓度相同;
- 两个盒盒厚相等。

对于双盒 GH-LCD,从斜向观察时,显示图形会有偏移,为减少这种偏移,液晶盒的玻璃厚度应尽可能小。

(2) 正性 DGH-LCD

正性 DGH-LCD 盒结构如图 7.50 所示。

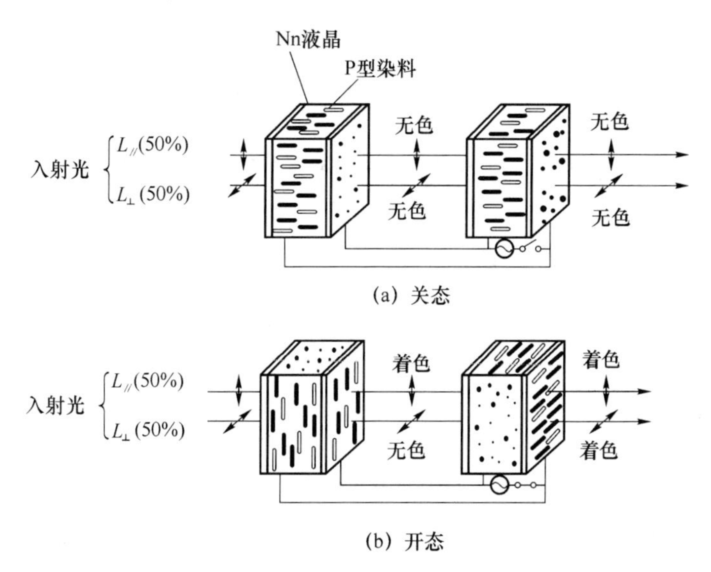

(a) 关态

(b) 开态

图 7.50　正性 DGH-LCD 液晶盒结构图

与负性 DGH-LCD 比较,盒内做垂直处理略偏离法线方向,但两盒偏离方向正交,盒内为 N_n 液晶,P 型染料。

关态时,入射光两个偏振光分量振动方向均垂直于染料分子吸收轴,故对光不吸收而呈现无色,当加上电压形成电场后,由于是 Nn 液晶,液晶分子和染料分子均平行于基片表面且两个相邻盒的分子长轴相互垂直,两个方向振动的偏振光在通过第一个盒或第二个盒时被吸收呈现背景色,从而实现正性显示,如果忽略不计预倾角 θ,该模式的吸光度开关比 $A_{on}/A_{off}=(D_P+1)/2$。

正性 DGH-LCD 其他要求与负性 DGH-LCD 相似。

5. 相变型 GH-LCD

相变型 GH-LCD 应用较多的类型是 P 型染料和胆甾型加向列相液晶的模式,其盒内分子排列结构如图 7.51 所示。

在关态时 $U=0$,盒内液晶螺旋轴垂直于基板,可吸收入射光的各偏振光分量,因此输出有色光、背景着色,在开态,液晶分子和染料分子变为垂面排列,入射光的各偏振光分量均垂直于吸收轴,不被吸收输出无色光,实现负性显示。

当对相变型 GH-LCD 施加电压时,可得到如图 7.52 所示吸光度与电压的曲线。

图 7.52 是吸光度与电压的关系,而图 7.51 显示出对应两个吸光度变化阶段时分子的取向状态,当分子排列居于一种焦锥散射状态时对应吸光度平缓变化。这种特性限制了这种结构的器件多路驱动的能力。

关态时,分子排列旋转的圈数愈多,其吸收光的能力愈强,染料分子对光的吸收愈完

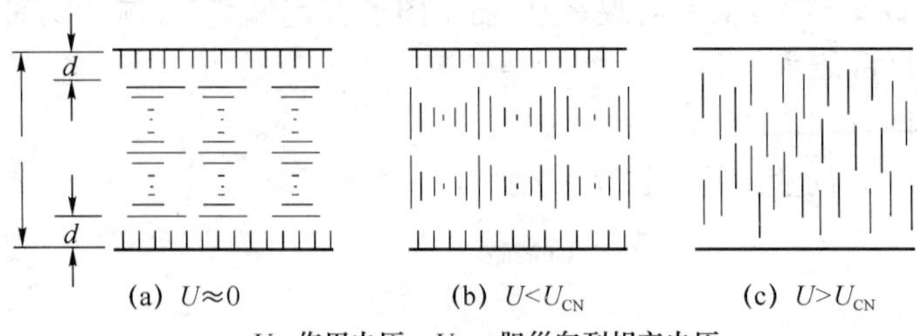

U 作用电压；U_{CN} 胆甾向列相变电压

图 7.51 相变型 GH-LCD 液晶的分子排列

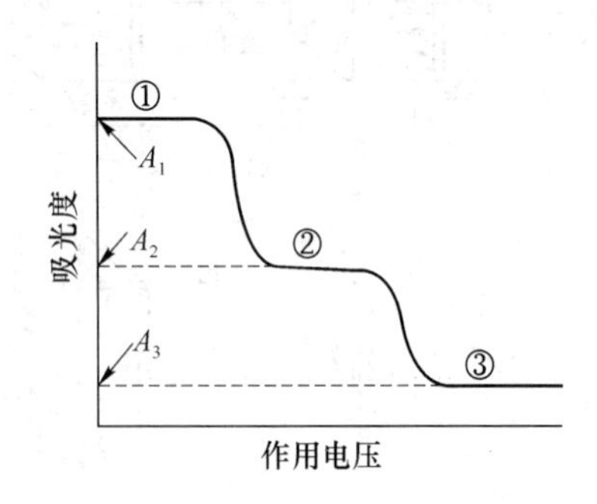

图 7.52 相变型 GH-LCD 液晶盒的吸光度与作用电压的关系

全,也就是说 d/p 愈大,其吸光比愈高,$d/p>1.2$ 后,该结构的吸光度比接近$(D_P+1)/2$,但伴随的是电压的增大。

这类相变型 GH-LCD 对应状态①和③时,可得到相当高的吸光比,得到较高的对比度和较大的视角,其响应时间也较快,但缺点是驱动电压较高,一般在 10 V 以上。

如上结构中,若利用 $\Delta\varepsilon>0$ 的胆甾液晶,分子表面排列在关态时采用垂面向列排列,则可实现正性显示。

7.4.3 不同 GH-LCD 性能比较

各种宾主型液晶的显示特性比较见表 7.2。

表 7.2 不同 GH-LCD 的显示特性比较

类型	偏振片	显示类型	吸光度的开关比	亮度	反射型的视角	驱动电压/V	制造难度
沿面排列 P、Np 盒	一片	负性	0(～10)	△	△	～3	○
垂面排列 P、Nn 盒	一片	正性	0(～10)	△	△	～3	△
沿面排列 N,Np 盒	一片	正性	△(～5)	△	△	～3	○
相变型负性 GH 盒	无	负性	△(～5)	○	○	～15	○
1/4 波片 GH 盒	无	负性	△(～5)	○	△	～3	○
DGH 盒(负性)	无	负性	△(～5)	○	○	～3	△
DGH 盒(正性)	无	正性	△(～5)	○	○	～3	△

注：○—优；△—差。

不同结构的 GH-LCD 盒各有优点和缺点，所以应用于不同的场合。

不同结构的 GH-LCD 需要选择不同的材料和不同的表面处理，带偏振片沿面排列的液晶盒，可以得到高吸光度的开关比，但亮度不够，N 型染料 GH 液晶盒，可以容易实现正性显示，但在亮度、吸光度的开关比上都不够理想，而相变型 GH 液晶盒，虽然有高的驱动电压，但亮度和开关比特性都比较好，而 DGH-LCD 在亮度、宽视角、低压驱动方面特性都比较好，但制作工艺难。

本章参考文献

[1] 刘永智，杨开愚，等. 液晶显示技术. 西安：电子科技大学出版社，2000.

[2] 谢毓章. 液晶物理学. 北京：科学出版社，1988.

第 8 章　薄膜晶体管有源矩阵液晶显示器

8.1 概　述

有源矩阵液晶显示(Active Matrix LCD, AM LCD)是在每个液晶像素上配置一个二端或三端的有源器件,这样每个像素的控制都是相互独立的,从而去除了像素间的交叉效应,实现了高质量图像显示。

有源矩阵液晶显示器根据其中采用的有源器件的不同可以分为三端的晶体管驱动和二端的非线性元件驱动两大类,详细的分类如图 8.1 所示。

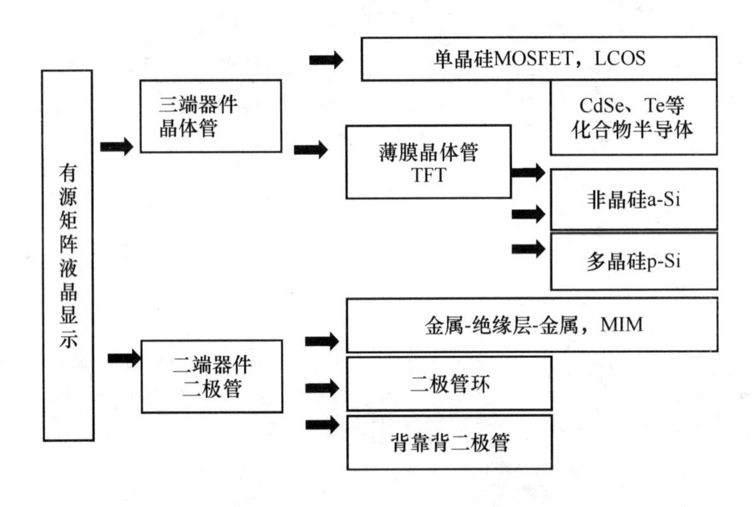

图 8.1　有源矩阵液晶显示的分类

通常在显示矩阵中使用的晶体管均为电压控制型的场效应晶体管(Field Effect Transistor,FET),这类器件中的电流是由外加电压引起的电场控制的。利用晶体管的三端有源驱动方式主要包括使用单晶硅金属-氧化物-半导体场效应晶体管(Metal-Oxide-Semiconductor Field Effect Transistor, MOSFET)和薄膜场效应晶体管(Thin Film Transistor,TFT)两种。

半导体材料是一类导电特性介于金属和绝缘体之间的固体材料,在半导体中参与导电的粒子包括带正电的空穴和带负电的电子,它们统称为载流子。通常在半导体中掺入杂质能够改变半导体的电导率等特性。以常用的硅(Si)材料为例,当在硅(Si)等半导体中掺入P等V族杂质，半导体将以电子导电为主，称为N型半导体；当在硅(Si)等半导体中掺入B等III族杂质，半导体将以空穴导电为主，称为P型半导体。在半导体中通过杂质的扩散与注入等加工工艺技术能够实现非均匀掺杂。载流子在半导体中的运动形式有漂移、扩散、产生和复合等多种形式。载流子在电场的作用下定向漂移运动是形成电流的一种主要的运动形式；此外还可以通过另一种运动形式扩散形成电流，扩散是一种和载流子的不均匀分布相联系的运动形式，载流子通过扩散由高浓度区向低浓度区运动。载流子的迁移率是反映半导体中载流子导电能力的重要参数，其定义为单位电场作用下载流子的平均漂移速度，其常用单位为：$cm^2/(V \cdot s)$〔厘米^2/(伏·秒)〕。同样的掺杂浓度下，载流子的迁移率越大，半导体材料的电导率就越高，迁移率的大小不仅关系着导电能力的强弱，而且还直接决定着载流子漂移和扩散运动的快慢，它对半导体器件的工作速度有直接的影响。

通常半导体材料并不一定都是单晶，多晶、非晶材料也同样有半导体特性，如多晶硅、非晶硅。按照内部原子排列的方式不同，固体材料又可以分为晶体和非晶体。材料中原子(离子或分子)规则排列的为晶体，而原子排列无规律的固体材料则为非晶体。通常晶体又可分为单晶体和多晶体，单晶体的整个晶体结构中原子由周期性规则排列；多晶体中晶体的各个局部区域里的主要为固体原子是周期性规则排列的，但不同区域之间原子的排列的方式不同。

单晶硅MOSFET能够利用成熟的集成电路工艺直接将显示矩阵制作在单晶硅片上，易于实现高分辨率和小型化的显示基板。但是单晶硅片价格比较昂贵，不适合于大画面、直视型的显示。近年来随着投影显示技术和集成电路微细加工技术的发展，以单晶硅MOSFET为代表的微型LCD迅速发展，目前这类显示器通常称为LCOS(Liquid Crystal On Silicon)。

利用非晶硅或者多晶硅材料制备的薄膜晶体管液晶显示器(TFT-LCD)具有分辨率高、色彩丰富、屏幕反应速度较快、对比度和亮度都较高、屏幕可视角度大、容易实现大面积显示等一系列优点。是液晶显示技术进入高像质、真彩色的重要技术保证，是目前运用最广泛的平面显示器(FPD)。

除了采用硅材料外，近年来氧化物半导体材料受到了普遍的关注。氧化物半导体通常是宽禁带半导体材料，具有较高迁移率、稳定性好、透明性好、制备工艺温度低、良好的机电耦合性等一系列优越的电学和光学特性以及对环境友好等特点。与硅材料相比，透明氧化物半导体具有很多不同的特点，通常可以在更低的温度下制备、更光滑的表面、更好的薄膜均匀性及优异的机械弯曲性，以及相同或者更高的载流子迁移率。正是由于氧化物半导体独特的电学性、光电性、压电性、气敏性、压敏性等特性，氧化物半导体材料近年来在OLED显示、透明显示、柔性显示等许多领域具有广泛的应用前景。

薄膜晶体管(Thin Film Transistor，TFT)通常是指用半导体薄膜材料制成的绝缘栅场效应晶体管。这种器件通常为三端器件，由半导体薄膜和与其一侧表面相接触的绝缘层组成，具有栅电极，源电极和漏电极。TFT根据其使用的半导体材料可以分为非晶硅、多晶硅和化合物半导体等。其中利用非晶硅材料制成的非晶硅(amorphous silicon)薄膜晶体管(a-Si TFT)由于具有制作容易，基板玻璃成本低,能够满足有源矩阵液晶驱动的要求,开/关态电流比大,可靠性高及容易大面积化等一系列优点而被广泛应用,成为了TFT-LCD中的主流技术。

如图8.2所示为TFT有源矩阵的结构示意图。它由显示矩阵和外围专用的扫描和数据驱动电路构成。显示矩阵和驱动电路封装在一起形成一个模块,称为液晶显示模块(LCM)。控制TFT栅极的称为扫描线(电极),扫描线与该行上所有TFT的栅极相连;控制TFT源端的称为信号线(电极),信号线与该列上所有的TFT的源极相连。TFT的漏端与液晶像素单元的一端相连,液晶像素单元的另一端接在一起形成公共电极。液晶像素单元可等效为一个电容。通常在TFT的漏端接一存储电容,以起到图像显示信号的辅助存储作用,提高像素单元的存储能力。

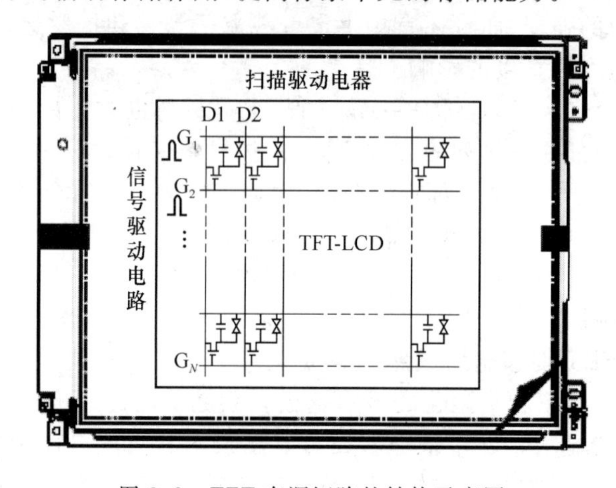

图8.2　TFT有源矩阵的结构示意图

在扫描电极上加一系列互不交叠的扫描信号,即逐行在TFT的栅上加正偏压,使该行的TFT同时导通,TFT由高阻态转变为低阻态;与此同时把对应行上所要显示的图像信号送到各个信号电极上,于是图像信号便通过该行上开启的TFT对应行的液晶像素充电,实现液晶显示,图像信号被传送到与导通TFT相连的各相应像素电容和存储电容上后信号电压将被存储在像素电容和储存电容上。当行扫描信号结束后,TFT随即关断,被存储的信号电压将被保持并持续驱动像素液晶,直到下帧扫描信号的再次到来。而其他未选中行的TFT始终处于关断状态,图像信号对其中像素上的电压没有影响。这样逐行重复便可显示出一帧图像。由于扫描信号互不交叠,在任一时刻,有且只有一行的TFT被扫描而开启,其他行的TFT都处于关态,所显示的图像信号只会影响该行的显示内容,不会影响其他行。由上述的结构和显示过程可见,扫描信号只加在TFT的栅上,通过控制TFT的导通,起到寻址显示像素单元的作用;而驱动液晶显示的图像信号电压是通过导通的TFT对像素电容和存储电容充电后,存储在这两个电容上的,在像素电极和公共电极之间形成的电位差的大小决定驱动液晶显示的电压的大小。于是,采用TFT作有源矩阵驱动,可以实现寻址的开关电压和显示的驱动电压之间的分离,消除串扰,从而可达到开关器件的开关特性和液晶像素的电光特性的最佳组合,获得高质量显示。从上述显示结构和原理可见,高质量的显示要求TFT的开态电流尽可能高,而TFT的关态电流则又尽可能低。

自从 20 世纪 90 年代起，a-Si(非晶硅薄膜晶体管)TFT 成为了 TFT-LCD 的主流技术，但是非晶硅 TFT 中的电子迁移率低于 1 $cm^2/(V \cdot s)$，其驱动能力很弱，为了获得足够的导通电流，必须采用较大的器件面积，从而降低了实际的显示面积，使得其开口率难以提高。另一方面，由于非晶硅 TFT 的迁移率很低，利用非晶硅 TFT 制备成逻辑电路的速度无法满足视频显示的要求，因此非晶硅 TFT AMLCD 只能将控制显示的 TFT 开关制备在玻璃衬底上，而无法将外围的驱动电路一起集成在同一衬底上。

多晶硅 TFT(P-Si)的迁移率虽然比单晶硅的场效应管要低，但比目前普遍使用的非晶硅 TFT 的要高将近两个数量级〔一般在 30～300 $cm^2/(V \cdot s)$〕，基本上能够满足制备简单逻辑电路并在视频下应用的要求。适合于高分辨率的小尺寸显示屏和阵列基板行驱动(Gate Driver on Array,GoA)。但是通常的多晶硅制备工艺的温度会高于 600 ℃，不适合于普通的玻璃衬底。一般情况下低温多晶硅的工艺温度应低于600 ℃，为此逐渐发展起了一系列的低温多晶硅(Low Temperature Poly Silicon,LTPS)制备工艺、低温多晶硅工艺通常采用激光、金属诱导等辅助退火方式，使低温制备的非晶硅晶化成为多晶硅，从而将非晶硅的 TFT 器件提升为多晶硅 TFT 器件。由于多晶硅的电子迁移率比非晶硅的电子迁移率高一至两个数量级，所以，可以将 TFT 器件的面积缩小很多，从而使开口率大大提高。可驱动像素为4 k×2 k(4 000×2 000 像素级)、驱动频率为 240 Hz 的新一代高清晰平板显示。

氧化物半导体 TFT，特别是以 IGZO(In-Ga-Zn-O)和氧化锌(ZnO)为代表的透明非晶氧化物半导体(Transparent Amorphous Oxide Semiconductor,TAOS)材料制成的 TFT，其载流子迁移率一般在 10～50 $cm^2/(V \cdot s)$，其制备温度可以低至室温，可以在聚酰亚胺(Polyimide,PI)等柔性衬底上制备，其独特的特性适合于 OLED、柔性显示和透明显示等众多应用，成为新一代半导体材料，而备受全球显示领域的关注，但是氧化物半导体 TFT 的迁移率对于新一代高清晰平板显示应用仍有待提高，而且在均匀性、可靠性等方面尚有待优化。非晶硅、LTPS、IGZO TFT 的主要特性见表 8.1。

表 8.1　非晶硅、LTPS、IGZO TFT 的主要特性

特性	a-Si：H	LTPS	IGZO
微结构	非晶	多晶	非晶
迁移率/〔$cm^2 \cdot (V \cdot s)^{-1}$〕	～1	～50－100	～1－30
迁移率一致性	好	一般	一般
阈值电压(VT)一致性	好	一般	一般
阈值电压(VT)稳定性	差	好	一般
器件类型	NMOS	CMOS	NMOS
成膜工艺温度/℃	150～350	250～550	室温～400
TFT 掩模版数	4～5	5～9	4～5
显示类型	LCD	LCD,OLED	LCD,OLED

TFT AM LCD 显示器及显示面板是整个液晶显示的核心，通常称为液晶显示模块 LCM，其包含用 TFT 阵列基板和彩色滤色膜基板将液晶封装起来的显示屏、连接

件、TFT显示集成电路、PCB线路板、背光源等的一体化组件。本章将对TFT液晶显示的基本原理,制备工艺、驱动电路以及TFT AM LCD液晶显示模块的构成加以介绍。

8.2 薄膜晶体管有源矩阵液晶显示结构与原理

TFT AM LCD是液晶显示器进入了高分辨、高像质、真彩色显示的新阶段,所有的高档液晶显示器中都毫无例外地采用了TFT有源矩阵。

8.2.1 TFT AM LCD屏的结构

和普通的液晶显示器件一样,TFT有源矩阵液晶显示屏(即液晶盒)也是在两块玻璃之间封入液晶材料构成的,而且TFT AM LCD中采用的是普通的扭曲向列(TN)型液晶。如图8.3所示,两块玻璃分别是下基板制备有TFT阵列的玻璃基板和上基板制备有彩色滤色膜和遮光层(黑矩阵)的玻璃基板。在下基板上制备有作为像素开关的TFT器件、显示用的透明像素电极、存储电容、控制TFT栅极的栅线(行、扫描线)、控制TFT源端的信号线(列)等。在上基板上制备RGB 3色的彩色滤色膜和遮光用的黑矩阵,并在其上制备透明的公共电极。在两片玻璃基板的内侧制备取向层,使液晶分子定向排列,以达到显示要求。两片玻璃之间灌注液晶材料,并通过封框胶黏接,同时起到密封的作用。显示屏上下两片玻璃间的间隙决定了液晶的厚度,一般为几微米。为了保证间隙的均匀性,需要在基板上均匀散布一些衬垫(spacer)。另外,为了将上基板的公共电极引到下基板以便和外围的集成电路相连,还需要在上、下两片玻璃之间采用银点胶制备连接点(contact)。在上、下两片玻璃基板的外侧分别贴有偏振片。通常偏振片是一些高分子聚合物材料,其特殊的材料性质决定了只允许沿某一特定方向振动的光波通过,而其他方向振动的光将被全部或部分地阻挡,这样自然光通过偏振片以后,便形成了偏振光。同样,当偏振光透过偏振片时,如果偏振光的振动方向与偏振片的透射方向平行时,就可以几乎不受阻挡地通过,这时偏振片是透明的;但是如果偏振光的振动方向与偏振片的透射方向相垂直,则光受到阻挡,几乎完全不能通过,偏振片就成了不透明的了。这样,配合上液晶材料的旋光性,便可实现显示。

此外,非晶硅TFT的栅线和信号线需要与外部的驱动集成电路和PCB电路板相连,为此上下两块玻璃基板贴合在一起时不能完全重合,如图8.3(a)所示,TFT阵列基板略大,并在TFT玻璃基板的边缘制备有压焊点,以便和集成电路及PCB板相连。

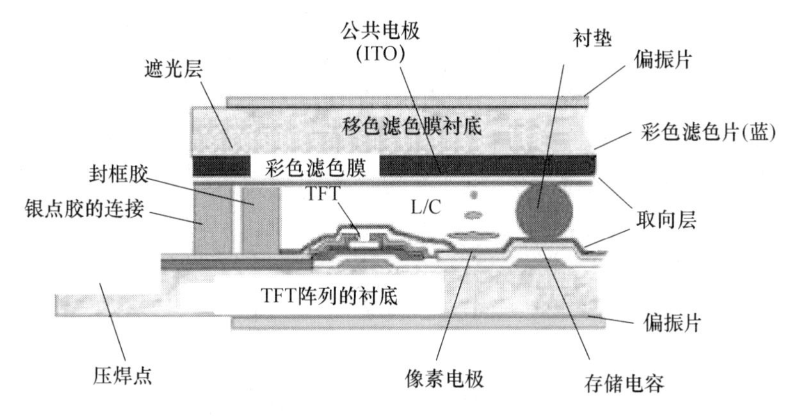

(a) 彩色TFT AMLCD屏的剖面结构示意图

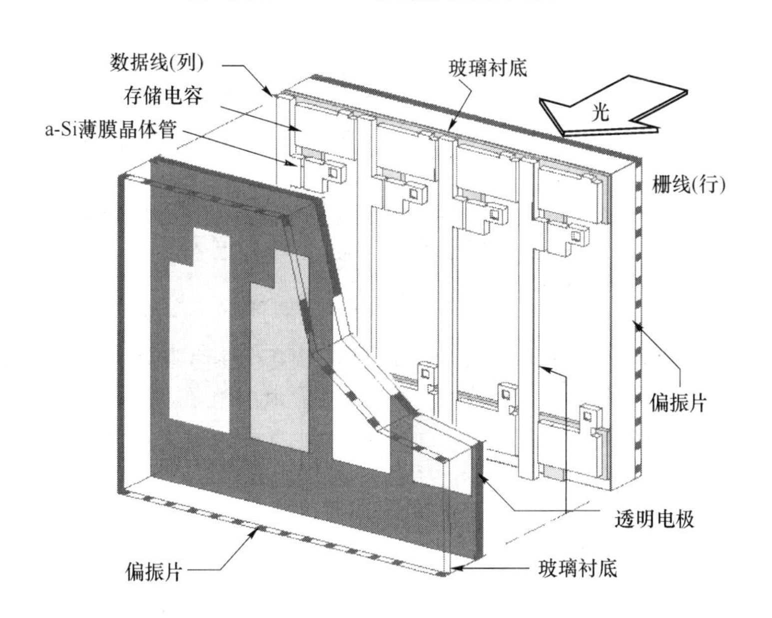

(b) 上、下基板的结构示意图

图 8.3　彩色 TFT AM LCD 屏的结构示意图

如图 8.4 所示为 TFT 阵列驱动的 AM LCD 的等效电路。当与 TFT 栅极相连的行线 X_i 加高电平脉冲时，连接在 X_i 上的 TFT 全部被选通，图像信号经缓冲器同步加在与 TFT 源极相连的引线（$Y_1 \sim Y_m$）上，经选通的 TFT 将信号电荷加在液晶像素上。X_i 每帧被选通一次，$Y_1 \sim Y_m$ 每行都要被选通。通常液晶像素可以等效为一电容。其一端与 TFT 的漏极相连，另一端与制备有彩色滤色膜的上基板上的公共电极相连。当 TFT 栅极被扫描选通时，栅极上加一正高压脉冲 U_G，TFT 导通，若此时源极有信号 U_{LD} 输入，则导通的 TFT 提供开态电流 I_{on}，对液晶像素充电。液晶像素即加上了信号电压 U_{LD}，该电压的大小对应于所显示的内容。同时为了增加信号的存储时间，还对液晶像素并联上一个存储电容。正高压脉冲 U_G 过后 X_i 上为 0 或低电平，包括液晶像素电容和存储电容在内的等效电容 C_{LD} 上的电荷将保持一帧的时间,直至下一帧再次被选通后新的 U_{LD} 到来,C_{LD} 上的电荷才改变。由此,逐行选通 TFT,使 X_i 依次加正的高电平脉冲,这样逐行重复便可显示出一帧图像。由于扫描信号互不交叠,在任一时刻,有且只有一行的 TFT 被扫描选通而开启,其他行的 TFT 都处于关态,所显示的图像信号只会影响该行的显示内容,不会影响其他行,从而消除了串扰。

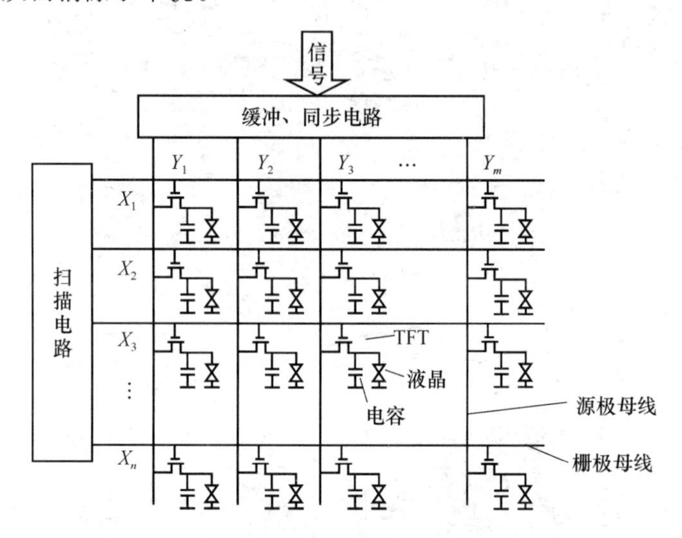

图 8.4 TFT 有源矩阵驱动的 LCD 的等效电路

TFT 有源矩阵液晶显示要求每个像素上的开关器件薄膜晶体管在开态要有足够大开态电流,确保在行扫描时间内完成对液晶像素电容和存储电容的充电;而在关态时,要求 TFT 的关态漏电流应足够小,使存储在液晶像素电容上的图像信号能够维持一帧的时间而失真很小。

8.2.2 TFT 的结构与特性

1. TFT 的结构

薄膜晶体管(Thin Film Transistor,TFT)通常是指用半导体薄膜材料制成的绝缘栅场效应晶体管。这种器件是具有栅电极(用 G 表示),源电极(用 S 表示)和漏电极(用 D 表示)的三端器件。其中与半导体直接形成欧姆接触的两个电极分别称为源极和漏极,被限制在源极和漏极之间的导电区域称为沟道,通常源极和漏极间的距离即沟道的长度用 L 表示,一般在微米的量级,其宽度用 W 表示;与绝缘层接触并隔着绝缘层与源电极和漏电极间的沟道正对的称为栅极。

正常工作时,在源漏电极间加偏压,称为源漏电压 U_{DS},相应电流称为源漏电流 I_{DS},又称为沟道电流,其大小由沟道中的反型载流子的密度和载流子的漂移速度决定。作为一种场效应晶体管,TFT 的工作原理和 MOSFET 的非常类似,也是靠栅电极控制的金属—绝缘层—半导体(MIS)结构,形成导电沟道,其沟道的产生与消失以及沟道中反型层载流子的多少都是由栅压决定的,并在源漏电压的调制下形成源漏电流。

从结构上看,TFT 可分为叠层结构型和平面结构型,如图 8.5 所示。其中叠层结构型的栅极和源、漏极是不共平面的。和 MOSFET 一样，TFT 也可以分别按 N 沟道和 P 沟道模式工作，但在实际应用中，特别是对于非晶硅 TFT 和氧化物 TFT，都采用 N 沟道模式。

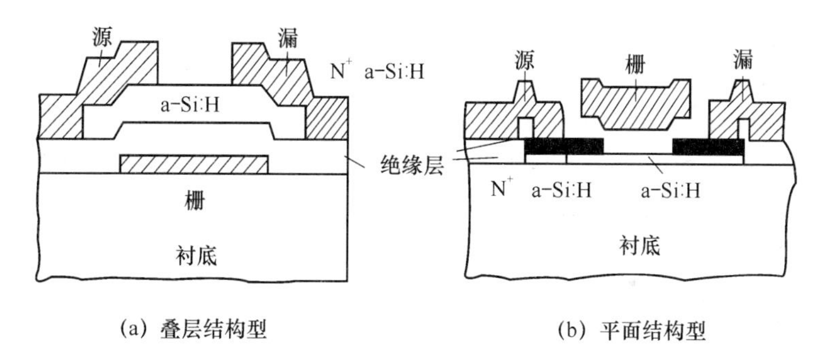

图 8.5 TFT 结构

根据半导体薄膜材料的不同薄膜晶体管可以分为：非晶硅薄膜晶体管（a-Si TFT）、多晶硅薄膜晶体管（poly-Si TFT）、非晶氧化物半导体薄膜晶体管（AOS TFT）等。

2. MIS 结构

MIS（Metal-Insulator-Semiconductor）结构是包括 TFT 在内的场效应晶体管的基本组成部分，分析 MIS 结构在外加电场作用下的变化是理解 TFT 工作原理的基础。

当一个导体靠近另一个带电体时，在导体表面会引起符号相反的感生电荷。表面空间电荷和反型层实际上就属于半导体表面的感生电荷。如图 8.6 所示为在 MIS 结构上加电压后产生感生电荷的情况。以在 P 型半导体上加电压为例，由图可见，当在栅极上加负电压后，所产生的感生电荷是被吸引到表面的多数载流子空穴，这一过程在半导体体内引起的变化并不很显著，只是使多数载流子浓度在表面附近较体内有所增加。若在 P 型半导体栅极上加正电压，将在表面附近感生负电荷，电场的作用是使多数载流子被排斥而远离表面，从而在表面只剩下带负电荷的电离受主，形成表面空间电荷区，又称为耗尽层，如图 8.6(b)所示。如果进一步增加正的栅压，由于外加电场的作用，半导体中多数载流子被排斥到远离表面的体内，而少数载流子则被吸引到表面。少数载流子在表面附近聚集至足够数量后，将成为表面附近区域的多数载流子，通常称为反型载流子，以说明它们是和半导体体内的多数载流子类型相反的载流子。反型载流子在表面构成了一个反型的导电层。场效应晶体管便是利用该导电层工作的，如图 8.6(c)所示。

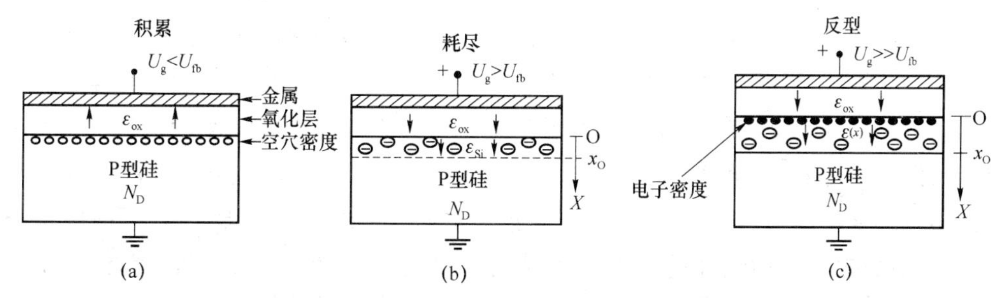

图 8.6 在 MIS 结构上加电压后产生感生电荷的情况

通常定义表面反型载流子浓度正好和体内多数载流子浓度相等时的情况为强反型；相应所需要在栅上施加的电压为阈值电压 U_T。当栅压达到阈值电压，表面发生强反型以后，如果继续增大栅压，半导体体内感生电荷的变化就主要是反型载流子的增加。因此可以近似地认为，栅电压超过 U_T 后，耗尽层电荷基本不再变化，只有反型载流子电荷随栅压增加而增加。

对于表面反型层中的载流子来说，其一边是绝缘层，另一边是由空间电荷区电场形成的势垒，反型载流子实际上是被限制在表面附近能量最低的一个狭窄区域内，因此，反型层通常又称为沟道。P 型半导体表面反型层由电子构成，又称为 N 沟道。

3. TFT 的直流特性

在正常工作条件下，TFT 源漏电压使源-体和漏-体两个 PN 结反向偏置，对于 N 沟道 TFT，通常源接地，漏极接正电压，$U_{DS}>0$。若在栅极上加的偏压 $U_{GS}<U_T$，没有形成导电沟道，则源漏之间只有很小的反向 PN 结泄漏电流，TFT 处于截止状态。当 $U_{GS}\geqslant U_T$ 时，形成由电子构成的反型导电沟道，沟道把源区和漏区连通起来，在源漏偏压的作用下，有电子自源向漏极的流动，形成自漏流向源的电流，常用 I_{DS} 表示。因此，可以利用 TFT 作为开关，由于反型层电荷强烈依赖于栅压，便可以利用栅压控制沟道电流的大小。

如图 8.7 所示为不同 U_{DS} 下，TFT 沟道中的导电情形，这对应着 TFT 的不同工作区域。

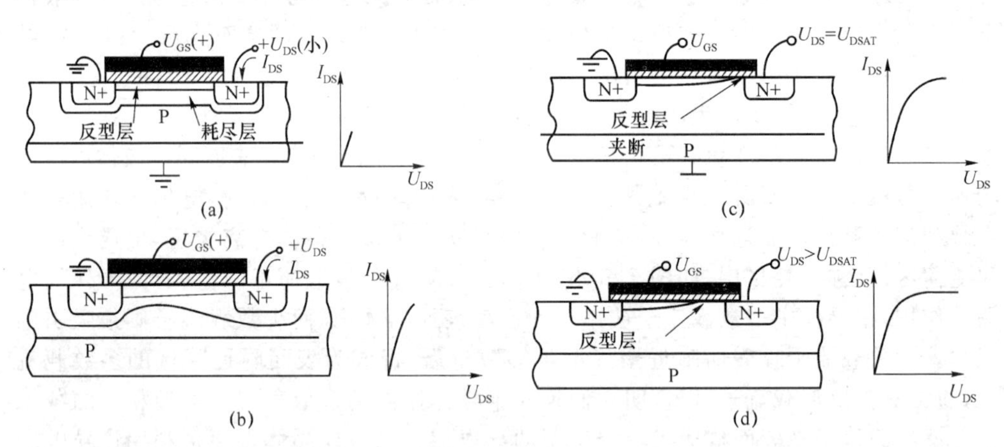

图 8.7　不同 U_{DS} 下 TFT 的输出特性

形成反型沟道后，当 U_{DS} 较小时，如图 8.7(a)所示，沟道电位变化较小，整个沟道厚度的变化不大，源漏电流 I_{DS} 随源漏偏压的变化而线性变化，此区域称为线性区。

随着 U_{DS} 的增大，源漏电流 I_{DS} 随源漏偏压的变化逐渐偏离线性，如图 8.7(b)所示，U_{DS} 越大，I_{DS}-U_{DS} 曲线与线性关系的偏离越大。当 $U_{DS}=U_{DSAT}=U_{GS}-U_T$ 时，漏极附近不再存在反型层，这时沟道在漏极附近被夹断，如图 8.7(c)所示，在夹断区由于无法形成反型层，可动载流子数目很少，成为一个由耗尽层构成的高阻区。但由于在夹断点与漏极之间沿平行于沟道方向的电场很强，能够把从沟道中流过来的载流子拉向漏极。沟道被夹断后，若U_{DS}继续增加，所增加的电压主要降在夹断点到漏端之间的高阻区，如图8.7(d)所示，这时源漏电压I_{DS}基本不随源漏电压增加，因此称为饱和区，这时的源漏电流称为饱和电流。实际上，由于$U_{DS}>U_{GS}-U_T$以后，由于夹断点会稍微向源区方向移动，有效沟道长度随U_{DS}的增加而略有减小，源漏电流I_{DS}随U_{DS}的增加而略有增加。

通常采用器件的直流特性曲线来描述TFT的性能参数。如图8.8所示，若固定源漏电压U_{DS}，可测量出源漏电流I_{DS}随栅压U_{GS}变化的关系曲线，对于不同的U_{DS}，可得到一组这样的曲线，该组曲线称为TFT的转移特性曲线，它反映了栅对源漏沟道电流的调控能力。如图8.8所示为非晶硅TFT的转移特性曲线。

非晶硅TFT的输出特性曲线如图8.9所示，若固定栅电压U_{GS}，可测量出源漏电流I_{DS}随源漏压U_{DS}变化的关系曲线，对于不同的U_{GS}，可得到一组这样的曲线，该组曲线称为TFT的输出特性曲线，它反映了源漏电压对源漏沟道电流的调控能力。图8.9所示为非晶硅TFT的输出特性曲线。

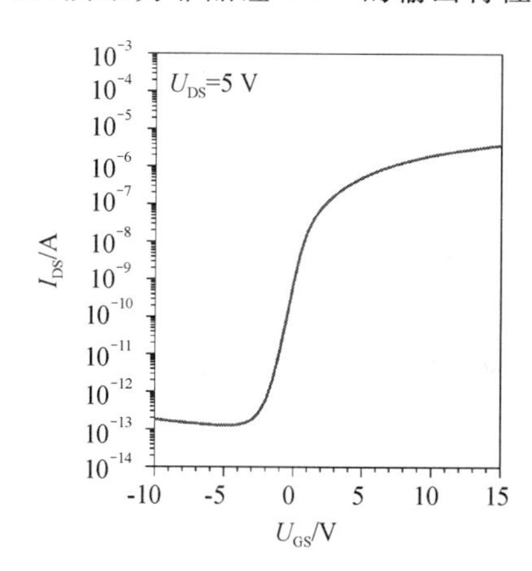

图8.8　非晶硅TFT的转移特性曲线

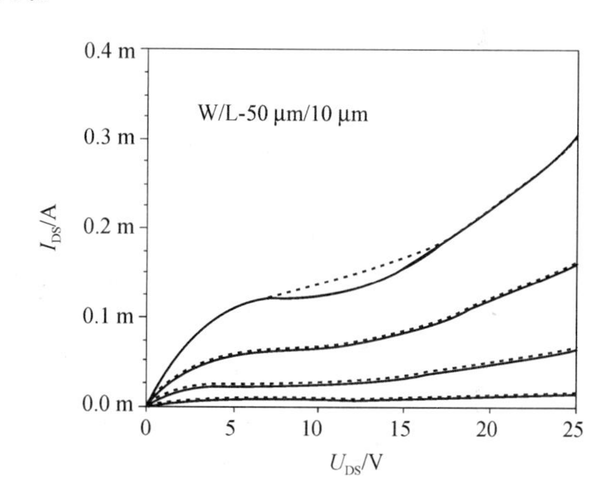

图8.9　非晶硅TFT的输出特性曲线

由于在非晶硅和多晶硅材料中存在着大量的缺陷，非晶硅和多晶硅TFT特性的模型尤其是适于电路模拟的解析通常不易建立，为了简化，经常沿用单晶硅MOSFET的模型，如式(8.1)所示。

$$\text{线性区}: I_{DS}=\mu_{eff}C_g\frac{W}{L}\left[(U_{GS}-U_T)U_{DS}-\frac{1}{2}U_{DS}^2\right],\qquad U_{DS}<U_{GS}-U_T \tag{8.1}$$

$$\text{饱和区}: I_{DS}=\mu_{eff}C_g\frac{W}{L}\frac{(U_{GS}-U_T)^2}{2},\qquad U_{DS}\geqslant U_{GS}-U_T \tag{8.2}$$

其中，I_{DS}为源漏电流；W为TFT的沟道宽度；L为TFT的沟道长度；μ_{eff}为等效载流子迁移率；$C_g=\frac{\varepsilon_{ox}\varepsilon_o}{T_{ox}}$为单位面积的栅绝缘层电容；$U_{DS}$为源漏偏压；$U_{GS}$为栅压；$U_T$为TFT的阈值电压；$T_{ox}$为栅绝缘层的厚度(一般为3～100 nm)；$\varepsilon_{ox}$为栅绝缘材料的介电常数。

虽然非晶硅TFT、多晶硅TFT和MOSFET同属于场效应晶体管，但是由于结构和半导体材料上的差异,TFT 的特性与单晶硅 MOSFET 的特性相比还是有较大的差别。首先在结构上,TFT 是在绝缘衬底上制备的,于是 TFT 没有衬底电极,是一种三端器件,这与有栅、源、漏和衬底电极的四端器件 MOSFET 是有区别的。由于没有衬底电极,相应的在器件特性上存在浮体效应,导致额外的关态漏电流和输出特性曲线在大 U_{DS} 是出现变形的翘曲(kink)效应等一系列问题。翘曲效应又称为浮体效应,是没有衬底接触的薄膜器件特有的效应。由于器件的体区处于悬浮状态,使高能载流子碰撞电离产生的电荷无法迅速移走,从而出现浮体效应,使得输出特性曲线出现畸变。

再者,非晶硅、多晶硅薄膜材料的特性和单晶硅的不同也使 TFT 的特性与单晶硅 MOSFET 的存在差异。非晶硅的迁移率很低,通常小于 1 $cm^2/(V \cdot s)$,并且在禁带中存在大量的缺陷态致使 a-Si TFT 的开态电流很小,阈值电压高。如图 8.8 所示,非晶硅 TFT 开态源漏电流比 MOSFET 低了 3～4 个数量级。此外非晶硅材料对光具有很强的敏感性,在使用中需要采取特殊的遮光措施。多晶硅的迁移率较非晶硅的高一些,通常在 50～150 $cm^2/(V \cdot s)$,但由于存在大量的晶粒间界,其缺陷态密度也较大。多晶硅 TFT 的开态源漏电流介于 MOSFET 与非晶硅 TFT 之间,比 MOSFET 低了 1～2 个数量级,而比非晶硅 TFT 高 1～2 个数量级。

4. 非晶硅 TFT 结构与特点

非晶硅(amorphous Silicon,a-Si)薄膜具有短程有序、长程无序的特性。通常非晶态半导体和相应的晶态半导体具有类似的基本能带结构,如导带、价带和带隙。但是非晶态半导体中载流子的电导也具有与相应晶态半导体不同的一些特点:第一,非晶态半导体存在扩展态、带尾定域态、带隙中的缺陷态,这些状态中的电子都可能对电导有贡献;第二,非晶态半导体中的费米能级通常是“钉扎”在带隙中,基本上不随温度变化;第三,非晶硅的迁移率比单晶硅低 2～3 个数量级;第四,非晶硅的光吸收边有很长的拖尾,而和单晶硅的光吸收边很陡不同,其原因在于非晶硅中含有大量的隙态密度。

和单晶硅具有确定的禁带宽度不同,a-Si 的禁带宽度随着制备工艺的不同而变化,一般在 1.5～1.8 eV。由于在非晶硅薄膜中存在着大量的悬挂键等缺陷态,一般密度高达$10^{19}\,cm^{-3}$,使得费米能级发生“钉扎效应”,于是一般的掺杂无法改变非晶硅薄膜的导电类型。在非晶硅薄膜中掺入氢,可以使非晶硅中大量的悬挂键饱和,从而使缺陷态密度大幅度降低,为实现掺杂提供条件。利用硅烷(SiH_4)辉光放电法制备的非晶硅薄膜中含有大量的氢,可以实现非晶硅的掺杂,从而能够在很大范围内控制非晶硅薄膜的导电性质。通常,在非晶硅中掺入氢的过程称为氢化,所获得的薄膜成为氢化非晶硅(a-Si∶H)。目前在非晶硅 TFT 有源矩阵液晶显示中所用的非晶硅均是氢化非晶硅,这样可以实现掺杂,而且可使电子迁移率提高到约为 1 $cm^2/(V \cdot s)$ 左右。

通常非晶硅 TFT 的结构多采用叠层结构。这类叠层结构一般由栅电极、栅绝缘层、非晶硅沟道层和源漏欧姆接触层构成,一般分为顶栅和倒栅两大类,如图 8.10 所示。其中顶栅结构中栅极在远离玻璃衬底的最上面,整个非晶硅沟道层都暴露在背光源的照射下;而倒栅结构的栅电极位于紧挨着玻璃的最底层,能够起到遮光的作用,遮挡住背光源对非晶硅沟道层的照射。

对于非晶硅 TFT,其器件特性除了和载流子迁移率相关外,还和半导体与栅绝缘层之间的界面态密度密切相关,界面质量越差,界面态密度便越大,器件的特性也越差。由于绝缘层和半导体之间界面特性在不同制备工艺中造成的差异很大,在非晶硅 TFT 中栅绝缘层一般采用氮化硅(Si_3N_4),通常在先制备非晶硅薄膜后再制备氮化硅的结果是界面态密度很高,器件性能很差,而在氮化硅上淀积非晶硅薄膜将使界面特性改善,因此,倒栅结构 TFT 的迁移率要比顶栅结构的高约 30%。目前,在非晶硅 TFT 有源矩阵液晶显示中,均采用倒栅结构的非晶硅 TFT。

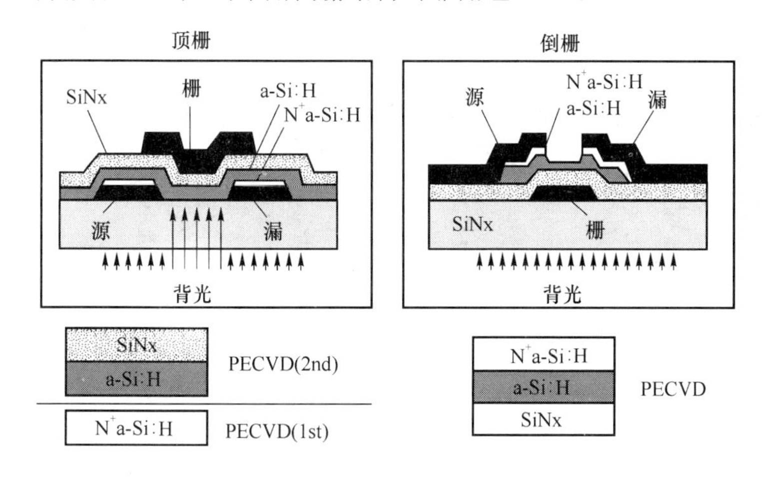

图 8.10　叠层结构的 TFT

根据制备工艺过程的不同,倒栅结构的非晶硅 TFT 又可细分为如图 8.11 所示的不同结构。其中结构 A 的制备工艺简单,其沟道及源漏的 a-Si：H 是采用连续 PECVD 淀积实现的,它们的区别只是,沟道中的 a-Si：H 没有掺杂,而源漏的 a-Si：H 是 N^+ 掺杂的。随后需要刻蚀源漏的 N^+ a-Si：H,留下沟道中非掺杂的 a-Si：H,需要精确的工艺控制。通常为了确保成品率,需要采用较厚的(~0.3 μm)沟道 a-Si：H 薄膜,于是其泄漏电流较大,对光照很敏感。

结构 B 中沟道及源漏的 a-Si：H 不是采用连续的 PECVD 淀积,需要在未掺杂的沟道 a-Si：H层之上淀积氮化硅层,光刻氮化硅后再淀积源漏的 N^+ a-Si：H,增加了工艺复杂性,但不需要制备较厚的沟道层以确保成品率,于是,可以制备很薄的 a-Si：H 沟道层(~10nm),从而降低了对光照的敏感性,泄漏电流也随之降低。

5. 多晶硅 TFT

多晶硅 TFT 的迁移率虽然比单晶硅的场效应管要低,但比目前普遍使用的非晶硅 TFT 的要高将近两个数量级,通常在 50~100 $cm^2/(V \cdot s)$,基本上能够满足制备简单逻辑电路并在视频应用下的要求。

在多晶硅中晶体的各个局部区域(晶粒)内原子是周期性规则排列的,但不同区域之间原子的排列的方式不同,而不同区域间的界面,又称晶粒间界,存在大量的缺陷与位错,影响着器件的特性。对于晶粒在 10 nm 左右的多晶硅材料,可以看作是介于非

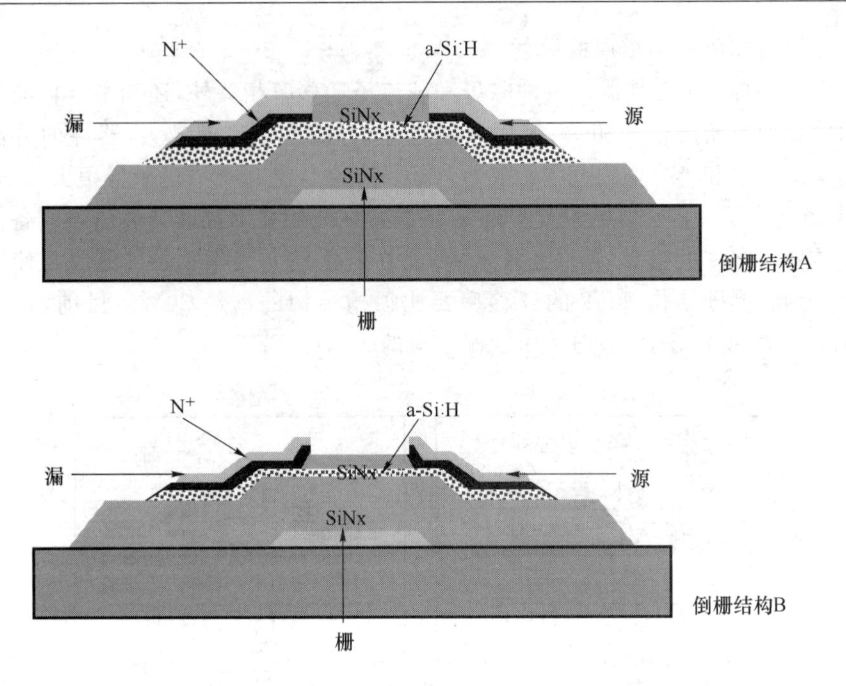

图 8.11 倒栅结构的非晶硅 TFT

晶硅到大晶粒多晶硅之间的一致形态,通常称为纳米晶硅(nc-Si)或微晶硅(microcrystalline silicon, μc-Si),其载流子迁移率比非晶硅的高,一般在 1～10 $cm^2/(V \cdot s)$,实际上 μc-Si 是精细晶粒的多晶硅材料,其均匀性、一致性要好于大晶粒的多晶硅,而且 μc-Si 的制备温度基本上可以控制在 600℃以下。

从制备方法上看,多晶硅薄膜的制备可以分为直接淀积和再结晶两大类;从制备温度上分,多晶硅的制备工艺分为高温工艺和低温工艺两类。通常直接淀积多晶硅的成膜温度高于 600℃,不适合于普通的玻璃衬底。为此,发展起了新一代薄膜晶体管液晶显示器(TFT LCD)的制造工艺——低温多晶硅(Low Temperature Poly-Silicon, LTPS)工艺,一般情况下低温多晶硅的工艺温度应低于 600℃。通常低温多晶硅工艺在再结晶技术制备多晶硅薄膜,首先在较低温度下淀积非晶硅薄膜,然后利用采用高温、激光等辅助退火方式,使低温制备的非晶硅晶化成为多晶硅。再结晶技术主要分为三大类:固相结晶法(Solid Phase Crystallization, SPC)、金属诱导横向结晶法(Metal Induced Lateral Crystallization, MILC)、激光晶化法(Laser Crystallization)和循序性横向晶化法(Sequential Lateral Solidification, SLS)法。

通常,低温多晶硅的有效迁移率能够达到 100 $cm^2/(V \cdot s)$,在有源矩阵液晶显示中作为开关器件可以占用很小的面积,从而有助于提高有效的显示面积,提高开口率。

低温多晶硅 TFT 的最大缺点在于难以抑制泄漏电流或是关态电流。一般来说,低温多晶硅 TFT 的泄漏电流是非晶硅 TFT 的十至百倍。由于多晶硅中存在大量的晶粒间界和缺陷,容易产生缺陷辅助的隧穿和带间隧穿现象,使得泄漏电流增加。于是用于 TFT 有源矩阵显示时,过大的泄漏电流会造成在 TFT 关断后,存储在液晶像素上的电荷难以维持一帧的时间。为此，通常在 TFT 的漏端接一存储电容，以起到图像显示信号的辅助存储作用，提高像素单元的存储能力，以解决多晶硅 TFT 过大的关态泄漏电流。但是存储电容占用的面积是无效的显示面积，将不利于开口率的提高。

和非晶硅 TFT 一样，多晶硅 TFT 的结构根据栅极的位置可以分为顶栅（top gate）结构和倒栅（bottom gate）结构，如图 8.12 所示。由于采用顶栅结构的低温多晶硅 TFT 的特性要优于倒栅结构的 TFT，因此，一般低温多晶硅 TFT 多采用顶栅结构。为了提高开口率，相继推出了多种低温多晶硅 TFT 结构以降低泄漏电流，改善多晶硅 TFT 的特性。

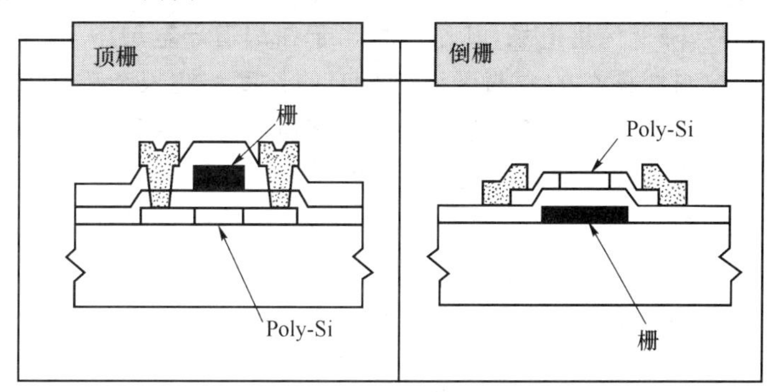

图 8.12　多晶硅 TFT 的结构

如图 8.13 所示为常见的几种低温多晶硅 TFT 的结构示意图。图 8.13(a)所示的交叠(overlap 型)结构，该结构中栅极较大并且和源漏接触之间有重叠，即栅与源漏有交叠，交叠(overlap)区域使得沟道更容易反型，因此这种结构的等效迁移率较高，具有很好的输出特性。但是由于该结构中漏端电场过高，易于击穿，而且泄漏电流和寄生电容过高，为此这种结构常用在多晶硅晶粒较小，以补偿迁移率不够高的问题。飞利浦便采用了这种结构。

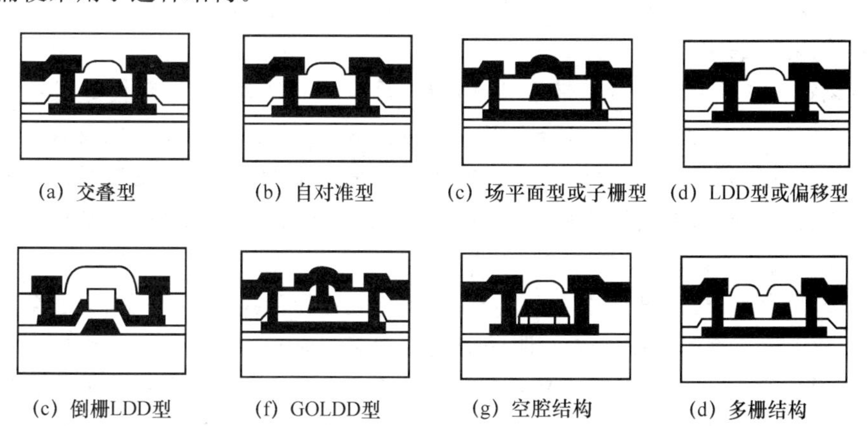

图 8.13　常见的几种低温多晶硅 TFT 的结构示意图

自对准(self-align)是 MOSFET 中的标准结构，而顶栅多晶硅 TFT 结构和 MOSFET 工艺兼容，可以利用自对准结构去除制备工艺中带来的对准误差，减少光刻的次数，提高栅与源漏的对准精度,减少栅源/栅漏寄生电容。采用这种结构的公司有:东芝、日立、NEC等。

场平面(Field Plated)型或子栅型结构(sub-gate)的TFT克服了交叠型结构TFT中电场过大的问题,通过子栅上的电压控制,提高器件的耐压特性。但是由于需要增加额外的子栅偏压控制,在使用上不方便。三星、Seiko Epson采用了这种结构。

低掺杂源漏(Light Doped Drain,LDD)型或偏移(offset)型是目前被普遍使用的低温多晶硅TFT结构。常用于液晶显示矩阵的像素开关和外围驱动电路,能够有效抑制泄漏电流,并可以提高TFT的可靠性。这种结构提高采用低掺杂的源漏或栅与源漏区之间的偏移,降低沟道电场,其作用相当于在沟道导电层中串入电阻。但是这类结构需要精确控制低掺杂的源漏区域(LDD)的长度和注入杂质的剂量,而额外的注入和微细加工工艺无疑增加了制造成本。有相当多的文献和专利是研究这类结构的。索尼、东芝、夏普等公司均采用了这类结构。此外,利用空气介电常数低的特性进一步降低漏端电场的空腔结构,可以视为LDD的改进结构,但在制备过程中需要使用控制精度不高的湿法刻蚀方法,通常难以确保成品率。

多栅结构(multi-gate)的TFT常用于液晶显示矩阵的像素单元,通过采用多个栅极,能够有效降低沟道中的电场分布,减少热载流子效应并抑制泄漏电流。但是这类结构所需要占用的面积较大,不利于开口率的提高。通常增加栅极数目可以有效抑制泄漏电流,但是开态电流也同时被抑制,因此,为了提高开关态电流必须要优化设计栅极的数目。夏普、索尼、东芝等采用了这种结构。

为了同时具备交叠型结构的高开态电流和LDD结构能抑制泄漏电流的优点,发展了GOLDD(Gate Overlapped LDD)结构的低温多晶硅TFT。这种结构具有低掺杂的源漏区,可以有效降低沟道电场,从而降低扭曲效应,抑制泄漏电流,并提高器件可靠性。同时该结构的栅极与源漏LDD区又有交叠,有益于获得大的导通电流。但是这种结构复杂,难以缩小尺寸,所以性能虽好,但采用的公司较少,如富士通、日立。

6. 氧化物TFT

氧化物半导体通常是宽禁带半导体材料,具有较高迁移率、稳定性好、透明性好、制备工艺温度低、良好的机电耦合性等一系列优越的电学和光学特性以及对环境友好等特点。与硅材料相比,透明氧化物半导体具有很多不同的特点,通常可以在更低的温度下制备、更光滑的表面、更好的薄膜均匀性及优异的机械弯曲性,以及相同或者更高的载流子迁移率。

从2003年起,由于透明电子学器件的兴起,氧化物薄膜晶体管的研究逐渐受到重视,E. Fortunato等人研制了全透明的氧化锌薄膜晶体管,整个制备过程在室温下进行,薄膜晶体管有着近20 $cm^2/(V \cdot s)$的载流子迁移率。但是通常条件下制备的是多晶的氧化锌材料,这就会导致晶界缺陷的形成。由于晶界的存在,使得在平板显示屏的不同区域薄膜晶体管会显示出不一致性。另一个是制备的困难性,主要是由于纯的氧化锌对于酸类有很低的化学抗腐蚀能力。为此寻找可以与氧化锌薄膜晶体管性能相当或者更好特性的非晶金属氧化物半导体成为研究的热点。

2004 年，Nomura 等人在室温下沉积出一种新型的非晶氧化铟锌镓(IGZO)薄膜，并制备出了高性能的薄膜晶体管〔$\mu \approx 8.3 \mathrm{cm}^2/(\mathrm{V} \cdot \mathrm{s})$〕。尽管是非晶态，高迁移率主要是归功于材料独特的电子轨道结构。在相邻的金属 s 轨道会发生直接的轨道重叠，这就会为自由电子生成一个导电路径，即使在扭曲的非晶结构中这条路径也不会受很大影响。导带在氧化铟锌镓中主要有铟 5 s 轨道重叠而成，并且展示出各向同性的性质。5 s 轨道的球状对称特性使得氧化铟锌镓对材料结构的改变并不敏感，仍能使半导体在非晶状态保持高迁移率。氧化铟锌镓的另一个设计观点是，在导电为主因的氧化铟锌(IZO)中，镓离子使载流子浓度得到抑制并使材料结构更加稳定。这个发现从工业领域和学术领域都引起了世界范围内的广泛关注，因为这个发现在获取高迁移率，器件参数的空间一致性，以及应用于大尺寸衬底的可扩展性等都有潜在的重要意义。

为了提高器件的性能，优化氧化铟锌镓薄膜晶体管的离子组分得到了广泛研究。Iwasaki 等人通过研究不同含量的铟、镓和锌的组合，发现了氧化铟锌镓薄膜晶体管组分含量与薄膜特性间的关系。如图 8.14 所示，氧化铟锌镓薄膜材料的迁移率、载流子浓度和薄膜的形态对于离子组分的变化很敏感。对于富 In 的非晶 IGZO 薄膜，迁移率较高，迁移率最高的是掺 Zn 的 $\mathrm{In_2O_3}$，迁移率为 39 $\mathrm{cm}^2/(\mathrm{V} \cdot \mathrm{s})$，载流子浓度为 $10^{20}/\mathrm{cm}^3$。当增加镓的含量时，室温下易于形成非晶薄膜，而且，电子迁移率下降，电子浓度降低。由于在 TFT 的实际应用中一方面希望提高载流子迁移率以增加开态电流，另一方面希望提高载流子浓度的可控性以提高器件的稳定性和一致性，而过高的载流子浓度将使器件的栅控能力降低，器件特性退化，为此，适当掺入镓离子将使载流子浓度得到抑制并使器件更加稳定。

如图 8.14(a)所示为室温淀积的薄膜，在 $\mathrm{In_2O_3}$-$\mathrm{Ga_2O_3}$-ZnO 材料体系中电子的霍尔迁移率和电子浓度，括号中示出的是电子浓度，其单位是 $10^{18}\mathrm{cm}^{-3}$。

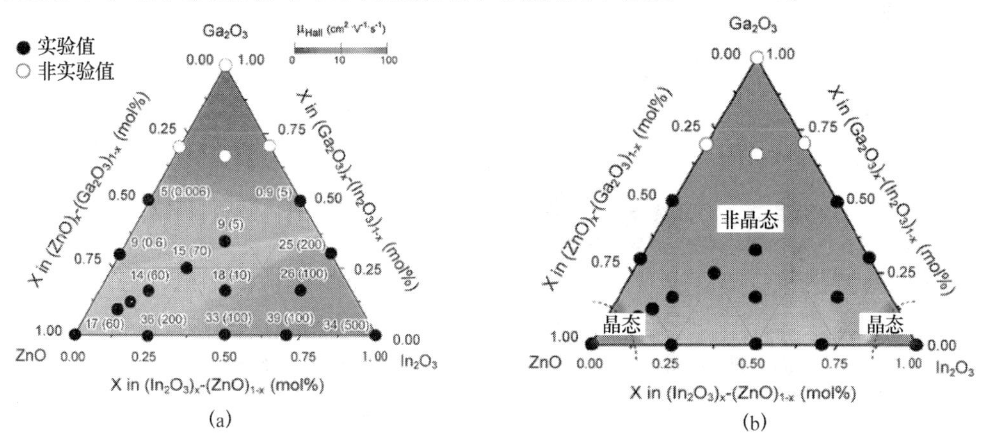

图 8.14　室温淀积的薄膜

如图 8.14(b)所示为室温淀积的薄膜，在 $\mathrm{In_2O_3}$-$\mathrm{Ga_2O_3}$-ZnO 材料体系中形成非晶态的区域。

然而，铟是一种稀有金属，所以在大规模生产及考虑到生产成本时，铟并是不一个很好的选择。为此，可替代氧化锌及氧化铟锌镓的氧化物半导体材料也是热门的研究课题。在由 4 种物质组成的化合物中，氧化铟锌锡也同样展示出了高迁移率〔$>10\ \mathrm{cm}^2/(\mathrm{V} \cdot \mathrm{s})$〕。

考虑到这一点,锡掺杂的氧化锌薄膜晶体管已经被验证可以很好地替代铟元素。同样铝掺杂的氧化锡薄膜晶体管也得到了相似的特性。与此同时,由氧化镓锌锡制备的薄膜晶体管也作为代替铟元素的四组分器件得到研究。与氧化铟锌镓薄膜晶体管器件相比,氧化锆铟锌薄膜晶体管在同样的电压下显示了相似的迁移率和稳定性;然而,氧化锆铟锌却显示出了多晶相。与氧化锆铟锌相比,氧化铟锌铪(HIZO)可以得到一种非晶相。使用锆或者铪在氧化铟锌镓矩阵中代替镓原子,起到了增加氧离子键合及减少载流子的作用,使得薄膜晶体管的稳定性得到了提高。

在结构上,氧化物 TFT 的结构也可以根据栅极的位置分为顶栅(top gate)结构和倒栅(bottom gate)结构,在实际应用中大多数为如图 8.15 所示的倒栅结构,其中 ES 为刻蚀停止层(etch stop layer)。

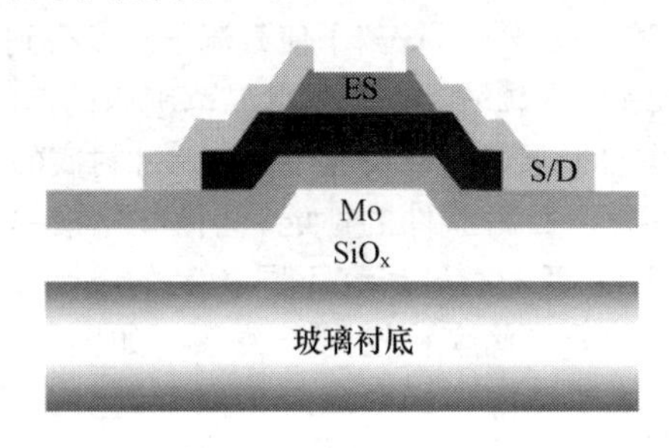

图 8.15 倒栅结构的 IGZO TFT

尽管氧化物 TFT 较硅基 TFT 有诸多方面的优势,但是在器件稳定性,可靠性等方面尚存在一些问题,有待进一步优化:(1)氧化物半导体和栅极绝缘介质界面之间的化学稳定性以及界面态;(2)光照射氧化物半导体时产生缺陷,此时氧化物 TFT 上施加负电压,则氧化物 TFT 的特性发生很大的变化;(3)大气中的氧气以及水分等对施加电压状态下的 ZnO、SnO_2 特性有较大的影响。

8.2.3 TFT 有源矩阵及像素的结构

如图 8.16 所示为非晶硅 TFT 有源矩阵及像素的布局(俯视图),并示出了对应的 TFT 的结构。在有源矩阵显示中由 TFT 晶体管、存储电容、透明像素电极、扫描电极与信号电极构成一个完整的像素单元。有源矩阵液晶显示便是由完全相同的像素单元重复排列构成的。

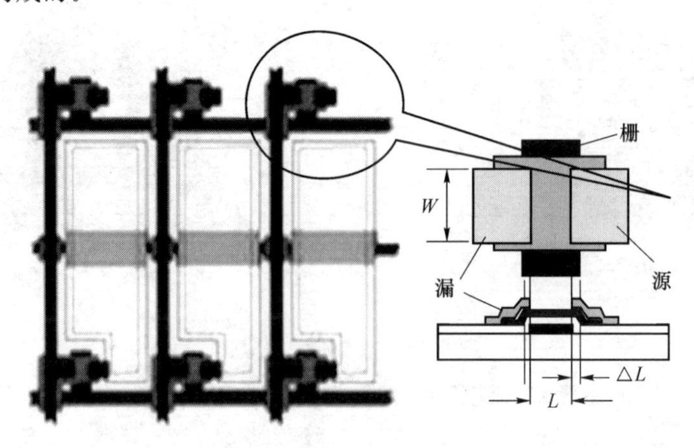

图 8.16 TFT 显示像素的布局

如图8.17所示为非晶硅像素单元的剖面结构,非晶硅TFT采用了倒栅结构,利用氧化铟锡(ITO)透明导电薄膜作为液晶像素的电极之一,另外一个电极在制备有彩色滤色薄膜的玻璃基板上。存储电容为平行板电容器的结构,通常采用栅电极的金属层作为存储电容的一个极板,氮化硅栅绝缘层作为电容的绝缘层,透明像素电极作为存储电容的另外一个电极。由于存储电容的容量和电容极板的面积成正比,与绝缘层厚度成反比。而存储电容的大小直接与TFT的关态电流和显示模式相关。为了提高开口率,希望储存电容所占的面积越小越好,但面积过小将使电容的容量不足,失去存储电容的作用。为此,优化设计存储电容的结构和材料对于改善显示特性具有重要的作用。

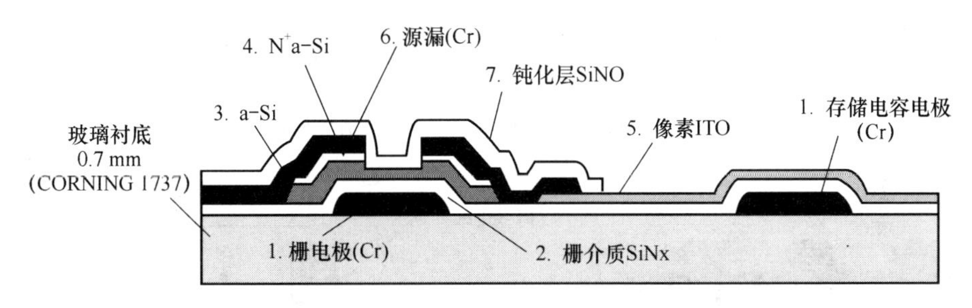

图8.17 TFT显示像素的剖面结构

如果用存储电容的结构来区别TFT有源矩阵,可以分为公用存储电容电极型和栅电极公用的存储电容结构,如图8.18所示,其中的主要差别在于存储电容的公共电极是采用单独设计的公共引线,如图8.18(a)所示的结构;还是利用上一行的栅信号电极,如图8.18(b)所示的结构。

在如图8.18(a)所示的公用存储电容电极型结构中,存储电容的一个电极利用了透明像素电极,直接和液晶像素以及TFT的漏端相连,而另一端采用了单独制备的额外的金属电极,通常该层金属是不透光的,因此,存储电容所占的面积也是无效显示面积,将不宜于开口率的提高。一种提高开口率的方式是利用前一行TFT的栅电极作为存储电容的另外一个电极,如图8.18(b)所示的栅电极公用的存储电容结构,从而省去了单独制备的额外的金属电极,有益于提高开口率。但是,由于利用了栅扫描线,增加了栅扫描线的电容。这种结构对于信号的控制和栅扫描线RC延迟的要求较高,在大屏面、高分辨的显示中,常常难以满足要求。因此,在高清晰、大画面液晶显示中常采用公用存储电容电极型结构。

8.2.4 彩色TFT-LCD模块的结构

如图8.19所示为彩色TFT-LCD屏的结构剖面,仅仅有前述的TFT液晶显示屏是无法实现显示的,必须配上提供扫描信号和数据信号的驱动集成电路以及组装有控制电路等PCB板的集成电路模块;由于液晶本身并不发光,为此必须加上背光源,随后将这些部件连同已经封装了液晶的显示屏组装成显示模块。

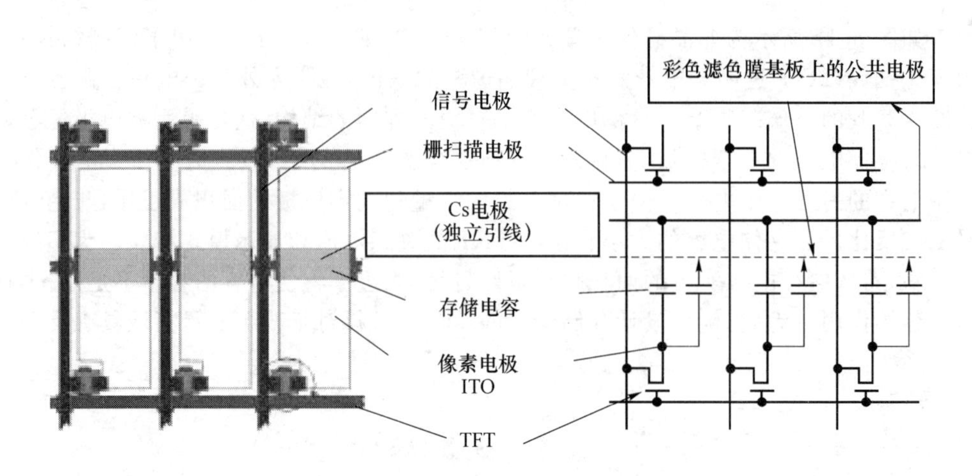

(a) 存储电容的公共电极采用单独设计的公共引线

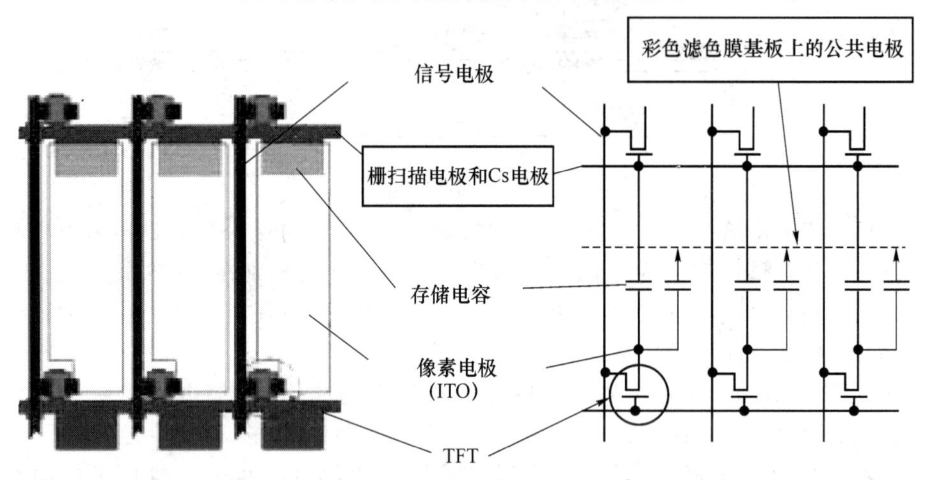

(b) 存储电容的公共电极利用上一行的栅信号电极

图 8.18 存储电容结构

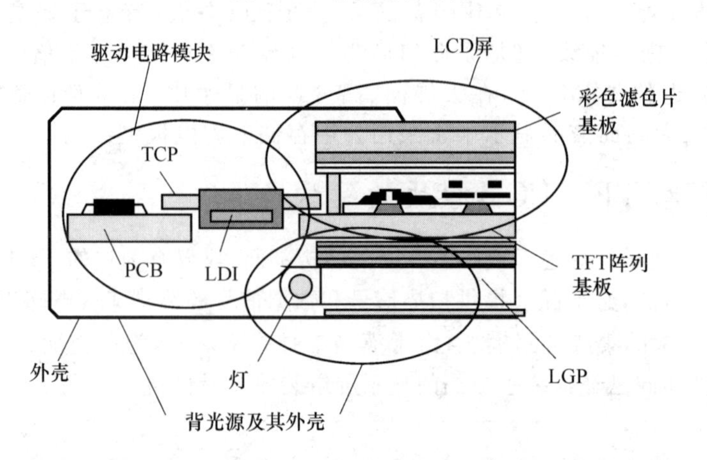

图 8.19 彩色 TFT-LCD 屏的结构剖面

为了实现彩色 TFT-LCD 显示，利用彩色滤色片，产生红(R)、绿(G)、蓝(B)3 原色，再合成为彩色显示。为此需要采用白光的背光源，而每个图像像素需要包含红(R)、绿(G)、蓝(B)3 个子像素点，分别与上层玻璃基板的彩色滤色膜相对应，如图 8.20所示。于是一个分辨率为 $n\times m$，即具有 n 行、m 列显示像素的 TFT-LCD 屏实际上包含 $n\times 3m$ 个像素。例如，对于 600×800 的 SVGA 显示，TFT-LCD 屏上包含的像素数为 600×800×RGB=600×2 400。

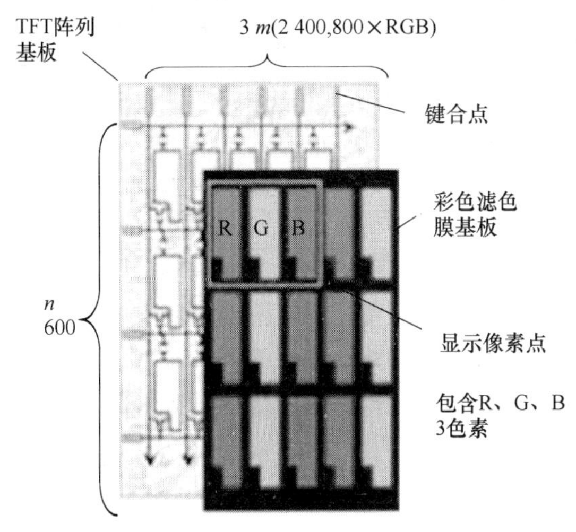

图 8.20　彩色 TFT-LCD

根据彩色滤色膜的排列方式不同，可以分为条形、马赛克形、Delta 形等多种类型，如图 8.21所示。其中条形结构最为简单，易于设计、制备和驱动，但是其显示质量差。马赛克形的彩色质量好，但是由于同一条信号线上对应于不同的显示行将循环传送 R、G、B 3 种不同的图像信号，其像素的驱动复杂，滤色膜的制备困难。Delta 形通过复杂的矩阵设计使上、下两行显示像素交错，信号线弯曲，实现了同一条信号线上传输同一种彩色信号，从而使像素驱动简单，获得很好的彩色显示质量，但滤色膜的制备困难。

另一方面，由于 TFT 是光敏器件，光照将严重影响 TFT 的特性，使开关特性失效，为此在 TFT LCD 显示中必须对其中的有源器件 TFT 进行全面的遮光。在 TFT 阵列基板上，如果采用倒栅 TFT 结构，由于金属栅电极本身不透光，所以可以直接利用倒栅遮挡住背光源对沟道区域的照射，而无须制备额外的遮光层，如图 8.21(a)所示；但是对于顶栅结构的 TFT 这必须制备遮光层以遮挡背光源的照射，如图 8.21(b)所示。

同时在彩色滤色膜的彩色像素周围需要制备不透光的黑矩阵(Black Matrix，BM)，以遮挡像素间的杂散光，从而减少光照对 TFT 性能的影响。如图 8.22 和图 8.23所示。由于黑矩阵位于上层彩色滤色膜基板上，为了可靠遮挡光对下层 TFT 的照射，必须考虑制备工艺中带来的对准误差，因此需要留出一定的冗余，如图 8.23 中的虚线所示，这样真正有效的显示面积将进一步降低，影响开口率的提

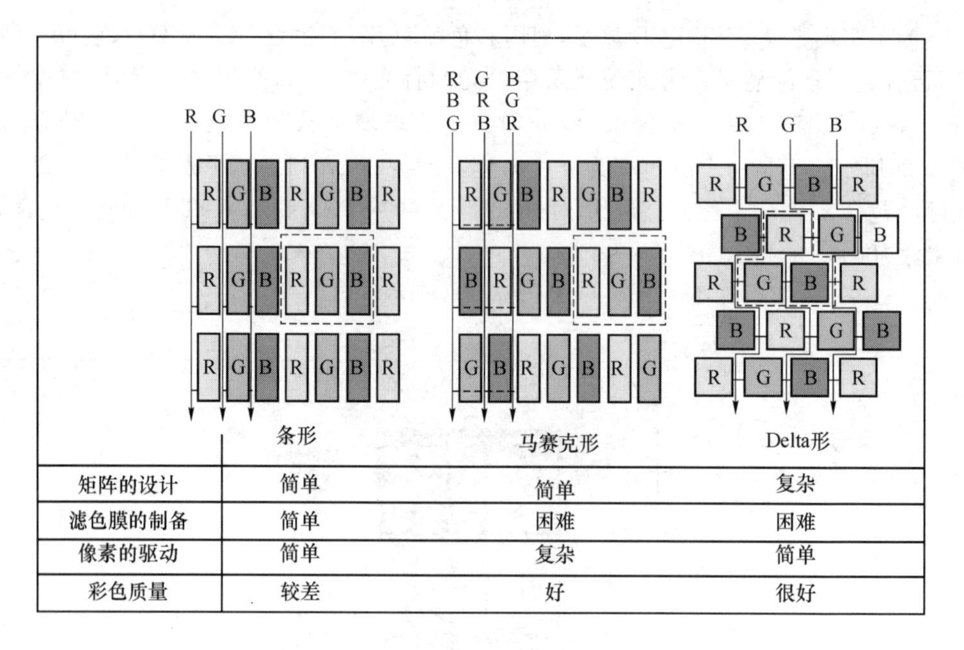

	条形	马赛克形	Delta形
矩阵的设计	简单	简单	复杂
滤色膜的制备	简单	困难	困难
像素的驱动	简单	复杂	简单
彩色质量	较差	好	很好

图 8.21　彩色滤色膜的排列结构

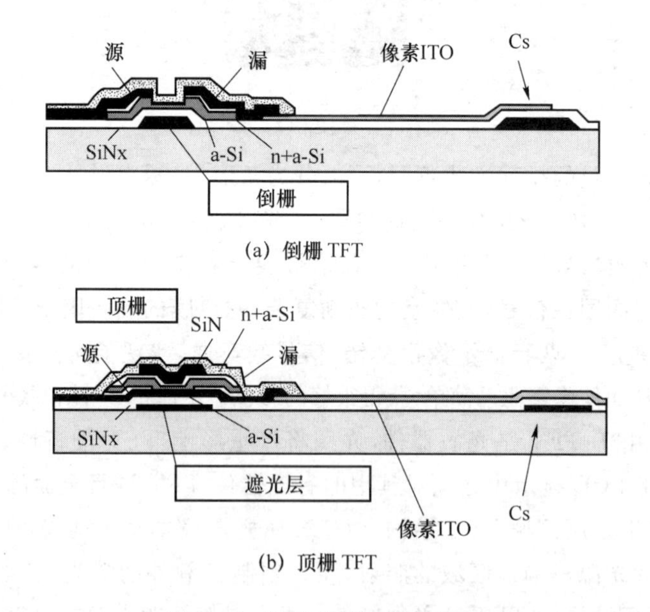

(a) 倒栅 TFT

(b) 顶栅 TFT

图 8.22　TFT 阵列上的遮光层

高。通常采用 Cr 和 CrO_x 的双层膜以减少光的反射，在 BM 制备完成后再进行彩色滤色膜的制备，随后淀积保护膜和 ITO 透明公共淀积，最后进行取向处理。由于 Cr 对环境有一定的污染，并且制备工艺较复杂，目前逐渐被黑色树脂材料所替代。采用黑色树脂制备黑矩阵可以利用光刻工艺一步完成，降低了工艺复杂性，减少了对准误差，可以实现较高的开口率。常见的黑矩阵材料的特性对比见表 8.2。

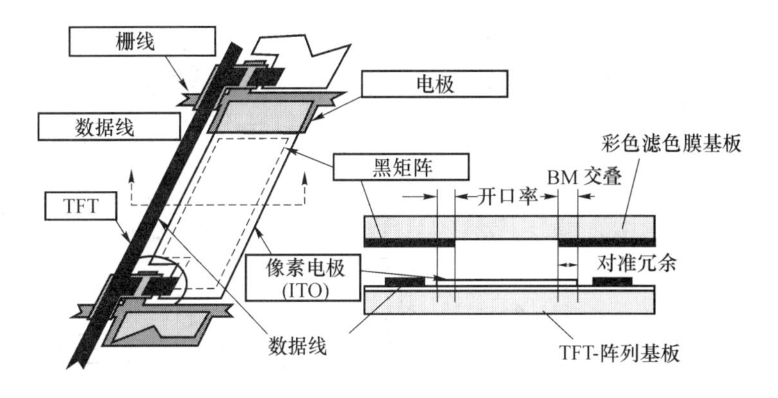

图 8.23　黑矩阵的对准和结构

表 8.2　常见的黑矩阵材料的特性对比

内容	黑色树脂	Cr	Cr/CrO_x	Mo/MoO_x	Ni
加工工艺	旋涂＋光刻	溅射＋光刻＋刻蚀	溅射＋光刻＋刻蚀	溅射＋光刻＋刻蚀	溅射＋光刻＋刻蚀
厚度	1～2 μm	0.1 μm	0.1～0.2 μm	0.1～0.2 μm	0.1～0.2 μm
反射率	1.2 %	60 %	2.2%～3 %	1.7 %	2 %
光学密度	2.3～3	＞4	＞4	＞4	＞3
阻值	＞1 000 Ω/□	2 Ω/□	2 Ω/□	5 Ω/□	-
特性	工艺简单成本低不导电且绝缘性好图形边缘较差	耐化学腐蚀性好附着性好高环境污染	附着性好成本高	污染性低成本高	污染性低

8.3　薄膜晶体管有源矩阵液晶显示组件的制备

8.3.1　TFT-LCD 显示组件的制造工序

通常 TFT-LCD 显示组件的主要制造工序如图 8.24 所示，从 LCD 面板制作到模块组装完成大致分为以下几个步骤。

1. TFT 阵列基板的工序

在下层玻璃基板上制备薄膜晶体管（TFT）矩阵，详见 8.3.3 节和 8.3.4 节。TFT 数量的多少由屏幕的分辨率，即像素数所决定。在完成本工序后，玻璃基板即按照面板所需尺寸大小进行切割。

2. 彩色滤色膜基板的工序

在透明玻璃基板上制作防反射的遮光层-黑色矩阵（black matrix），再依序制作具有透光性红、绿、蓝 3 原色的彩色滤光膜层，然后在滤光层上涂布一层平滑的保护层（overcoat），最后溅镀上透明的 ITO 导电膜。这个过程与 TFT 阵列工序相似，只不过是以滤色膜像素代替了前一工序的薄膜晶体管（TFT）像素单元。

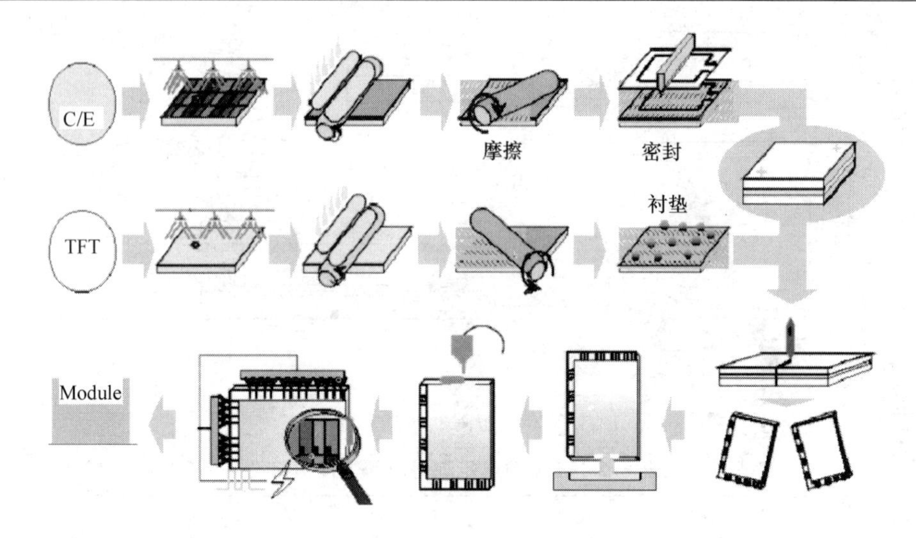

图 8.24 TFT-LCD 显示组件的主要制造工序

3. 取向排列工序

在 TN 液晶显示器件的制造工艺中，取向排列工艺是一个关键的工序。TN 型要求玻璃基板内表面处液晶分子的排列方向互成 90°。排列取向的主要方法是倾斜蒸镀法和摩擦法，前者不适合于大规模生产，所以目前在工业生产中全部使用摩擦法。一般采用在玻璃基板上先涂敷表面活性剂、耦合剂、聚酰亚胺树脂等取向材料。取向排列的主要工艺步骤为：①清洗，②涂膜，③预烘，④固化，⑤摩擦取向。常用的涂膜方法有：旋涂法、浸泡法和印刷法。摩擦取向即在取向膜上用绒布向一个方向摩擦，便形成了取向层。

4. LCD 盒的制备工序

将制备了薄膜晶体管的下玻璃基板和制备了彩色滤光片的上玻璃基板贴合在一起，并灌注液晶，进行封口，如图 8.25 所示。这个工序的制成品称作 LCD 盒。贴合前，需要用丝网印刷技术把公共电极转印到下层 TFT 基板，并把密封胶印刷到玻璃基板上，为了后面的液晶灌注，需要留出一定的液晶注入孔。随后需要喷撒衬垫，在玻璃基板内侧均匀散布一定颗粒直径的玻璃或塑料微粒，然后将两片玻璃在对位贴合机上贴合成盒，再经过热压使密封胶固化，便制作完成了空的液晶盒。

随后进行液晶灌注与封口工艺，首先对空盒进行真空出气，即在真空环境下对空盒进行抽气，以将吸附在盒内表面的水汽和有害气体去除掉。由于抽气孔是很小的液晶注入孔，效率较低，通常采用加热的方法提高抽气效果。

利用毛细管现象灌注液晶，抽气到一定程度后，使液晶注入孔与液晶材料相接触，在一定的气压条件下，液晶材料便通过注入孔灌注到液晶盒内，同时向灌注液晶的真空腔内充入氮气加压，使液晶能够充满液晶盒，而不会出现气泡，如图 8.26 所示。灌注完毕后，清洁液晶注入孔，便可进行封口。目前封口胶多用紫外光照射固化，其固化质量比热固化容易控制。液晶灌注后，通常液晶的排列取向达不到要求，需要进行再取向处理，方法是将液晶盒置于恒温箱中，放置一段时间。

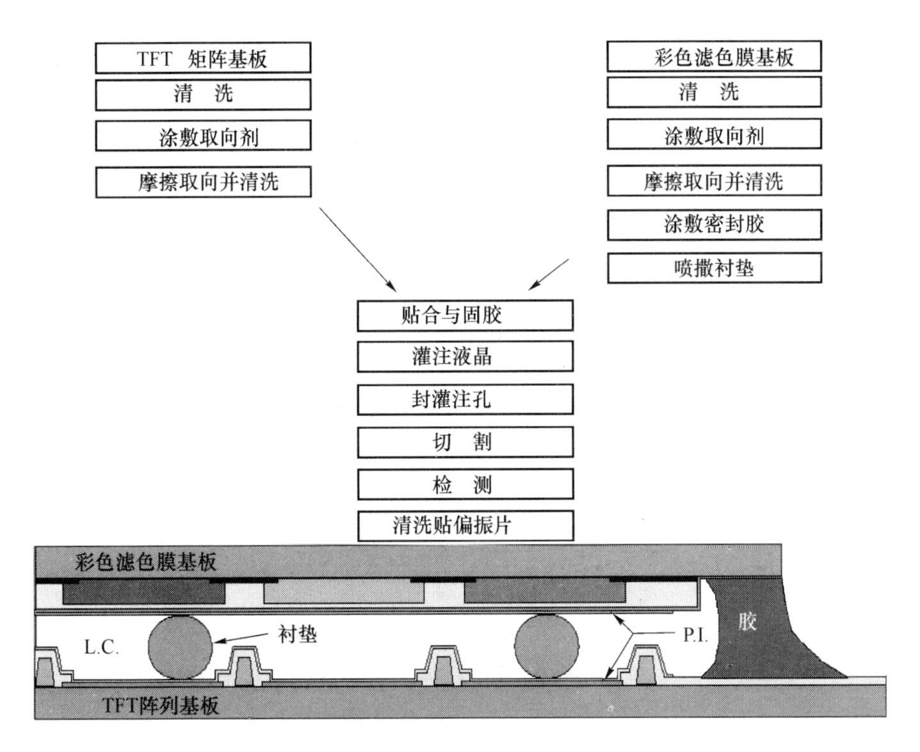

图 8.25　液晶盒的制备过程示意图

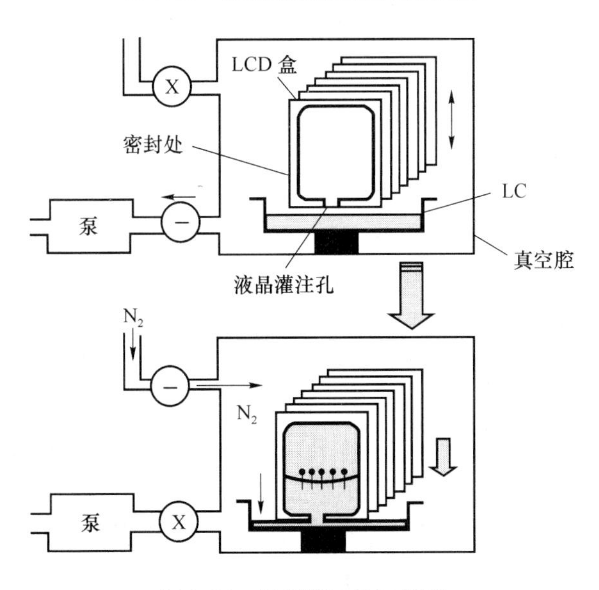

图 8.26　液晶灌注的示意图

5. LCD 模块的组装

这道工序是为上面制备完成的 TFT 液晶显示屏配上提供扫描信号和数据信号的驱动集成电路以及组装有控制电路等 PCB 板的集成电路模块；加上背光源，随后将这些部件连同已经封装了液晶的显示屏组装成显示模块，LCD 模块的组装过程如

图 8.27所示。通常 TFT-LCD 面板厂商完成 LCD 模块后再出售给下游厂商,加工组装成笔记本式计算机、液晶显示器、液晶电视及其他各种应用产品。

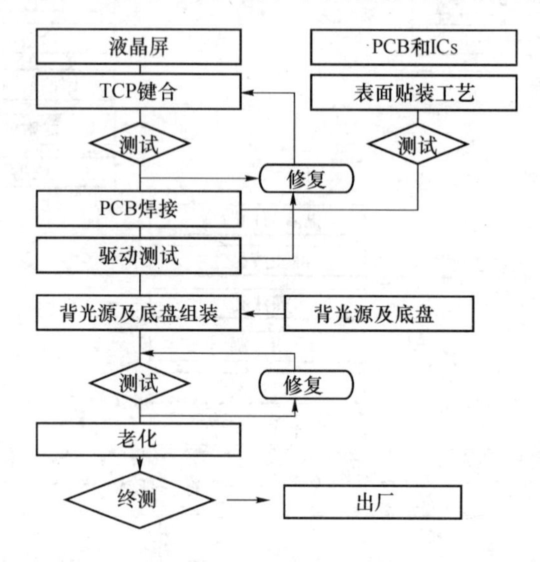

图 8.27 LCD 模块的组装过程

LCD 屏的上下两块玻璃基板不是完全重合的,通常下层的 TFT 基板稍大,其上制备了凸出的压焊点,即电极引脚,扫描信号和数据信号的驱动集成电路便是与这些压焊点相连。液晶显示屏的每个像素分别需要扫描信号和数据信号的控制,为此将有成千上万个电极引线需要和驱动电路相接,为此无法采用传统的集成电路封装方式。目前常用的液晶显示屏与驱动电路的连接方式主要有带式自动组装(Tape Automated Bonding, TAB)技术和 COG(Chip On Glass)组装技术。如图 8.28 所示为液晶显示屏与驱动电路的 TAB 和 COG 连接方式。

TAB 是裸芯片组装技术的一种,容易实现多引线的同时键合。在这种封装方式中,驱动集成电路和 TFT 玻璃基板靠在聚酰亚胺树脂胶片(称为 Tape-Carrier Package,TCP)连接。在聚酰亚胺树脂胶片上制备铜引线并由凸点与芯片和玻璃基板上的压焊点相连,如图 8.29 所示为 TAB 组装的过程。通常 TCP 与液晶显示屏的连接采用各向异性导电胶(膜)法(Anisotropic Conducting Film, ACF)。各向异性导电胶中含有不连续的导电粒子球,将涂有各向异性导电胶的基板贴焊上凸点芯片后,适当加热、加压,电极间导电粒子被压,与上下凸出的压焊点接触,使凸点金属平面通过导电粒子球压在基板的压焊点上,而无凸出压焊点的部位未被压缩,导电粒子四周仍被绝缘胶包围,无法形成连续的导电通路,同样其他方向(平行于基板方向)上因无连续的粒子球而不会导电。因此,TAB 技术是一种可以实现高密度的垂直于 TCP 平面的导电连接,而又能保证平行于胶片方向绝缘的各向异性导电的连接方式。同时由于在 TCP、芯片和玻璃基板制备的凸出金属压焊点的面积只需 50 μm×50 μm,间距可以减小到 50 μm,凸点厚度只有 20~30 μm,这就使得 TAB 的封装密度远大于常规封装方式,适合于多引线封装,又由于凸点接触是一种面接触,使其互连强度比常规键合方法高 3~10 倍,大大提高了互连的可靠性。而且无论待连接的引脚数多少均可实现互连的一次完成,极大地提高了互连效率。

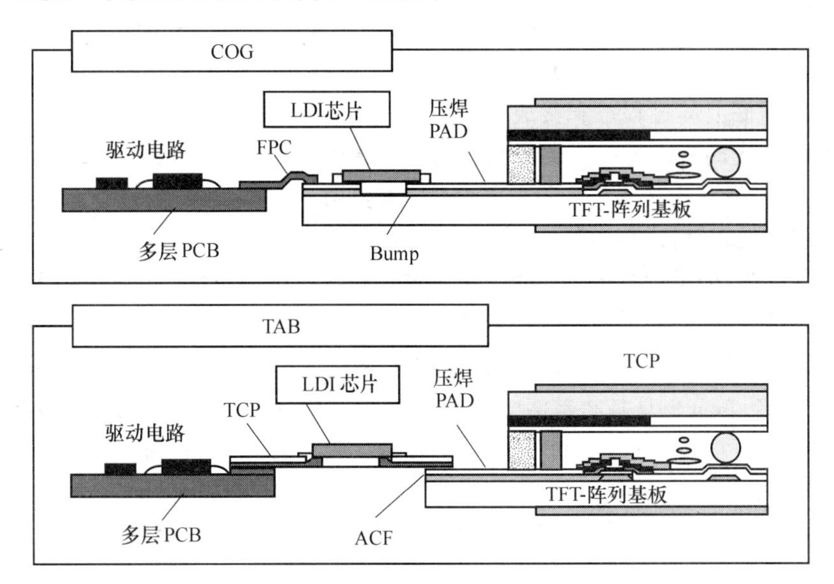

图 8.28　液晶显示屏与驱动电路的 TAB 和 COG 连接方式

COG 是另一种先进的封装方式,其基本技术和 TAB 相似,它们的主要差别在于在 COG 技术中集成电路芯片直接和玻璃基板实现互连,而省去了 TAB 中的 TCP。

在上述工序中,前 4 个工序需要高度的自动化生产设备,是资本密集型产业。但第 4 个工序——模块组装工序需要的是半自动的生产设备和大量的人工来组装、测试各种元件。

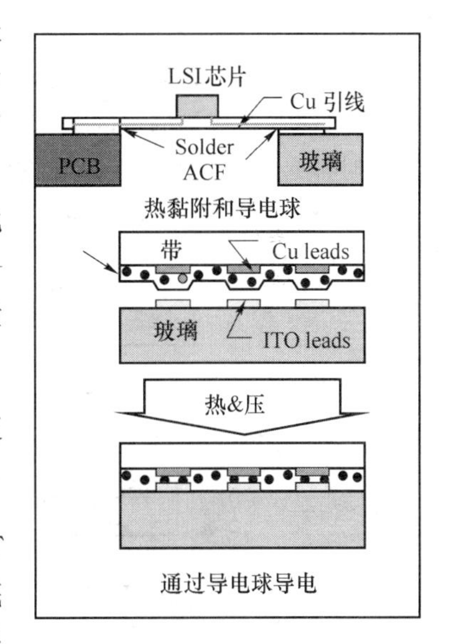

图 8.29　TAB 组装的过程

8.3.2　TFT 阵列基板制备中的关键工序简介

和超大规模集成电路的制备方式相同,TFT 阵列的制备也是基于平面工艺的方法,在玻璃衬底上,按照设计的掩膜版,实现设计图形的转换,并根据所形成的图形进行一系列增加和减少薄膜材料的步骤。平面工艺总的可以分为以下几个大类。

(1) 图形转换:将设计在掩膜版(类似于照相底片)上的图形转移到衬底上。

(2) 掺杂:根据设计的需要,将各种杂质掺杂在需要的位置上,形成晶体管、接触等。

(3) 制膜:制作各种材料的薄膜。以下就简单介绍 TFT 阵列制备中的关键工艺。

1. 光刻工艺

光刻是集成电路中十分重要的加工工艺,是平面工艺中实现图形转移的关键,光刻是指通过类似于洗印照片的原理,通过曝光和选择腐蚀等工序将掩膜版上设计好的图形转移到衬底上的过程。和集成电路工艺不同,在 TFT 基板的制备中衬底是透明的玻璃基板。光刻所需要的三要素是:光刻胶、掩膜版及光刻胶。

如图 8.30 所示为光刻工艺的主要流程。光刻时,首先将光刻胶采用高速旋涂的方式涂敷在衬底上,随后进行前烘,使其固化成为牢固地附着在玻璃衬底上的固态薄膜。利用光刻机曝光,即采用特定波长的光照射放置有掩模版的衬底,由于掩膜版上图形的遮挡,涂有光刻胶的衬底上的部分区域被光照射,而其余的区域没有受到光照。之后采用特定的溶剂进行显影,使部分区域的光刻胶被溶解掉(对于负胶,没有曝光的区域被溶解掉;对于正胶,曝光的区域将被溶解掉)。这样便按照掩膜版所设计的图形将涂有光刻胶的衬底分成了可溶解的区域和不可溶解的区域,从而实现了将掩膜版上的图形转移到光刻胶上。然后再经过坚膜(后烘)以及刻蚀等工序。此时衬底上的部分区域光刻胶没有被溶解,于是有光刻胶的保护,而其余的区域由于光刻胶已经被溶解,失去了保护。于是在刻蚀过程中,没有光刻胶保护的区域的薄膜材料将被腐蚀,而有光刻胶保护的区域则不会受到影响,如图 8.30 中的 SiO_2 层,将被部分去除,这样便将光刻胶的图形转移到了衬底上。最后再去除光刻胶,从而完成了将掩膜版上的图形转移到衬底上的整个光刻过程。在 TFT 阵列的制备中,通常需要进行多次光刻,每次光刻的图形并不是相互独立的,它们之间具有密切的空间关系,例如接触窗口必须完全位于非晶硅层内等,因此,每次光刻时都必须和前面已经形成的图形对准。同时为了确保成品率,设计掩膜版时也需要事先预留出一定的尺寸,保证对准时的误差不至于使器件失效。

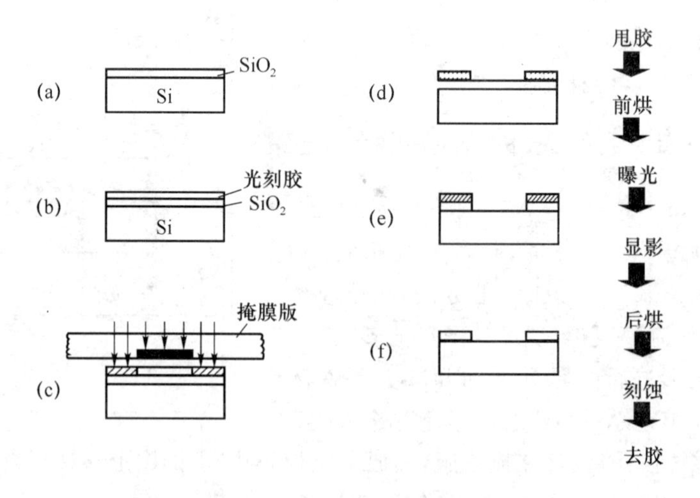

图 8.30　光刻工艺的主要流程

2. 刻蚀工艺

曝光、显影后得到的光刻胶图形只是临时的中间图形,并不是器件的最终组成部分。为了得到 TFT 结构真正所需的图形,还需要将光刻胶图形转移到衬底上,完成这种图形转换的方式之一就是将未被光刻胶掩蔽的部分有选择性地通过腐蚀去除掉，通常该过程称为刻蚀。

常用的刻蚀工艺分为湿法刻蚀和干法刻蚀两大类，其中湿法刻蚀是指利用液态化学试剂或溶液通过化学反应进行刻蚀的方法；干法刻蚀则主要是指利用低压放电产生的等离子体中的离子或游离基（处于激发的分子、原子及各种原子基团等）与材料发生化学反应或通过轰击等物理作用而达到刻蚀的效果。

湿法化学腐蚀一般是各向同性的，即横向和纵向的腐蚀速率相同，因此湿法腐蚀在去除掉一定厚度的薄膜的同时，图形的横向钻蚀比较严重，如图 8.31 所示，不适合于刻蚀微细线条。干法刻蚀工艺的各向异性较好，可以高保真地转移图形，特别适合于微细线条的刻蚀。干法刻蚀的种类很多，有采用物理作用的离子轰击法，如溅射、离子束刻蚀等；有的采用化学刻蚀的方法，如等离子刻蚀（Plasma Etching）等；有的则同时采用物理和化学相结合的方法，如反应离子刻蚀（Reactive Ion Etching, RIE）等。

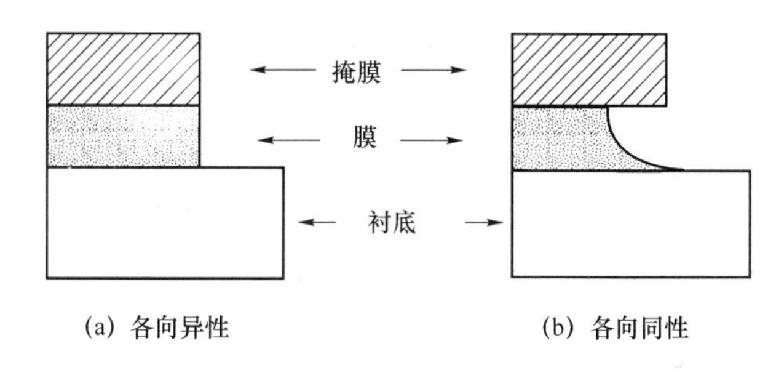

图 8.31　各向异性和各向同性刻蚀后的截面图

3. 薄膜制备工艺

（1）化学汽相淀积

化学汽相淀积（CVD）是指通过气态物质的化学反应在衬底上淀积一层薄膜材料的过程。CVD 薄膜的结构可以是单晶、多晶或非晶态。这种薄膜制备方法具有淀积温度低、薄膜成分和厚度易于控制、均匀性和重复性好、台阶覆盖优良、适用范围广、设备简单等一系列优点。CVD 方法几乎可以淀积平面工艺中所需要的各种薄膜，例如 SiO_2、多晶硅、非晶硅、氮化硅、金属（钨、钼）等。

常用的 CVD 方法主要有 3 种：常压化学汽相淀积（APCVD）、低压化学汽相淀积（LPCVD）和等离子体增强化学汽相淀积（PECVD）。其中 LPCVD 和 APCVD 方法的最大区别是 LPCVD 淀积系统的压强由约一个大气压（1×10^5 Pa）降低到 1×10^2 Pa 左右。随着气压的降低，所淀积的薄膜的均匀性得到了改善。PECVD 是一种能量增强的 CVD 方式，在通常 CVD 系统中的热能的基础上，利用等离子体提供能量，增加了反应气体的活性，从而可以在低温下淀积薄膜，均匀性和重复性好、台阶覆盖性好。

氮化硅薄膜可以利用 780～820 ℃的 LPCVD 或低温（300 ℃）的 PECVD 方法淀

积。利用 LPCVD 淀积的氮化硅薄膜具有理想的化学配比,密度较高;利用 PECVD 淀积的氮化硅薄膜不具备理想的化学配比,其中含有大量的氢,密度较低。

LPCVD Si_3N_4 的反应气体为二氯硅烷和氨气,化学反应式为

$$3SiCl_2H_2 + 4NH_3 \xrightarrow{700 \sim 800\ ℃} Si_3N_4 + 6H_2 + 6HCl$$

(2) 物理汽相淀积

物理汽相淀积(Physical Vapor Deposition,PVD)技术利用物理过程实现物质转移,将原子或分子由源转移到衬底表面,淀积形成薄膜。常用的 PVD 方法包括蒸发和溅射。溅射过程中,真空系统中充入一定的惰性气体,如 Ar,在高压电场作用下,由于气体放电形成的离子被强电场加速,轰击靶材料,使靶原子逸出并被溅射到衬底上,形成薄膜。采用这种方法可以淀积各种合金和难熔金属薄膜,是目前平面工艺中广泛采用的金属薄膜的制备方法。

(3) 非晶硅薄膜的制备

非晶硅薄膜的制备有真空蒸发法、溅射法、等离子辉光放电法(GD)、化学汽相淀积法等。如前所述,由于在非晶硅薄膜中存在着大量的悬挂键等缺陷态,使得费米能级发生"钉扎效应",于是一般的掺杂无法改变非晶硅薄膜的导电类型。在非晶硅薄膜中掺入氢,可以使非晶硅中大量的悬挂键饱和,从而使缺陷态密度大幅度降低,为实现掺杂提供条件。由于利用硅烷(SiH_4)辉光放电法制备的非晶硅薄膜中含有大量的氢,具有隙态密度很低等十分优异的电学和光学特性,可以实现非晶硅的掺杂,从而能够在很大范围内控制非晶硅薄膜的导电性质。通常,在非晶硅中掺入氢的过程称为氢化,所获得的薄膜成为氢化非晶硅(a-Si∶H)。

辉光放电制备 a-Si∶H 的方法是将硅烷(SiH_4)气体通入真空反应室,用等离子辉光放电加以分解,产生包含带电离子、中性粒子、活性基团和电子等的等离子体,它们在衬底表面发生化学反应,生成 a-Si∶H。辉光放电是一种气体电离现象,气体在外加电磁场的激励下放电而形成等离子体。通常辉光放电有直流辉光放电和交流辉光放电两类。目前较为广泛采用的是射频辉光放电。

化学汽相淀积也是将硅烷气体在一定温度和等离子体辅助下分解而淀积在衬底上,形成非晶硅薄膜。其化学反应式为

$$SiH_4 \rightarrow SiH_2 + H_2$$

$$SiH_2 + Si \rightarrow 2Si + H_2$$

当淀积温度过高时,将导致 H 的释出,使样品中氢含量降低,若淀积温度高于 600 ℃以后,将生成多晶结构的样品,且不含氢。因此,通常非晶硅薄膜的淀积多采用 300 ℃左右的低温 PECVD 方法。

(4) 多晶硅薄膜的制备

多晶硅薄膜的制备大致可分为直接淀积型和再结晶型，其技术分类见表 8.3。

表 8.3　多晶硅薄膜的制备技术分类

成膜方式		材料	厚度/nm	成膜温度/℃
再结晶型	LPCVD	非晶硅	50	280
	PECVD	非晶硅	50	380
	溅射	非晶硅	50	110
	磁控溅射	非晶硅	100	室温
直接淀积型	蒸发	多晶硅	400	500
	PECVD(感应耦合，ICP)	多晶硅	150	300
	PECVD	多晶硅	500	620

LPCVD 是一种常用的直接淀积法，在 600～650 ℃，$1\times10^{-1}\sim1\times10^{-3}$ Torr 条件下分解硅烷淀积，其化学反应式为

$$SiH_4 \xrightarrow{600\ ℃} Si+2H_2$$

当淀积温度低于 550 ℃以下时呈现非晶态，随着温度的增加，结晶态随之增加。但由于温度会高于 600 ℃，不适合于普通的玻璃衬底。

再结晶型是以 LPCVD 和 PECVD 生长的非晶硅，将其放置在高温炉进行快速热退火，或激光环境下再结晶形成多晶硅薄膜。再结晶法制备的多晶硅薄膜的晶粒尺寸较直接淀积的大，质量也较好。而再结晶技术主要分为 3 大类：固相结晶法(Solid Phase Crystallization，SPC)、金属诱导横向结晶法(Metal Induced Lateral Crystallization，MILC)及激光晶化法(Laser Crystallization)。

固相结晶法具有低成本与均匀性好的优点，在高达 600 ℃以上的温度与长达 24 小时的晶化后晶粒尺寸约为 0.4～0.8 μm，平均迁移率约为 100 $cm^2/(V\cdot s)$。但这种结晶法需采用熔点较高、成本昂贵的石英衬底，难以应用于普通玻璃衬底。为适于大面积、低成本的玻璃衬底的应用，发展起了一系列低温多晶硅工艺(LTPS)，一般情况下低温多晶硅的工艺温度应低于 600 ℃，通常采用激光等辅助退火方式，使低温制备的非晶硅晶化成为多晶硅。

金属诱导横向结晶法具有较低的结晶温度、较快的结晶速率与较大的晶粒。镍金属诱导横向结晶法(Ni-MILC)先析出镍金属硅化物，再以镍硅化物作为诱导多晶硅的基础，镍硅化物的自由能较非晶硅低，镍离子在非晶硅薄膜中扩散较快，因此通过镍离子在非晶硅中的扩散反应成为硅化物，并持续扩张再结晶。这种低温多晶硅(LTPS)方法制备与 SP 方法相比，工艺温度低、晶化速率快、形成的晶粒尺寸大、晶粒内的缺陷密度小，但是缺点是材料特性不稳定，而且起催化剂作用的 Ni 容易对导电沟道产生污染，因此需要特殊的器件结构设计以利用没有受到金属污染的 MILC 区域形成器

件的导电沟道。

由于激光的高功率密度与高单色性,利用激光照射对非晶硅薄膜进行晶化,有效地降低了对玻璃衬底的伤害,提高了薄膜的质量。一般采用短波长的准分子激光对非晶硅薄膜进行晶化,如 XeCl、KrF、ArF 激光等,目前量产中多采用效率与稳定性较佳的 XeCl 激光(λ=308 nm),其在激光管中封入惰性气体(如 Xe)和卤素气体(如 Cl),在基态时两种气体互斥而不结合,借助于电子束或放电将惰性气体激发到激发态,生成只有在激发态呈强结合而稳定存在的分子。由于准分子激光(Excimer Laser)是 excited dimer 所组合成的缩略语,为此激光晶化法通常又称为准分子激光退火(Excimer Laser Annealing,ELA)。

准分子激光再结晶工艺中影响多晶硅晶粒大小的主要因素有激光照射次数和激光能量密度。通常非晶硅薄膜经准分子激光照射一次后,得到的多晶硅的晶粒尺寸不大。实际制备中为了优化晶粒尺寸,通常需要多次照射。一般低温多晶硅 TFT 结构中,有源层的厚度为 500～1 000 Å,经过大约 20 次激光照射后,多晶硅的晶粒尺寸趋于稳定,晶粒尺寸可超过 1 000 Å。一般玻璃基板远远大于激光光束的宽度,通常需要采用扫描的方式依序完成大面积的晶化成膜,而成膜的均匀性、稳定性和量产的效率是激光晶化法的关键。如图 8.32 所示为多晶硅晶粒尺寸随激光能量密度的变化。从图中可见,在低能量密度区晶粒随着能量密度逐渐增大,该区域称为部分熔融区(对应图中 140～250 mJ/cm^2)。当能量密度达到一定值时,晶粒突然变大,称为接近完全熔融区(对应图中 250～280 mJ/cm^2),在此区域内增加少许的激光能量密度将会引起晶粒尺寸的突变。继续增加激光能量密度将进入完全熔融区,在此范围内(对应图中 280～400 mJ/cm^2),结晶尺寸趋于稳定值,不再与能量密度有关。

值得注意的是,由于 PECVD 制备的非晶硅薄膜中的氢含量较高,激光晶化时容易造成氢的快速解离而产生多晶硅薄膜的氢爆现象,因此在晶化之前需作额外处理,如高温烘烤、快速热退火等将多余氢去除。

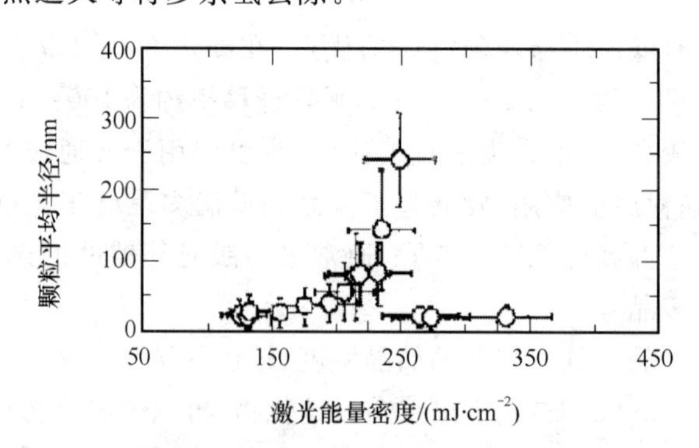

图 8.32 多晶硅晶粒尺寸随激光能量密度的变化

4. 掺杂工艺

掺杂是指将特定的杂质掺入半导体的某些区域,以达到改变半导体电学性质,形成 PN 结、欧姆接触等的各种目的。半导体的导电特性对杂质非常敏感,在硅中掺入磷(P)、砷

(As)等Ⅴ族元素将成为电子导电的 N 型半导体,掺入硼(B)等Ⅲ族元素将成为空穴导电的 P 型半导体。

平面工艺中经常采用的掺杂技术主要有扩散和离子注入两种方法。扩散工艺通常包括两个步骤,即在恒定表面浓度条件下的预淀积和在杂质总量不变情况下的再分布。预淀积只是将一定数量的杂质引入半导体表面,而最终的结深和杂质分布则由再分布过程决定。扩散工艺适于结较深(>0.3 μm)、线条较粗的器件。

离子注入是将具有很高能量的杂质离子射入半导体衬底中的掺杂技术,掺杂深度由注入杂质离子的能量和质量决定,掺杂浓度由注入杂质离子的数目(剂量)决定。离子注入掺杂的均匀性好,温度低,一般小于 600 ℃,而且可以精确控制杂质分布,可以注入各种各样的元素,横向扩展比扩散要小得多。离子注入工艺适于结较浅与细线条的器件。

8.3.3　非晶硅 TFT 阵列基板的制备工序

如图 8.33 所示为 4 次光刻版的倒栅非晶硅 TFT 制备工艺流程。在这种工艺中实际的光刻次数为 5 次,但其中的第 2 次光刻利用了倒栅结构的金属栅电极作为掩膜版,并从玻璃基板的背面进行光刻,因此实际所需的光刻版数目为 4 次。如图 8.34所示为相应的 4 次掩膜版的倒栅非晶硅 TFT 版图。

如图 8.33(a)所示,首先溅射金属栅电极,随后利用光刻版 1,进行第 1 次光刻,并刻蚀出栅电极。随后利用等离子增强的化学汽相淀积(PECVD)法连续淀积氮化硅栅介质、a-Si∶H 沟道层、顶层氮化硅。随后利用第 1 次光刻形成的金属栅作为掩蔽,从玻璃衬底的背面进行曝光、光刻并刻蚀顶层氮化硅层,如图 8.33(b)所示。PECVD 淀积N^+a-Si∶H,作为 TFT 的源漏,随后利用光刻版 2,进行第 3 次光刻,并利用反应离子刻蚀(RIE 刻蚀)N^+a-Si∶H 区如图 8.33(c)所示,其版图示于图 8.34。随后,溅射透明导电薄膜 ITO,利用光刻版 3,进行第 4 次光刻,刻蚀 ITO,形成像素电极。接着溅射顶层源漏区的金属层,利用光刻版 4,进行第 5 次光刻,光刻并刻蚀 S/D 等金属层。在这种结构中由于沟道中有 SiN_y 的保护,沟道层可以制作得较薄,有助于降低泄漏电流。

如图 8.35 所示为三星所采用的 4 次掩膜版、4 次光刻的倒栅 TFT 制备工艺流程。由于采用了特殊设计的狭缝光刻版,使得光刻的次数减为 4 次,省去了背面曝光。同时该结构没有采用先制备沟道保护层的方式,使得能够连续淀积沟道和源漏重掺杂的非晶硅膜。此外,该结构还采用了易于提高开口率的最后制备 ITO 薄膜技术。

在首先溅射金属栅电极,随后利用光刻版 1,进行第 1 次光刻,并刻蚀出栅电极。随后利用等离子增强的化学汽相淀积法连续淀积氮化硅栅介质、a-Si∶H 沟道层、N^+a-Si∶H源漏区和源漏金属电极,然后利用特殊设计的狭缝光刻版,进行第 2 次光刻,如图 8.35(a)所示,该次光刻版在金属栅上方是狭缝区域,这样经过曝光后,衬底上的光刻胶被分成了 3 个区域,除了普通光刻分成的曝光区和未曝光区外,还有一个与狭缝区对应的部分曝光区。显影后,顺序刻蚀源漏金属层、N^+a-Si∶H 源漏区和

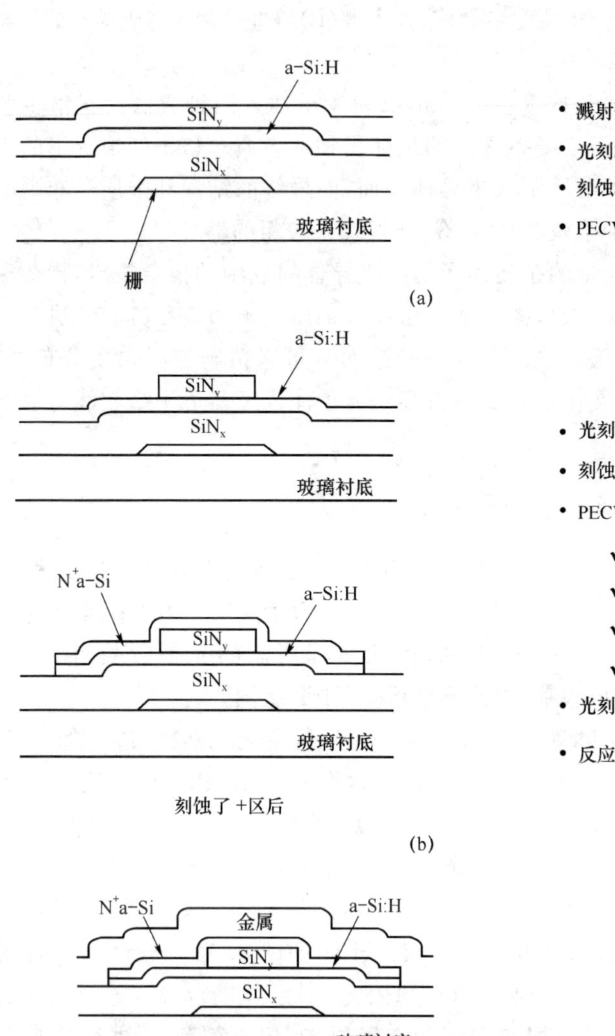

- 溅射金属栅电极
- 光刻栅 掩膜版mask 1
- 刻蚀栅
- PECVD连续淀积

(a)

- 光刻顶层氮化硅，背面曝光
- 刻蚀顶层氮化硅（湿法）
- PECVD N^+a-Si:H
  - ✓气氛：SiH_4、PH_3、H_2
  - ✓温度：<250 ℃
  - ✓膜厚：~100 nm
  - ✓速率：25~100 nm/min
- 光刻N^-区， mask 2
- 反应离子刻蚀非晶硅(RIE)

(b)

- 溅射透明导电薄膜ITO
- 光刻并刻蚀ITO，mask 3
- 溅射顶层源漏区的金属层
- 光刻并刻蚀S/D金属层，mask 4，湿法刻蚀

(c)

图 8.33　倒栅结构非晶硅 TFT 的制备工艺流程

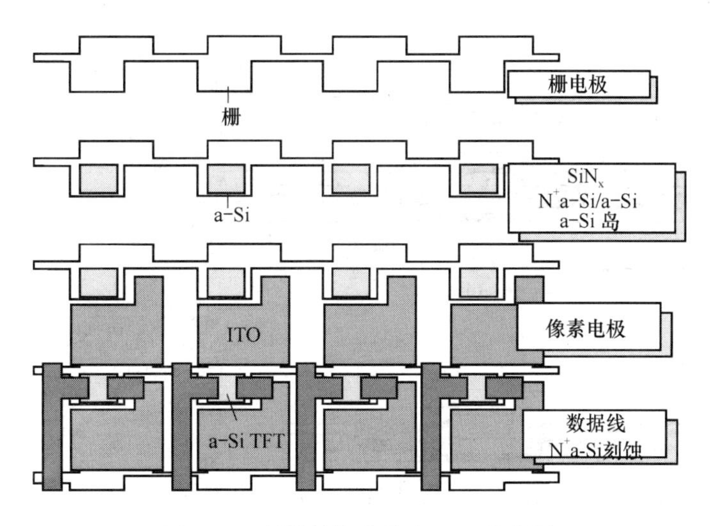

图 8.34　倒栅结构非晶硅 TFT 的版图

a-Si：H 沟道层，形成硅岛，如图 8.35(b)所示。接着部分减薄光刻胶，使狭缝区的光刻胶全部清除，而未曝光区上仍有一定厚度的光刻胶，如图 8.35(c)所示。随后刻蚀源漏金属层和 N^+ a-Si：H 源漏区，刻蚀过程中需要特别仔细地控制，使得 N^+ a-Si：H 完全刻蚀掉，而沟道 a-Si：H 区有不能刻断，如图 8.35(d)所示。然后淀积氮化硅保护层，并进行第 3 次光刻，刻出接触孔，接着淀积 ITO，并进行第 4 次光刻，刻蚀 ITO 形成像素电极。最终完成 TFT 的制备，如图8.35(f)所示。

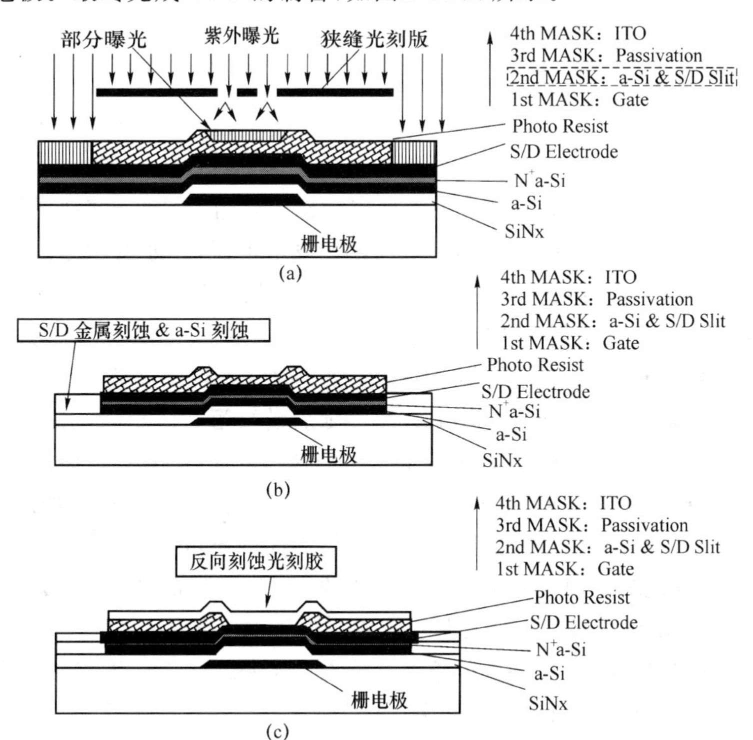

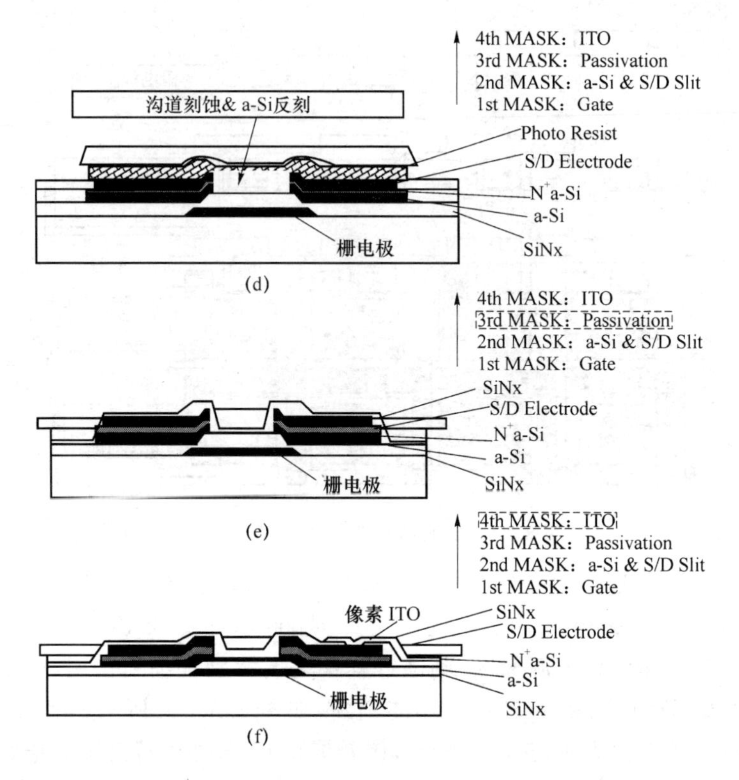

图 8.35　三星所采用的 4 次掩膜版、4 次光刻的倒栅 TFT 制备工艺流程

8.3.4　低温多晶硅 TFT 阵列基板的制备

如图 8.36 所示为 9 次光刻掩膜版的顶栅低温多晶硅 TFT 制备工艺流程，该工艺利用 9 次光刻同时制备出了 N 沟道和 P 沟道的多晶硅 TFT。首先，连续淀积缓冲层和非晶硅层，如图 8.36(a)所示。其中缓冲层的作用是阻挡玻璃衬底中所含的杂质扩散进入沟道低温多晶硅有源层，从而影响器件的阈值电压，此处缓冲层采用氮化硅/氧化硅双层结构。沟道有源层通常为 PECVD 的非晶硅薄膜，然后利用高温烘烤工艺去氢以防止在后面的激光晶化工艺中出现氢爆的现象。随后利用固相晶化、激光晶化等的方法使所淀积的非晶硅薄膜结晶成多晶硅，如前所述，晶化工艺的不同直接影响着多晶硅薄膜的质量，即载流子迁移率的大小。随后进行第 1 次光刻，定义出 TFT 的沟道掺杂区域，这步工艺可以调整低温多晶硅 TFT 的阈值电压的对称性和均匀性，如图 8.36(b)所示。第 2 次光刻形成一系列多晶硅岛，从而定义出有源区，如图 8.36(c)所示。由于栅绝缘层的质量尤其是绝缘层/半导体界面的质量与器件特性的好坏密切相关，为此在制备栅绝缘层前必须采用特殊的清洗工艺，以降低界面态密度。随后利用 TEOS(Tetraethy-Ortho-Silicate，四乙基正硅酸盐)/O_2 或 SiH_4/N_2O 等热氧化生长栅绝缘层。接着淀积第一层金属，并进行第 3 次光刻，刻蚀金属形成 TFT 的栅电极、扫描电极与存储电容的电极。利用第一层金属作为遮挡，低剂量离子注入形成较高阻值的 LDD 区。随后利用第 4 与第 5 次光刻，定义 N 型和 P 型多晶硅区域，并进行源漏区域

的重掺杂，随后进行快速热退火激活杂质。利用氧化硅/氮化硅薄膜作为保护层，进行第 6 次光刻，刻蚀出接触孔。随后淀积第二层金属，并进行第 7 次光刻、刻蚀第二层金属，形成信号电极。随后旋涂有机材料作为平坦化的保护层。第 8 次光刻制备通孔(Via)，最后淀积透明导电薄膜，并利用第 9 次光刻制备透明导电电极。实际上，这种 9 次光刻的互补低温多晶硅 TFT 工艺并非唯一，不同厂家的工艺之间存在着很多差别。Mitsubishi的顶栅低温多晶硅 TFT 工艺流程见表 8.4。

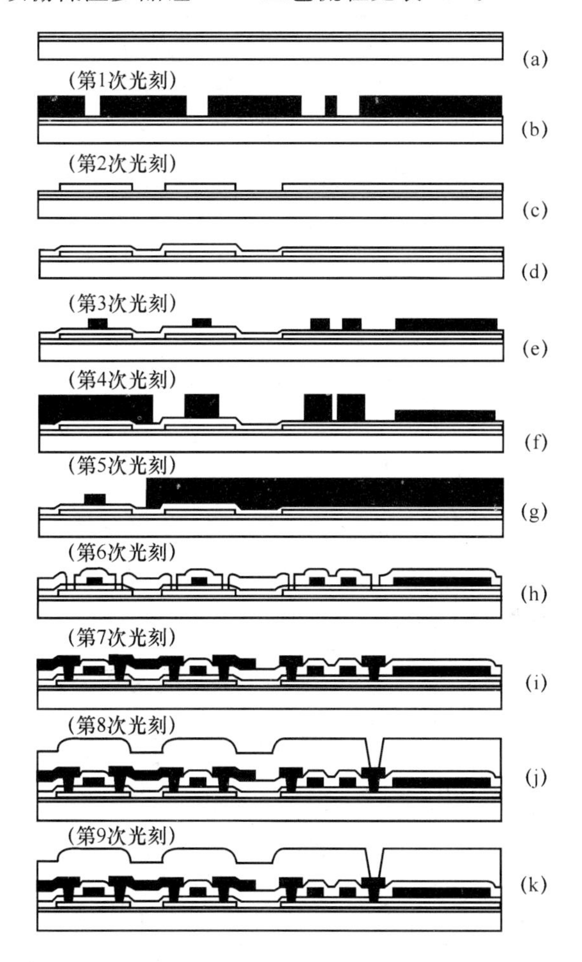

图 8.36　9 次光刻掩膜版的顶栅低温多晶硅 TFT 制备工艺流程

非晶硅和多晶硅 TFT 制备工艺技术一览见表 8.5。通常非晶硅 TFT 显示矩阵只需3～5次光刻掩膜版，其成本较低极，竞争力强，而低温非晶硅 TFT 显示矩阵通常需要 8～9 次光刻掩膜版，相对成本较高，为此各厂家无不挖空心思开发缩减掩膜版的工艺。

表 8.4 Mitsubishi 的顶栅低温多晶硅 TFT 工艺流程

流程	材料	工艺条件
缓冲层	SiO_2	温度:400 ℃ 厚度:200 nm
非晶硅	LPCVD a-Si	温度:400 ℃ 厚度:50 nm
多晶硅晶化	2 步 KrF 或 XeCl 激光晶化	室温
栅氧化层	APCVD SiO_2 或 PECVD TEOS SiO_2	温度:400 ℃ 厚度:50～140 nm
栅极金属层	Cr	-
N-LDD 离子注入	-	-
P^+ 源漏离子注入	-	-
N^+ 源漏离子注入	-	-
杂质激活	-	温度:350 ℃
介质层	PECVD TEOS SiO_2	厚度:500 nm
氢化	ECR H_2 等离子体	-
源漏金属层制备	Al/Cr	-
保护层	-	-
透明导电电极	ITO	-

表 8.5 非晶硅和多晶硅 TFT 制备工艺技术的一览表

类别	掩膜版数	关键技术	优缺点	采用厂商	相关专利
非晶硅 TFT	3	用 ITO 作为信号电极	工艺简单 接触与引线电阻过大	Sharp、Toshiba、IBM	US5346833
	4	应用灰色调型(Gray Tone)或狭缝型(Slit)微细加工技术	多层材料的刻蚀 掩膜版成本高	Samsung、LG-Philips	US5945265 US5478799 US5936707 US6391499
	4	采用多重曝光技术	工艺简单 仍需多设计一次光刻掩膜版	ERSO/ITRI	US6479398
低温多晶硅 TFT	8-9	晶化技术 离子注入工艺 栅氧化层工艺	成本高 具有 CMOS 结构,电路的集成度高	Toshiba、Sanyo、Sony	US6037195 US6246458
	5	采用埋入式信号线结构	开口率较小 只有 P 型 TFT,电路设计受限	LG-Philips	US6337234 US6338987

8.3.5　新兴的 LCOS 投影显示技术

LCOS(Liguid Crystal On Silicon)即硅基液晶是一种基于反射模式，尺寸非常小的矩阵液晶显示装置。这种矩阵采用 CMOS 技术直接在硅芯片上加工制作而成，其结构如图 8.37 所示，是在硅片上直接生长开关晶体管即单晶硅 MOSFET、像素单元和驱动电路，利用 CMOS 工艺制作驱动面板(又称为 CMOS -LCD)，然后在晶体管上利用 CMP 技术磨平，并镀上铝当作反射镜，形成 CMOS 基板，然后将 CMOS 基板与含有透明电极之上玻璃基板贴合，再注入液晶，进行封装测试。如图 8.38 所示为采用 0.35 μm CMOS 工艺制备 LCOS 的典型工艺流程。像素的尺寸为 7～20 μm，对于百万像素的分辨率，这个芯片面积通常小于 1 英寸。有效矩阵的电路在每个像素的电极和公共透明电极间提供电压，这两个电极之间被一薄层液晶分开。像素的电极也是一个反射镜。通过透明电极的入射光被液晶调制光电响应电压将被应用于每个像素电极。反射的像被光学方法同入射光分开从而被投影物镜放大成像到大屏幕上。

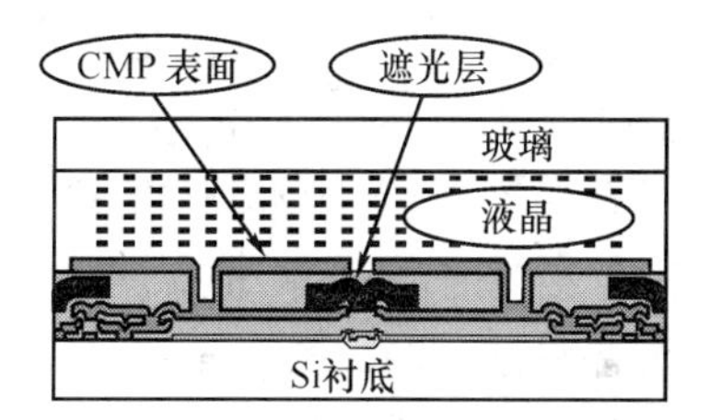

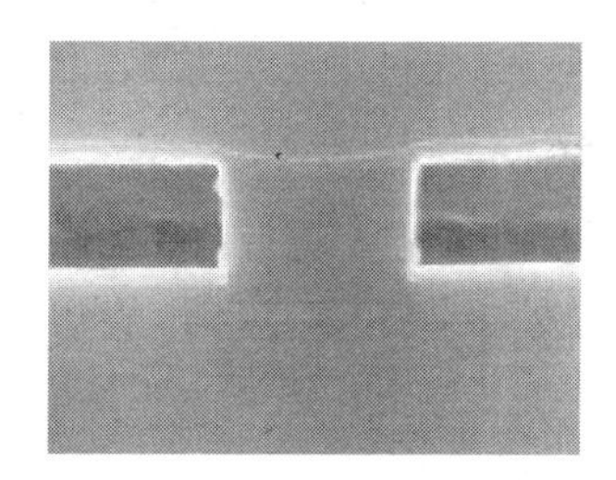

图 8.37　LCOS 结构示意图及显微照片

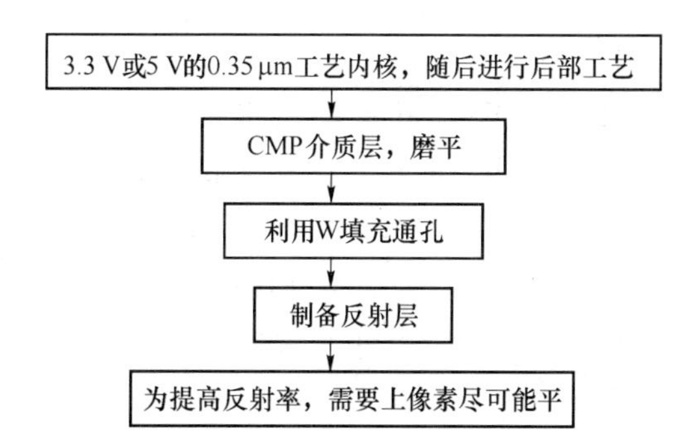

注：一般反射波长在400~700 nm

图 8.38　LCOS 的主要工艺流程

采用 LCOS 技术的投影机其光线不是穿过 LCD 面板，而是采用反射方式来形成图像，光利用效率可达 40%。与其他投影技术相比，LCOS 技术最大的优点是分辨率高，采用该技术的投影机产品在亮度和价格方面也将有一定优势。

省电、便宜与高解析度为 LCOS 最大优点。LCOS 可视为 LCD 的一种，传统的 LCD 是做在玻璃基板上，但 LCOS 则是做在硅片上。和 LCOS 的相对比的产品，最常用在投影机上的高温多晶硅 LCD 为代表。后者通常用透式投射的方式，光利用效率只有 3%左右，解析度不易提高；LCOS 则采用反射式投射，光利用效率可达 40%以上，且其最大的优势是可利用最广泛使用、最便宜的 CMOS 工艺，毋需额外的投资，并可随半导体工艺快速的微细化，易于提高解析度。

本章参考文献

[1] 应根裕，胡文波，邱勇，等. 平板显示技术. 北京：人民邮电出版社，2002.

[2] 张兴，黄如，刘晓彦. 微电子学概论. 北京：北京大学出版社，2005.

[3] 关旭东. 硅集成电路工艺基础. 北京：北京大学出版社，2003.

[4] 陈志强. 低温多晶硅(LTPS)显示技术. 北京：科学出版社，2006.

[5] 土屈浩雄，铃木幸治. 彩色液晶显示. 北京：科学出版社，2003.

[6] 小林俊介. 下一代液晶显示. 北京：科学出版社，2003.

[7] 大石严，等. 显示技术基础. 北京：科学出版社，2003.

[8] 谷千束. 先进显示器技术. 北京：科学出版社，2002.

[9] FORTUNATO E. Fully transparent ZnO thin-film transistor produced at room temperature. Adv. Mater.，2005，17(5)：590.

[10] NOMURA K. Room-temperature fabrication of transparent flexible thin-film transistors using amorphous oxide semiconductors. Nature，2004(432)：488.

[11] HOSONO H. Ionic amorphous oxide semiconductors：Material design，carrier transport，and device application. J. Non-Cryst. Solids，2006，352(9-20)：851.

[12] IWASAKI T. Combinatorial approach to thin-film transistors using multicomponent semiconductor channels：An application to amorphous oxide semiconductors in In-Ga-Zn-O system. Appl. Phys. Lett.，2007，90：242114.

[13] SAJI KJ. Optical and Carrier Transport Properties of Cosputtered Zn-In-Sn-O Films and Their Applications to TFTs. J. Electrochem. Soc.，2008，155(6)：H390.

[14] RYU M K. High performance thin film transistor with cosputtered amorphous Zn-In-Sn-O channel：Combinatorial approach. Appl. Phys. Lett.，2009，95：072104.

[15] JACKSON W B. High-performance flexible zinc tin oxide field-effect transistors. Appl. Phys. Lett. ,2005,87:193503.

[16] HUH M S. Improvement in the performance of tin oxide thin-film transistors by alumina doping. Electrochem. Solid-State Lett. ,2009,12(10):H385.

[17] FORTUNATO E. High mobility indium free amorphous oxide thin film ransistors. Appl. Phys. Lett. ,2008,92(22).

[18] OGO Y. Amorphous Sn-Ga-Zn-O channel thin-film transistors. Phys. Status Solidi (A),2008,205(8):1920.

第9章 有机发光二极管显示

9.1 有机发光二极管显示简介

9.1.1 有机发光二极管显示发展过程

有机发光二极管或有机发光显示器(Organic Light Emitting Diode Displays, OLED)又称为有机电致发光显示器,是自20世纪中期发展起来的一种新型显示技术,其原理是通过正负载流子注入有机半导体薄膜后复合产生发光。有机电致发光现象在1936年就被人发现,但直到1987年柯达公司推出了OLED双层器件,OLED才作为一种可商业化和性能优异的平板显示技术而引起人们的重视。与液晶显示器相比,OLED具有全固态、主动发光、高亮度、高对比度、超薄、低成本、低功耗、快速响应、宽视角、工作温度范围宽、易于柔性显示等诸多优点。近年来,在强大的应用背景推动下,OLED技术取得了迅猛的发展,在诸如发光亮度、发光效率、使用寿命等方面均已达到实际应用的要求。

OLED技术在近20年已经取得了巨大的进展。1997年,日本先锋公司开始销售配备有绿色OLED点阵显示器(256×64)的车载FM接收机;2000年,Motorola公司推出采用OLED显示屏的手机;2001年Sony公司展示了13英寸的OLED全彩显示屏;2003年,柯达公司推出了第一款采用AMOLED的相机LS633;2005年三星电子公司展示了40英寸有源驱动彩色OLED显示器;2009年,索尼推出了厚度只有3 mm的第一款OLED电视XEL-1,引起了巨大的轰动;2011年,LG推出了15寸的OLED电视EL9500;2013年,LG和三星都宣布将量产55英寸的OLED电视,并开始小批量投放市场。从2009年到2013年,采用AMOLED显示屏智能手机热销带动了中小尺寸AMOLED飞速发展,其中三星Galaxy系列(S、S2、S3、S4、Note等)手机的销量已超过了1.5亿。

目前,全球已经有一百家左右的研究单位和企业投入到OLED的研发和生产中,其中有很多当今显示行业的巨人,如三星、LG、飞利浦、索尼等公司。

整体上讲,OLED的产业化工作已经开始,其中单色、多色和彩色器件已经达到批量生产水平,大尺寸全彩色器件目前尚处在产业化的前期阶段。

OLED的应用大致可以分为三个阶段。

(1) 1997—2001 年:OLED 的试验阶段。在这个阶段里,OLED 开始走出实验室,主要应用在汽车音响面板、PDA 和手机上,但产量非常有限,产品规格也很少,均为无源驱动,单色或区域彩色,很大程度上带有试验和试销的性质,2001 年 OLED 全球销售额仅约 1.5 亿美元。

(2) 2002—2005 年:OLED 的成长阶段。在这个阶段里,人们将能广泛接触到带有 OLED 的产品,包括车载显示器、PDA、手机、DVD、数码相机、数码摄像机、头盔用微显示器和家电产品等。产品正式走入市场,主要是进入传统 LCD、VFD 等显示器领域,仍以无源驱动、单色或多色显示、10 英寸以下面板为主,但有源驱动的、全彩色和 10 英寸以上面板也开始投入使用。

(3) 2005 年以后:OLED 的成熟阶段。随着 OLED 产业化技术的日渐成熟,OLED 将全面出击显示器市场并拓展属于自己的应用领域,OLED 的各项技术优势将得到充分发掘和发挥。初步估计,除传统显示领域外,OLED 将在以下 4 个应用领域得到巨大发展。

1. 3G 通信终端

3G 通信与目前的 2G 通信相比,最突出的变化就是传输速率的提高,由传输简单语音和简单图形数据转变为传输高质量语音数据和多媒体数据,与之相适应的通信终端显示器也必须从单色显示转变为全彩色显示,从静态图形显示转变为动态图像显示。目前看,可以满足此要求的最有可能采用的显示技术为 TFT-LCD 和 OLED,但 TFT-LCD 存在亮度不足、成本较高、视角宽度窄、响应速度慢和温度特性差等问题,而使用 OLED 的手机则可以满足在太阳光下、寒冷环境下实现正常工作的要求,并具有无视角限制、可播放动态图像而无拖尾现象、色彩柔和、耗电量低等优点。所以有理由相信,一旦技术成熟、产量规模比较大之后,OLED 必将成为 3G 通信终端显示器的主流。

2. 壁挂电视和桌面电脑显示器

OLED 具有高响应速度、高亮度、宽视角及高对比度的特性,故非常适合用作显示器。更重要的是,OLED 非常薄,比液晶显示器还要薄,所以将来的 OLED 电视可以挂在墙上,不再占用室内空间。

3. 军事和特殊用途

OLED 为全固态器件,无真空腔,无液态成分,所以不怕震动,使用方便,加上高分辨率、视角宽和工作温度范围宽等特点,必然得到军事界的密切关注和广泛应用。除军事用途外,在其他显示器件无法使用的恶劣环境,如高寒或强烈震动环境中,OLED 具有独特优势。

4. 柔软显示器

可实现柔软显示是在目前所有已经应用的和正在开发的显示器中,OLED 具有的独特性能。将导电玻璃基片换成导电塑料基片(或其他柔软材料基底),采用同样的材料和类似的工艺就可制成柔软有机发光显示器(Flexible OLED,FOLED)。这种显示器的实用化,将大大拓展显示器的应用领域,并改变人们对显示器的传统观念。FOLED 可以用作服装装饰、工艺品、标牌和显示器,也可用来制作可卷曲携带并具有无线数据传输功能的电子报纸以及电视机。

总之,集众多优点于一身的有机发光显示器必将成为未来重要的显示器,并在人们的生活中发挥越来越大的作用。OLED 发展至今,虽然已有产品面世,而且预计将有更多的产品出现,但是仍然是一种并不完全成熟的新技术,无论是技术发展还是产品开发方面均存在很大的发展空间。目前国际上 OLED 技术发展的几个重要趋势如下:

(1) 开发新型高效稳定的 OLED 有机材料,以期进一步提高器件性能;

(2) 改善生产工艺,提高器件稳定性和成品率,以保证产品推向市场后的竞争力;

(3) 研制彩色显示屏及相关驱动电路;

(4) 为了实现大面积显示,研发有源驱动的 OLED 显示器。

9.1.2 有机发光二极管显示原理

OLED 器件的结构和发光原理如图 9.1 所示。OLED 属载流子双注入型发光器件,其发光机理为:在外界电压的驱动下,由电极注入的电子和空穴在有机材料中复合而释放出能量,并将能量传递给有机发光物质的分子,后者受到激发,从基态跃迁到激发态,当受激分子从激发态回到基态时辐射跃迁而产生发光现象。发光过程通常由以下 5 个阶段完成。

(1) 在外加电场的作用下载流子的注入:电子和空穴分别从阴极和阳极向夹在电极之间的有机功能薄膜注入。

(2) 载流子的迁移:注入的电子和空穴分别从电子输送层和空穴输送层向发光层迁移。

(3) 载流子的复合:电子和空穴复合产生激子。

(4) 激子的迁移:激子在电场作用下迁移,能量传递给发光分子,并激发电子从基态跃迁到激发态。

(5) 电致发光:激发态能量通过辐射跃迁,产生光子,释放出能量。

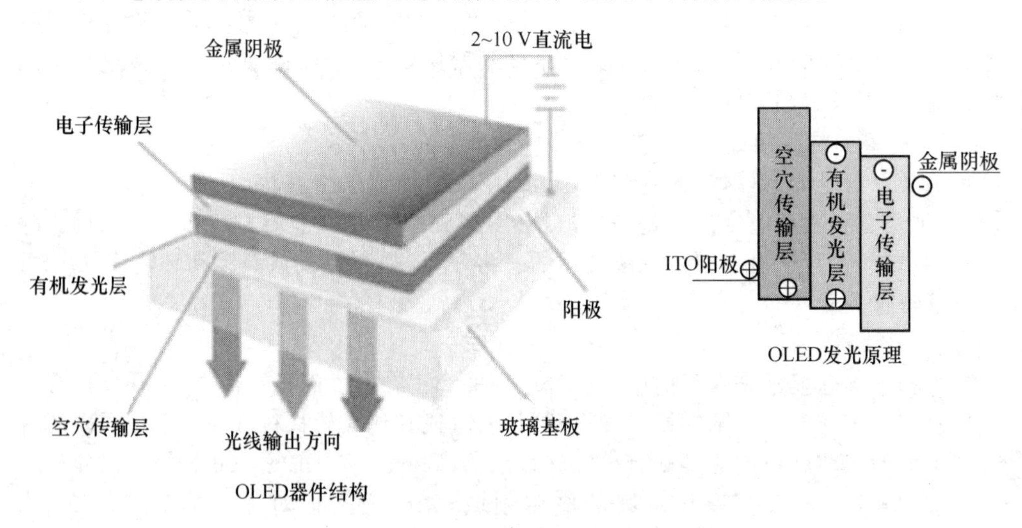

图 9.1 OLED 器件的结构和发光原理示意

9.1.3　有机发光二极管显示分类

OLED 有许多分类方法，本节主要介绍几个主要的类别。

根据材料的不同，OLED 显示器可以分为两大类：聚合物器件（Polymar OLED，PLED）和小分子器件（Small Molecular OLED，简称为小分子 OLED 或直接简称为 OLED）。美国柯达公司（Eastman Kodak）和英国剑桥显示技术公司（Cambridge Display Technology，CDT）分别为小分子 OLED 和 PLED 的代表。小分子 OLED 技术始于 1987 年，一般用真空蒸镀的方法组装器件，发展得较早，技术较为成熟，市场上的产品大多是小分子 OLED 器件，因此本章重点论述小分子 OLED 显示技术。PLED 的发展始于 1990 年，聚合物材料可以采用旋涂、印刷等方法制备薄膜，从而有可能大大地降低器件制作成本。PLED 面临的最大问题是如何实现彩色图形显示，虽然利用喷墨打印技术有可能解决这个问题，但该技术远未成熟。

OLED 按照驱动方式的不同，也可分为两种：有源驱动 OLED（Active Matrix OLED，AMOLED）和无源驱动 OLED（Passive Matrix OLED，PMOLED）。PMOLED 技术比较成熟，在小尺寸 OLED 产品中已被大量采用，但是无源驱动技术受到扫描行数的限制，不可能用于大尺寸显示。大尺寸 AMOLED 驱动技术目前还不成熟，成品率低，仍处于研究发展阶段。

随着 OLED 技术的发展，OLED 产生了许多新的分类方法或新的器件类型。如柔性 OLED（Flexible OLED）、顶部发射 OLED（TOP emitting OLED）、磷光 OLED（PHOLED）、微显示 OLED、白光 OLED、叠层结构 OLED（Tandem structure OLED）等。

9.2　有机发光二极管显示材料

9.2.1　有机电致发光材料特点和分类

众所周知，有机材料比无机材料丰富得多，所以当有机电致发光兴起的时候，新型有机电致发光材料也层出不穷，这为高性能材料的选择和全色发光的实现打下了良好的基础。

用于 OLED 的材料，有许多基本的性能要求。在操作性方面，首先要求有好的成膜性，以降低缺陷形成的几率。其次要有好的耐热性，确保在使用过程中，材料在长时间较高温度的操作环境下不致变质。另外，高的玻璃化转变温度也是必要的，以保证材料的无定性薄膜的稳定性。光电特性方面的要求是材料要具有适当的电离能和电子亲合能，以降低载流子传输的势垒。高的载流子传输速度，则可以减小器件的响应时间。分子受激发和发光的效率越高，电能的损耗就会越小。色纯度、光化学稳定性和电化学稳定性等也是重要的性能指标。

简单说来，可用于电致发光的有机材料应该具备以下特性：

(1) 在可见光区域内具有较高的荧光量子效率或良好的半导体特性，即能有效地传导电子或空穴；

(2) 高质量的成膜特性;

(3) 良好的稳定性(包括热、光和电)和机械加工性能。

1987 年以来,人们投入了大量的精力去开发各种材料,以期研制成具有较好性能的 EL 器件。目前来看,在电致发光的应用中,小分子化合物与聚合物各有特点,难分优劣。与聚合物相比,小分子有两方面的突出优点:一是分子结构确定,易于合成和纯化;二是小分子化合物大多采用真空蒸镀成膜,容易形成致密而纯净的薄膜。小分子材料可以通过重结晶、色谱柱分离、分区升华等传统手段来进行提纯操作,从而得到高纯的材料。众所周知,所用材料的纯度在电致发光中是极为重要的,材料的高纯度可以减少发光猝灭,延长器件寿命,从而提高发光效率,最终延长发光器件的使用寿命;高纯度的发光材料也是实现高质量全彩色显示的重要条件。

相比之下,聚合物则无法蒸镀,多采用湿法制膜,如旋转涂覆(Spin coating)、喷墨打印技术(Ink-jet printing)、丝网印刷(Screen printing)等制膜技术。这些技术相对于真空蒸镀而言,工艺简单,设备低廉,从而在批量生产中有成本优势。但是这种湿法制膜技术在制备多层膜结构时,由于溶剂的使用经常会导致前一层膜的损坏,因此小分子化合物在制备多层膜复杂结构时有显而易见的优点,这些优点在制作点阵和多色电致发光器件中表现得更为明显。聚合物的优点是,分子量大,材料稳定性好,理论上讲有利于延长器件的使用寿命;另外,聚合物材料的柔韧性好,有望在软屏显示中得到使用。

总体上说,小分子材料器件的工艺较为成熟,有望近期进入产业化阶段,但是小分子材料的开发仍在继续,随着材料和工艺两方面的进步,小分子材料的器件性能会进一步提高;而聚合物作为很有前途的一个研究方向,相信在不久的将来也会进入产业化的阶段,并且给有机电致发光的发展带来强有力的推进。

9.2.2 小分子有机电致发光材料

在有机电致发光材料中,有机小分子材料占有极其重要的地位。按照材料在器件中所承担的功能类别来分,小分子有机电致发光材料又可分为:空穴传输材料、发光材料及电子传输材料。此外,近年来还出现了一些其他功能的材料,如为了改善有机材料与电极之间的界面势垒,增强载流子的注入而引入载流子注入材料,包括空穴注入和电子注入材料,有时也称这类材料为缓冲层材料。由于它们在器件中所承担的功能不同,所以各自有不同的物性要求。

1. 空穴传输材料

这类材料在分子结构上表现为富电子体系,具有较强的电子给予能力(易氧化)。自从 1987 年第一个高性能的电致发光器件被报导以来,空穴传输层的作用便受到了极大的重视,以三苯胺衍生物和一些聚合物为代表的空穴传输材料,在近十年中获得了极大的发展。研究分析表明,空穴传输材料的不稳定性限制了器件寿命的进一步提高,这一点在小分子器件中表现尤为显著。材料稳定性的一个最重要的参数就是玻璃化转变温度(T_g)。因此,大多数关于空穴传输材料的研究,是以提高玻璃化转变温度为目标而展开的。

N,N′-二苯基-N,N′-二(3-甲基苯基)-1,1′-联苯-4,4′-二胺（TPD）是较早使用的空穴传输材料。不足之处在于它的玻璃化温度仅为 60 ℃左右,稳定性不好。人们从三苯胺的结构出发,通过桥连(bridging)、星形分子结构(Star-shaped)和螺原子连接(Spiro-linked)等思路进行改性,以提高 TPD 的热稳定性和成膜性能,并由此产生了许多优良的空穴传输材料。N,N′-二苯基-N,N′-二(1-萘基)-1,1′-联苯-4,4′-二胺(NPB)是目前商用的空穴传输材料。T_g=96 ℃，电离势 I_P=5.7 eV。MTDATA,TCTA 具有星形的分子结构,其中 TCTA,T_g=150 ℃，I_P=5.7 eV。Covin 公司的 Spiro-NPB,将 T_g 提高至 147℃。

非 amine 系列的空穴传输材料是另一个研究方向,如六烷氧基取代的三苯基衍生物、咔唑衍生物、吡唑啉衍生物等。

由文献报导中可以看出,目前的空穴传输材料的稳定性已经获得较大的提高。当然作为空穴传输材料不仅要求其具有很高的玻璃化转变温度和很好的无定性膜稳定性,更重要的依然是要具有优良的空穴传输性能。电离势(I_P)是空穴传输材料分子设计中需要考虑的一个重要因素。实验已经证实,当空穴传输材料和阳极界面处形成很小的势垒时,器件的稳定性会相应有所改善。对于三苯胺类衍生物,其分子中氮原子上的孤对电子的有效离域是获得高空穴迁移率的必要保证。

2. 电子传输材料

现在采用的器件结构中电子传输层与发光层大多是合并的,因此专门用于电子传输的有机材料目前还不多。这类材料在分子结构上表现为缺电子体系,具有较强的电子接受能力,可以形成较为稳定的负离子。优秀的电子传输材料应具备如下特性:

(1) 较高的电子迁移率,有利于电子传输;

(2) 相对较高的电子亲和能,有利于电子注入;

(3) 相对较大的电离能,有利于阻挡空穴;

(4) 激发能量高于发光层的激发能量;

(5) 不能与发光层形成激基复合物;

(6) 良好的成膜性和热稳定性。

这类材料包括金属螯合物、多环共轭芳香化合物、噁唑衍生物以及香豆素衍生物。其中噁二唑类(OXDs)化合物是一类典型的电子传输材料,使用较早的是 PBD,但是 PBD 容易结晶,从而影响了器件的稳定性。为改善其热稳定性和成膜性,双噁二唑类化合物(OXD-7)、星形(Starburst)噁二唑、螺原子连接(Spiro-PBD) 噁唑类被开发出来。这些材料具有更高的热稳定性,更不易结晶。其中,Spiro-PBD 具有较高的玻璃化温度(T_g= 163 ℃),并能形成良好的无定型膜。

目前专门设计用于电子传输材料的化合物也开始陆续见于报导,这方面的材料有寡聚噻吩的衍生物 BMB-2T、BMB-3T、TPBI,三唑衍生物(TAZ),喹喔啉衍生物,全氟代的芳香化合物等。其中 TPBI 是近两年开始广泛使用的一种电子传输材料,其荧光发射峰在 375 nm,因此又可用蓝光染料的本体材料制备蓝色发光二极管器件。多氟代联苯类化合物、含硅化合物是新一代的电子传输材料,其中全氟代对六联苯的电子迁移率可达 $2\times10^{-3}\ cm^2/(V\cdot s)$。

3. 发光材料

发光材料是器件中最终承担发光功能的物质,它对器件性能的影响是显而易见的,发光材料的发光效率、发光色度、发光寿命都直接影响着器件的性能。早期,人们把是否具有高荧光量子效率作为选择发光材料的标准,认为高荧光量子效率预示了高电致发光效率。但近来的研究表明,荧光效率高的物质并不一定是很好的电致发光材料。在选择材料时,除考虑能否获得较高的电致发光效率和亮度外,良好的成膜特性、良好的热稳定性和化学稳定性也是需要考虑的重要因素。

根据自旋统计理论,有机电致发光材料在载流子复合过程中形成的激子可分为单重态激子和三重态激子两种,因此有机电致发光材料可分为单重态发光材料和三重线态发光材料。

(1) 单重态发光材料

在 OLED 材料的发展过程中,单重态发光材料研究的较早,一部分金属络合物是性能优异的单重态发光材料。金属络合物的性质介于有机与无机物之间,既有有机物的高荧光量子效率的优点,又有无机物的稳定性好的特点,因此被认为是最有应用前景的一类发光材料。用于电致发光的金属络合物,必须具有可分离性、热稳定性、很高的固态荧光量子效率、易真空蒸镀成膜,并同时具有一定的电子传输能力。按照发光机制的不同,用于 OLED 的金属络合物发光材料又可分为配体发光型络合物和中心离子发光型络合物。

8-羟基喹啉铝(Alq_3)及其衍生物是配体发光型络合物,也是最早用于 OLED 的金属络合物,其中 Alq_3 是目前应用最普遍的一种电子传输发光材料。采用 Alq_3 作为电子传输发光层的经典电致发光器件的发光颜色为绿色。同时 Alq_3 还作为最常用的主体材料通过掺杂实现高效率的绿光、黄光和红光发射。Alq_3 的衍生物很多,大部分是在配体和中心离子上进行修饰,代表性的有发绿光的 4-甲基-8-羟基喹啉铝、发黄绿光的 8-羟基喹啉镓(Gaq_3)、发蓝绿光的双(2-甲基-8 羟基喹啉)铝合苯氧(Alq'_2Oph)、发绿光的 10-羟基苯并喹啉铍($Bebq_2$)。此外发蓝光的络合物还有苯并噁唑和苯并噻唑类络合物 $Zn(BOX)_2$、$Zn(BTZ)_2$、LiPBO、希弗碱类络合物 AZM1 等,发红光的络合物有卟啉锌等。配体发光型络合物的分子结构如图 9.2 所示。

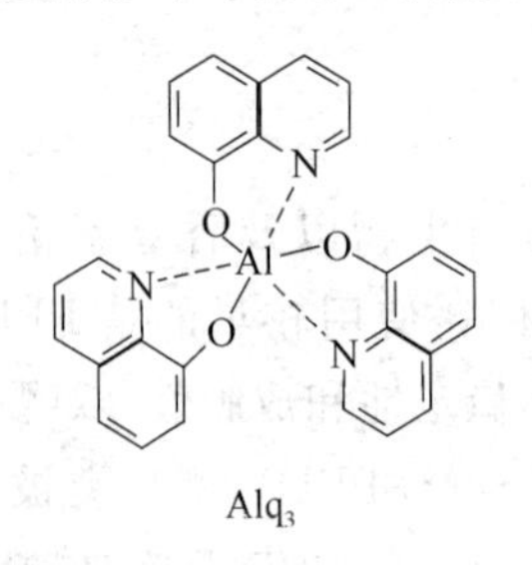

图 9.2 配体发光型络合物的分子结构

大多数稀土发光络合物是中心离子发光型络合物,其发光主要来自稀土离子本身的 d 电子和 f 电子的跃迁,因其发光谱带窄、发光亮度高而引起了人们的浓厚兴趣。最常见的发光稀土离子有 Tb^{3+}、Eu^{3+}、Sm^{3+}、Dy^{3+} 等,其中 Tb^{3+} 络合物为绿光材料,Eu^{3+} 络合物为红光材料,主要是作为掺杂染料。但是至今,基于稀土络合物的电致发光器件的稳定性和亮度仍不理想。

除 8-羟基喹啉类金属络合物以外,一些有机荧光小分子也可用作主体发光材料,主要是芳香烃类化合物和杂环化合物,包括噁二唑类、三氮唑类、二苯乙烯类、苯并咪唑类、蒽类、联苯类等,这些化合物大多是从蓝色发光材料的角度开发的,其中均二烯系列和 Kodak 的蒽系列就是优秀的蓝色发光材料,其分子结构如图 9.3 所示。

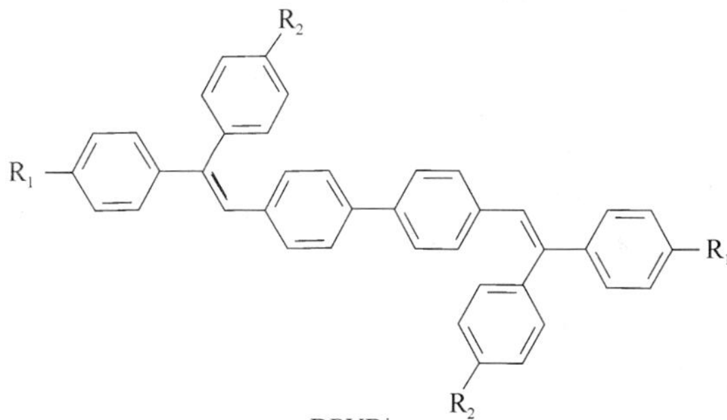

DPVBi 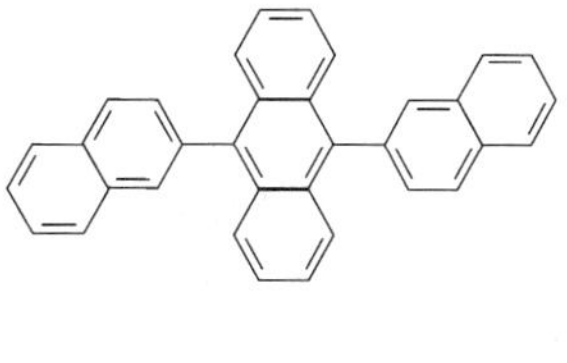　　ADN

图 9.3　蓝色发光材料的分子结构

有机染料是一类数量众多的化合物,其中一部分具有优良的特性,例如许多激光染料具有较高的荧光量子效率和良好的稳定性,可以作为发光材料用于有机电致发光。在红光材料方面,常见的是柯达的 DCM 系列荧光染料,其中 DCJTB 性能最佳,其分子结构如图 9.4所示。这些红光材料普遍都有发光偏黄以及发光效率不高等问题。

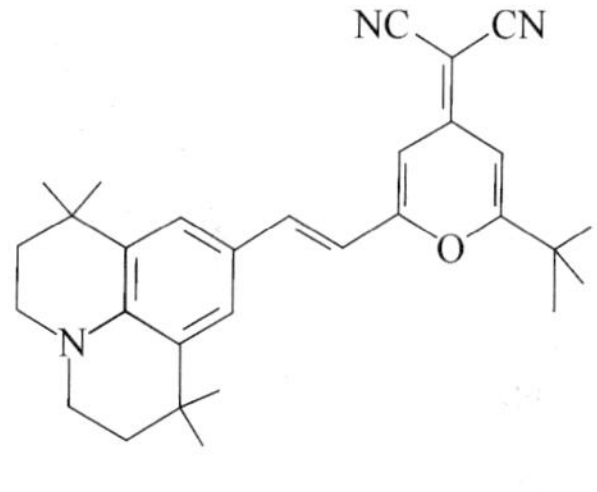

DCJTB

图 9.4　红光材料的分子结构

绿光材料是目前较为成熟的材料体系,其分子结构如图 9.5 所示。常见的有香豆素(Coumarin)系列的 C545T 和 C545TB 以及喹吖啶(QA)系列的 N,N-二甲基喹吖啶(DMQA)。

苝(Perylene)和四叔丁基苝(TPBe)是目前使用较多的蓝光染料,其分子结构如图 9.6所示。目前见诸报道的纯正的蓝光材料很少,深蓝光材料的发光效率普遍很低,因此蓝光材料的开发是值得进一步研究的课题。

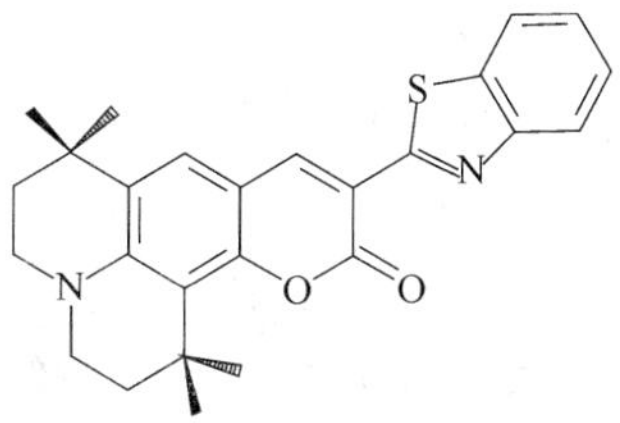

C-545T 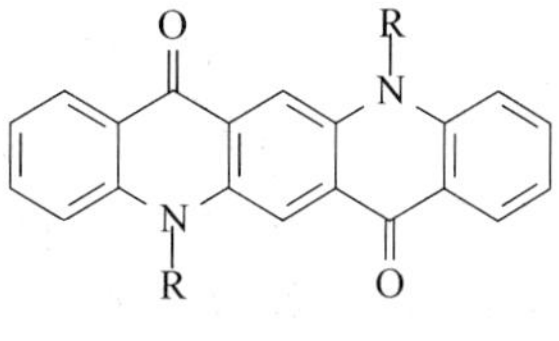　　R=H,QA;R=Me,DMQA

图 9.5　绿光材料的分子结构

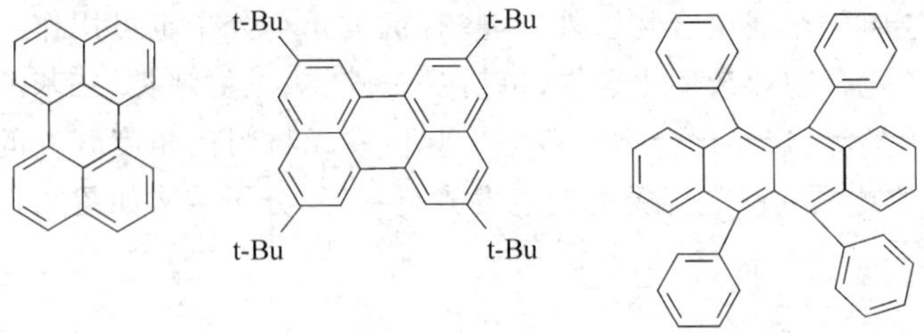

图 9.6 蓝光材料的分子结构

在白光材料方面,目前并没有商品化的单一材料,都是用蓝光及黄光材料组合而成,例如柯达的白光是用 TPBe 及红荧烯(Rubrene)组成。由于白光是组合光,在不同电压下驱动时蓝光与黄光的表现不尽相同,而且材料的寿命也不相同,因此色坐标会有一些变化。如何提高白光器件的综合性能,是目前研究的一个热点。

(2) 三重态发光材料

对于有机电致发光器件来说,器件的发光量子效率是各种因素的综合反映,也是衡量器件品质的一个重要指标。对于上述的荧光材料即单重态发光材料来说,它只能利用形成的单重态激子,因此利用单重态发光材料的有机发光二极管器件的内量子效率最高为 25%。而对于三重态发光材料来说,它能利用形成的所有激子,因此,利用三重态发光材料的有机电致发光器件的内量子效率理论上可以达到 100%,是单重态发光材料的 4 倍。可见,采用三重态发光材料可以大幅度提高有机电致发光器件的内量子效率。

1998 年美国普林斯顿大学的 Forrest 小组报道了以八乙基卟啉铂(PtOEP)作为客体发光材料掺杂在 Alq_3 中的 OLED 的研究,其特别之处在于 PtOEP 是一种磷光材料,器件的内量子效率达到 23%,从实践上证明了磷光材料确实能够大幅度提高器件的量子效率。

用于 OLED 的发光材料要求其在室温下具有较强的发射。对于纯粹的有机分子,在室温下它们的磷光发射通常都非常弱。如果在分子中引入重原子,由于强烈的自旋-轨道耦合作用,磷光发射将大大加强,有可能导致在室温下有较强的磷光发射。此外,从实用的角度来考虑,用于 OLED 的发光材料必须具有足够的光、热稳定性。因此,用含有重金属原子的有机金属络合物可能是良好的三重态发光材料。

目前,三重态发光材料发展很快,其发光颜色范围覆盖了整个可见光区域,从红色到蓝色的三重态发光材料都有报道。除 PtOEP 之外,红光材料中还有 2-吡啶-苯并噻吩铱乙酰丙酮(Btp2Ir(acac))和 2-吡啶-苯并噻吩铂乙酰丙酮(BtpPt(acac))。一些金属铕的络合物和锇的络合物也表现了很好的三重态红光发射。目前绿光三重态材料最丰富,代表性的是 $Ir(ppy)_3$、$Ir(ppy)_2acac$。三重态发光材料的发光机制是配体的单重激发态在重原子作用下经系间穿越至三重态,然后经辐射跃迁发射磷光。对于三重态蓝光材料,要求其配体的单重态能量在紫外区,因此三重态材料实现蓝色发光比较困难。迄今为止,双-(2-(2′,4′-二氟)-苯基)-吡啶-(皮考林酸)合铱络合物(FIrpic)可以说是一种性能优良的三重态蓝光材料，其最大发射峰位于 470 nm，目前已经商品化。三重态发光材料的分子结构如图 9.7 所示。

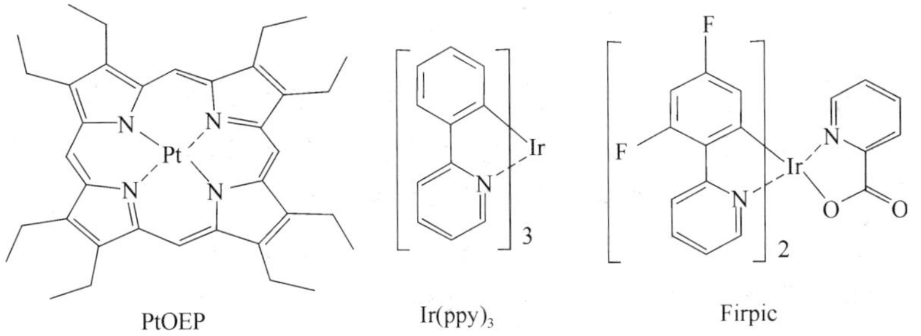

PtOEP　$Ir(ppy)_3$　Firpic

图 9.7　三重态发光材料的分子结构

这些三重态发光材料通常只能作为染料掺杂在合适的主体材料中使用。目前常用的主体材料是 CBP，相应的绿色和红色三重态发光器件效率很高。但 CBP：FIrpic 蓝光器件的效率相对比较低，这主要是因为二者的能量匹配不佳。可见三重态蓝光器件的开发不仅需要蓝光染料，还需要寻找与之相匹配的主体材料。

总之，三重态发光材料充分利用了激发三重态的能量，从根本上提高了器件的外量子效率。但是，三重态发光材料和器件的研究仍存在一些问题：首先是室温磷光材料较少，材料的选择范围不大，尤其是蓝色发光材料更少；其次，由于存在三重态-三重态湮灭，同时磷光寿命长易使发光饱和，因此在高电流密度下磷光器件的效率下降很快，与单重态发光器件相比，三重态发光器件的寿命仍需提高。

4. 其他小分子材料

对于小分子 OLED 材料而言，除载流子传输材料和发光材料外，还有一些重要的辅助材料，例如电极修饰材料和阻挡层材料。这些材料的引入可以显著提高器件的亮度、效率及稳定性，对高性能器件的制备起着至关重要的作用。

(1) 电极修饰材料

对电极修饰的目的一般是降低电极与有机材料的界面势垒，有利于载流子的注入，因此电极修饰材料又称载流子注入材料，有空穴注入材料和电子注入材料之分。比较常用的空穴注入材料有铜酞菁(CuPc)和 TDATA 掺杂 F4-TCNQ。对阴极修饰最成功的例子是 LiF，LiF 的引入可以显著提高电子注入效率。

(2) 阻挡层材料

有机材料的载流子传输能力较之无机材料低很多，现在比较成熟的三芳胺类空穴传输材料的空穴迁移率可达 $10^{-4}\sim10^{-2}$ $cm^2/(V\cdot s)$。而最常用的电子传输材料 Alq_3 的电子迁移率只有 $10^{-5}cm^2/(V\cdot s)$。由于空穴传输材料的空穴迁移率一般比电子传输材料 Alq_3 的电子迁移率要大一个数量级以上，所以在经典的多层 OLED 器件(ITO/HTL/EM/ETL/ Cathode)中载流子传输不平衡，从而导致大量的无效复合，使得器件的效率较低。为平衡载流子的传输，有两条途径：其一是开发具有更高电子迁移率的电子传输材料；其二是引入空穴阻挡层，阻止空穴载流子的传输。目前第一条路的成功主要是采用含氟有机材料;第二途径比较成功的材料是浴铜灵(BCP),其他的空穴阻挡层材料还有 SAlq 和 BAlq,这类材料在三重态发光器件中尤其重要。

9.2.3 聚合物电致发光材料

1990 年,英国剑桥大学的 Burroughes 等人首次报道了用聚合物薄膜电致发光现象,开创了聚合物电致发光研究的新时代。他们发现聚对苯撑乙烯(PPV)及其衍生物是一种性能优良的电致发光材料。以 PPV 作发光层制备的有机发光二极管器件在直流低电压(约 14 V)驱动下发黄绿色光。随后各国科学家立即将注意力集中在共轭聚合物的合成及其电致发光性能的研究上,仅仅几年时间就使聚合物二极管发光器件的性能接近了实用水平。

聚合物具有很好的电、热稳定性和机械加工性能,发光亮度和效率均很高,发光波长易于调节,可以实现各种颜色的发光。聚合物发光器二极管件制备方法简单、灵活,易实现大面积显示,特别是近几年出现的薄膜全色显示,引起了研究者的极大兴趣。目前这一领域的研究非常活跃,尤其是日本、美国、英国等正在加速其产业化的进程。

1. 聚合物电致发光材料的分类

用作发光材料的聚合物材料同样应具备以下条件:在可见光区域具有较高的荧光量子效率;具有良好的半导体性质,能够有效地传导电子或空穴;具有良好的成膜性能;具有良好的稳定性和机械加工性能。

在结构上,电致发光聚合物材料主要有下面三类。

(1) 具有隔离发色团结构的主链聚合物。这类材料又可分为几类:①聚苯撑类及其衍生物,如聚对笨撑(PPP)及其衍生物类,聚噻吩(PAT)及其衍生物类,聚吡咯(PAP)、聚呋喃(PAF)、聚吡啶(PPY)及其衍生物类等;②聚苯撑乙炔类及其衍生物,如聚对苯撑乙炔(PPV)及其衍生物,聚噻吩乙炔(PTV)、聚萘乙炔(PNV)、聚吡啶乙炔(PPYV)及其衍生物类;③其他,如聚烷基芴、聚碳酸酯、聚醚等。

(2) 聚乙烯等非电致发光材料的侧链悬挂发色团的柔性主链聚合物,如聚乙烯咔唑。

(3) 在上述基本聚合物主链中引入电子传输结构或空穴传输结构的所谓多功能聚合物电致发光材料。

下文主要介绍几类常用的聚合物电致发光材料。

2. PPV 及其衍生物

PPV 及其衍生物在目前研究最多,应用最广泛,也被认为是最有发展前景的一类聚合物电致发光材料,其分子结构如图 9.8 所示,属聚苯撑乙炔类主链共轭聚合物,其主要特点为:

(1) 具备电子、空穴传输和发光功能;

(2) 通过共轭链骨架上取代基的修饰或通过控制共轭链的长度,可以得到不同波长的发射光。

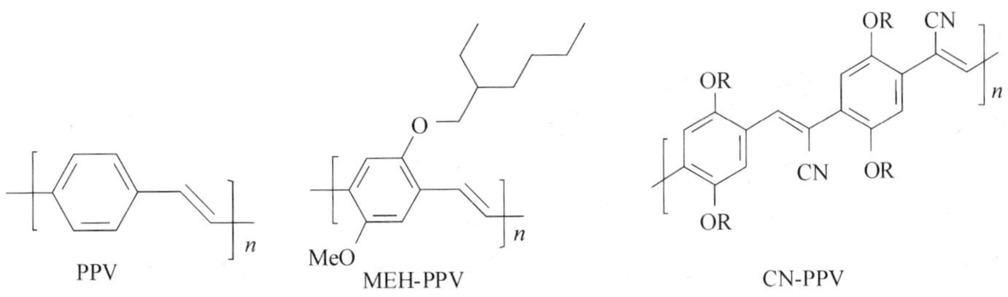

图 9.8　PPV 及其衍生物的分子结构

聚对苯撑乙炔(PPV)是这类聚合物的母体，在 1990 年第一次被成功地用于电致发光，当时的器件结构为 ITO/PPV/Al，当电压为 14 V 时，器件开始发出黄绿色光，波长为551 nm，外量子效率仅为 0.05%。这一研究成果极大地启发了研究者们的思路。

由于 PPV 不溶于有机溶剂，器件的制备还比较复杂。人们通过取代基修饰或采用共聚合的策略，不仅改善了 PPV 的溶解性，同时有效地改变了 PPV 的禁带宽度，从而实现了对发光波长的调节。至今已开发出了各种各样的 PPV 衍生物，典型的有 MEH-PPV 和CN-PPV等，其中最著名的就是 Heeger 等人于 1991 年报道的 MEH-PPV，即聚[2-甲氧基-5-(2′-乙基)-己氧基-1，4 苯乙炔]，MEH-PPV 在一般有机溶剂中均具有良好的溶解性能。由于取代基的作用，MEH-PPV 的发光波长发生红移，发橙色光。另外，大位阻的取代基破坏了聚合物的结晶性能，从而提高了电致发光效率。采用旋涂方式制备的单层器件 ITO/MEH-PPV/Ca，发光波长为 591 nm，该器件的外量子效率达到 1%。CN-PPV，即聚[2，5-己氧基-对苯基-氰基乙烯]，是一种交替共聚物，它是用等量的 2，5-二取代对苯二甲醛与亚苯基-1，4-二乙氰通过 Knoevenagel 缩合制得。CN-PPV 具有明亮的红色荧光，最大发光波长为 590nm，可溶于氯仿中通过旋涂制成高质量的薄膜。同时，氰基的引入，提高了 CN-PPV 的电子亲和力，与 PPV 一起制成的双层器件具有更高的发光效率。此外，向 PPV 中引入空间位阻和非平面的结构或非共轭基团，均可增大其禁带宽度，实现发光蓝移，如苯基取代的 PPV(聚 2-苯基-1，4 苯乙炔)的发光波长蓝移至 480～495 nm。

3. 聚苯及其衍生物

有机材料与无机材料相比的一个重要优势是易于实现蓝光显示。蓝光发射对材料的要求是禁带宽度在 2.7～3.0 eV。聚1，4-苯撑(PPP)是发射蓝光的重要材料。1992 年，Leising等人第一次报道了用 PPP 制作的蓝光器件。简单的单层器件(ITO/PPP/Al)的外量子效率达到 0.05%，发光波长为 415 nm。与 PPV 一样，PPP 也是不溶于有机溶剂的，必须通过可溶性前聚体的方法来制备器件。虽然 PPP 及其衍生物具有良好的热稳定性及抗氧化性(与之相比，PPV 由于主链含有烯键而易于被空气氧化)，但是其单层器件表现出很低的 EL 效率。

为了改善 PPP 加工性能，人们通过转移金属催化聚合的方法合成了各种带有烷基、烷氧基等侧链的 PPP 衍生物。最近，YangY 合成了 3 种可溶性的 PPP 衍生物：DO-PPP，EHO-PPP，CN-PPP。用 ITO 作阳极，Ca 作阴极，发光波长在 420 nm 左右，量子效率高达1%～3%,采用空气稳定的阴极如Ag、In、Al及Cu时,器件的量子效率达0.3%～0.8%,亮度最高达490 cd/m²。

虽然PPP及其衍生物具有良好的热稳定性及抗氧化性(与PPP相比,PPV由于主链含有烯键而易于被空气氧化),但是它的单层器件表现出很低的电致发光效率。据报导,通过引入双层甚至三层结构,器件的效率可以得到了很大的提高。

PPP骨架上侧链的引入虽然提高了聚合物的溶解性,但是却降低了荧光量子产率。为了解决这个问题,Scherf和Mullen等人开发了一种梯形PPP衍生物,具有刚性的平面骨架。它的加工性能可以通过在SP^3杂化的碳原子上引入柔性取代基加以改善。聚苯及其衍生物的分子结构如图9.9所示。

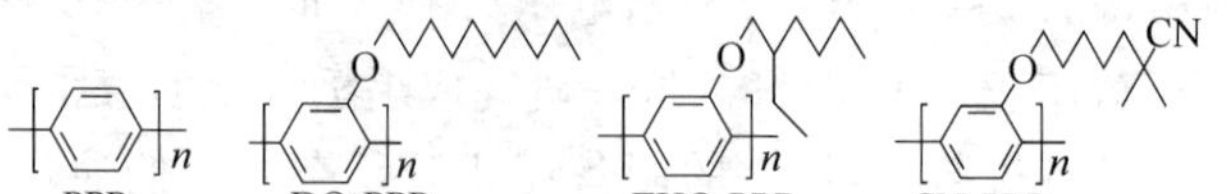

图9.9　聚苯及其衍生物的分子结构

4. 聚烷基芴

聚烷基芴(PAF)有一个可贵的优点,即在普通的有机溶剂中有极好的溶解性能,并且在较低的温度下可熔融加工,其禁带宽度一般大于2.90 eV,作为蓝光二极管材料而备受重视。

Dow Chemical公司采用Suzuki聚合方法合成了系列的PAF聚合物。通过化学剪裁PAF可以实现红、蓝、绿3种颜色发光。

众所周知,三苯胺类是OLED中常用的空穴传输材料,通过Pd催化聚合,可以在聚烷基芴主链中引入各种芳胺链段从而形成共聚物,这些共聚物都是良好的蓝光发射材料,具有良好的成膜性、溶解性。

除了芳胺类外,还有各种各样的共轭单体可以用来与烷基芴形成共聚物。所有这些共聚物都是良好的发光材料,它们的发光波长与共聚物中电子的离域程度有关。所以,选择合适的共聚单体就成为设计具有平衡的电子、空穴注入性能和精细控制的发光波长的有力工具,通过改进的Suzuki合成路线,发光颜色覆盖整个可见光波段的一系列烷基芴聚物已经开发出来,而饱和的红、绿、蓝光材料成为兴趣的焦点。没有其他种类的聚合物能在提供全波段发光的同时保持高效率、低操作电压和长寿命,因此,聚烷基芴共聚物成为OLED商品化进程中最具潜力的材料。

5. 聚噻吩及其衍生物

聚噻吩(PAT)由于具有良好的溶解性和化学稳定性,吸引了相当多研究者的注意。向主链上引入不同的取代基,可以很容易地对聚噻吩衍生物的主链扭曲及共轭链长度进行控制。PAT和PAT衍生物由于易于进行发光波长调节而成为备受关注的EL材料。聚(3-烷基)噻吩具有可溶、可熔、易于合成和稳定性好的特点,在有机发光二极管器件中已经得到了应用。

由于噻吩结构单元为富电子体系,HOMO能级较高,与ITO阳极功函数匹配,易给出电子形成空穴，所以又是很好的空穴传输材料，特别是 PSS 掺杂的 PAT 衍生物 PEDOT。PEDOT/PSS 为水溶性复合物，可操作性很好，薄膜透明，电导率在 10^{-1}～10^{3}S/cm 范围，可同时作阳极（代替 ITO）和空穴传输层，应用前景十分看好。

6. 聚乙烯咔唑及其他

聚乙烯咔唑（PVK）属于侧链悬挂型发光聚合物，也是第一个应用于发光器件的聚合物。分子中咔唑基团为发光单元，其最大电致发光波长为 410 nm。由于 PVK 具有很好的空穴传导能力，因此，通常也被用做空穴传输材料。其他的共轭发光聚合物还有聚吡咯、聚呋喃、聚萘乙炔、聚吡啶乙炔等。

9.3　有机发光二极管制备工艺

有机发光二极管器件制备是一个系统工程，含有多项关键技术。器件的发光效率和稳定性、器件的成品率乃至器件的成本等都要受到工艺技术的控制，有机发光二极管工艺技术的发展对其产业化进程至关重要。有机发光二极管制备工艺技术按聚合物和小分子材料分为小分子有机发光二极管（OLED）工艺技术和聚合物发光二极管（PLED）工艺技术两大类，小分子 OLED 通常用蒸镀方法或干法制备，PLED 一般用溶液方法或湿法制备。PLED 目前备受人们关注的工艺技术是喷墨打印技术，近几年来取得了较大的进展，但要实现产业化还存在一定的距离，本节不讨论喷墨打印等相关 PLED 工艺技术，本节重点论述小分子 OLED 工艺技术。

如图 9.10 所示为有机发光二极管的制备工艺示意图。OLED 制备过程中 ITO 图形的光刻等工艺流程与 LCD 有类似的地方，因此本节不对全部的工艺流程进行介绍，本节重点论述 OLED 制备过程中的关键工艺技术，其中包括 ITO 基片的清洗与预处理、阴极隔离柱制备、有机功能薄膜和金属电极的制备、彩色化技术、封装技术以及与工艺技术密切相关的 OLED 器件稳定性和寿命问题等。

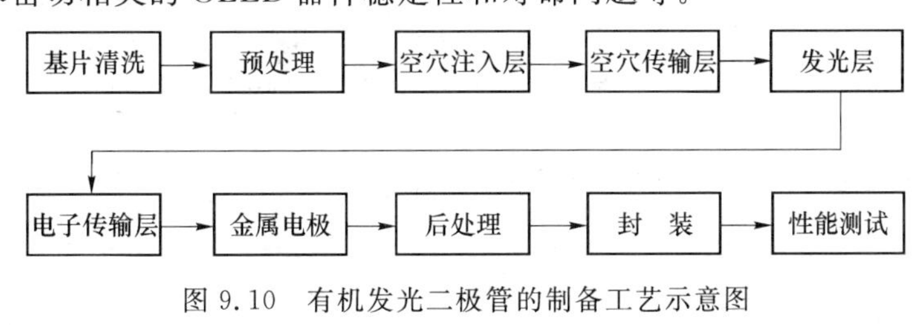

图 9.10　有机发光二极管的制备工艺示意图

9.3.1　ITO 玻璃基片清洗与表面预处理

因有机层与 ITO 间的界面对发光性能的影响至关重要，ITO 基片在使用之前必须仔细清洗，以彻底清除基片表面的污染物。这些污染物通常可以分为 4 类：① 有形颗粒，如尘埃等；② 有机物质，如油脂和涂料等；③ 无机物质，如碱、盐和锈斑等；④ 微生物机体。清除基片表面污染的方法有：化学清洗法、超声波清洗法、紫外光清洗法、真空烘烤法及离子轰击法等。

ITO 薄膜的表面预处理工艺将直接影响 ITO 薄膜表面的化学组成和 ITO 的表面功函数,进而影响 OLED 器件性能。对 OLED 而言,常用的 ITO 薄膜表面预处理方法有化学方法(酸碱处理)和物理方法(氧等离子体处理、惰性气体溅射、氧辉光放电等)。

下面简要介绍几种清洗方法和预处理方法。

1. 超声波清洗

超声波清洗是利用超声波技术,使水和溶剂发生振动,清洗表面复杂的附着物而且不损伤基片的一种清洗方法。目前,超声波清洗广泛应用于 OLED 器件制作的前清洗工艺当中,超声波清洗的基本原理是空化作用:存在于液体里的微气泡(空化核)在声场的作用下振动,在声压达到一定值时,气泡迅速增大然后突然闭合,在气泡闭合时产生激波,在其周围产生上千个大气压,破坏不溶性污染物而使它们分散于溶液中,使表面得以净化。

一般的超声波清洗所使用的频率为 15～50 kHz(例如 28 kHz、38 kHz 等),适合于基板附着有机物的清洗。采用高频率(1 MHz 以上)的超声波清洗主要是为了清洗亚微米级(0.1 μm)以下的污染物。

2. 紫外光清洗

紫外光(UV)清洗的工作原理是利用紫外光对有机物质所起的光敏氧化作用以达到清洗粘附在物体表面上的有机化合物的目的。紫外光清洗一方面能避免由于使用有机溶剂造成的污染,同时能够将清洗过程缩短。在实际应用中,通常是利用一种能产生两种波长紫外光的低压水银灯(这种紫外光灯能够产生波长为 254 nm 和波长为 185 nm 的紫外光,通常 185 nm 波长光能量的仅为 254 nm 波长光的 20%)。其工作过程是:大多数有机化合物对其中 254 nm 波长的紫外光有较强的吸收能力,它们在吸收了紫外光之后,分解为离子、游离态原子、受激分子和中性分子。而大气中的氧气在吸收了波长为 185 nm 的紫外光子后产生臭氧 O_3 和原子氧 O。产生的臭氧对 254 nm 波长的紫外光又具有强烈的吸收作用,在光子的作用下,臭氧又会分解为氧气 O_2 和原子氧 O。由于原子氧极其活泼,物体表面上的碳和氢化合物的光敏分解物在它的氧化作用下生成可挥发性气体,二氧化碳、氮气和水蒸气等挥发性气体逸出物体表面,从而达到彻底清除黏附在物体表面上的顽固有机物质的目的。

3. 酸碱处理

固体表面的结构与组成都与内部不同,处于表面的原子或离子表现为配位上的不饱和性。这是由于形成固体表面时,被切断的化学键造成的。正是由于这一原因,固体表面极易吸附外来原子,使表面产生污染。因环境空气中存在大量水份,所以水是固体表面最常见的污染物。由于金属氧化物表面被切断的化学键为离子键或强极性键,易于极性很强的水分子结合,因此绝大多数金属氧化物的清洁表面,都是被水污染了的。在多数情况下,水在金属氧化物表面最终解离吸附生成 OH^- 及 H^+,其吸附中心分别为表面金属离子以及氧离子。

根据酸碱性理论,M^+ 是酸中心,O^- 是碱中心,此时水解离吸附是在一对酸碱中心上进行的。在对 ITO 表面的水进行解离之后,再使用酸碱处理 ITO 金属氧化物表面时,酸中的 H^+、碱中的 OH^- 分别被碱中心和酸中心吸附,形成一层偶极层,因而改变了 ITO 表面的功函数。

4. 等离子体处理

等离子体的作用通常是改变表面粗糙度和提高功函数。研究发现，等离子作用对表面粗糙度的影响并不大，只能使 ITO 的均方根粗糙度从 1.8 nm 降到 1.6 nm，但对功函数的影响却比较大。用等离子体处理提高功函数的方法也不尽相同。

氧等离子体处理是通过补充 ITO 表面的氧空位来提高表面氧含量的。只作溶剂清洗的 ITO 薄膜表面存在着厚度大约为 0.7 nm 的碳氢化合物覆盖层，氧等离子体处理不仅可以有效地除去这层碳氢化合物，提高 ITO 薄膜表面的 O 含量，同时大大改善了表面化学组成的均匀性。氧等离子体处理提高了 ITO 薄膜表面层中 O^{2-} 离子的浓度，其修饰的厚度范围约为 50 nm。这一处理减少了 O 空位浓度，降低了 ITO 薄膜表层的载流子浓度，从而降低了 ITO 薄膜表面的导电性。氧等离子体处理还促进了 Sn 向 ITO 薄膜表层的偏析。显然，氧等离子体处理改变了 ITO 薄膜表面上 In、Sn、O、C 4 个元素相对含量及化学状态，改善了 ITO 薄膜表面化学结构。

采用氧等离子体、氧辉光放电及臭氧环境紫外线处理等方法氧化处理 ITO 表面时，间隙氧扩散进 ITO 中与 Sn 形成不活泼的复合物，减少了导带中的电子数量，使 ITO 功函数增加。

9.3.2　阴极隔离柱技术

根据基板的构成，OLED 分为无源矩阵和有源矩阵，关于有源矩阵将在后面的章节中论述。无源矩阵是由不带薄膜晶体管(TFT)的简单基板构成。在行方向制备条状的 ITO 阳极，蒸镀有机功能层后，在列方向制备条状的金属阴极。驱动时，按照不同的时间在行列间施加电压，驱动处于交叉点位置的 OLED。虽然无源矩阵在高分辨和彩色化方面存在许多问题，但由于无源矩阵 OLED 的设备投资和工艺成本较低等特点，无源矩阵的 OLED 产品仍然会有一定的市场，所以人们投入了相当多的精力对无源矩阵 OLED 的高分辨和彩色化技术进行研究和开发。

为了实现无源矩阵 OLED 的高分辨和彩色化，更好地解决阴极模板分辨率低和器件成品率低等问题，人们在研究中引入了阴极隔离柱结构。即在器件制备中不使用金属模板，而是在蒸镀有机薄膜和金属阴极之前，在基板上制备绝缘的间壁。最终实现将器件的不同像素隔开，实现像素阵列，从而有利于实现批量生产。

在隔离柱制备中，通常采用的材料是光刻胶(例如，KPR、KOR、KMER、KTFR 等)。目前采用有机绝缘材料和光刻胶的 OLED 隔离柱制备工艺比较成熟。隔离柱的形状是隔离效果关键。如图 9.11 所示为倒梯形隔离柱结构，它是一种比较合理的隔离柱结构。

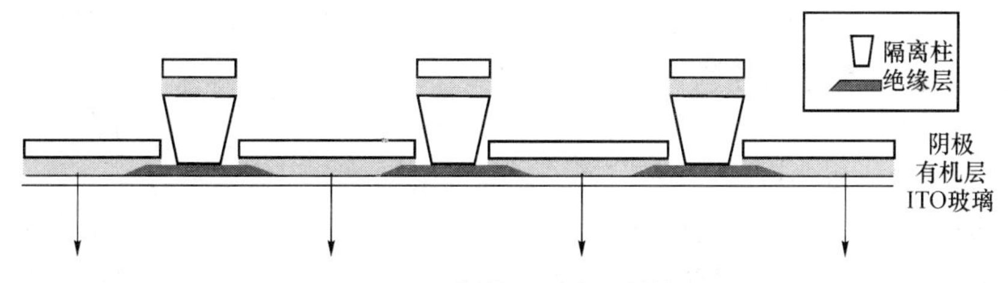

图 9.11　倒梯形隔离柱结构

在这种结构中,在ITO上先制备了像素框定层(pixel define layer),将条状ITO电极的边缘包覆起来,防止ITO棱角与阴极直接接触,避免了短路。同时使用倒立梯形的隔离柱实现条状阴极间的分离。这种隔离柱结构可使不同像素的有机功能层相互隔离,排除了载流子从一个像素电极出发,经过本像素有机功能层再到另一像素有机功能层,从而引起另一像素发光的可能性,隔离柱消除了显示中的交叉效应,提高了显示对比度,降低了功耗。

制作隔离柱基本方法如下:

(1) 在透明基片上旋涂第一层光敏型有机绝缘材料,膜厚为0.5~5 μm,一般为光敏型PI、前烘后曝光。曝光图形为网状结构或条状结构,线条的宽度由显示分辨率即像素之间的间隔所决定,显影后线宽为10~50 μm,然后进行后烘。

(2) 在有机绝缘材料上旋涂第二层光敏型有机绝缘材料,膜厚为0.5~5 μm,一般为光刻后线条横截面能形成上大下小倒梯形形状的光刻胶中的一种。一般为负型光刻胶,前烘后对第二层有机绝缘材料进行曝光,曝光图形为直线条,显影后的线宽为5~45 μm。

9.3.3 有机薄膜或金属电极的制备

小分子OLED器件通常采用真空蒸镀法制备有机薄膜和金属电极。其具体操作是在真空中加热蒸发容器中待形成薄膜的原材料,使其原子或分子从表面气化逸出,形成蒸气流,入射到固体衬底或基片的表面形成固态薄膜。

蒸镀包括以下三个基本过程。

(1) 加热蒸发过程。包括由凝聚相转变为气相(固相或液相→气相)的相变过程。实验过程中,有机材料在受热的时候,一般要经过熔化过程,然后再蒸发出去。也有的材料由于熔点较高,往往不经过液相而直接升华。

(2) 飞行过程。气化原子或分子在蒸发源与基片之间的输送,即这些粒子在环境气氛中的飞行过程。飞行过程中与真空室内残余气体分子发生碰撞的次数与蒸发源到基片之间的距离有关。

(3) 沉积过程。蒸发原子或分子在基片表面上的沉积过程,包括蒸气凝聚、成核、核生长、形成连续薄膜等阶段。由于基片的温度远低于蒸发源温度,因此,沉积物分子在基片表面将直接发生从气相到固相的相变过程。

实验过程中发现,真空度对薄膜的质量有很大的影响。如果真空度太低,有机分子将与大量空气分子碰撞,使膜层受到严重污染,甚至被氧化烧毁;而此条件下沉积的金属往往没有光泽,表面粗糙,得不到均匀连续的薄膜。

事实上,真空蒸发是在一定压强的残余气体中进行的。真空室内存在着两种粒子,一种是蒸发物质的原子或分子,另一种是残余气体分子。这些残余气体分子会对薄膜的形成过程乃至薄膜的性质产生影响。因此,要获得高纯度的薄膜,就必须要求残余气体的压强非常低。理论计算表明,为了保证镀膜质量,当蒸发源到基片的距离为25 cm时,必须保证压强低于3×10^{-3} Pa。

真空室内的残余气体一般含氧、氮、水汽、真空室内支架和夹具以及蒸发源材料所含的污染气体等成分。对于大多数真空系统而言，水汽是残余气体的主要组分。水汽可与金属发生反应，生成氧化物而释放出氢气。

在蒸镀过程中，蒸发速率和膜厚是最重要的两个参数。蒸发速率除与蒸发物质的分子量、绝对温度和蒸发物质在温度 T 时的饱和蒸气压有关外，还与材料自身的表面清洁度有关。特别是蒸发源温度变化对蒸发速率影响极大。蒸发速率 G 随温度 T 变化的关系式为

$$\frac{\mathrm{d}G}{G}=\left(\frac{B}{T}-\frac{1}{2}\right)\frac{\mathrm{d}T}{T} \tag{9.1}$$

其中，B 为常数。对于金属，B/T 值通常在 20～30 之间，即

$$\frac{\mathrm{d}G}{G}=(20\sim30)\frac{\mathrm{d}T}{T} \tag{9.2}$$

因此，在进行蒸发时，蒸发源温度的微小变化即可引起蒸发速率发生很大变化。而沉积速率的不同会极大地影响器件的性能。

真空室中一般会安装基于石英晶体振荡法的动态膜厚监测仪，用于有机发光二极管的制备过程中对厚度和蒸发速率的动态控制。

9.3.4　彩色化技术

小分子 OLED 器件实现彩色化的方式与聚合物器件(PLED)不同。聚合物器件通常采用喷墨打印制备全彩色器件，虽然目前还存在一些技术问题，但因其成本低廉、工艺简单等优点，无疑将成为未来大面积平板显示技术的一个发展方向。对于聚合物器件的彩色化及喷墨打印技术将在后面的章节里论述，本节重点介绍小分子 OLED 器件彩色化技术。

目前在小分子 OLED 全彩显示器技术方面，实现彩色化的方法有光色转换法、彩色滤光薄膜法、独立发光材料法等 3 种，如图 9.12 所示。

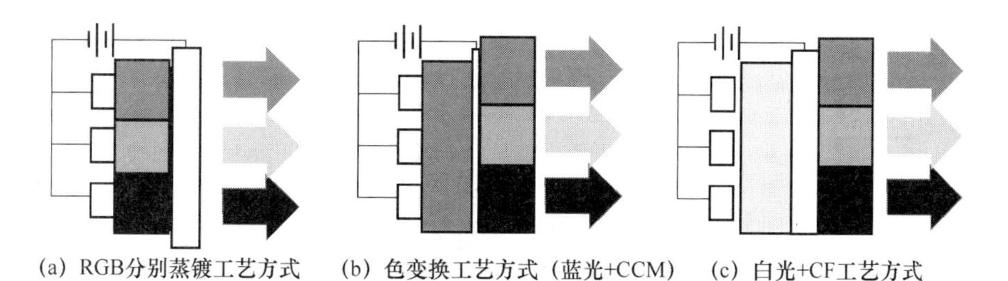

图 9.12　OLED 实现彩色化的 3 种工艺方式

RGB 分别蒸镀工艺方式是通过以红绿蓝三色为独立发光材料进行发光，是目前 OLED 彩色化常用的工艺方法，其关键技术是蒸镀 RGB 有机功能薄膜所用精密模板。常用的制备模板方法有电镀法和刻蚀法，电镀法形成的模板精度很高，但容易损坏，不易清洗；刻蚀法的精度由于工艺限制难以提高，这都是有待解决的问题。

彩色滤光薄膜法是以白色为背光源材料，透过类似 LCD 彩色滤光片来达到全彩效果，此种全彩方法的最大优点是可直接应用 LCD 彩色滤光片技术，其关键在于白色光源及彩色滤光薄膜的成本。光色转换法主要是利用蓝光为发光源，经由光色转换薄膜将蓝光分别转换成红光或绿蓝光进而实现红绿蓝三色光，蓝光发光材料虽不需制造对应 pixel 图形，但光色转换薄膜需要制作对应 pixel 图形，此种方法转换率是关键。发光效率虽优于彩色滤光薄膜法，但却不及三色独立发光材料法。表 9.1 是 OLED 彩色化 3 种工艺方式之间的比较。

表 9.1 OLED 彩色化 3 种工艺方式的比较

比较项目	RGB 分别蒸镀工艺方式	色变换工艺方式(蓝光＋CCM)	白光＋CF 工艺方式
发光方式	以红绿蓝 3 色为独立发光材料，进行发光	以蓝光加上转换薄膜进行发光	以白光发光材料加上彩色滤光片进行发光
发光效率	优	可	差
精细度	平	佳	佳
优点	对比度佳	高效率、广视角	与液晶使用的材料相同
技术关键	金属模板问题 RGB 的色纯度及发光效率和稳定性	蓝光材料的发光效率及稳定性红光的转换效率	长寿命、高效率，色纯度匹配的白光材料

9.3.5 OLED 器件封装技术

OLED 器件对水氧极为敏感，因此封装技术直接影响器件的稳定性和寿命等。下面将对封装技术的几个主要因素进行讨论。

1. 封装技术

封装是 OLED 器件制作的关键工序之一。封装主要有 3 种技术：金属盖封装、玻璃基片封装、薄膜封装。目前常用的封装方式是玻璃基板封装，用带有凹槽的玻璃基片与 OLED 基片压合在一起，封装用基片是预先制作好的，其凹槽的大小与个数与 OLED 基片上的显示屏相对应。玻璃封装片的加工有两种方法，一种是喷砂，另一种采取腐蚀的方式。如图9.13所示为 OLED 基片与封装玻璃片之间封装黏合的示意图。

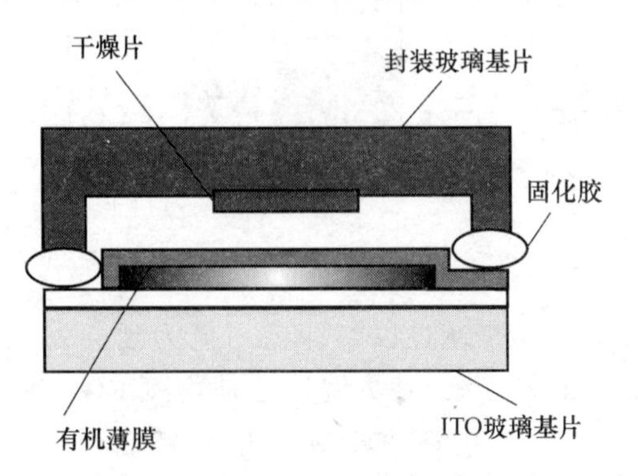

图 9.13 OLED 基片与封装玻璃片之间封装黏合示意

2. 吸水材料

OLED器件要求氧气的透过率为10^{-3}(cc · m^{-2})/d以下,水气的透过率为10^{-6}(g · m^{-2})/d以下。

一般OLED的寿命周期易受周围水气与氧气所影响而降低。水气来源主要分为两种:一是经由外在环境渗透进入组件内;另一种是在OLED工艺中被每一层物质所吸收的水气。为了减少水气进入组件或排除由工艺中所吸附的水气,一般最常使用的物质为吸水材料(干燥片或干燥剂)。可以利用化学吸附或物理吸附的方式捕捉自由移动的水分子,以达到去除组件内水汽的目的。

干燥片和干燥剂通过贴附在封装玻璃基片的内侧以吸附器件内部的水分,减少水氧气成分对器件的破坏。

3. 封装工艺流程

封装工艺流程如图9.14所示。

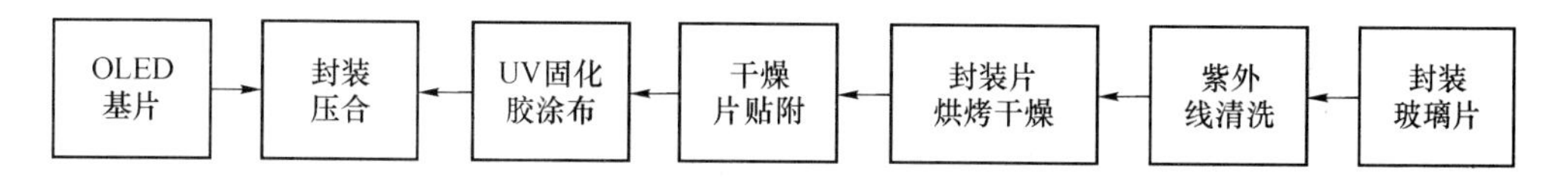

图9.14 封装工艺流程

4. 水氧浓度控制和封装压合

OLED器件封装过程中水氧浓度要达到一定的标准。OLED器件中的有机物极易和水氧结合,对器件的性能和寿命有非常大的影响。因此,封装时的水氧浓度要控制在非常低的水平,水氧浓度的控制是通过N_2循环精制设备完成的。

在压合过程中,要控制UV固化胶的高度和宽度,使封装腔室内的压力合适,以避免封装后器件产生气泡的现象,如图9.15所示。

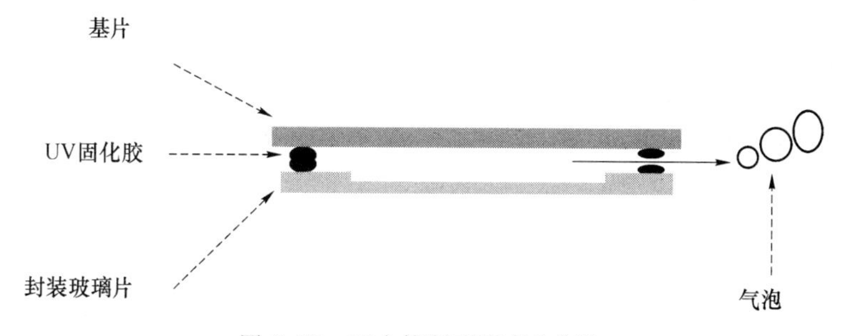

图9.15 压力控制不当产生气泡

9.3.6 OLED器件的寿命和稳定性

OLED器件寿命和稳定性是制约其迅速产业化的一个关键因素,解决OLED器件的寿命和稳定性问题是一个系统工程问题,需要从多个环节进行调控。

1. ITO薄膜质量和清洗方法的控制

(1) ITO玻璃的选择

阳极界面漏电流和器件串扰等现象与ITO薄膜的质量密切相关,直接影响器件的寿命和稳定性,必须严格控制 ITO 薄膜的质量。其中有 ITO 薄膜的平整度,结晶性,择优取向特性,晶粒大小,晶界特性,表层碳和氧含量以及能级大小等。

(2) ITO 辅助电极的制备

当制备高分辨显示屏时,ITO 线条过细,需要加入金属辅助电极,加入金属辅助电极可以使电阻降低,易于进行驱动电路的连接,发光区均匀性和稳定性提高。在制备辅助电极时,要考虑方阻大小、光透过率、界面结合特性、图案刻蚀特性等。

(3) ITO 的清洗工艺

ITO 表面的污染物直接影响器件的效率,寿命和稳定性。ITO 刻蚀溶液的 PH 值,清洗和烘干的时间和温度,UV 清洗和等离子体清洗的参数等工艺要进行系统的优化。

2. 隔离柱制备条件

隔离柱制备过程中光刻胶、清洗液、漂洗条件、烘干温度和时间等对 ITO 和器件寿命影响较大,优化隔离柱制备条件是提高器件产品的稳定性和寿命的关键。

3. 稳定性 OLED 材料的选择

目前 T_g 温度较低的空穴传输材料是一个关键因素。电子传输材料的电子迁移率较低造成了无效复合,这些都直接和间接地影响了器件的寿命。掺杂材料的选择可以有效提高器件的效率和寿命。

4. 器件结构的优化

器件各层材料的能级匹配、各层厚度、速率的控制、掺杂浓度的控制,特别是阴极材料 LiF 厚度和速率的精确控制和优化等工作必须系统地进行优化。

5. 封装条件的优化

(1) 蒸镀等环境温湿度和洁净度的控制。

(2) 预封装多层膜的制备。试验结果表明,有机无机多层膜预封装结构器件老化黑点较少,稳定性和寿命得到了提高。

(3) 封装干燥剂。加入封装干燥剂有两种方法:①在封装玻璃上蒸镀 CaO 和 BaO 干燥剂薄膜;②在封装玻璃上粘贴 CaO 和 BaO 干燥剂。这两种方法对提高器件的寿命和稳定性是非常有效的。

(4) 封装胶及其封装方法和封装气氛的选择。封装胶和 UV 封装能量和温度时间直接影响器件的寿命和稳定性,因此必须对封装胶和封装条件进行优化。氮气、氩气等不同封装气氛对器件的寿命和稳定性有较大的影响。目前封装技术是控制器件寿命和稳定性的关键。

6. 连接条件

连接处的均匀性和接触电阻的大小影响器件发光均匀性和器件寿命,优化连接材料,加热温度和连接时间等条件对提高器件的稳定性和寿命是有益的。

7. 驱动电路

无源器件的串扰,反向电流和尖脉冲等现象严重影响器件的稳定性和寿命,研究脉冲宽度、占空比、反向电流、抑制电压、电路功耗和屏功耗,恒压方法和恒流方法等对寿命的影响，优化驱动电路是提高器件寿命和稳定性的方法之一。

9.4　有机发光二极管显示驱动技术

从电子学角度简述有机发光二极管显示器件的显示原理为：在大于某一阈值的外加电场作用下，空穴和电子以电流的形式分别从阳极和阴极注入到夹在阳极和阴极间的有机薄膜发光层，两者结合并生成激子，发生辐射复合而导致发光。发光强度与注入的电流成正比，注入到显示器件中的每个显示像素的电流可以单独控制，不同的显示像素在驱动信号的作用下，在显示屏上合成出各种字符、数字、图形以及图像。有机电致发光显示驱动器的功能就是提供这种电流信号。

常用于有机电致发光显示器件上的驱动方法可分为有源驱动和无源驱动两种，有源驱动突出的特点是恒流驱动电路集成在显示屏上，而且每一个发光像素对应其矩阵寻址用薄膜晶体管、驱动发光用薄膜晶体管、电荷存储电容等。关于有源驱动的原理方法将在后面介绍，本节将着重介绍无源驱动原理和方法。

有机电致发光显示器件具有二极管特性，因此原则上其为单向直流驱动，但是，由于有机发光薄膜的厚度在纳米量级，发光面积尺寸一般大于 100 微米，因此，器件具有很明显的电容特性，为了提高显示器件的刷新频率，对不发光的像素对应的电容进行快速放电，目前很多驱动电路采用正向恒流反向恒压的驱动模式。

有机电致发光显示像素上所加的正向电压大于发光的阈值电压时，像素将发光显示；当所加的正向电压小于阈值电压时，像素不产生电光效应而不显示；当所加的正向电压在阈值电压附近时，会有微弱的光发出。对于发光的像素，发光强度与注入的电流成正比，因此为了实现对显示对比度和亮度的控制，有机电致发光显示驱动器要能够控制驱动输出的电流幅值。另外，为了实现灰度显示，改善刷新频率等功能，还要求电致发光显示驱动器能够对正向电流的脉宽，反向电压的幅值和脉宽、频率等参数进行控制。

9.4.1　静态驱动器原理

1. 静态驱动方式

在静态驱动的有机电致发光显示器件上，一般各有机电致发光像素的阴极是连在一起引出的，各像素的阳极是分立引出的，如图 9.16 所示（也有阳极连在一起而阴极分立引出的）。此时，器件的阴极连在一起引出接到某一电源电压 U_1，如 0 V，阳极 A_i 通过一个可控中间接线端 M_i 可与另一电源电压 U_2，如 −5 V，或者与可调幅值的恒流源 D_i 相接。

控制所要显示的像素阳极（如 A_2）对应的中间接线端（如 M_2）与对应的可调幅值恒流源（如 D_2）相接，在恒流源电压与阴极电压之差大于像素发光阈值的前提下，像素 2 将在恒流源的驱动下发光，处于显示态。

对于不发光的像素，控制所要显示的像素阳极（如 A_3）对应的中间接线端（如 M_3）与 −5 V 电源相接，由于像素 3 的阳极阴极间的电压差为 −5 V，发光二极管反向截止，像素 3 将不发光，处于不显示态。

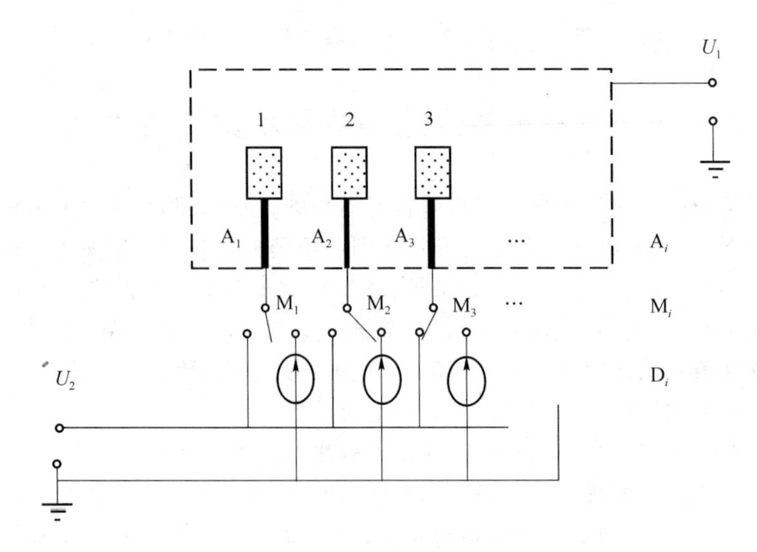

图 9.16　静态驱动方式示意图

随着显示信息的改变,某一个像素上将轮换加载正电压和负电压,故总体来看将是一种交流电压效果。当然如果只从有机电致发光像素发光与不发光的基本要求出发,图 9.16 中的电源 U_2 的电压值等于电源 U_1 的电压值即可,这样加载在像素上的电压将为单向直流,而非交流。但是,在以后的讨论中将会发现由于交叉效应的存在,为了提高显示效果,必须采取交流的形式。

从上面的讨论可知,这种驱动方式的特点是在一幅完整的图像显示过程中,每一个像素上所加的电压值(对不发光像素)或电流值(对发光像素)是不变化的,因此这种驱动方式就称为静态驱动方式。

2. 静态驱动电路的实例

静态驱动电路一般用于段式显示屏的驱动上,这是因为段式显示屏上每个发光像素的两个电极中至多有一个电极是与其他的发光像素共享的,这样每个发光像素的亮和暗都可以单独由未共享的电极控制。

静态驱动电路一个实例的原理框图如图 9.17 所示,该电路利用单片机控制实现 4 位 7 段码时钟显示。

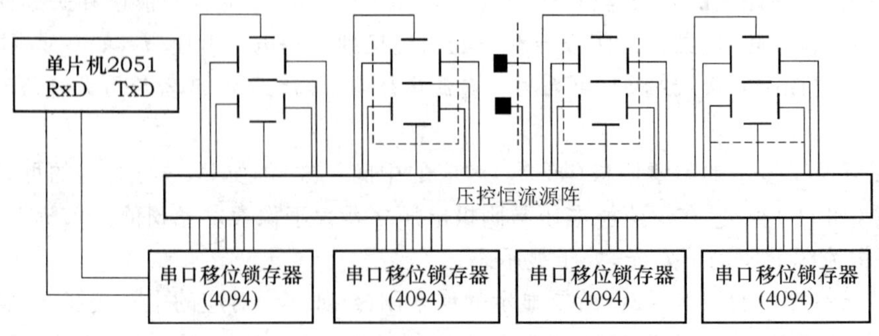

图 9.17　静态驱动 4 位 7 段码时钟显示电路

图中每个 7 段码有一个公共电极，用于区别时、分的冒号两点有一个公共电极，5 个公共电极都是发光像素的阴极，且同时接到电路的地电平上。2051 单片机从串行口控制输出时钟数据，经过 4 个 8 位移位锁存器 4094 机联，在同步信号下并行输出 32 位数据信号，该数据信号为电压信号，经过压控恒流源阵列的转换，32 路恒流信号将输入到 4 个 7 段码电极和冒号电极上。该 4 位 7 段码时钟的最小单位是分钟，那么，在一分钟内，每个发光像素上所加的电信号固定不变，下一分钟来临时单片机将重新刷新数据，把不同的电信号输出到各发光像素电极上。

9.4.2　动态驱动器原理

从上节的分析可知，静态驱动要求显示屏上除一个公共电极外，每一个发光像素都必须有另一独立的电极引出。当显示器件上显示像素众多时，如点阵型有机电致发光显示器件，若使用静态驱动（无源驱动方式中的静态驱动）结构将会产生众多的引脚以及庞大的硬件驱动电路。为此，与液晶类似，人们把显示屏上像素的两个电极做成了矩阵型结构，即水平一组显示像素的同一性质的电极是共用的，纵向一组显示像素的相同性质的另一电极是共用的。如果像素可分为 N 行和 M 列，就可有 N 个行电极和 M 个列电极。分别称它们为行电极和列电极。

每个有机电致发光显示像素都由其所在的行与列的位置唯一确定。为了点亮整屏像素，将采取逐行点亮或者逐列点亮、点亮整屏像素时间小于人眼视觉暂留极限 20 ms 的方法，该方法对应的驱动方式就称作动态驱动法。下面将比较具体地叙述该方法驱动显示屏的过程。

1. 动态驱动方法简述

上述行电极和列电极分别对应发光像素的两个电极，即阴极和阳极。行电极为阴极或者为阳极都可以，为了思路清晰，在下面的叙述中只取行为阴极的情况讨论。

在实际电路驱动的过程中，要逐行点亮或者逐列点亮像素。通常，对于逐行点亮的方式，行电极被称为扫描电极，列电极被称为数据电极；对于逐列点亮的方式，列电极被称为扫描电极，行电极被称为数据电极；同样，为了叙述方便，下面将采取逐行扫描的方式。

有机电致发光显示的动态驱动法是循环地给每行电极施加选择脉冲，同时所有列电极给出该行像素的驱动电流脉冲，从而实现某行所有显示像素的驱动。这种行扫描是逐行顺续进行的，循环扫描所有的行一遍所用的时间称作帧周期。

在一帧中每一行的选择时间是均等的。假设一帧的扫描行数为 N，扫描一帧的时间为 1，那么一行所占有的选择时间为一帧时间的 $1/N$，该值被称为占空比系数。在同等电流下，扫描行数的增多将使占空比下降，从而引起有机电致发光像素上的电流注入在一帧中的有效值下降，降低了显示质量。因此随着显示像素的增多，为了保证显示质量，就需要适度地提高驱动电流或采用双屏电极结构以提高占空比系数。

在动态驱动方式下，某一有机电致发光像素（选择点）所显示效果是由施加在行电极上的选择电压与施加在列电极上的选择电压的合成来实现的。与该像素不在同一行和同一列的像素(非选点)都处在非选状态下,与该像素在同一行或同一列的像素均有选择电压加入,称之为半选择点。该点的电场电压处于有机电致发光的阈值电压附近时,屏上将出现不应有的半显示现象,使得显示对比度下降,这种现象称作“交叉效应”。

在有机电致发光动态驱动方法中解决“交叉效应”的方法是反向截止法,即使图 9.17中的电源 U_2 的电压值小于电源 U_1 的电压值,使所有未选中的有机电致发光像素上施加反向电压。这是因为有机电致发光的原理是像素中注入电流,正负电荷载流子的复合形成了发光,反向截止强行使可能形成发光的弱场漂移电流、扩散电流都不可能在像素中通过,从而有效地消除了交叉效应。有机电致发光显示动态驱动法利用了反向截止法有效地增大了显示屏的对比度,提高了显示画面的质量。

除了由于电极的公用形成交叉效应外,有机电致发光显示屏中正负电荷载流子复合形成发光的机理使任何两个发光像素,只要组成它们结构的任何一功能膜是直接连接在一起的,那两个发光像素之间就可能有相互串扰的现象,即一个像素发光,另一个像素也可能发出微弱的光。这种现象主要是因为有机功能薄膜厚度均匀性差,薄膜的横向绝缘性差造成的。从驱动的角度,为了减缓这种不利的串扰,采取反向截止法也是一行之有效的方法。

反向截止法已经广泛应用于动态驱动型有机电致发光显示器件和静态驱动型有机电致发光显示器件中。反向截止法本身还存在很多值得优化的方面,比如反向电压的幅值、脉宽、电流的控制等,目前都在研究中。

2. 动态驱动实现

如图 9.18 所示为实现对点阵显示屏进行动态驱动的整套电路控制框图,其中CPU(或 MCU)控制电路产生总控制信号,行控制电路和列驱动电路在总控制信号下,结合各自内部功能,产生基本行信号和基本列信号,行驱动电路和列驱动电路在总控制信号、基本行信号和基本列信号下,结合各自内部功能,产生行扫描信号和列数据信号。

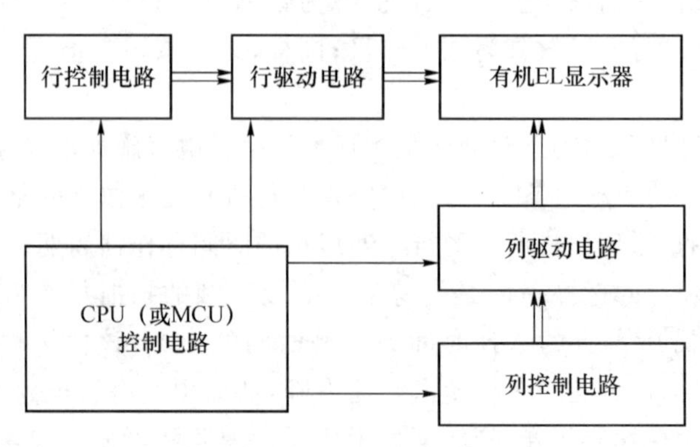

图 9.18 实现点阵显示屏动态驱动的整套电路控制框图

9.4.3 带灰度控制的显示

显示器的灰度等级是指黑白图像由黑色到白色之间的亮度层次。灰度等级越多，图像从黑到白的层次就越丰富，细节也就越清晰。灰度对于图像显示和彩色化都是一个非常重要的指标。一般用于有灰度显示的屏多为点阵显示屏，其驱动也多为动态驱动，下面将就动态驱动点阵显示屏，说明实现灰度控制的几种方法。

1. 幅值控制法

在输出数据的列驱动器中加入输出的电信号幅值的控制，使有机电致发光显示产生灰度的变化。这种灰度的控制称之为灰度的幅值控制法。

灰度的幅值控制法的驱动原理是，列驱动器的恒流电路具有逻辑可编程功能，每一列数据输出都有一路输出恒流大小可控的恒流电路，每一路恒流电路的逻辑控制输入端将和表征该像素灰度级的二进制数相连，二进制数不同则在恒流输出端得到的电流幅度值不同，一般 N 位二进制数，将对应 2^N 种状态，从而实现灰度显示。举例说明：一个像素有 3 位数据，可设计一种电路恒流输出具有 $2^3=8$ 挡的电路，则该电路就可完成 8 级灰度显示。

2. 空间灰度调制

将显示像素划分为若干可单独控制的“子像素”，当显示像素中不同数量的“子像素”被选通时，在一定距离外观察，像素将显示不同的灰度等级。

这种方法，不需要特殊的驱动、控制技巧，这是它的优点，但是它却又有着不可克服的缺点。首先是它不可能将显示像素分割成很多的“子像素”，因此它就不可能有很多的灰度级别。其次是它的灰度级别是用增加微细加工的成本和降低分辨率换取的，即若保持原有分辨率就必须将原有显示像素再分割加工成更小的“子像素”，这在已经很小的显示像素的基础上将是十分困难的，而且大量增加的子像素，还需要大量的驱动、控制电路。这样造成的成本增加也是不可容忍的。若以原有显示像素作为“子像素”，组成显示像素，其加工成本虽可不必增加，但显示像素面积扩大很多，其分辨率的降低也会变得无法容忍。

3. 时间灰度调制

时间灰度调制即在一个时间单位内，控制显示像素选通截止的时间长短，从而使显示像素在观察者眼中形成不同的灰度等级。

(1) 帧灰度调制

任何点矩阵图形显示，无论是显示固定的画面，还是显示视频的活动画面，其实都是由动态扫描驱动的一帧帧画面构成的。假如选取若干帧为一个单位，在这个单位内某一像素在不同帧内被导通，在另一些帧内不被导通，则该像素就会呈现出不同的灰度级别。

这种帧灰度调制可以在一个像素点上调制出不同的灰度级别，不过，这种灰度调制法是把若干帧合并为一个大单位，所以也会引起灰度级别的闪烁，为保证不出现闪烁，就必须增加帧频。由于有机电致发光显示屏在窄脉冲驱动下，寿命缩短，所以，帧频不可能太高。

(2) 脉宽灰度调制

这种方法是在扫描脉冲对应的数据脉宽中划出一个灰度调制脉冲。这个脉冲的宽度可以划分为多个级别,不同宽度级别代表不同灰度信息,从而可以使被选通的像素实现不同的灰度级别。实验表明数据脉冲宽度与其对应的平均亮度成正比,因此,脉宽的等分将实现亮度的等比例降低。

脉冲灰度调制原理如图 9.19 所示,脉冲 1 是选通所有像素的脉冲,则与脉冲 1 选通脉宽相同的数据脉宽将对应最高的亮度,一般也将对应最高灰度级数据脉宽,把最高灰度级数据脉宽(脉冲 2)4 等分,则脉冲 3 和脉冲 4 将分别对应灰度 2 级和灰度 1 级。

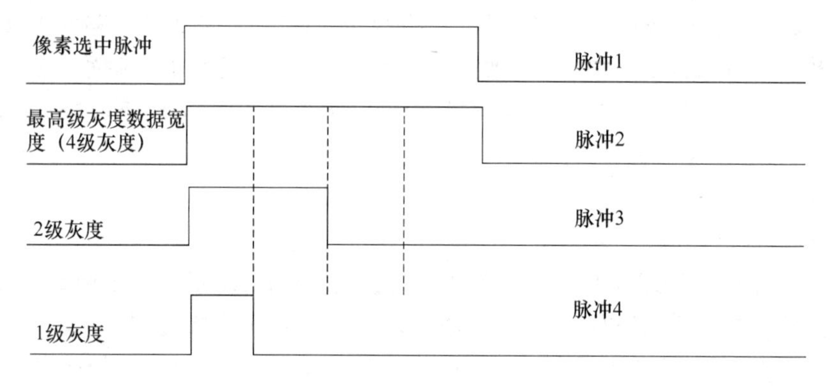

图 9.19 脉冲灰度调制原理

这种调制方法不仅可以在一个像素上实现灰度调制,而且可以很容易地通过数字电路控制将灰度信息携带在列信号脉冲上,非常方便。

像帧灰度调制一样,脉宽调制灰度的级别也会因有机电致发光不能响应过窄的 F 值而受到限制。

9.4.4 有源驱动有机电致发光显示器

有机电致发光显示器分为无源驱动和有源驱动两大类。即直接寻址和薄膜晶体管(TFT)矩阵寻址两类。前者使用普通的矩阵交叉屏,在 ITO 电极 X_i 加上正电压,金属电极 Y_j 加上负电压,则在其交叉点像素(X_i,Y_j)上即能得到发光;后者要求每一个发光单元都由 TFT 寻址独立控制。

1. 有源驱动与无源驱动的比较

(1) 结构的不同

无源驱动矩阵的像素由阴极和阳极单纯基板构成,阳极和阴极的交叉部分可以发光,驱动用 IC 需要由 TCP 或 COG 等连接方式进行外装。

有源驱动的每个像素配备具有寻址功能的 TFT,而且每个像素配备一个电荷存储电容,外围驱动电路和显示阵列整个系统集成在同一玻璃基板上。与 LCD 相同的 TFT 结构,无法用于 OLED。这是因为 LCD 采用电压驱动,而 OLED 却依赖电流驱动，其亮度与电流量成正比，因此除了进行 ON/OFF 切换动作的选址 TFT 之外，还需要能让足够电流通过的 ON 阻抗较低的小型驱动 TFT。

（2）驱动方式的不同

无源矩阵的驱动方式为多路动态驱动，这种驱动方式受扫描电极数的限制，占空比系数是无源驱动的重要参数。

有源矩阵的驱动方式属于静态驱动方式，有源矩阵 OLED 具有存储效应，可进行 100％负载驱动，这种驱动不受扫描电极数的限制，可以对各像素独立进行选择性调节。

（3）有源矩阵可以实现高亮度和高分辨率

无源矩阵由于有占空比的问题，非选择时显示很快消失，为了达到显示屏一定的亮度，扫描时每列的亮度应为屏的平均亮度乘以列数。如 64 列时，平均亮度为 100 cd/m^2，则 1 列的亮度应为 6 400 cd/m^2。随着列数的增加，每列的亮度必须相应增加，相应地必须提高驱动电流密度。由此可以看出，无源矩阵难以实现高亮度和高分辨率。有源矩阵无占空比问题，驱动不受扫描电极数的限制，易于实现高亮度和高分辨率。

（4）有源矩阵可以实现高效率和低功耗

无源矩阵由于有占空比的问题，为保证显示屏一定的亮度，每列都要求极高的亮度。列数增加，占空比系数变小，为获得必要的亮度，需要提高电流密度，这样就伴随发光效率相应降低和功耗增加。有源矩阵显示屏的亮度不存在占空比的问题，易于实现高效率和低功耗。

（5）有源矩阵易于实现彩色化

无源矩阵的驱动方式为多路动态驱动，难以对低亮度的红色和蓝色独立进行调控，这给彩色化带来了困难。有源驱动由于可以对亮度的红色和蓝色像素独立进行灰度调节驱动，这更有利于 OLED 彩色化的实现。

（6）有源矩阵易于提高器件的集成度和小型化

无源矩阵必须用 COG 或 TAB 等进行外接驱动电路，使得器件体积增大和重量增加；有源矩阵的驱动电路内藏于显示屏上，更易于实现集成度和小型化。另外，由于解决了外围驱动电路与屏的连接问题，这在一定程度上提高了成品率和可靠性。

（7）有源矩阵易于实现大面积显示

无源矩阵驱动难以实现大面积显示。第一，由于有占空比的问题，列数增加，占空比系数变小，为获得必要的亮度，需要提高电流密度，这样就伴随发光效率相应降低和功耗增加。因此列数的增加受到了限制；第二，OLED 有较大的电容量，OLED 与 LCD 不同，不是电压驱动而是电流驱动。从驱动质量和扫描脉冲的角度讲，电阻 R 与发光面的电容量 C（OLED 有较大的电容量）之乘积 RC 要求充分小，要增加列电极实现大面积显示就难以满足这一要求；第三，无源矩阵大面积驱动要求大电流量，ITO 电极和有机层的发热量增加，这使得器件的稳定性降低，难以实现高亮度显示。有源矩阵的结构从根本上解决了上述问题，因此易于实现大面积显示。

(8) 工艺成本的比较

无源驱动由简单矩阵构成，结构和工艺简单，技术门槛和生产成本较低；有源驱动 TFT 结构和工艺复杂，技术门槛高，设备投资大等。

(9) 应用领域的比较

无源驱动 OLED 目前主要应用在车载显示器、PDA、MP3、仪器仪表等；有源驱动 OLED 主要应用于智能手机、车载显示器、笔记本式计算机、TV 等。

2. 有源驱动 OLED 中 TFT 背板技术的分类及其主要 TFT 背板技术简介

TFT 背板技术是有源驱动 OLED 的关键技术，根据 TFT 沟道层所使用材料的不同可分为三大类：第 1 类是硅基半导体 TFT，第 2 类是氧化物半导体 TFT(Oxide TFT)，第 3 类是有机半导体 TFT(OTFT)。对于硅基半导体 TFT，根据硅材料结晶性的不同又可分为非晶硅 TFT(a-Si TFT)、微晶硅 TFT(μ-Si TFT)、多晶硅 TFT (P-Si TFT)、单晶硅 TFT (c-Si TFT)等，本节将就有源驱动 OLED 中应用较为成熟的低温多晶硅 TFT 背板技术重点加以介绍，同时简要介绍具有潜在应用前景的新型氧化物半导体 TFT 背板技术和有机半导体 TFT 技术等。

(1) 低温多晶硅 TFT 技术

OLED 属于电流驱动，要求有源驱动 OLED 中的 TFT 具有较大的载流子迁移率。单晶硅 TFT 虽然载流子迁移率高，但制备大面积单晶硅 TFT 目前还有许多困难。因此，单晶硅 TFT 一般应用在硅基微显示 OLED 上，但它不适合于大型玻璃基板上 AMOLED 的制备。

非晶硅 TFT 易于加工大尺寸，成本较低，但存在迁移率低、阈值电压漂移、稳定性差等问题，一般认为非晶硅 TFT 在 AMOLED 中的应用非常有限，因此人们自然将目光转向在半导体产业中广泛使用的多晶硅。与非晶硅 TFT 相比，多晶硅 TFT 具有更为优异的特性，如载流子迁移率高、器件稳定性更好、可以制作 P 型器件等。因为载流子迁移率较高〔10～200 $cm^2/(V\cdot s)$〕，所以更适于实现高分辨率、高对比度和高开口率，并且有希望通过集成驱动电路来降低成本。

然而在半导体产业中，通常是使用低压气相沉积(Low Pressure Chemical Vapor Deposition，LPCVD)成膜后，进行大于 900℃的退火处理来获得多晶硅。这种方法并不适用于平板显示制造产业，因为普通玻璃基板的最高耐受温度只有 650℃左右。另一方面，虽然石英玻璃具有高耐热性，可以作为高温工艺制备多晶硅的基板，但因为其价格昂贵且尺寸受限，无法应用在量产中。

因此，在平板显示产业中，通常采用低温多晶硅(Low Temperature Poly-Silicon，LTPS)技术来制备多晶硅，其中关键的工艺步骤即为 TFT 沟道层制备时从非晶硅转变为多晶硅的结晶化工艺。在工艺流程中，通常首先使用 PECVD 等方法在不含碱离子的玻璃基板上沉积一层非晶硅，然后采用激光或者非激光的方式使非晶硅薄膜吸收能量，原子重新排列以形成多晶硅结构，从而减少缺陷并得到高的载流子迁移率。一般来讲，结晶化技术分为激光结晶化和非激光结晶化两大类，其中激光结晶化技术主要包括准分子激光晶化(Excimer Laser Anealing，ELA)、连续横向结晶(Sequential

Lateral Solidification,SLS)和固态激光结晶(Solid State Laser)等技术,非激光结晶化技术主要包括固态结晶化(Solid Phase Crystallization,SPC)、金属诱导横向结晶化(Metal-induced Lateral Crystallization,MILC)等。下面将对目前最主流的ELA、SLS、SPC、MILC等技术进行具体论述。

① 准分子激光晶化(ELA)技术

所谓ELA技术即是利用瞬间激光脉冲产生的高能量入射到非晶硅薄膜表面,在薄膜表层产生热能效应,使非晶硅薄膜在瞬间(50～150 ns)达到1 000℃以上的高温变成熔融状态,激光脉冲停止后,融化的非晶硅冷却结晶变为多晶硅。

因为非晶硅薄膜对308 nm的紫外激光具有较好的吸收效率和气体稳定性,薄膜对激光的吸收深度可达20 nm,所以ELA所采用的激光器通常是波长为308 nm的XeCl准分子激光器。在结晶化工艺中,准分子激光器发出的激光经过光学系统的扩束、准直,形成一条宽度约为0.4 mm的激光光束并使其以一定的重复频率向前移动,则熔融的非晶硅冷却再结晶从而形成多晶硅薄膜。由于这一过程持续时间短且激光束宽度很小,所以尽管非晶硅薄膜表面的温度非常高,但传递到玻璃的热量并不多,不会引起玻璃基板的热变形。另外,对于非晶硅TFT,器件中的H^+有助于减少Si的悬挂键,降低缺陷密度。但对于多晶硅薄膜的激光晶化而言,H^+在激光扫描过程中的逸出会产生多晶硅薄膜氢爆,所以在非晶硅薄膜进行激光晶化之前需要对其实施一道脱氢工序,采用高温烘烤、快速热退火、低能量激光等工艺使多余的氢从非晶硅薄膜中逸出。一般而言,以傅里叶转换红外光谱(Fourier Transform Infrared,FTIR)量测非晶硅氢成分,要求含量低于3%,以避免氢爆现象。

通常,多晶硅薄膜的质量与其晶粒尺寸、晶粒内或晶粒间的缺陷密度和大面积上微观结构的均匀性有关。一般工艺下,由于ELA熔化结晶的相变机理,所得多晶硅薄膜具有很好的结晶度,晶粒内缺陷少,晶粒尺寸均匀,其尺寸一般在100 nm以内。在载流子迁移率方面,理论上迁移率可达400 $cm^2/(V \cdot s)$,但由于载流子在晶界处势垒的散射作用,实际得到的多晶硅TFT的场效应迁移率通常低于100 $cm^2/(V \cdot s)$。

虽然使用ELA技术可以获得具有很好的电流驱动能力和电学可靠性的TFT,但Mura现象一直是其很难解决的一个主要问题点。所谓Mura现象是指显示不均的现象,通常由各像素间TFT特性的不同所导致。对于OLED来说,电流驱动的特性使其对TFT电学特性的不同非常敏感,如阈值电压、载流子迁移率等,像素间发光强度的不同将导致面板的成品率难以保证。因此,减少Mura现象以提高工艺良率一直是ELA技术研发的重点。

对于ELA结晶化来说,TFT的特性不均主要来源于不同位置晶粒尺寸和晶界分布的不同。晶界对于电子和空穴来说扮演了势垒的角色,因此晶粒的尺寸和晶界的位置对TFT特性影响很大,在小晶粒区域的TFT的开电流I_{on}较低且载流子迁移率较低,在大晶粒区域的TFT的开电流I_{on}较高且载流子迁移率较高。

在ELA结晶化工艺中,主要存在两类Mura现象。照射在非晶硅薄膜上的激光束本身存在能量不均的现象,因此对应于能量相对较高的区域与能量相对较低的区域获得的多晶硅晶粒尺寸存在差异,其上 TFT 特性的差异即导致了所谓 Optics Mura 的形成。在另一方面,每次脉冲照射的能量存在一定的差异,因此就形成了与激光扫描方向垂直的线状 Mura,通常称为 Shot Mura。

ELA 技术是 LTPS 中开发较早的技术,虽然该技术设备昂贵、维护复杂,并且制备出的薄膜存在均匀性等问题,但它仍是目前最为成熟的产业化技术,许多后来衍生出的结晶化技术都是以 ELA 晶化技术作为核心。目前,ELA 技术在小尺寸应用方面已经较为成熟,全球已经量产的 AMOLED 产品基本都使用了该技术,包括三星、LG 及索尼等公司推出的大量产品。在大尺寸方面,2007 年索尼量产的全球首款大尺寸 AMOLED TV(11.2 英寸)也是使用了 ELA 技术,是 ELA 技术应用于大尺寸 AMOLED 的一次尝试。然而采用 ELA 技术制备出的 TFT 一直存在较大的一致性问题,而这一点也是影响大尺寸 AMOLED 面板良率的主要问题点所在。因此,提高 TFT 的一致性一直是研发 ELA 技术的重点。另外,激光源的尺寸和稳定性等设备方面的因素也使 ELA 在大尺寸 AMOLED 应用上受到了一定限制。

② 连续横向结晶(SLS)技术

在 SLS 技术中,通常采用 308 nm 的准分子激光搭配具有图形的光刻板和光学系统,首先向形成了非晶硅薄膜的玻璃基板上的某一范围照射激光束,使其结晶化成为多晶硅。之后,在与该范围部分重叠的情况下,向稍微靠旁边的位置照射激光束。这样一来,便可横向优先地使硅进行结晶生长,获得各向异性的多晶硅晶粒,并可以较为容易地控制硅晶界的位置。之后,可以在像素电路设计时将 TFT 平行于晶粒生长的方向上,由于该方向上晶粒长度很长、晶界很少,为类单晶结构,因此载流子迁移率很高。

在成膜机制方面,SLS 工艺通常先通过激光照射使某区域完全熔融,即导致控制超级横向成核(Controlled Super Lateral Growth,C-SLG),其后通过部分重叠的照射使之形成的多晶硅晶界完全融化,而晶粒的区域由于熔点较高的原因并未全熔,因此多晶硅的晶界开始消失,并生长成更大的晶粒。二次晶粒生长的驱动力来自于表面自由能的调整,形成晶粒结合及晶界消除。其中,激光脉冲的步进距离(d_{step})决定了形成的多晶硅薄膜微观结构。当 d_{step} 小于 C-SLG 长度(LC-SLG)的一半时,获得的是沿结晶方向拉长的晶粒且其中没有突起(Protrusion),这种模式称为定向 SLS(Directional SLS);当 d_{step} 小于 LC-SLG 而大于 LC-SLG 的一半时,获得的结构中包含周期性分布的突起和突起之间的晶粒,这种模式称为两次照射 SLS(Two Shot-SLS,TS-SLS)。

通过定向 SLS 模式获得的 TFT 具有相当高的载流子迁移率,但由于在晶粒短轴方向上宽度难以控制,因此 TFT 的一致性相对较差;通过 TS-SLS 模式获得的 TFT 具有较高的载流子迁移率和较好的 TFT 一致性。同时,因为其 d_{step} 是定向 SLS 模式下的近一倍,所以产能也可以提高近一倍。另外,通过调整 d_{step} 即可以很容易地控制突起的位置和突起之间的晶粒长度,这也提供了精确控制晶粒形状的可能。

值得一提的是,与 ELA 受设备尺寸影响不同,TS-SLS 工艺在基板尺寸方面没有限制,可以很容易实现 4.5 代以上量产。

③ 固相结晶化(SPC)技术

SPC技术是非激光结晶化技术的一种，通过对非晶硅基板进行热处理(如快速热退火工艺等)使之发生再结晶来实现非晶硅向多晶硅的转变。SPC技术可以通过温度提升、表面等离子体处理或金属触媒等方法来增加结晶率。目前，为了获得高性能的多晶硅薄膜，在热处理的过程中基板温度通常保持在650～750 ℃之间。

SPC结晶的过程包括成核和晶粒生长两个步骤。在成核阶段，非晶硅薄膜内部的相邻硅原子在高温环境下因弱键逐渐断裂而得以重新排布，慢慢从无序状态转变成有序状态，形成初始的种籽。种籽自然地向外生长，直至达到临界尺寸。采用650 ℃退火时，种籽的临界尺寸大约在2～4 nm之间。一旦种籽的大小达到临界尺寸，以种籽为中心的晶粒生长就开始了。晶粒生长的机制和固相外延(Solid Phase Epitaxy)非常相似。成核所需的活化能大约为4.9 eV，大于晶粒生长所需的2.3～2.7 eV，所以SPC的结晶速率主要取决于成核阶段种籽的形成，一旦种籽形成，晶粒生长将较快地进行。初始种籽的密度会影响最终多晶硅薄膜的晶粒尺寸，而初始种籽密度由非晶硅薄膜的无序化程度决定。非晶硅薄膜内部结构越无序，形成种籽的速率也就越慢，初始种籽的密度也较小，最终以种籽为核心生长成的晶粒尺寸也就越大。

SPC技术的优点是能够制备大面积的薄膜，成本较低、工艺简单。另外，通过SPC技术获得的多晶硅薄膜晶粒较均匀，制备出的TFT具有较好的一致性，TFT载流子迁移率和阈值电压的均匀性和稳定性都较为出色，因此有希望实现低成本的大尺寸AMOLED量产。

然而，通过该技术制备出的TFT与激光结晶化技术相比载流子迁移率较低，一般在15～50 $cm^2/(V \cdot s)$左右。由于SPC工艺中退火温度和前驱非晶硅薄膜的沉积条件决定了多晶硅薄膜的平均晶粒尺寸和结晶率，其上制备的TFT沟道中的晶界和晶粒内缺陷会俘获载流子，导致TFT器件载流子迁移率的下降。因此，如何降低多晶硅薄膜中的缺陷密度以提升TFT载流子迁移率成为目前SPC技术面临的主要问题。另外，由于高温热处理工艺中玻璃基板会产生收缩和翘曲，该问题对于大尺寸应用尤为严重，也是一个必须要解决的问题点。除此之外，由于在量产技术方面开发时间尚短，SPC的产业化技术仍不成熟，目前只有LG在2009年量产了一款15英寸AMOLED TV。

④ 金属诱导横向结晶化(MILC)技术

MILC也是非激光结晶化技术的一种，在较低温度条件下，采用镍(Ni)、铝(Al)、钯(Pd)、金(Au)、铂(Pt)和钛(Ti)等金属与非晶硅薄膜表面接触并加热退火，利用金属元素的扩散迁移与非晶硅作用而使薄膜晶化。根据金属材质的选择可以大略区分为两类，一类为与硅形成共融的晶化方式，如Au、Al等金属，利用金属原子减弱硅键的键解力，从而有效降低成核能量；另一类为与硅形成硅化物(Silicide Phase)的晶化方式，如Pd、Ti、Ni等金属，通过硅化物形成与硅晶体类似的晶格结构，配合自由能的移动来达到降低成核能量的功效。由于金属的诱导作用使晶化温度大大降低，通常可以在500℃以下使非晶硅晶化。

目前,在 MILC 技术中使用最多的是 Ni,其晶化机理为:在退火温度高于 400℃时,Ni 原子与非晶硅中断裂的 Si—Si 键作用,形成镍硅化物($SiNi_2$),再以镍硅化物作为诱导多晶硅的来源基础。因为镍离子在非晶硅薄膜中的扩散系数较高,所以 $SiNi_2$ 在非晶硅薄膜中持续进行扩散,同时 Ni—Si 键的断裂与形成在不断进行,而由于 Si 的结晶态自由能比较低,在 Ni—Si 键断裂后释放的 Si 原子倾向于与附近的 Si 原子形成稳定的结晶态 Si—Si 键,如果参与这一过程的 Ni—Si 键足够多的话,就可能释放足够多的 Si 原子从而形成硅微晶粒。另外,由于镍硅化物属于立方晶格,与硅晶格类似且晶格常数仅相差 0.4%,所以非常适合作为非晶硅结晶的籽晶。大量的研究表明在诱导晶化过程中影响多晶硅薄膜质量和 TFT 特性的参数有很多,主要包括退火时间、退火温度、Ni 膜和非晶硅膜厚度的比值、Ni 金属的形状、位置等。

通过 MILC 技术获得的多晶硅薄膜具有晶粒尺寸大、尺寸可控等特点,且制备出的 TFT 载流子迁移率较高。然而,MILC 方法存在晶化速率不够高,热处理时间长且晶化速度随热处理时间的增长而下降等缺点。有研究者提出了一些改进 MILC 的措施,如在退火时施加外电场,以促进金属离子在 Si 薄膜中的漂移,有利于形成硅化物,加速晶化。实验表明,薄膜的晶化速率(提高几十倍)和晶化温度(<400℃)得到了明显的改善。

除此之外,MILC 最致命的问题点是由残留金属污染所导致的漏电流问题。研究者已尝试了各种方法来解决该问题,如直接去除 Ni 金属、在非晶硅薄膜上增加一层氮化硅薄膜盖层、采用多栅结构等。

综上所述,若对两种典型的低温多晶硅技术——金属诱导横向结晶化(MILC)和准分子激光晶化(ELA)进行比较,概括起来它们各自的优缺点如下。

MILC 技术的主要优点是:

a. 晶化温度小于 500 ℃,属于低温晶化;

b. 易于实现大面积晶化的均匀性;

c. 晶化系统设备投资较低。

MILC 技术的主要缺点是:

a. 该方法需要较长的处理时间,通常在 3 小时左右;

b. 金属的引入易于造成污染,使器件中的泄漏电流增大。

ELA 技术的主要优点是:

a. 激光晶化操作简单,与大规模集成电路工艺兼容性好;

b. 处理时间极短,表面层不易污染,易于获得浅的晶化区域;

c. 可以高度定域,激光晶化只在退火区域才接受热辐射,其余区域处于低温状态,因此激光晶化不会使片子产生热形变,这有利于提高产品的成品率;

d. 由于高度定域,可以更加精密灵活地控制晶化,进而提高集成度和可靠性;

e. 通过控制激光波长和脉冲宽度,可使硅溶化时间短,基板发热小。

ELA 技术的主要缺点是:

a. 激光晶化系统设备投资较高;

b. 由于激光束扫描均匀性等问题,大面积显示器晶化的均匀性有待提高。

在 MILC 研究与开发方面,香港科技大学的研究小组在 2000 年最先发表了用 MILC 方法制备低温多晶硅有源驱动 OLED 的报告。当时的器件漏电流较大,存在交叉效应,影响了显示效果。该研究小组在 2001 年发表了改善 MILC 方法制备低温多晶硅有源驱动 OLED 的报告。改善后的方法是在非晶硅掺杂之前进行 MILC 工艺,这种方法使得器件显示质量得到了显著提高。随着 MILC 技术研发的不断进步,2008 年台湾奇美采用 MILC 技术的中小尺寸 AMOLED 屏实现了量产。

(2) 氧化物半导体 TFT 背板技术

2004 年 *Nature* 首次报道了氧化物半导体 TFT 应用于 AMOLED 的面板技术,由于氧化物半导体 TFT 突破了以硅基材料作为 TFT 的沟道层的限制,且不需要激光晶化过程,容易实现大尺寸 AMOLED 面板的生产。氧化物半导体 TFT 背板可以采用与非晶硅类似的工艺流程,工艺相对简单,并可以获得良好的 TFT 一致性。在氧化物半导体中,IGZO(In—Ga—Zn—O)目前被认为是最有希望用作大尺寸 AMOLED 用 TFT 材料。IGZO TFT 的载流子迁移率一般比非晶硅 TFT 高一个数量级,阈值电压的变化也与 LTPS TFT 的水平相当,可以满足 AMOLED 驱动要求。IGZO TFT 技术的主要优点在于能够利用溅射法制造,无须对已有的非晶硅 LCD 面板生产线做很大改动就可以进行生产,其优异的 TFT 特性和对于柔性显示制作极为有利的低温工艺条件尤其引人注目。另外,除了溅射等干法制备技术之外,使用涂布工艺等湿法制备 IGZO TFT 的研究也取得了很大进展,这将使其制造成本进一步降低。

在 FPDI2009 展会上,韩国与台湾地区的各大面板厂商发表了基于氧化物半导体 TFT 的液晶面板和 AMOLED 面板的样品。其中包括韩国三星电子的 17 英寸液晶面板、韩国 LG 显示的 6.4 英寸液晶面板、韩国三星 SMD 的 19 英寸 AMOLED 面板和台湾地区友达光电的 2.4 英寸 AMOLED 面板等。在 SID2010 展会上,日本索尼和韩国 SMD 分别展示了基于氧化物半导体 TFT 的 11.7 英寸和 19 英寸 AMOLED 面板,其器件结构中采用了蚀刻阻挡层,获得的 TFT 载流子迁移率分别为 11.5 $cm^2/(V \cdot s)$ 和 21 $cm^2/(V \cdot s)$,亚阈值摆幅分别为 0.3 V/dec 和 0.29 V/dec。

与低温多晶硅 TFT 背板技术相比,氧化物半导体 TFT 的主要问题在于制造工艺再现性差,TFT 器件的重复性及稳定性仍需提高,该技术距离产业化仍然还有一些距离。但由于其具有良好的技术发展前景,近年来还是受到了学术界和产业界的极大关注。

(3) 有机半导体 TFT 背板技术

随着有机半导体材料的发现和发展,人们开始尝试利用有机半导体替代无机半导体充当载流子传输层,而利用有机半导体充当载流子传输层的 TFT 被称为 OTFT。通常 OTFT 具有以下特点:工艺温度低,一般在 180℃ 以下,更适用于柔性基板;制备工艺简单,成本较低,且制备方法丰富,有机半导体的气相沉积和印刷打印等方法都适合进行大面积加工;有机材料来源广泛,并可以通过对有机物分子进行化学修饰很方便地对器件特性进行调控;除了像素内 OTFT 外,栅极驱动电路也可以基于有机半导体材料来制作，因此从技术组合与加工优势看，OTFT 与 OLED 组合更具优势。

事实上，OTFT 技术在近 20 年来一直是国际上研发的热点之一。朗讯科技、飞利浦、英飞凌、IBM、3M 等是国际上比较早开展 OTFT 研究的公司，近年来三星和索尼等公司亦加强了 OTFT 技术在平板显示技术方面的应用开发。

索尼 2010 年报道了一款 4.1 寸 OTFT(有机薄膜晶体管)驱动全彩色 OLED 显示屏，该屏幕厚度只有 80μm，具备超强的柔软度，可轻松缠绕在半径为 4 mm 的圆柱体上。索尼独自开发了新型 OTFT 技术，使用了有机半导体材料 PXX(peri-Xanthenoxanthene;一种稠环芳香化合物)，使得该晶体管的驱动能力达到先前传统 OTFT 的 8 倍。综合利用 20μm 超薄可弯曲基板上的 OTFT、OLED 集成技术和集成电路中软性绝缘体技术，索尼成功开发出了世界上首款即使在缠绕过程中也可产生动态图像的 OLED 屏，该显示屏缠绕过程中使用的圆柱体半径为 4 mm。为了确保其耐用性，索尼进行了大量试验，该显示屏可在卷返 1 000 次后，显示效果仍不受影响。

目前，OTFT 的主要问题点在于载流子迁移率仍然较低，水、氧、光和温度等外界环境因素对器件的稳定性影响较大等。因此，需要开发具有高载流子迁移率的有机半导体材料，改善其电学特性，同时需要进一步改进 OTFT 器件结构，针对基板温度、成膜速率、材料纯度等对器件性能的影响方面进行系统研究，从而增加 OTFT 的稳定性和寿命，以满足实际应用需求。

9.5 新型有机发光二极管显示技术

有机发光二极管显示技术在显示领域具有光明的应用前景，被看作极赋竞争力的未来平板显示技术。十几年来，有机电致发光的研究得到了飞速的发展，如今，无论以有机小分子还是以聚合物为发光材料的电致发光器件现在都已经达到初步的产业化水平。产业化的发展对 OLED 技术不断提出新的要求，新型 OLED 技术也应运而生。

从发光材料和器件结构考虑，新型 OLED 技术主要包括白光 OLED、透明 OLED、表面发射 OLED(Top-emission OLED)、多光子发射 OLED 等;从器件的制备技术角度出发，除了常规真空蒸镀和旋涂制备技术外，在 OLED 丝网印刷制备技术、喷墨打印制备技术上也不断出现新的突破;从应用领域角度考虑，基于柔性 OLED、微显示 OLED 技术的相关研究也开始成为研究的热点。

9.5.1 白光 OLED 显示与 OLED 照明技术

1. 白光 OLED 及其显示技术

近年来，白光 OLED 技术在显示和照明方面都取得了很大的进展。白光 OLED 器件有多种分类方法。从发光光谱来看，可以分为双色白光器件与三色白光器件两类;从器件结构上看，可分为单发光层白光器件和多发光层白光器件两大类;从使用的电致发光材料来看，可分为小分子白光器件和聚合物白光器件两大类;从发光的性质来看，可分为荧光器件和磷光器件两大类等。

高性能的蓝光器件是高性能白光器件的基础。根据光学原理，互补的蓝色与橙色复合就能得到白光。双色白光器件的优点是结构简单，发光光谱稳定，器件寿命好；但主要问题是在红、绿色发光较弱，若用于显示器则会带来色域狭小的问题，用于照明则在显色指数(CRI)方面达不到要求。具有红、绿、蓝发光峰的三色白光器件可以很好的解决上述问题，但三色白光器件结构复杂，载流子复合发光区域的控制很难，器件发光光谱随电压、时间变化都较大，寿命也不如双色白光器件，是白光研究中的难点。

为了提高全彩器件的效率，柯达公司的研究人员提出了 RGBW 的新彩色方案。即每个像素点由红、绿、蓝、白 4 个像素构成，减少了滤色膜造成的光损失，器件效率提高了近一倍。2005 年的 SID 大会上，三星电子公司展示了基于新的白光加滤色膜方案(RGBW)的 40 英寸 OLED 电视，如图 9.20 所示。这是目前最大的 OLED 显示器，显示了白光加滤色膜的彩色化方案在实现大屏幕 OLED 显示方面的优势，引起了人们的广泛关注。

图 9.20　三星电子公司试制的 40 英寸 OLED 电视

2. OLED 照明技术

作为照明光源，以平面发光为特点的 OLED 具有更容易实现白光、超薄光源和任意形状光源的优点，同时具有高效、环保、安全等优势，见表 9.2。OLED 照明具有许多优点：OLED 光源具有良好的色坐标，可实现接近 100 的高显色指数(CRI)，能调节白光从冷色到暖色；OLED 照明没有太阳光中的紫外线和红外线，在光源方面 OLED 照明优于白炽灯和节能荧光灯，这是因为白炽灯泡会产生红外线，节能荧光灯会产生紫外线；OLED 照明可实现让人放松的颜色和氛围，与灼灼照人的 LED 照明不同，可发出更加柔和的光线；OLED 照明既不需要将灯丝加热到上千摄氏度发光，也不需要用汞蒸气产生紫外线激发荧光粉发光。因为没有电能量的多次转换过程，OLED 照明要比现在的节能灯还要节约 60%～70%的电能。OLED 照明不是点光源，而是分布式平面固体光源，它重量轻、超薄、柔软、明亮、少阴影；OLED 照明技术可沉积到任何衬底：玻璃、陶瓷、金属、薄塑料板、织物等柔软和相适应的衬底，能制成任意形状和式样等。

表 9.2 不同光源性能对比表

光源种类	白炽灯	荧光灯	白光 LED	白光 OLED
光谱	1 0 400 700 波长/nm	1 0 400 700 波长/nm	1 0 400 700 波长/nm	OLED 1 0 400 700 波长/nm
外形	球型	线型	点光源(固态)	面光源(固态)
能耗	能耗高	节能	节能	节能
频闪	有频闪	有频闪	无频闪	无频闪
驱动	交流 220 V	交流 220 V	直流 2～3 V	直流 3～5 V
环境	-	汞、紫外线	环保	环保

由于看到了白光 OLED 在照明领域的巨大潜力,很多 OLED 公司和国际上知名的照明产品公司如美国 GE、德国欧司朗、荷兰飞利浦和日本松下电工等都已经开展 OLED 照明器件的研究开发,已经有小批量产品上市。在 2013 年日本东京的照明展上,多家日本公司也各自推出了 OLED 照明屏体及应用灯具产品/样品,将 OLED 照明的市场化又向前推进了一步。

未来 OLED 照明产品在外观上将向大尺寸、透明化、柔性化、可任意造型的方向发展,从性能上将会不断提高光效、延长寿命,从价格上也将迅速降低,不断缩小与现有照明技术的差距。未来 3～5 年是 OLED 照明技术、产业、市场发展的关键时期,美国、欧洲、日本等国家和地区的政府和企业纷纷在 OLED 照明上加大投资和研发力度,力争在未来的 OLED 照明产业中占据有利的地位。

由于看到了 WOLED 在照明领域的巨大潜力,国外多家大公司和研究机构也在广泛致力于高效率、长寿命的白光照明技术的研发,全球有 160 家左右的厂家和研发机构等致力于 OLED 照明技术的相关研究及产业化推广。目前,WOLED 器件的发展目标是使之真正成为具有低成本、高效率、长寿命的平面光源。在世界各国政府的大力支持以及产业界的高度重视下,WOLED 的研发已经取得了显著进展。早在 2008 年美国的 UDC 就开发出了效率达到 103 lm/W 的 OLED 器件,但是寿命不够理想,离实用化的距离较远;在随后几年中,各国 OLED 照明技术的研发致力于同时提高效率和寿命两个指标。2012 年,松下开发的 OLED 白光器件达到了 142 lm/W 的高效率;在 2013 年,NEC 和山形大学开发的 OLED 器件更达到了 156 lm/W 的光效,是目前全球报道的 OLED 照明最高光效,同时在器件的寿命上也有了较大的提高。

尽管目前国外 OLED 照明器件的光效普遍达到了 100 lm/W 以上,但随着 OLED 发光面积的增大,还需要解决一系列新产生的相关技术问题,才能将屏体的技术指标也进行相应的提高。从各个厂家的研发数据来看,屏体的技术指标普遍在 40～80 lm/W左右,尚没有超出 100 lm/W 的屏体技术指标发布。

在OLED照明技术稳步提升的同时,厂家也在积极推进OLED照明产品的市场化进度。自2008年3月欧司朗公司首次在全球推出第一款OLED照明产品以来,全球各个厂家也陆续推出了OLED照明产品,推动着OLED照明从研发向市场转化。2009年开始,飞利浦、欧司朗、日本的Lumiotec、北京维信诺以及也都在市场上相继推出了OLED照明屏产品,2010年韩国的LG、日本的柯尼卡-美能达、东芝、南京第壹有机光电等公司也在市场上推出了自己的OLED照明屏体产品。与此同时,美国的Acuity-Brands,欧洲的瑞高等灯具下游公司也都开发出了基于OLED照明屏体的下游应用灯具。

在2013年日本的LED/OLED照明展中,北京维信诺集中展示了批量生产的尺寸为85×85mm的OLED照明屏体,松下、Lumiotec等日本公司也同时展示了批量生产的、类似规格的OLED照明屏体;在随后举办的日本东京照明展中,除继2012年之后连续参展的NEC照明、KANEKA、柯尼卡美能达控股、东芝、松下(松下出光OLED照明)、三菱电机照明之外,岩崎电气、ODELIC、小泉照明、日立制作所、山田照明、DN LIGHTING、日本精机、山形县产业技术振兴机构等也首次展出了OLED照明以及面板。特别值得注意的是,日本精机供应3种规格(90 mm×90 mm、125 mm×125 mm和280 mm×37 mm)的OLED照明屏产品。3款产品于2013年4月上市,同时提出了非常有竞争性的价格:90 mm见方(45 lm)为6 000日元,125 mm见方(70 lm)为9 000日元。76.2 mm见方、14 lm的彩色OLED照明也在开发之中。从厂商端来看,OLED照明向市场上的全面普及发起了挑战。根据DisplaySearch的调查预测,包括荷兰飞利浦、美国GE、Konica Minolta、日本Lumiotec、德国欧司朗在内的WOLED照明技术与产品开发的国际大厂,将在2013—2015年逐步进入量产,预期WOLED照明应用从2013年开始扩大,并在2018年增长到60亿美元的规模。根据市场调研机构NanoMarkets的数据,OLED照明市场到2015年将增加到59亿美元。台湾地区的工研院预测,2020年市场规模将达到140亿美元。尽管预测会出现一些偏差,但可以预见的是,未来将会有更多的企业、机构以及投资者进入该领域,技术的竞争将更加激烈,这无疑将推动OLED照明技术更快走进人们的生活,促进WOLED照明产业在全世界范围内取得更大的发展。

9.5.2 透明OLED技术

经典的OLED器件都采用透明导电的ITO作为阳极,不透明的金属层作为阴极。而OLED中采用的发光材料在可见光区都有很高的透过率,因此只要采用透明的阴极就可以实现透明的OLED器件。

Bulovic. V等发明的最早的透明OLED器件采用了ITO/TPD/Alq/Mg:Ag(10nm)/ITO(400 nm)结构。10 nm金属电极对可见光吸收很少,再制备一层透明导电膜ITO辅助导电,制备的器件可见光透过率约为70%。但因为制备ITO导电膜必须采用溅射工艺,溅射中辉光对有机层破坏很大,只能降低溅射速率(0.005 nm/s),而且器件成品率也很低。Parthasarathy等的研究表明加入一层能够承受辉光照射的有机物作为保护层(如 CuPc),可以增大 ITO 溅射速率,提高成品率,而且器件可见光透过率也有很大的提高。Ymamori 等采用 $Ni(acac)_2$ 作为有机保护层和电子注入层,器件的可见光透过率接近 90%。Hung 等发现在溅射保护有机层中引入活泼金属 Li,因 Li 扩散到有机层中形成 N 掺杂,有效地降低了电子注入势垒,从而使得透明 OLED 器件的驱动特性与常规器件相媲美。Parthasarathy 等采用 BCP/Li/ITO 复合电极,因为 BCP 在可见光区几乎没有吸收(CuPc 在红光区有吸收),器件可见光透过率接近 90%,器件外量子效率也进一步提高。

透明的 OLED 器件结构的引入,拓展了 OLED 的应用范围。透明 OLED 可以用在镜片、车窗上,在通电后发光,而不通电时透明,充分显示出 OLED 技术的艺术性与实用性。

9.5.3　叠层 OLED 和多光子发射 OLED

透明的 OLED 器件结构的引入,使得人们可以设计叠层式 OLED 器件,在同一位置制备红绿蓝三色器件,这为高分辨率的全彩色 OLED 面板提供了可能,一种叠层式结构的 OLED 器件如图 9.21 所示。

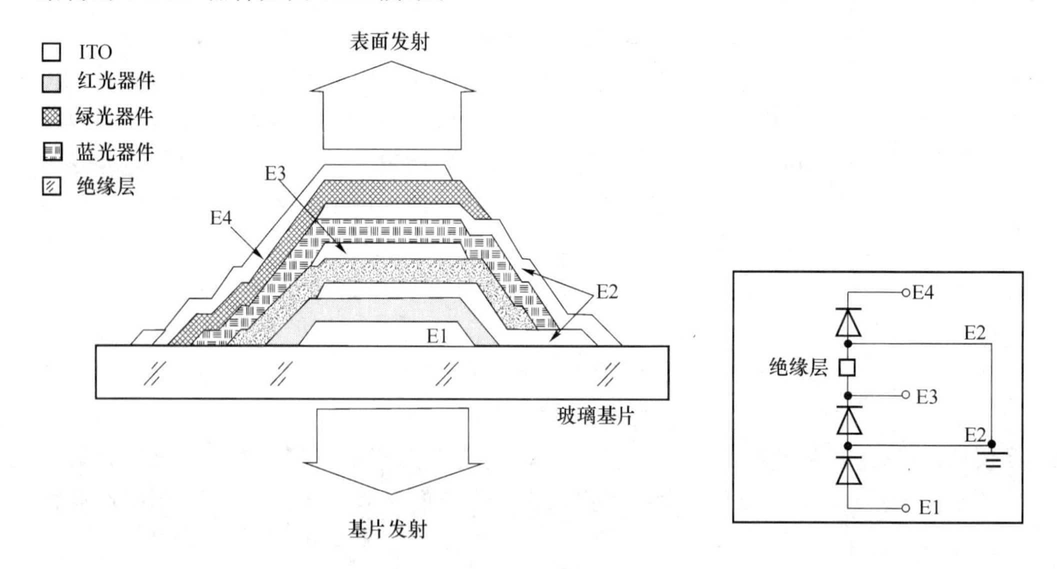

图 9.21　叠层全彩色 OLED

在此基础上,日本的城户教授提出了多光子发射 OLED。即将多个透明的 OLED 通过电荷生成层(CGL)串联起来,各器件不能独立控制。多光子发射 OLED 的最大优点是可以在低电流下得到高亮度的发光,从而提高器件的寿命。而该技术的关键是透明的“电荷生成层”的设计。

城户教授最早采用的“电荷生成层”是 ITO,但 ITO 需要溅射,且水平方向电阻小,易造成器件的串扰。此后,能蒸镀成膜的 V_2O_5、WO_3 等“电荷生成层”被相继开发出来。柯达公司的 Liao 等人发现,采用 N 型和 P 型掺杂的有机叠层也能实现同样的功能,这就进一步提高了“电荷生成层”的透过率,水平方向的电阻也大大减小。

多光子发射 OLED 在照明和大面积 OLED 电视方面有望得到应用。

9.5.4 表面发射 OLED

表面发射 OLED 器件结构，即从与底板相反的方向获取发光，是一项令人瞩目的、可提高 OLED 面板亮度的技术。在 TFT 阵列驱动的 OLED 器件中，若采用常规的器件结构，OLED 面板发光层的光只能从驱动该面板的 TFT 主板上设置的开口部射出。特别是对于需要实现高分辨率的便携显示产品而言，透出面板外的发光仅有发光层发光的10%～30%，大部分发光都浪费了。如采用表面发射结构，从透明的器件表面获取发光，则能大幅度提高开口率。

透明 OLED 器件中所用透明阴极技术即可以用表面发射 OLED 器件结构中。通常的表面发射 OLED 器件中，都必须采用透明导电材料 ITO 降低阴极的电阻，而 Hung 等发明了一种新的透明阴极结构：Li(0.3 nm)/Al(0.2 nm)/Ag(20 nm)/折射率匹配层。Li(0.3 nm)/Al(0.2 nm)层能实现很好的电子注入功能，Ag 层起到降低电阻的作用，折射率匹配层通过材料和厚度的匹配，可以使得阴极透光率超过 75%。折射率匹配层材料的选择范围很广，甚至可以是真空蒸镀的有机材料，对 5 寸以下的小尺寸器件甚至可以不必再采用溅射工艺制备 ITO 层，使得透明阴极的制备工艺更加简单。

不过，对大面积的 OLED 显示器，必须引入 TCO(透明导电氧化物)。为了减少溅射对有机层的损坏，人们开发出面型的溅射靶，在一定程度上解决了这一问题。此外，无定形的氧化铟锌(IZO)相对与传统的透明导电材料 ITO 在表面发射的 OLED 器件中有望得到更广泛的应用。

对表面发射 OLED 而言，因阳极反射率、阴极透过率均较低，因此更容易形成有效的微腔共振结构。所以，通过膜厚控制，可以调控表面发射 OLED 的发光效率和色纯度，人们充分利用了这一特点，将其应用在高性能的 OLED 显示器上。

用倒置结构也能实现表面发射 OLED 器件。Bulovic 等发明的倒置结构为：Si/Mg：Ag/Alq/TPD/PTCDA/ITO。PTCDA 起到空穴注入层的作用，同时能够保护其他不受溅射时辉光的损坏，但由于器件性能与“经典”结构的 OLED 器件相比仍有较大的差距，相关研究进展不大。

9.5.5 喷墨打印制备 OLED

聚合物 OLED 器件的制备中，聚合物薄膜制备通常采用旋涂。旋涂的优点是能实现大面积均匀成膜，但缺点是无法控制成膜区域，因此只能制备单色器件，另外旋涂对聚合物溶液的利用率也很低，仅有 1%的溶液沉积于基片上，99%的溶液都被在旋涂过程中浪费了。而采用喷墨打印技术，不仅可以制备彩色器件，而且对溶液的利用率也提高到 98%。这项技术发明的时间并不长，但发展很快。

与旋涂选用的聚合物溶液不同,喷墨打印技术要求选用与之相匹配的聚合物溶液,在选择高性能聚合物材料的同时,还必须溶剂进行优化。溶剂的选择非常重要,因为这影响到打印后形成膜层的形貌,进而影响到器件的效率和寿命等性能。喷墨打印中选用的聚合物溶液必须不会堵塞喷嘴;聚合物溶液必须有适当的黏度和表面能,以保证喷出的"墨滴"方向、体积是可以重复的;而且还要考虑"墨滴"能浸润基片表面,保证烘干后成膜均一、平整。因此,旋涂中常用的易挥发的甲苯、二甲苯等溶剂不能满足喷墨打印的要求,需要采用高沸点的溶剂,如三甲苯、四甲苯,或采用混合溶剂。

喷墨打印制备彩色器件示意如图 9.22 所示。Hebner 等在喷墨打印制备 OLED 器件方面作出了开创性的工作,他们采用普通的喷墨打印机在导电层 ITO 上之间喷上聚合物发光层,再蒸镀阴极材料。由于喷墨头喷出的墨点难以形成均匀、连续的膜,器件制备成功率很低,与相同材料采用旋涂工艺成膜制备的器件相比,驱动电压升高,效率低 2 倍以上。Yang Yang 发明了混合-喷墨打印技术,把旋涂和喷墨打印结合起来,制备多层器件,利用旋涂生成的均匀膜作为缓冲层,减小了针孔等缺陷的影响。

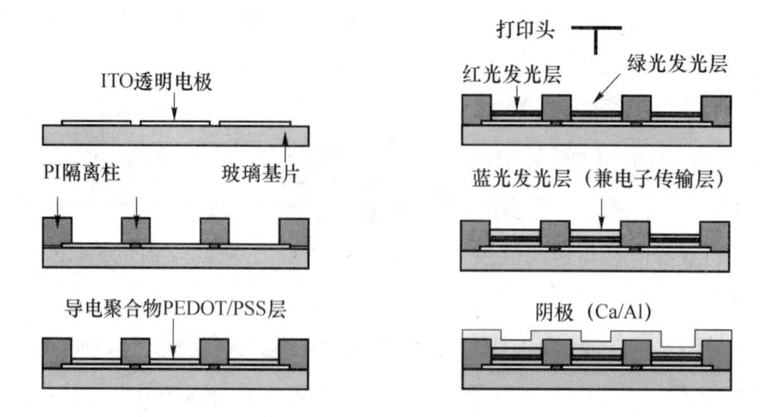

图 9.22　喷墨打印制备彩色器件示意

喷墨打印制备显示器件对打印技术提出了挑战,如喷嘴能喷出更加精细的墨点,喷出墨点能够精确定位,保证墨点的均匀性和重复性,保证墨滴干燥后能形成平整的表面等。在提高喷墨打印机精度的同时,采用 PI 隔离柱进行限位,结合适当的表面处理工艺,使得"墨水"对基片和隔离柱之间表面能有很大差异,实现定位,也能提高喷墨打印的精度。虽然基于喷墨的绘制精度本身在几微米至几十微米,但高精度制备的亲水性与疏水性的图形有效地控制了附着有"墨滴"的区域,大大提高了布线精度。

喷墨打印技术被认为是最适于制备大面积 OLED 显示面板的技术。各大公司都纷纷研发喷墨打印制备 OLED 的技术。EPSON 公司利用喷墨打印技术,研制出 40 英寸的 OLED 电视,显示出喷墨打印技术的巨大潜力。图 9.23 为爱普生公司利用喷墨打印技术制备的 40 英寸 OLED 面板。

图 9.23　爱普生公司利用喷墨打印技术制备的 40 英寸 OLED 面板

更引人注目的是，喷墨打印还能同 TFT 集成电路制备结合起来，H. Sirringhaus 等人用喷墨打印技术制备了沟道仅为 5 μm 的全聚合物 FET。最近，精工爱普生公司利用喷墨技术成功地开发出了新型超微布线技术，利用这种技术可以绘出线宽及线距均为 500 nm 的金属布线，充分展现这一技术的发展潜力。如果上述喷墨技术进一步发展，半导体元件的生产设备有可能会大幅度缩小体积并节省能源，批量生产也有可能成为现实。

9.5.6　柔性电致发光器件

作为全固化的显示器件(无论小分子还是聚合物)，OLED 的最大优越性在于能够实现柔性显示器件，如与塑料晶体管技术相结合，可以制成人们梦寐以求的电子报刊、墙纸电视、可穿戴的显示器等产品，淋漓尽致地展现出有机半导体技术的魅力。

1992 年，Gustafsson 等人发明了基于 PET (Poly Ethylene-Terephthalate)基片，以导电聚合物 PANI/CSA(Polyaniline/Camphor Sulfonic Acid)作为阳极，发光聚合物 MEHPPV(poly[2-methoxy-5-(2-ethyl-hexyloxy)-1,4-phenylenevinylene])为发光层的柔性有机聚合物电致发光器件。1997 年，Forrest 等发现基于小分子的有机半导体材料也有优异的机械性能，并制备了以 ITO (Indium-Tin-Oxide)作为导电层，小分子材料为发光层的柔性有机小分子 OLED 器件，扩展了导电层、功能层材料的选择范围。

柔性 OLED 器件与普通 OLED 器件的不同仅仅在于基片的不同，但对于软屏器件而言，基片是影响其效率和寿命的主要原因。软屏采用的塑料基片与玻璃基片相比，有以下缺点。

(1) 塑料基片的平整性通常比玻璃基片要差，基片表面的突起会给膜层结构带来缺陷，引起器件损坏。最为严重的是塑料基片的水、氧透过率远远高于玻璃基片，而水、氧是造成器件老化迅速的主要因素。即使在食品包装等领域应用的带水氧阻隔层的薄膜，其水氧透过率也与 OLED 器件的要求相去甚远。可以做一个简单的估算，Mg 的原子量是 24，密度是 1.74 g/cm^3，如果 OLED 器件中的活泼金属 Mg 层的厚度为 50 nm，则该器件含金属 Mg 的量为 3.6×10^{-7} mol/cm^2。只需要约 6.4×10^{-6} g 水就能与之完全反应。要使得 Mg 完全破坏时间为一年,则封装层必须使得水渗透率小于 $1.5\times10^{-4}(g\cdot m^{-2})/d$。而实际上器件中阴极只要有 10%被氧化,形成的不发光区域就非常明显(如果阴极的氧化发生金属与有机物的界面处,即使被破坏的阴极仅为 0.5 nm 也可能导致器件失效),即使忽略水、氧对有机层的破坏作用,水氧阻隔层的透过率也应小于 $10^{-5}(g\cdot m^{-2})/d$。

(2) 由于塑料基片的玻璃化温度较低,只能采用低温沉积的 ITO 导电膜,而低温 ITO 性能与高温退火处理的 ITO 性能差别很大,电阻率较高,透明度较差,最为严重的是低温ITO 与 PET 基片之间附着力不好,普通的环氧胶可能造成(玻璃基片器件通常用环氧胶粘贴封装壳层)ITO 剥落;塑料基片中常用 PET 基片与 ITO 热膨胀系数相反,在温度升高时,PET 基片收缩,而 ITO 导电膜膨胀,导致 ITO 的剥落。电流较大时,器件工作产生的焦耳热即可能导致 ITO 导电层剥落。为此,人们对塑料基片进行了改性,改善塑料基片的表面平整度,增加其水氧阻隔性能。聚合物交替多层膜(Polymer Multi Layer,PML)技术被认为是行之有效的一项改善塑料基片性能的技术,并被用于制备用于软屏 OLED 器件的基片。PML 是在真空状态下制备聚合物、陶瓷类材料的交替多层膜。其结构如图 9.24 所示。

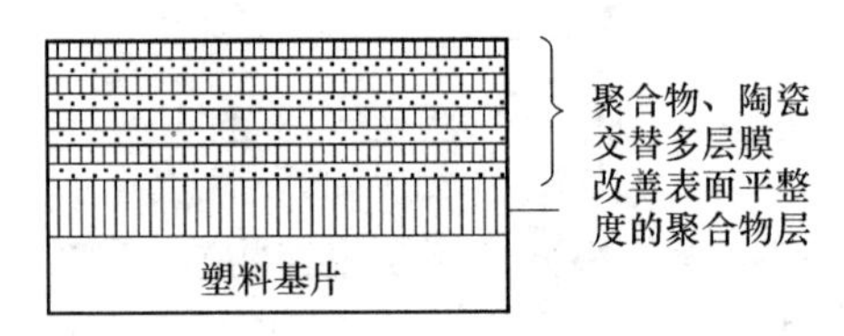

图 9.24　PML 结构示意图

其中,聚合物层作为柔性的缓冲层,并起到使表面平整均一的作用。采用的聚合物材料通常是室温下为液态的聚合物单体,如丙烯酸类单体,蒸镀到基片表面后因为表面张力作用形成非常平整的膜层,再通过紫外光照射使之聚合固化,形成聚丙烯酸酯膜层。采用的陶瓷材料通常是氧、氮化硅,氧、氮化铝等,水氧透过率极低,而且在可见光区透明。研究表明,PML 改性后的基片表面非常平整,而且水氧阻隔性能可以与玻璃相媲美。PML 交替多层结构的引入也改善了基片与透明导电膜的结合力,从而提高 OLED 了器件性能。PML 技术还可以用于 OLED 器件的封装。美国普林斯顿大学的研究人员将 PML 技术用于基片改性和 OLED 器件的封装,使得柔性电致发光器件的寿命提高到 2 000 小时以上。

在低温下制备高电导率的透明导电膜也是软屏 OLED 研究中必须解决的问题。Zhu FR 等采用还原性氛围(Ar、H_2 作为溅射氛围)在低温下得到了电导率 $4.66\times10^{-4}\ \Omega/cm$,可见光透过率超过 86%的 ITO 导电膜。Kim H 等采用脉冲激光沉积制备了 ITO 导电膜,电导率为 $7\times10^{-4}\ \Omega/cm$,可见光透过率超过 87%。已接近常规经高温处理的 ITO 导电膜的性能。导电聚合物,如掺杂导电的 PANI/CSC、PEDOT/PSS 等在室温下就可以大面积涂敷,成本很低,而且作为 OLED 器件透明阳极导电材料,比 ITO 具有更好的柔性,但主要的问题是电阻值太大,目前德国 Agfa 公司已推出基于导电聚合物 PEDOT 的透明导电基片产品，可用在对器件柔性有特殊要求的场合。

如图 9.25 所示为清华大学制备的柔性 OLED 器件。在柔性 OLED 器件的研究和开发方面，清华大学主要研究了柔性基片界面处理和有机无机交替多层薄厚膜复合封装技术，在柔性 OLED 器件界面结合力和封装寿命等方面取得了良好的效果。

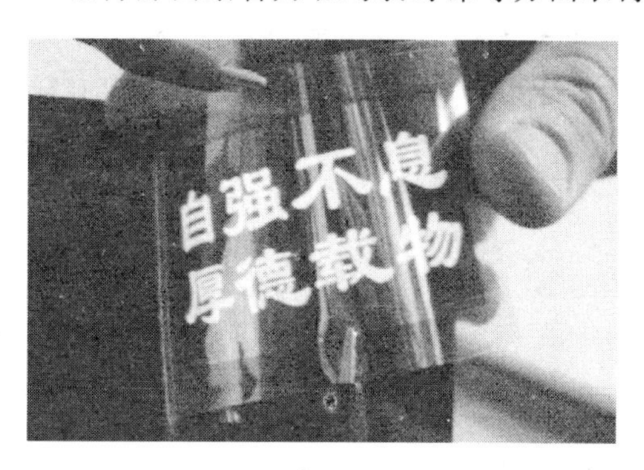

图 9.25　柔性 OLED 器件

美国军方投资了大量科研经费供 UDC 公司开发基于不锈钢基板和 TFT 驱动的全彩柔性 OLED 显示。

索尼公司研究了如何将低温多晶 Si-TFT 拷贝到塑料底板上的技术。美国 Visible Tech-knowledgy 公司和普林斯顿大学发表了在聚酰亚胺树脂基片上利用低温工艺(150 ℃)制备非晶硅 TFT 阵列技术。制备出的 TFT 阵列像素数为 60×60，精细度为 51 dpi。TFT 的性能优异，迁移率为 0.54 $cm^2/(V \cdot s)$，阈值电压为 1.3 V。

夏普和住友电木研制出高玻璃转变温度(T_g 为 250 ℃)的塑料基片，并发表了基于该塑料基片的低温(220 ℃)非晶硅-TFT 阵列加工技术。这种基片的采用解决了 3 个问题：①由于基片的玻璃转变温度高达 250 ℃，因此可以使用较高的加工温度；②由于基片尺寸变化被控制在 200 ppm 以下，而且通过改变 TFT 结构将位置吻合的允许范围扩大到了±600 ppm 以上，因此消除了加工时的位置错位问题；③由于基片具有高弹性率和低热膨胀率，因此即使温度达到 220 ℃，仍然可以控制基片的挠性。

美国 Livermore 国家实验室 Carey 等人采用 35 ns 激光脉冲在塑料基片上生长了低温多晶硅 TFT，这就使得在塑料基片上制备主动阵列的 OLED 器件也成为可能。

英国 Plastic Logic 公司在 PEM 底板上形成了像素数为 60×80、分辨率为 50 ppi 的有机 TFT 阵列。采用喷墨法制备半导体聚合物层，而源极和漏极间的绝缘层，即沟道长度由利用光刻蚀技术生产的聚酰亚胺树脂决定。有机 TFT 工作方式为 P 型沟道方式，迁移率大约为 0.02 $cm^2/(V \cdot s)$。

美国宾州州立大学的 Zhou 等人开发了基于有机薄膜晶体管驱动的柔性 OLED，表明了全有机的有源显示器的可能性。

9.5.7　微显示 OLED

微显示器与大面积平板显示器一样，能提供大量的信息，但它的便携性和方便性却大为提高。新兴的微显示器技术较现行的微显示器具有更好的彩色品质和更大的视角,应用领域正在不断扩展。目前涌现出几种新的显示技术正被人们用于微显示器,如硅片上的液晶(Liquid Crystal on Silicon, LCoS)和硅片上的有机发光二极管(Organic Light-Emitting Diodes on Silicon, OLEDoS)等显示技术。

基于 LCoS 和 OLEDoS 的微显示器都能集成控制电子线路,使得显示器成本降低、体积减小。与 LCoS 相比,OLEDoS 是主动发光,不需备有背光源,使得微显示器能耗降低。OLEDoS 的发光近似于 Lambertian 发射,不存在视角问题,显示器的状态将与眼睛的位置和转动无关,而众所周知,LCD 的亮度和对比度会随着角度而变化。另外,OLEDoS 器件的响应速度为数十微秒,比液晶显示响应速度高 3 个数量级,更适于实现高速刷新的视频图像。

由于基于 OLEDoS 的微显示器具有大视角、高响应速度、低成本以及低压驱动等特性,使得 OLEDoS 成为理想的微显示器技术。

2001 年 4 月,美国 eMagin 公司展示了用于视频的全色 OLEDoS 微显示器,如图 9.26 所示。其分辨率为 600(×3)×852,并可在显示器阵列中的每个像素元上储存全部的色彩和亮度信息,同时也消除了大多数其他高分辨率显示器技术常会遇到的闪烁或彩色蜕变。这一研究成果获得了国际信息显示协会(SID)2001 年度的显示技术金奖。

图 9.26 硅基 OLED 微显示器

基于硅基板的 OLED 可用于头盔等便携式设备,随着 OLED 亮度和寿命的不断提高,OLEDoS 还可以用于迷你型的投影仪。

9.5.8 3D OLED 电视技术

显示技术的发展,先后经历了从黑白到彩色、从笨重的 CRT 到轻薄的平板显示等阶段。而下一阶段的发展,3D 和超高清成为了备受关注的两大主题。近年来,各类国际信息电子展与消费电子展上,各大企业纷纷推出 3D 显示展品;3D 显示产品也陆续进入了消费市场。

人体生理学研究表明,双眼视物时,主观上可产生被视物体的厚度以及空间的深度或距离等感觉,称为立体视觉。同一被视物体在两眼视网膜上的像并不完全相同,左眼从左方看到物体的左侧面较多,而右眼则从右方看到物体的右侧面较多,来自两眼的图像信息经过视觉高级中枢处理后，产生一个有立体感的物体形象。

目前我们常见到的 3D 显示器基本上可以分为两大类型：主动快门式 3D 与偏光式 3D。这两种技术在二维显示器上实现立体显示的技术方案。

主动快门式 3D 主要是通过进步画面的刷新率来实现 3D 效果的，通过把图像按帧一分为二，形成对应左眼和右眼的两组画面，持续交织显示出来，同时红外信号发射器将同步把持快门式 3D 眼镜的左右镜片开关，使左、右双眼能够在准确的时刻看到相应画面。这项技术能够坚持画面的原始辨别率，让人享受到真正的全高清 3D 效果，而且不会造成画面亮度下降。

偏光式 3D 立体成像技术是利用光线的偏振性来分解原始图像的，通过在显示屏幕上加放偏光板，可以向观看者输送两幅偏振方向不同的两幅画面，当画面经过偏振眼镜时，由于偏光式眼睛的每只镜片只能接受一个偏振方向的画面，这样人的左右眼就能接收两组画面，再经过大脑合成立体影像。

3D 电视是目前国际上竞争的热点。3D 电视需要更高的刷新频率和更高的分辨率，与 3D LCD 电视相比，3D OLED 电视具有明显的优势，特别是在高刷新频率方面。索尼较早地开发了一款 24.5 英寸 3D OLED 电视。索尼表示，该电视在视角和响应时间方面远优于等离子和液晶电视。该电视的一个关注重点是 3D OLED 显示技术，因为该技术拥有更快的响应速度和更高的刷新频率。索尼 24.5 英寸 3D OLED 电视原型如图 9.27 所示。

图 9.27　索尼 24.5 英寸 3D OLED 电视原型

2011 年，索尼发布了全球首款头戴式 3D HD OLED 显示器，该显示器由两块 0.7 英寸具有 720P HD 显示的(1 280×720)OLED 面板组成。透过 OLED 显示器，用户将看到 750 英寸的虚拟屏幕，并且具有 20 m 的虚拟观看距离。因为采用了 OLED 技术，该显示器具有高对比度，色彩鲜艳，还原性高等优点，而且，画面反应时间极短，高刷新频率画面也能清晰显示。为了达到更良好的 3D 视觉效果，该头戴式显示器采用了“双面板 3D 技术”，直接在左右眼显示不同画面，可比通常的主动快门式 3D 与偏光式 3D 技术实现更加真实的 3D 效果。

LG在2012年SID展会上发布了55英寸3D OLED电视原型。其技术细节是：采用了IGZO金属氧化物主动矩阵背板；使用的是WRGB OLED彩色化技术；采用了3D OLED显示技术，利用了LG的FPR技术，3D效果卓越。该技术使用的是与大部分3D电影院一样的无源被动式眼镜，3D图像和图片质量接近完美。

在IFA 2012德国柏林国际消费类电子展上，三星发布了世界首个同屏双像无串扰的55英寸3D OLED电视。该电视采取了主动式3D立体显示技术，利用3D眼镜区分不同的内容。值得关注的是，三星OLED TV所显示的两个3D画面都是Full HD高画质，所展示的OLED 3D电视，实现了在两副眼镜中显示不同内容的高画质3D影像。若要同时欣赏两种内容，不仅得区分画面，还得区分声音，该OLED TV的3D眼镜上面附有耳机，可以提供立体音效，戴上耳机之后，两个节目的声音互不干扰，眼镜上面同时也附有调整音量大小的功能。由于具备了以上功能，这款电视可以同时播放两套节目，满足两个人的不同需求。

本章参考文献

[1] TANG C W, VANSLYLE S A. Organic electroluminescent diodes. Appl. Phys. Lett., 1987, 51(12):913.

[2] BURROUGHES J H, BRADLEY D D C, BROWN A R, et al. Light-emitting diodes based on conjugated polymers. Nature, 1990, 347:539.

[3] GUSTAFSSON G, CAO Y, TREACY GM, et al. Flexible light-emitting diodes made from soluble conducting polymers. Nature, 1992, 357:477.

[4] BALDO M A, O'BRIEN D F, YOU Y, et al. Highly efficient phosphorescent emission from organic electroluminescent devices. Nature, 1998, 395:151.

[5] BULOVIC V, GU G, BURROWS P E, et al. Transparent light-emitting devices. Nature, 1996, 380:29.

[6] PARTHASARATHY G, GU G, FORREST S R. A full-color transparent metal-free stacked organic light emitting device with simplified pixel biasing . Advanced materials, 1999, 11:907.

[7] YANG Y, CHANG S C, BHARATHAN J, et al. Organic/polymeric electroluminescent devices processed by hybrid ink-jet printing. Journal of materials science: materials in electronics, 2000, 11:89.

[8] SIRRINGHAUS H, KAWASE T, FRIEND R H, et al. High-resolution inkjet printing of all-polymer transistor circuits. Science, 2000, 290:2123.

[9] BURROWS P E, GRAFF G L, GROSS M E, et al. Ultra barrier flexible substrates for flat panel displays. Display, 2001, 22:65.

[10] SMITH P M, CAREY P G, SIGMON T W. Excimer laser crystallization and doping of silicon films on plastic substrates , Appl. Phys.

Lett. ,1997,70:342.

[11] HUNG L S, TANG C W, MASON M G. Enhanced electron injection in organic electroluminescent devices using an Al/LiF electrode. Appl. Phys. Lett. ,1997, 70:152.

[12] CAO Y, PARKER I D, YU G, et al. improved quantium efficiency for electroluminescence in semiconduting polymers. Nature, 1999, 397:414.

[13] BURROWS P E, FORREST S R. Electroluminescence from trap-limited current transport in vacuum deposited organic light emitting devices. Appl. Phys. Lett. ,1995, 64:2285.

[14] ISSII H, SUGIYAMA K, ITO E, et al. Energy level alignment at organic/metal and organic/organic interfaces. Adv. Mater. ,1999, 11:605.

[15] MENG Z G, CHEN H Y, QIU C F,et al. Application of metal-induced unilaterally crystallized polycrystalline silicon thin-film transistor technology to active-matrix organic light-emitting diode displays// IEEE International Electron Devices Meeting. SAN FRANCISCO, CALIFORNIA:IEEE,Elec tron Devices Soc. ,2000.

[16] HUNG L S,CHEN C H. Recent progress of molecular organic electroluminescent materials and devices. MATERIALS SCIENCE& ENGINEERING R-REPORTS,2002, 39(5-6):143-222.

[17] GAO Y D, WANG L D, ZHANG D Q,et al. Bright single active layer small molecular organic light-emitting diodes with a polytetrafluoroethylene barrier. Appl. Phys. Lett. ,2003,82 (2):155.

[18] LEI G T, WANG L D, QIU Y. Blue phosphorescent dye as sensitizer and emitter for white organic light-emitting diodes. Appl. Phys. Lett. , 2004,85(22):5403.

[19] WANG L D, LEI G T, QIU Y. Bright white organic light-emitting diodes based on two blue emitters with similar molecular structures. Journal of Applied Physics,2005,97(1-6):114503.

[20] SUN Y R, GIEBINK N C, KANNO H,et al. Management of singlet and triplet excitons for efficient white organic light-emitting devices. Nature, 2006,440:908.